U0197841

国家科学技术学术著作出版基金资助出版

"十四五"时期国家重点出版物出版专项规划·重大出版工程规划项目

 变革性光科学与技术丛书

High-Temperature Fiber
Optical Sensing Techniques

光纤高温传感技术

江毅 于永森 著

清华大学出版社
北京

内 容 简 介

　　光纤高温传感器是近年来日益受到重视并发展起来的一类新型光纤传感器,涉及光学、电子、材料等学科。本书系统介绍了北京理工大学和吉林大学两个课题组在高温光纤传感器领域的最新研究成果,同时集结了国内同行的部分研究成果。全书包括 10 章,分为四大部分。第一部分包括第 1～2 章,讲述光纤传感器的信号解调技术;第二部分包括第 3～6 章,讲述温度、压力、应变、振动这 4 种石英光纤高温传感器;第三部分包括第 7 章,讲述光纤光栅高温传感器;第四部分包括第 8～10 章,讲述蓝宝石光纤高温传感器。

　　本书适合作为相关专业硕士研究生和博士研究生教材,以及从事光纤传感技术研究的科研工作者和工程技术人员的参考书籍。

图书在版编目(CIP)数据

光纤高温传感技术/江毅,于永森著.—北京:清华大学出版社,2023.4(2024.6 重印)
(变革性光科学与技术丛书)
ISBN 978-7-302-62686-2

Ⅰ.①光…　Ⅱ.①江…②于…　Ⅲ.①高温－光纤传感器　Ⅳ.①TP212.14

中国国家版本馆 CIP 数据核字(2023)第 023837 号

责任编辑:鲁永芳
封面设计:意匠文化・丁奔亮
责任校对:欧　洋
责任印制:沈　露

出版发行:清华大学出版社
　　　　网　　　址:https://www.tup.com.cn,https://www.wqxuetang.com
　　　　地　　　址:北京清华大学学研大厦 A 座　　　　邮　　编:100084
　　　　社 总 机:010-83470000　　　　　　　　　　　邮　　购:010-62786544
　　　　投稿与读者服务:010-62776969,c-service@tup.tsinghua.edu.cn
　　　　质量反馈:010-62772015,zhiliang@tup.tsinghua.edu.cn
印 装 者:三河市龙大印装有限公司
经　　销:全国新华书店
开　　本:170mm×240mm　　印　张:23.5　　　字　　数:474 千字
版　　次:2023 年 4 月第 1 版　　　　　　　　印　　次:2024 年 6 月第 2 次印刷
定　　价:169.00 元

产品编号:091790-01

丛书编委会

主 编

罗先刚　中国工程院院士,中国科学院光电技术研究所

编 委

周炳琨　中国科学院院士,清华大学

许祖彦　中国工程院院士,中国科学院理化技术研究所

杨国桢　中国科学院院士,中国科学院物理研究所

吕跃广　中国工程院院士,中国北方电子设备研究所

顾　敏　澳大利亚科学院院士、澳大利亚技术科学与工程院院士、
　　　　中国工程院外籍院士,皇家墨尔本理工大学

洪明辉　新加坡工程院院士,新加坡国立大学

谭小地　教授,北京理工大学、福建师范大学

段宣明　研究员,中国科学院重庆绿色智能技术研究院

蒲明博　研究员,中国科学院光电技术研究所

丛 书 序

　　光是生命能量的重要来源,也是现代信息社会的基础。早在几千年前人类便已开始了对光的研究,然而,真正的光学技术直到 400 年前才诞生,斯涅耳、牛顿、费马、惠更斯、菲涅耳、麦克斯韦、爱因斯坦等学者相继从不同角度研究了光的本性。从基础理论的角度看,光学经历了几何光学、波动光学、电磁光学、量子光学等阶段,每一阶段的变革都极大地促进了科学和技术的发展。例如,波动光学的出现使得调制光的手段不再限于折射和反射,利用光栅、菲涅耳波带片等简单的衍射型微结构即可实现分光、聚焦等功能;电磁光学的出现,促进了微波和光波技术的融合,催生了微波光子学等新的学科;量子光学则为新型光源和探测器的出现奠定了基础。

　　伴随着理论突破,20 世纪见证了诸多变革性光学技术的诞生和发展,它们在一定程度上使得过去 100 年成为人类历史长河中发展最为迅速、变革最为剧烈的一个阶段。典型的变革性光学技术包括:激光技术、光纤通信技术、CCD 成像技术、LED 照明技术、全息显示技术等。激光作为美国 20 世纪的四大发明之一(另外三项为原子能、计算机和半导体),是光学技术上的重大里程碑。由于其极高的亮度、相干性和单色性,激光在光通信、先进制造、生物医疗、精密测量、激光武器乃至激光核聚变等技术中均发挥了至关重要的作用。

　　光通信技术是近年来另一项快速发展的光学技术,与微波无线通信一起极大地改变了世界的格局,使"地球村"成为现实。光学通信的变革起源于 20 世纪 60 年代,高琨提出用光代替电流,用玻璃纤维代替金属导线实现信号传输的设想。1970 年,美国康宁公司研制出损耗为 20dB/km 的光纤,使光纤中的远距离光传输成为可能,高琨也因此获得了 2009 年的诺贝尔物理学奖。

　　除了激光和光纤之外,光学技术还改变了沿用数百年的照明、成像等技术。以最常见的照明技术为例,自 1879 年爱迪生发明白炽灯以来,钨丝的热辐射一直是最常见的照明光源。然而,受制于其极低的能量转化效率,替代性的照明技术一直是人们不断追求的目标。从水银灯的发明到荧光灯的广泛使用,再到获得 2014 年诺贝尔物理学奖的蓝光 LED,新型节能光源已经使得地球上的夜晚不再黑暗。另外,CCD 的出现为便携式相机的推广打通了最后一个障碍,使得信息社会更加丰富多彩。

20世纪末以来,光学技术虽然仍在快速发展,但其速度已经大幅减慢,以至于很多学者认为光学技术已经发展到瓶颈期。以大口径望远镜为例,虽然早在1993年美国就建造出10m口径的"凯克望远镜",但迄今为止望远镜的口径仍然没有得到大幅增加。美国的30m望远镜仍在规划之中,而欧洲的OWL百米望远镜则由于经费不足而取消。在光学光刻方面,受到衍射极限的限制,光刻分辨率取决于波长和数值孔径,导致传统i线(波长:365nm)光刻机单次曝光分辨率在200nm以上,而每台高精度的193光刻机成本达到数亿元人民币,且单次曝光分辨率也仅为38nm。

在上述所有光学技术中,光波调制的物理基础都在于光与物质(包括增益介质、透镜、反射镜、光刻胶等)的相互作用。随着光学技术从宏观走向微观,近年来的研究表明:在小于波长的尺度上(即亚波长尺度),规则排列的微结构可作为人造"原子"和"分子",分别对入射光波的电场和磁场产生响应。在这些微观结构中,光与物质的相互作用变得比传统理论中预言的更强,从而突破了诸多理论上的瓶颈难题,包括折反射定律、衍射极限、吸收厚度-带宽极限等,在大口径望远镜、超分辨成像、太阳能、隐身和反隐身等技术中具有重要应用前景。譬如:基于梯度渐变的表面微结构,人们研制了多种平面的光学透镜,能够将几乎全部入射光波聚集到焦点,且焦斑的尺寸可突破经典的瑞利衍射极限,这一技术为新型大口径、多功能成像透镜的研制奠定了基础。

此外,具有潜在变革性的光学技术还包括:量子保密通信、太赫兹技术、涡旋光束、纳米激光器、单光子和单像元成像技术、超快成像、多维度光学存储、柔性光学、三维彩色显示技术等。它们从时间、空间、量子态等不同维度对光波进行操控,形成了覆盖光源、传输模式、探测器的全链条创新技术格局。

值此技术变革的肇始期,清华大学出版社组织出版"变革性光科学与技术丛书",是本领域的一大幸事。本丛书的作者均为长期活跃在科研第一线,对相关科学和技术的历史、现状和发展趋势具有深刻理解的国内外知名学者。相信通过本丛书的出版,将会更为系统地梳理本领域的技术发展脉络,促进相关技术的更快速发展,为高校教师、学生以及科学爱好者提供沟通和交流平台。

是为序。

罗先刚

2018年7月

前　言

　　光纤传感技术是伴随着光纤通信技术发展起来的一门新型传感与测量技术，以光纤作为传输和传感介质，能够实现几乎所有物理量的测量。由于光纤本身是玻璃丝，因此以其为基础的传感器具有传统电子式传感器所没有的一系列优点，如抗电磁干扰、本征安全、无源、灵敏度高、远距离测量、便于传感器复用、能够实现分布式传感等。但我们也应该清楚地知道光纤传感器的显著不足：价格昂贵和使用困难。一套光纤传感器系统，光源、传感器和信号接收部分都是必需的，除了简单的强度调制型传感器，还需要复杂的信号解调，使其造价昂贵。另外光纤传感器目前还很难像传统的传感器一样，使用者不必知道传感器的原理，拿来安装上就可以使用。使用光纤传感器需要经过专业训练，甚至只有专业人士才能操作。这是由于该技术还处于发展阶段，传感器的种类繁多，规范性差，缺乏强制标准。因此在能够正常使用电子类传感器的地方，不建议使用光纤传感器。光纤传感器的最佳使用场合是传统的电子类传感器无法使用，或者使用很麻烦的地方。比如，在电力系统安全测试方面，由于存在高压电击、强电磁干扰等问题，光纤传感器就有很大的应用空间；在油气存储、煤矿等能源领域，对温度、压力、液位、流量等传感器的安全性要求极高，本征安全的光纤传感器就具有天然的优势；在大型建筑、桥梁、大坝等安全监测领域，光纤传感器便于复用及无源的优势，使其通过少量的光纤就可以将大量的传感器连接到测量仪器，非常适合大量传感器应用的场合；在军事领域，光纤干涉仪以其超高的灵敏度，成为先进光纤陀螺仪、光纤水听器的基石；在油气输送、隧道、电缆、铁路等长距离监测领域，分布式光纤温度、应变、振动和声传感器正在承担传统电子类传感器难以胜任的工作。

　　光纤传感器另外一个优势——耐高温特性，正在被深刻认识，并且已开始深入的研究和广泛应用。光纤的基础材料是 SiO_2，纤芯掺锗，因此普通的单模光纤可以长时间耐受超过 700℃ 的温度，短时间耐受温度超过 1000℃，因此完全用光纤做成的传感器耐受温度远远超过了半导体材料制作的传感器（一般小于 170℃）。对于纯石英光纤，耐受温度可以超过 1000℃，短时间的耐受温度达到 1200℃。因此在高温环境，尤其是超过 300℃ 以上的高温环境，光纤传感器具有天然的优势，在深井油气探测、航空航天、各类发动机测试、高温冶炼与热处理等场合，有其独特的应用优势。

随着技术的进步和应用的需求,对超过1000℃,甚至更高温度环境下的物理量测量也提出了需求,如高超音速飞行器表面的温度、压力测量,发动机尾部的压力、温度、振动、位移测量等,可能工作环境温度超过1000℃甚至更高,对传感器的耐高温性能提出了更加苛刻的要求,因此蓝宝石光纤传感器成为解决这类需求的必然选择。蓝宝石材料的熔点超过2000℃,以其为基础的全蓝宝石光纤传感器耐受温度超过1500℃,成为耐受温度最高的物理传感器。但蓝宝石光纤使用时具有很多困难,如无包层、多模传输、与普通光纤连接困难、长度短、价格昂贵等,因此在工程应用上,蓝宝石光纤传感器还有很多有待研究的地方。

由于传感器需要在高温环境下工作,需要仔细考虑温度对传感器可靠性造成的影响,以及对测量结果的交叉影响。环境温度很高,在一只传感器中使用不同的材料来制作,就有可能因为材料热膨胀系数的不同造成传感器损坏;同时,如果传感器的尺寸较大,高温使传感器产生的变形就很大,温度的影响就非常显著。因此高温传感器应该尽量使用同一种材料,做成微纳尺寸,这样能够大幅度减小温度的交叉影响,同时提高传感器的耐高温可靠性。

本书总结了作者团队最近10年在光纤高温传感器领域的相关研究成果,同时归纳和总结了国内外同行的部分相关研究成果,集结成书。高温光纤传感器主要基于外腔式法布里-珀罗干涉仪(EFPI)结构,这是因为这种传感器结构简单,只需要在光纤末端形成二次反射就可以构成干涉型光纤传感器,特别适合制作高温传感器。对这一传感器的信号解调分为两种:一种是使用光纤白光干涉测量技术的绝对测量,通过测量干涉仪的光程差(比如EFPI的腔长)来测量静态或缓变的物理量,如温度、压力、应变、位移;另一种是使用激光干涉测量技术的相对测量,通过测量干涉仪的光程差的变化来测量动态变化的物理量,如振动和声。因此本书内容包括四大部分:第一部分是光纤传感器的信号解调技术,包括第1章的光纤白光干涉测量技术,第2章的光纤激光干涉测量技术;第二部分是基于石英光纤的EFPI高温传感器,包括高温温度、压力、应变、振动这4种物理量传感器,包括第3~6章;第三部分是为了全书完整性,专门开辟第7章来讨论石英光纤布拉格光栅(FBG)高温传感器,这一章内容主要是集结国内外同行的研究成果;第四部分是蓝宝石光纤高温传感器,包括蓝宝石光纤EFPI和蓝宝石光纤光栅传感器以及蓝宝石衍生光纤高温传感器,包括第8~10章。蓝宝石光纤高温传感器还在发展过程中,很遗憾我们最近的很多研究成果因为出版时间的问题,来不及放进书中。

本书的第1~6章由北京理工大学江毅教授负责撰写,博士研究生贾景善、马维一、崔洋、冯新星、张树桓、邓辉参加了这部分内容的撰写和修改工作。第7~10章由吉林大学的于永森教授负责撰写,博士研究生陈超、国旗、刘善仁、张轩宇参加了这部分内容的撰写和修改工作。本书引用了很多国内外同行的研究成果，在此表示感谢，对没有清楚标出的引用来源，请原文作者海涵。

作者感谢清华大学出版社鲁永芳编辑的帮助和支持，使本书得以出版。作者还要感谢国家科学技术学术著作出版基金的资助。本书的研究成果受国家自然科学基金(重点项目 U20B2057,面上项目 61775020、61575021),国家"863"重点项目 2015AA043504,国家重大基础研究计划(2018YFB1107202),装备研究基金及航空基金等的支持，在此一并感谢。

本书彩图请扫二维码观看。

江　毅　于永森

2022 年元旦

目　录

第 1 章

光谱域光纤白光干涉测量技术

1.1　技术背景

　　光纤传感技术已经有 40 余年的发展历史了,各种技术已经相继成熟并走向工程应用。点式光纤传感器按照调制方式的不同分为强度调制型、干涉调制型、波长调制型和偏振调制型。强度调制型的光纤传感器抗干扰能力差,需要采取各种技术来克服外界其他物理量和环境的干扰,而干涉型、波长型和偏振型的光纤传感器并不直接调制光功率。此外,几乎所有的光纤传感器都需要对传感器的信号进行解调。

　　因此光纤传感技术的研究分为两大类:传感器技术和解调技术。点式光纤传感器以光纤布拉格光栅(fiber Bragg grating,FBG)传感器和非本征型法布里-珀罗干涉型传感器(也称为外腔式法布里-珀罗干涉仪,extrinsic Fabry-Perot interferometer,EFPI)最具代表意义,获得最广泛的工程应用。对这两类传感器的信号解调又可以大致分为相对测量和绝对测量两种。一般认为相对测量适合测量高频动态信号,绝对测量适合测量低频静态信号,但随着最新应用需求和技术的发展,高速绝对测量技术已经成为技术发展的前沿。

　　对于 FBG 传感器而言,相对测量是获得 FBG 波长的变化量 $\Delta\lambda$,适合用于测量振动、声一类信号,并不关心 FBG 的绝对波长;绝对测量需要测量出 FBG 的波长,通过 FBG 的波长,就可以得到被测缓变或静态物理量,如温度、应变、压力、位移等。对于 EFPI,相对测量获取的是法布里-珀罗(Fabry-Perot,F-P)腔的腔长的变化量,使用激光干涉测量技术,一般用于测量振动、声,或者是从一个时间到另一个时间内光程差的连续变化,这部分内容将在第 2 章讨论;绝对测量获取的是干涉仪的绝对光程差,使用白光干涉测量,可以测量缓变或静止变化的物理量,如距离、温度、应变、折射率等参数,这部分内容将在本章讨论。

光纤中的 FBG 和 EFPI 这两种传感器(有点像电路里面的电阻和电容的对应关系)虽然一个是波长调制型,另一个是相位调制型,但在绝对测量时都可以具有相同的解调硬件系统,即通过扫描传感器的光谱获得被测物理量。对于 FBG 来说,扫描光谱后可以直接得到 FBG 的反射波长。对于 EFPI 来说,扫描光谱后还需要根据干涉仪的白光光谱获得干涉仪的光程差,即 EFPI 的腔长,才能真正得到被测物理量。因此通过白光光谱来获得被测 EFPI 的腔长成为一门重要的技术,即光纤白光干涉测量术(white light interferometry,WLI)。

由于 EFPI 既可以由两根光纤的端面对准后形成传感器,也可以由一根光纤端面与另一个反射面组成,测量光纤出光端面与反射面之间的距离,所以光纤白光干涉测量技术除了应用于光纤传感领域,还可以应用于微小距离的测量,结合扫描装置,就可以构成纳米精度的三维面形测量系统,能够用于微纳器件的面形测量中。

光纤白光干涉测量又分为光程扫描白光干涉测量和光谱扫描白光干涉测量。传统上的光程扫描白光干涉测量需要一套机械装置来扫描光程,在一个干涉仪(传感干涉仪)的光程差为零,或两个干涉仪(传感干涉仪和补偿干涉仪)的光程差相等时出现干涉条纹最大值。但这种技术很明显的缺点是精度低、测量速度慢、体积大、稳定性差。通过测量光谱来测量干涉仪光程差称为光谱域白光干涉测量技术,即通过测量干涉仪的输出光谱就可以测量出干涉仪的光程差。这一技术最显著的优点是系统中没有机械扫描装置,从而稳定性、可靠性、测量精度、测量速度有了极大的提高。

高温光纤传感器测量原理以干涉型的光纤传感器和高温光纤光栅传感器为主,其中干涉型光纤传感器由于传感器结构灵活、可以测量的物理量多而备受关注。干涉型光纤高温传感器的测量对象主要包括温度、压力、应变、位移、振动等,除了振动信号的测量主要使用光纤激光干涉测量技术,其他物理量都使用光纤白光干涉测量技术。因此本章专门讨论光纤白光干涉测量技术,这是光纤高温法珀传感器信号解调的技术基础。

1.2　光程扫描式光纤白光干涉测量技术

传统的光程扫描式白光干涉测量需要一套机械扫描式接收干涉仪,在测量系统的接收端扫描传感干涉仪的光程差(OPD),如图 1.2.1 所示。光程扫描式白光干涉测量系统使用的是宽带光源。两束光波发生干涉的基本条件为:频率相同,振动方向相同和相位差恒定；此外，这两束光波的光程差还要小于光源的相干长度。光源的相干长度由其线宽决定。线宽有两种表述方法：$\Delta\lambda$（波长宽度）和 $\Delta\nu$（频率宽度）。光子寿命 $\tau=1/\Delta\nu$，光源的相干长度 $L_c=c\tau=c/\Delta\nu$（c 为光速）。波长和频率的关系为 $\lambda=c/\nu$，因此频率宽度和波长宽度的关系为

$$\Delta\nu=\frac{c}{\lambda^2}\Delta\lambda \tag{1.2.1}$$

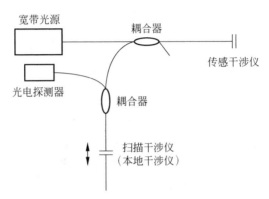

图 1.2.1　光程扫描式白光干涉测量系统

光源的相干长度也可以表示为

$$L_c=\frac{\lambda^2}{\Delta\lambda} \tag{1.2.2}$$

光源的相干长度与线宽成反比，线宽越宽，则相干长度越短。因此，当使用宽带光源时，本地接收干涉仪和传感干涉仪的光程差必须相匹配，只有当它们之间的差小于光源的相干长度 L_c 时，光电探测器才会有干涉信号输出。调节本地接收干涉仪的光程差，当接收干涉仪和传感干涉仪的光程差相等时干涉条纹出现最大值，如图 1.2.2 所示。光纤传感干涉仪的结构可以是法布里-珀罗干涉仪（Fabry-Perot interferometer，FPI）、迈克耳孙干涉仪（Michelson interferometer，MI）、马赫-曾德尔干涉仪（Mach-Zehnder interferometer，MZI）等。但这种光程扫描系统体积大、测量速度慢、测量精度和分辨率低、可靠性差。这种测量方法的分辨率一般只有几微米，最好的能够达到零点几微米，这主要是受机械扫描装置的稳定性、精度和分辨率的限制。该技术最大的优势是测量的光程差动态范围大，这是由机械扫描装置的扫描距离决定的。

　　基于菲佐（Fizeau）干涉仪的光程扫描白光干涉测量系统是一种电扫描式白光干涉测量，其原理如图 1.2.3 所示。宽带光源经光纤耦合器注入传感 EFPI 干涉仪，而后反射进入透镜组。其中菲佐腔由两个玻璃平面或者楔块构成，使得菲佐干涉仪中不同位置处的光程差不同。透镜组由准直透镜和会聚镜构成，准直透镜对

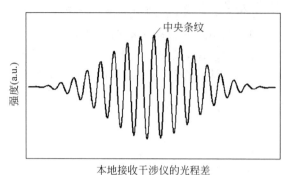

图 1.2.2　本地接收干涉仪的输出光谱

光纤传感器调制后的光信号进行准直,以形成等厚干涉的平行光入射条件,会聚镜把平行光转换为会聚光线以获得足够的光强度。用光电探测器阵列(如线阵电荷耦合器件(CCD))接收菲佐干涉仪对应点的输出光强。可以把楔块菲佐干涉仪看作一个空间分布的 F-P 干涉仪,在不同的位置上有不同的腔长,传感干涉仪的输出光与楔块菲佐干涉仪的输出光相关后注入 CCD 阵列,CCD 阵列的光强对应菲佐干涉仪不同光程差位置处的干涉条纹,这就形成了对传感干涉仪光程差的空间扫描,最大光强点位于菲佐干涉仪与 EFPI 干涉仪腔长相同位置。由空间分布的 F-P 干涉仪代替了传统的机械扫描干涉仪,这也是一种光程扫描技术。这一方法克服了机械扫描速度慢、稳定性差等问题。但是由于受楔块菲佐干涉仪的厚度限制,从而该系统可以测量的光程差动态范围小,同时 CCD 阵列的数量也限制了该系统的测量分辨率。

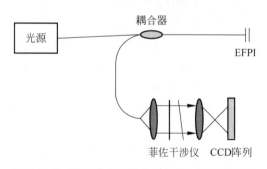

图 1.2.3　基于菲佐干涉仪的白光干涉测量系统

　　以上两种光程扫描式光纤白光干涉测量系统原理相似,前者使用机械装置扫描传感干涉仪的光程差,后者使用空间分布的干涉仪扫描传感干涉仪的光程差,都是相关解调系统。前者使用机械扫描装置,测量光程差的动态范围大,但是系统的稳定性差。后者无机械扫描装置,稳定性得到改善,具有长期可靠性,但是测量光程差的动态范围小,测量精度有限。

1.3　光谱获取技术

　　光谱域光纤白光干涉测量技术的第一步是要获取干涉仪的白光光谱。用商用的光谱仪测量光谱是一种最直接的方法,但一般商用光谱仪体积大,价格昂贵,并且波长测量分辨率不够高,也不便于仪器化,一般只用于实验室中。目前光纤白光干涉测量技术中获取干涉仪光谱的技术手段与 FBG 解调仪完全一样,主要包括 3 个主流的技术手段:CCD 光谱仪法、扫描可调谐光纤 F-P 滤波器法和扫描半导体激光二极管法。

　　第一种获取光谱的技术是用 CCD 光谱仪,即用平面光栅衍射后投射到 CCD 线阵来采集光谱。基于 CCD 阵列的光谱仪可以放入测量仪器内部,便于工程化应用。但由于 CCD 的响应波长一般小于 $1.1\mu m$,与目前主流光纤系统的工作波长($1.55\mu m$、$1.31\mu m$)不符,所以 $1.55\mu m$ 的红外 CCD 像元数较少,一般只有 256 个点或者 512 个点。即使是 512 个像素,对于 40nm 的光谱范围,每个像素对应约 80pm 的波长范围,也远大于光谱测量中对 1pm 波长测量分辨率的要求。一个解决的方法是采用插值细分的方法,可以得到大约 1pm 的波长测量分辨率,但这样测量的波长受光谱本身的特性影响大,可能会经常出现数个甚至数十个皮米的波长跳变。基于 CCD 光谱仪的另外一个缺点是不便于复用,实际中采用光开关来切换不同的光纤。基于 CCD 光谱仪的光谱采集技术的优点是采样速度快,甚至可以高达几十千赫兹的扫描速度。CCD 的背景噪声低,可以做到比较大的动态范围。此外 CCD 光谱仪构成的解调系统非常容易实现,对技术人员的要求低。

　　下面是北京理工大学利用 CCD 光谱仪获取光纤外腔式 F-P 干涉仪光谱的一个实验,其测量系统如图 1.3.1 所示。光源为宽带的非平坦的掺铒光纤(EDF)放大自发辐射(ASE)光源,光源的光谱范围是 1525~1565nm,输出光功率为 20mW,光源的光谱图如图 1.3.2(a)所示。光源的光经过 2×2 耦合器入射到传感器中,在反射端利用基于线阵 CCD 微型光谱仪(BaySpec FBGA-F-1525-1565)来获取 F-P 干涉仪的干涉光谱,图 1.3.2(b)为获取到的一个 $148\mu m$ 的传感器的干涉光谱图。受非平坦掺铒光纤放大自发辐射光源轮廓的影响,1530nm 附近的波峰要明显比其他的波峰强。

　　为了提高测量的精度,利用样条插值的方法改进微光谱仪的波长分辨率。首先,将干涉仪的光谱采集到计算机中,微光谱仪的 CCD 线性阵列中包含 512 个像素点,覆盖的波长范围为 1513~1572nm,因此该微光谱仪的分辨率为 0.115nm;另外,该传感器的光谱呈正弦分布,其干涉峰并不锐利,这就增加了确定峰值位置

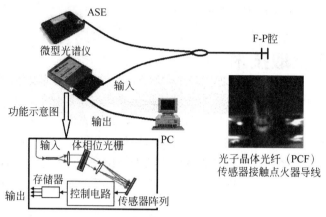

图 1.3.1　利用 CCD 光谱仪获取 F-P 干涉仪光谱的测量系统

（请扫Ⅶ页二维码看彩图）

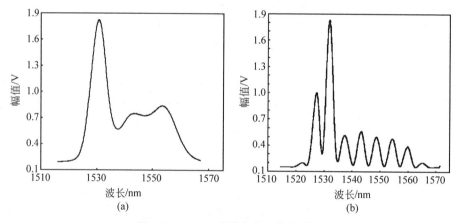

图 1.3.2　CCD 光谱仪获取的光谱图

（a）光源光谱图；（b）F-P 干涉仪的干涉光谱图

时的不确定性,也就降低了测量的分辨率。在实验中,通过一种细分技术,将 CCD 线性阵列的像素进行细分,该细分技术是基于样条差值的算法进行的。实验结果显示,通过细分的方法可以更加精确地确定峰值波长的位置,从而提高测量的准确性。

将光谱采集到计算机中,对波长对应的像素点进行重采样,重采样的波长间隔设置为 1pm,所以重采样的亚像素的长度为 40000,其对应的波长范围为 1525～1562nm,利用样条差值的方法获得这 40000 个亚像素点的值,最终得到相邻亚像素点之间的波长间隔为 1pm。因此,微光谱仪的波长分辨率由 0.115nm 提高到了 1pm。

提高 CCD 光谱仪波长测量精度亚像元细分的方法如下：对于线阵 CCD 微型光谱仪采集到的包含像元位置信息和光谱功率信息的二维数组，波长校正后，找出所有整数位置 CCD 像元对应的波长值，分别记为 $\lambda_0, \lambda_1, \cdots, \lambda_{m-1}$，其中 m 为 CCD 像元总数，波长单位为纳米（nm）。将所有相邻像元对应的波长作差，即 $\lambda_1 - \lambda_0$，$\lambda_2 - \lambda_1, \cdots, \lambda_{m-1} - \lambda_{m-2}$，结果分别记为 $\Delta\lambda_1, \Delta\lambda_2, \cdots, \Delta\lambda_{m-1}$，然后把所有相邻像元相应细分为 $\Delta\lambda_1 \cdot 1000/\mathrm{nm}, \Delta\lambda_2 \cdot 1000/\mathrm{nm}, \cdots, \Delta\lambda_{m-1} \cdot 1000/\mathrm{nm}$，则相邻像元之间的波长间隔被细分到 1pm，细分后任意像元位置对应的波长为

$$\lambda_n = \lambda_{\lfloor n \rfloor} + (n - \lfloor n \rfloor) \cdot (\lambda_{\lceil n \rceil} - \lambda_{\lfloor n \rfloor}) \cdot (1000/\mathrm{nm}) \times 0.001\mathrm{nm}$$
$$= \lambda_{\lfloor n \rfloor} + (n - \lfloor n \rfloor) \tag{1.3.1}$$

其中，n 对应细分后的任意像元位置；λ_n 为对应的波长；$\lambda_{\lceil n \rceil}$、$\lambda_{\lfloor n \rfloor}$ 分别表示 n 向上、向下取整后像元对应的波长，对应 $\lambda_0, \lambda_1, \cdots, \lambda_{m-1}$ 中两个相邻的波长；$\lfloor n \rfloor$ 表示 n 向下取整，n 可以从线阵 CCD 微型光谱仪采集到的数据中直接读出。

但实际上，在光纤传感器中，我们常常只关心少数几个点的波长信息，因此将上述波长算法应用在 FBG 和 EFPI 的峰值波长测量时，可以进一步简化，只需要找到光谱谱峰在 CCD 像元中对应的位置，再进行波长细分。对于一只 FBG 传感器，只有一个谱峰，先读取谱峰对应的像元位置，记为 m_0，然后对 m_0 分别向下、向上取整，结果分别记为 $\lfloor m_0 \rfloor$、$\lceil m_0 \rceil$。通过波长校准，获得 $\lfloor m_0 \rfloor$、$\lceil m_0 \rceil$ 对应的准确波长值，分别记为 λ_1、λ_2。则 $\lfloor m_0 \rfloor$、$\lceil m_0 \rceil$ 两个像元之间的波长间隔为

$$\Delta\lambda = \lambda_2 - \lambda_1 \tag{1.3.2}$$

将 $\Delta\lambda$ 细分到 1pm，得出 m_0 像元位置对应的波长

$$\lambda_0 = \lambda_1 + (m_0 - \lfloor m_0 \rfloor) \cdot \Delta\lambda \cdot (1000\mathrm{nm}^{-1}) \times 0.001\mathrm{nm}$$
$$= \lambda_1 + (m_0 - \lfloor m_0 \rfloor) \cdot \Delta\lambda \tag{1.3.3}$$

则可以精确获得光纤光栅的峰值波长。EFPI 传感器由于有多个峰值，所以需要读取更多的谱峰信息，细分同样只对峰值位置进行，这样可以在几乎不降低测量速度的同时提高波长测量分辨率。

用该方法测量了腔长为 $144\mu\mathrm{m}$ 的 EFPI 传感器，同样设置采样频率为 100Hz，采集时间为 60s，采集到的 EFPI 传感器的光谱如图 1.3.3 所示。取 EFPI 传感器反射光谱的第一个峰进行连续波长测量实验，得到的数据如图 1.3.4 所示。图 1.3.4 中的数据显示，测量波长波动为 ±5pm。温度连续变化时，测量得到的 EFPI 传感器波长和温度的关系曲线如图 1.3.5 所示，当温度从 51.5℃ 升高到 64℃ 时，该峰波长移动了 105pm，表明该 EFPI 的温度灵敏度为 8.4pm/℃，则对应的温度分辨率和波动分别为 0.12℃ 和 ±0.6℃。

该线阵 CCD 模块仅有 512 个像元，波长测量范围 59nm，则每个像元对应的波长约为 0.115nm，硬件的波长分辨率只能达到 0.115nm，而作者团队提出的波长测

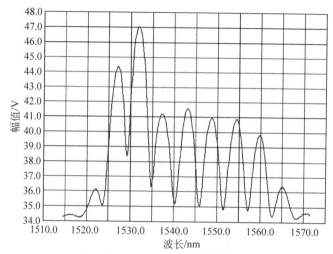

图 1.3.3　EFPI 传感器的反射光谱

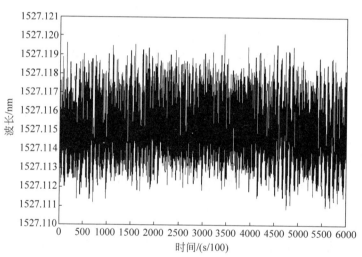

图 1.3.4　EFPI 传感器峰值波长的连续测量

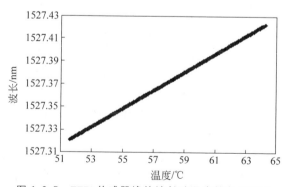

图 1.3.5　EFPI 传感器峰值波长随温度的变化关系

量方法,通过波长测量实验表明,采用新算法的波长测量系统其实际测量光纤光栅波长分辨率达到了 1pm,测量 144μm 的 EFPI 传感器时,波长波动为 ±5pm。会发现测量 EFPI 传感器时的波长波动明显比 FBG 传感器的波动要大,主要原因是,FBG 的反射光谱谱峰较锐,测量峰值位置的精度高;而 EFPI 的干涉光谱谱峰则较平坦,判断峰值波长时波动较大。

　　第二种获取光谱的方法是基于可调谐光纤 F-P 滤波器(fiber Fabry-Perot tunable filter,FFP-TF)的技术。可以在宽带光源的输出后接 FFP-TF,形成波长扫描光,也可以将 FFP-TF 做到激光器里面,形成波长扫描激光器。例如使用作者团队研制的 FFP-TF,线宽 0.12nm,自由光谱范围(free spectral range,FSR)80nm,损耗 1.5dB,在 1550nm 上对应的相干长度为 20mm,即能够测量干涉仪的最大光程差为 20mm。以之为基础开发的可调谐光纤激光器的输出功率超过 10mW,线宽小于 10pm,不仅可以测量非常大的光程差,而且由于输出功率高,还便于空分复用多路传感光纤。

　　图 1.3.6 展示了作者团队研制的高精细度 FFP-TF 的透射光谱,它的自由光谱范围宽,带宽窄。将高精细度的 FFP-TF 接在宽带光源的输出后面,FFP-TF 两端的反射镜固定在压电陶瓷上,利用锯齿波调节施加在压电陶瓷上的驱动电压,F-P 腔长随之发生变化,FFP-TF 的透射波长即发生变化,形成波长扫描光。宽带光源可以是宽带的发光二极管(LED),超辐射发光二极管(SLD)或者掺铒光纤放大自发辐射光源等。也可以直接将 FFP-TF 接入激光器内部结构,形成波长扫描激光器。

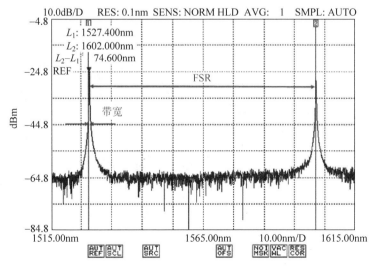

图 1.3.6　高精细度 FFP-TF 的透射光谱

图 1.3.7 是用 FFP-TF 获取白光光谱的原理图,分别用于采集 EFPI、MZI、MI 的光谱。由于 FFP-TF 存在非常大的非线性,且重复性差,从而部分波长扫描光经耦合器分光后进入由标准具和 FBG 组成的波长校正器,对光源的输出波长进行校

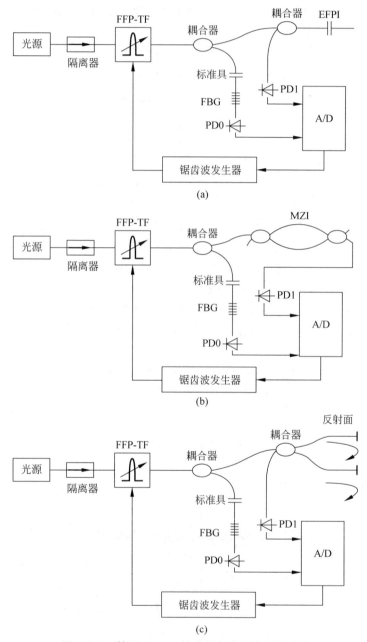

(a)

(b)

(c)

图 1.3.7 基于 FFP-TF 的光纤白光干涉测量系统

(a) EFPI 结构;(b) MZI 结构;(c) MI 结构

10

正。这种波长获取技术不仅小巧,便于仪器化及多路空分复用,而且能够获得等时间间隔(采样间隔)、等波长间隔的光谱,这样的一维数据组对于后续的数据处理,如傅里叶变换,非常方便。

由放大自发辐射光源和可调谐 F-P 滤波器构成的波长扫描光源可以直接用作波长扫描激光器,利用光纤 F-P 滤波器作为调谐器件的可调谐光纤激光器结构如图 1.3.8 所示。

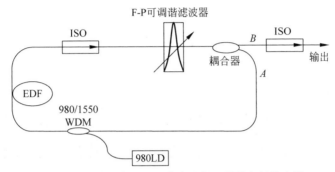

图 1.3.8　基于光纤 F-P 滤波器的可调谐光纤激光器

利用一个 1×2 耦合器构成环形腔,耦合比为 80:20,其中 80% 作为输出,20% 与输入臂构成环形腔,泵浦光通过波分复用器(WDM)耦合入掺铒光纤(Er-doped fiber,EDF),腔内隔离器(ISO)确保单向传输,插入的光纤 F-P 可调谐滤波器对其透射波长的光损耗很低,所以在其透射波长上的光可以在腔内起振形成激光输出,而其他非透射波长的光无法起振。通过改变加在光纤 F-P 可调谐滤波器的电压来改变 F-P 腔的腔长从而改变它的透射波长,可以实现在 EDF 增益谱内连续可调谐的激光输出。F-P 滤波器的自由光谱区为 110nm,透射峰半峰全宽(FWHM)为 0.2nm,调谐范围可以覆盖整个掺铒光纤的增益波长,至少有一个透射峰落在增益范围内。掺铒光纤使用 Liekki 公司生产的 Er20-4/125 高掺杂光纤,它在 1530nm 处的吸收峰值为 (20±2)dBm/m,1550nm 处模场直径为 (6.5±0.5)μm,截止波长为 800~980nm,长度为 5m。

我们利用上述结构获得了 1515~1610nm 范围内连续可调谐的激光输出,泵浦功率约 200mW,因为 EDF 增益谱不平坦,所以输出功率在不同波长上不同,输出功率大于 5mW。

图 1.3.9 和图 1.3.10 分别为 0.5nm 范围 0.01nm 分辨率和 80nm 范围 0.1nm 分辨率下三个波长上的调谐光谱。从光谱图中可以观察到,激光的线宽小于光谱仪的分辨率 0.01nm,远远小于 F-P 滤波器 0.2nm 的透射峰半峰全宽。由于环形腔腔长较长,从而在 F-P 滤波器透射峰的 0.2nm 范围内,对应谐振腔内很多个纵模。由于 F-P 腔的透过率约 70%,插入损耗相对较小,基于激光增益大于损耗的起振条件,则只有在滤波器透射峰中心附近,损耗最低的几个纵模增益高

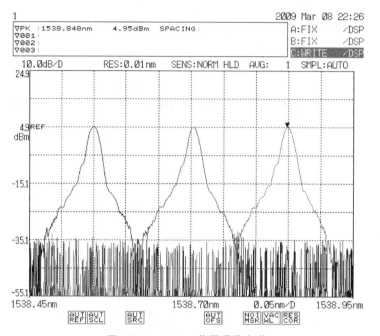

图 1.3.9 0.5nm 范围调谐光谱

（请扫Ⅶ页二维码看彩图）

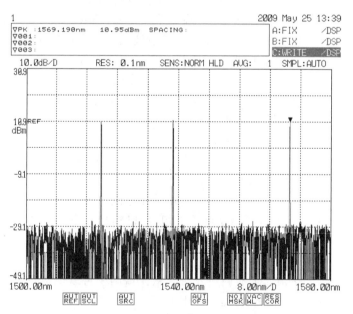

图 1.3.10 80nm 范围调谐光谱

（请扫Ⅶ页二维码看彩图）

于起振阈值。在 F-P 滤波器透射峰的 0.2nm 范围内增益谱线应主要考虑均匀加宽因素,即在该 0.2nm 波长范围内,具体每个纵模上的受激辐射效应对于上能级的每个粒子都是等同的,每个纵模的振荡都会使各个纵模的增益共同下降,相邻纵模间存在竞争的效应,最后只应在透射峰附近的一个纵模维持振荡。由于光纤中偏振态的变化,则可能会在透射峰中心频率附近形成多模振荡,但输出激光的线宽远小于 F-P 滤波器的透射峰半峰全宽。

在 FFP-TF 内部,使用了压电驱动器(PZT)作为波长调谐的驱动器。由于 PZT 有很大的迟滞效应,所以用 FFP-TF 扫描 EFPI 时,光谱图中每个采样点所对应的波长间隔并不相等,在确定两个相位相差 2π 的峰-峰值间的波长间隔时,在不同波长上测量出的 EFPI 腔长有很大的差异。因此需要使用标准具来对 FFP-TF 的扫描光进行波长校正。校正前采集到的白光光谱原始信号如图 1.3.11(a)所示,横坐标是采样序号,是一个等时间采样序列。图 1.3.11(b)是标准具的输出信号,用来对 WPI 光谱信号的波长进行校正。经过波长校正后,所得到的白光光谱沿波长方向等间隔采样,是一个等波长采样序列,如图 1.3.11(c)所示。波长范围是由激光器的扫描范围决定的,采样间隔为 1pm。

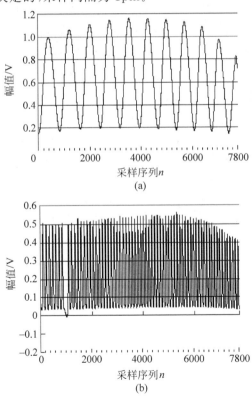

图 1.3.11　光谱获取过程

(a) 干涉仪输出原始信号; (b) 标准具输出原始信号; (c) 校正后的干涉仪输出光谱

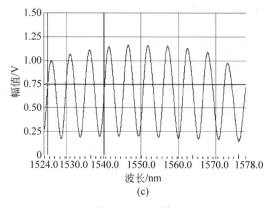

(c)

图 1.3.11 （续）

图 1.3.12 分别给出了用光谱仪采集的光谱和用图 1.3.11 所示方法采集的另外一只 EFPI 干涉仪的光谱,可见两个光谱是一样的。

图 1.3.13 为北京理工大学自主研发的多功能光纤传感测量仪,可同时用于 FBG 和 FPI 等干涉型光纤传感器的测量,且可多通道同时测量。目前已经研制出 16 通道,每通道扫描速度达 2 kHz 的高速光纤传感测量仪。

第三种获取光谱的方法是使用可调谐分布式布拉格反射(DBR)半导体激光器,通过改变激光器的注入电流而实现波长调谐,将此波长调谐的光注入干涉仪来获取干涉仪的白光光谱。图 1.3.14 是三节 DBR 激光器的动态模型示意图,它由

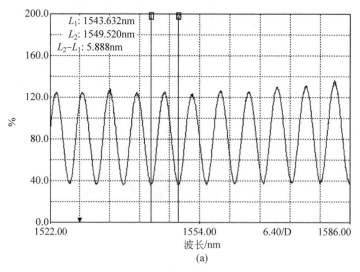

(a)

图 1.3.12　EFPI 干涉光谱

(a) 光谱仪 AQ6317C 采集的归一化光谱;(b) 扫描 FFP-TF 方案采集的光谱

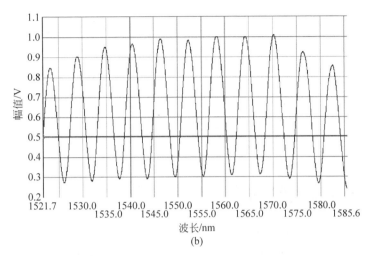

(b)

图 1.3.12　（续）

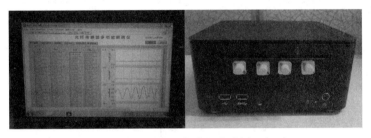

图 1.3.13　多功能光纤传感测量仪

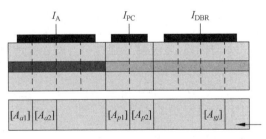

图 1.3.14　三节 DBR 激光器动态模型

（请扫Ⅶ页二维码看彩图）

有源节、相位节和布拉格光栅节组成。有源节为激光器的工作提供增益,无源的相位节和光栅节用来调谐激光的波长。可调谐激光器一般需要做成模块的形式,使用时由现场可编程门阵列(FPGA)控制电流源给到激光器,通过串口与外部通信,可以设定波长扫描起点、终点、步进量。两个触发信号分别为点触发和周期触发,每完成一个波长输出(比如 1GHz)则点触发输出一个上升沿,每完成一个周期波长扫描(比如 40nm)则触发输出一个上升沿,通过计数脉冲的个数就可知道当前激光器的输出波长。此类激光器的波长调谐速度快(可达 2kHz),波长调谐范围宽(40nm),输出光功率高(20mW),线宽小于 10MHz;并且调谐波长的位置固定,不需要进行波长校正。缺点是波长调谐不连续,当波长扫描范围为 40nm,最小步进 1GHz 时,则每个周期对应 5100 个点,每个点对应 8pm,大于光谱测量中对 1pm 波长测量分辨率的要求。另外,目前还不能满足更宽调谐范围的应用需要,如 80nm、120nm、160nm 波长范围。

1.4　光谱域光纤白光干涉测量技术

通常,认为 MZI、MI 以及低精细度的 FPI 是双光束干涉。以 FPI 为例,它由一组相互平行的、内表面具有低反射率的两个反射镜(M_1 和 M_2)组成,如图 1.4.1 所示。光波注入 FPI 时,在 M_1 处发生第一次发射。大部分光透过反射镜 M_1 注入谐振腔内,在反射镜 M_2 处发生第二次反射,然后透射出谐振腔。这两束后向反射光叠加,形成双光束干涉。

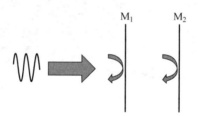

图 1.4.1　FPI 的双光束干涉原理图

设这两束光波沿 z 方向传播,复振幅分别为 A_1 和 A_2,角频率为 ω,空间相位分别为 φ_1 和 φ_2。这两束光波可以表示为

$$\begin{cases} E_1(z,t) = A_1 \exp[-i(\omega t - \varphi_1)] \\ E_2(z,t) = A_2 \exp[-i(\omega t - \varphi_2)] \end{cases} \tag{1.4.1}$$

干涉光为两束光波的叠加,则干涉光的合成振幅为

$$E(z,t) = A_1 \exp[-i(\omega t - \varphi_1)] + A_2 \exp[-i(\omega t - \varphi_2)] \tag{1.4.2}$$

那么双光束干涉光的强度可以表示为

$$I = E \times E^* = A_1^2 + A_2^2 + 2A_1 A_2 \cos(\varphi_2 - \varphi_1) \tag{1.4.3}$$

从公式(1.4.3)可以看出,干涉光的强度随两束光波的相位差 $\varphi(\varphi = \varphi_2 - \varphi_1)$ 的变化呈周期性的变化。而相位差 φ 由两束光的光程差(OPD)和光波长 λ 决定,表示为

$$\varphi = 2\pi \frac{\text{OPD}}{\lambda} + \varphi_0 \tag{1.4.4}$$

其中，φ_0 为光波在介质的界面处反射所引起的相移 φ_r 和光波由自由空间耦合进光纤时所引起的耦合相移 φ_θ 之和。通常，对于一个特定的光纤干涉仪，φ_r 可以视为一个常数。

光波由单模光纤透射出来在自由空间中传播并返回进单模光纤后，引起的耦合相移 φ_θ 为

$$\varphi_\theta(\lambda,\mathrm{OPD}) = \arctan\left(\lambda\,\frac{\mathrm{OPD}}{\pi\omega_0^2}\right) \tag{1.4.5}$$

其中，ω_0 为单模光纤的模场半径。ω_0 可以用单模光纤的纤芯半径 a 和归一化频率 V 表示为

$$\omega_0 = a / \sqrt{\ln V} \tag{1.4.6}$$

归一化频率 V 表示为

$$V = \frac{2\pi}{\lambda}a\sqrt{n_1^2 - n_2^2} \tag{1.4.7}$$

其中，n_1 和 n_2 分别为单模光纤的纤芯和包层的折射率。因此，耦合相移 φ_θ 为

$$\varphi_\theta(\lambda,\mathrm{OPD}) = \arctan\left(\frac{\mathrm{OPD}\lambda}{\pi a^2}\ln\frac{2\pi a}{\lambda}\sqrt{n_1^2 - n_2^2}\right) \tag{1.4.8}$$

单模光纤的纤芯和包层折射率分别为 1.447 和 1.443，常用的单模光纤的纤芯半径 a 为 $4.5\mu\mathrm{m}$，那么耦合相移 φ_θ 是扫描波长和光程差的函数。对于特定的光程差，如 $\mathrm{OPD}=1000\mu\mathrm{m}$，波长从 1510nm 扫描到 1590nm 引起的耦合相移如图 1.4.2(a)

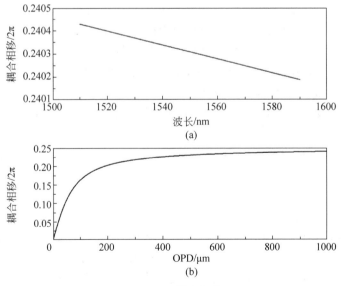

图 1.4.2　耦合相移

(a) 耦合相移与波长的关系；(b) 耦合相移与光程差的关系

所示,从图中可以看出,波长扫描对于耦合相移的影响可以忽略。对于特定的中心波长1550nm,光程差从0变化到$1000\mu m$所引起的耦合相移如图1.4.2(b)所示,从中可以看出,随着光程差的变大,耦合相移的变化减小,耦合相移逐渐趋于常数。

由公式(1.4.4)可得测量干涉仪的光程差所用的标准公式是

$$\Delta d = \frac{\lambda_2 \lambda_1}{2\pi(\lambda_2 - \lambda_1)n} \cdot \Delta\varphi \qquad (1.4.9)$$

其中,n是介质的折射率;λ_1和λ_2分别是光谱中的2个波长;$\Delta\varphi$是光波长从λ_1变化到λ_2时所引起干涉条纹的相位变化。因此,直接测量光谱中两相邻峰(相位相差2π)的波长λ_1和λ_2,就可以得到空气腔EFPI干涉仪的绝对腔长

$$d = \frac{\lambda_2 \lambda_1}{\lambda_2 - \lambda_1} \qquad (1.4.10)$$

这种方法简单可行。最大的问题是,由于光谱的波形成接近正弦分布,在波或谷的位置光强变化率为0,而信号中的噪声也使波峰或波谷的位置波动大,这使得不能精确测量出相位相差2π的峰或谷的波长,波长测量存在着很大的随机性,从而大大降低了波长测量的分辨率,因此在测量干涉仪的光程差时测量精度较低。另外我们必须清楚,分辨率为1pm的光谱测量并不意味着条纹峰位置测量的分辨率也是1pm,这是两个完全不同的概念。波长测量变化8pm时,对于$3000\mu m$的腔长,测量误差就高达$25\mu m$,可见用公式(1.4.10)来测量EFPI的腔长时精度较低。

我们在公式(1.4.9)的原理上,提出了基于相位测量技术的光纤白光干涉测量技术。其基本思路是,在公式(1.4.9)中,如果能够精确地知道光谱中一段信号的起始和终止波长,通过测量出这段信号的相位变化$\Delta\varphi$,就可以利用公式(1.4.9)测量出干涉仪的光程差,这样就把光纤白光干涉测量的问题转换为了一段信号的相位测量问题。而在获取光谱的过程中,我们使用光纤标准具来校准光谱,标准具的峰呈尖锐状,因此我们能够精确地确定标准具峰的位置,即能够精确确定光谱扫描的起始和终止波长。在此思路上发展出系列基于相位测量技术的光谱域光纤白光干涉测量技术。

由公式(1.4.4)可知,当光源波长由λ_1扫描到λ_2时,干涉光谱的相位变化量为

$$\Delta\varphi = 2\pi\frac{\lambda_2 - \lambda_1}{\lambda_1 \lambda_2}\text{OPD} \qquad (1.4.11)$$

从公式(1.4.11)可以看出,光程差的计算与φ_0无关,只要得到干涉光谱的相位变化量和对应的起止扫描波长,就可以解调出光纤干涉仪的绝对光程差。在获取白光干涉光谱的过程中,利用高精细度的光纤F-P标准具的密集梳状光谱来校准系统波长,如此便可以精确测量干涉光谱的起止扫描波长。那么对于白光干涉光谱的测量就是对光谱信号相位的测量。

根据测量算法的不同,光谱域光纤白光干涉测量术可以分为:峰值探测白光干涉测量术、傅里叶变换白光干涉测量术、相移白光干涉测量术、互相关计算白光干涉测量术和步进相移白光干涉测量技术等。

1.5　峰值探测白光干涉测量技术

由公式(1.4.3)和公式(1.4.4)可知,双光束白光干涉光谱的强度随波长呈周期性变化,变化曲线呈准正弦分布,如图1.5.1所示。峰值探测白光干涉测量术是利用干涉条纹的峰值信息来测量待测物理量,包含波长追踪法、峰峰值法和干涉级次法。

波长追踪法简单,就是通过记录一个特定干涉级 m 的峰值波长(或波谷波长) λ_m 与待测物理量的关系,然后由 λ_m 得到被测物理量。在波峰处,公式(1.4.4)所述的干涉光谱的相位满足

$$\varphi_m = 2\pi \frac{\mathrm{OPD}}{\lambda_m} + \varphi_0 = 2\pi m, \quad m = 0, 1, 2, \cdots \tag{1.5.1}$$

波长追踪法的波长测量分辨率为几皮米,测量分辨率高,但是波长的动态范围限制在一个自由光谱范围内。因此对于光程差,动态测量范围被限制在 $\pm\lambda/2$,动态测量范围窄。

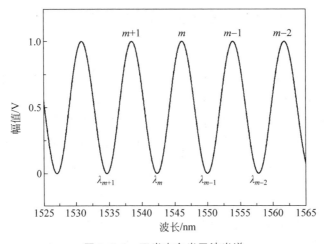

图 1.5.1　双光束白光干涉光谱

峰峰值的方法应用较为广泛,它是利用干涉条纹的相邻的 $n+1$ 个波峰或波谷 $(\lambda_1, \lambda_2, \cdots, \lambda_{n+1}, n=1, 2, \cdots)$ 的相位差为 2π 的 n 倍,即

$$\Delta\varphi = 2\pi \frac{\lambda_{n+1} - \lambda_1}{\lambda_1 \lambda_{n+1}} \mathrm{OPD} = 2\pi n \qquad (1.5.2)$$

得到干涉仪的光程差为

$$\mathrm{OPD} = \frac{n\lambda_{n+1}\lambda_1}{\lambda_{n+1} - \lambda_1} \qquad (1.5.3)$$

峰峰值的方法可以选择两个峰,也可以选择多个峰。相比于双峰测量法,多峰测量法充分利用所有波峰信息,波长测量误差平均作用于 n 个波峰上,测量误差减小。光程差的测量分辨率为零点几微米。对于特定光程差的干涉仪来说,光谱范围越宽,可利用的波峰就越多,测量误差就越小。在有限光谱范围内,通过对干涉光谱的多个峰值波长进行线性拟合可以改进峰峰值法,测量分辨率可明显提高。

干涉级次法结合了峰峰值法和波长追踪法,首先利用峰峰值法得到某个峰值波长 λ_m 的干涉级次 m,进而利用公式(1.5.2)得到干涉仪的光程差。

$$\mathrm{OPD} = m\lambda_m \qquad (1.5.4)$$

白光干涉光谱通常呈准正弦函数曲线,在峰值波长附近曲率为零,曲线变化非常缓慢,峰值波长存在一定的不确定性。干涉光谱峰值波长的不确定性引起的测量误差可能会导致干涉级次出现跳变的问题。此外,耦合相移 φ_θ 的变化也会对干涉级次的确定造成影响。

1.6 双波长干涉级次白光干涉测量技术

在白光光谱中,一个峰的波长移动对光程差的变化非常敏感,从而可以通过测量某一个峰的波长移动作为高灵敏度的传感器,尤其应用在光程差很小、相邻峰间的波长间隔(FSR)较大时。但很显然,在光程差变化 $\lambda/2$ 时,相位变化 2π,该峰就会移动到相邻峰的波长位置,因此这样测量的动态范围仅有 $\lambda/2$。可以用计算干涉级次的方法,先粗略计算出干涉级次,再计算出腔长,从而能够在高分辨率测量的同时实现大的测量动态范围。其计算公式为

$$d = \frac{1}{2}\mathrm{Integer}\left(\frac{\lambda_2}{\lambda_2 - \lambda_1}\right) \cdot \lambda_1 \qquad (1.6.1)$$

公式(1.6.1)中取整的部分实际上就是计算干涉级次,即求公式(1.5.4)中的值。这一方法需要测量正弦信号的峰值波长,这种计算干涉级次的方法在相位为 2π 的整数倍位置上不能判断干涉级次是在上一级还是在下一级,测量光程差可能出现 $\lambda/2$ 的跳跃。但是如果干涉条纹有很高的锐度,就可以精确地测量出光谱中峰的波长。北京理工大学采用在光纤端面制作微透镜的方法,做成了高精细度EFPI传感器。图1.6.1(a)是高精细度EFPI传感器的透射光谱,图1.6.1(b)是连

续测量时腔长随温度变化的漂移,可见测量腔长变化的分辨率达到了 1nm。

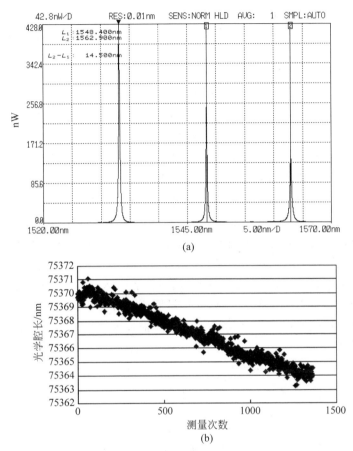

(a)

(b)

图 1.6.1　高精细度 EFPI 传感器的透射光谱及其腔长漂移

（a）高精细度 EFPI 传感器的透射光谱；（b）连续测量时腔长随温度变化的漂移

1.7　傅里叶变换白光干涉测量技术

　　我们创建了基于相位测量技术的光纤光谱域白光干涉测量,其基本思想是将光纤光谱域白光干涉测量技术转变为相位测量技术,解决双光束干涉仪条纹精细度低所引起的测量精度低的问题,由此发展出一系列光纤白光干涉测量方法。原有的白光干涉测量技术利用公式(1.4.9),找到白光干涉光谱中的两个峰或谷,其相位相差 2π 或 2π 的整数倍,测量的目标是精确获得这两个波长 λ_1 和 λ_2,然后代入公式(1.4.9)中,即可获得干涉仪的光程差。但由于干涉仪是双光束干涉,白光光谱中的干涉条纹呈正弦分布,在确定条纹峰或谷的过程中存在很大的不确定性,从而降低了测量精度。我们提出反向的思维,先精确确定扫描光谱的起始波长和终止波长,然后计算这个波长范围内光谱信号的相位变化,代入公式(1.4.9),就可以精确获得干涉仪的光程差。

以图1.3.11为例,光源波长扫描时,同时获取干涉仪的输出和标准具的输出,得到图1.3.11(a)和(b)两路信号,标准具信号有尖锐的峰,并且其波长精确,从扫描的起始到终止两个标准具波长范围间截取出干涉仪的输出光谱信号,只要计算出这一段信号的相位变化,就可以从公式(1.4.9)中获得干涉仪的光程差d。

傅里叶变换光纤白光干涉测量是北京理工大学提出的最具有代表性的基于相位测量技术的光纤光谱域白光干涉测量。其工作原理是通过测量出初始波长λ_1和终止波长λ_2的相位变化,来获得干涉仪的光程差。具体操作步骤为:先将采集到的光谱数据做等波长或等波数处理,再进行快速傅里叶变换(FFT),滤波,提取主频再进行快速傅里叶逆变换,做对数运算,取虚部,并进行相位反包裹运算扩展相位范围,最后获得相位,再由公式(1.4.9)求得干涉仪的光程差。由于可以精确地确定扫描的初始波长λ_1和终止波长λ_2,从而能够达到很高的测量分辨率。这一技术另一个优势是不需要人工干预,对信号质量要求也不高。

傅里叶变换光纤白光干涉测量术的数学描述如下。干涉仪的白光光谱可以写为

$$g(\lambda) = a(\lambda) + b(\lambda)\cos(2\pi f_0 \lambda + \pi) \tag{1.7.1}$$

其中,

$$f_0 = \frac{d}{\lambda^2} \tag{1.7.2}$$

这里,f_0是信号的主频;d是干涉仪的光程差。做傅里叶变换后,公式(1.7.1)的频谱写为

$$G(f) = A(f) + C(f - f_0) + C^*(f + f_0) \tag{1.7.3}$$

对频谱中的主频滤波,相当于提取出公式(1.7.3)中的$C(f - f_0)$项,再对$C(f - f_0)$做傅里叶逆变换,得到

$$h(\lambda) = -\frac{1}{2}b(\lambda)\exp(j2\pi f_0 \lambda) \tag{1.7.4}$$

对公式(1.7.4)求对数,再取虚部,就可以获得相位信息

$$\phi(\lambda) = 2\pi f_0 \lambda = \frac{2\pi}{\lambda}d \tag{1.7.5}$$

公式(1.7.5)中,光程差d携带在相位中,因此解调出相位$\phi(\lambda)$后,可以直接求出d。图1.7.1是实际测量中,波长从1525.139nm扫描到1565.491nm时一只腔长为2298.7μm的EFPI输出光谱的相位变化。

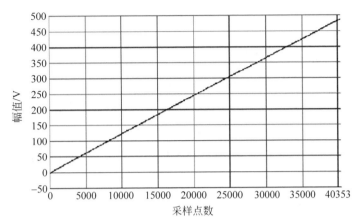

图 1.7.1　EFPI 输出光谱的相位随采样点（波长）的变化曲线

　　能够空频分复用干涉型的光纤传感器是傅里叶变换光纤白光干涉测量术一个很大的优势。将各个传感器的光程差之间的间距设置得足够大，如大于 $300\mu m$，傅里叶变换后的每个光谱的频谱就可以分得足够开，用滤波器能够将它们分别滤出，再分别计算出每个干涉仪由波长扫描所产生的相位变化，就可以分别求出每个干涉仪的绝对光程差。两只腔长分别为 $1007\mu m$ 和 $3000\mu m$ 的 EFPI 传感器，通过一只耦合器并联连接到图 1.3.7（a）中，所采集到的复合白光光谱如图 1.7.2（a）所示。图中的横坐标实际上是波长，因为采样间隔为 1pm，即 1pm 采样一个点。而实际工程应用中更广泛的设计是三个反射面构成的三光束干涉所形成的空频分复用，这将在后面的复合传感器中广泛用到。傅里叶变换后得到的复合白光光谱的频谱如图 1.7.2（b）所示，图中两个频率位置分别由两个 EFPI 的光程差决定，腔长越长则空间频率越高。分别滤波出各个频率分量后，再计算相位，即可解调出每个干涉仪由波长扫描所产生的相位变化，进而求出每个干涉仪的光程差。

　　对傅里叶变换光纤白光干涉测量术做一个变化，通过测量一个干涉仪光谱信号的相位变化，可以得到在两个不同状态下干涉仪的相位差，从而测得干涉仪光程差的变化量，即傅里叶变换光纤白光干涉相对测量术。例如在传感器的初始状态采集一次光谱，以此作为参考信号，再次采集传感器的光谱，测量出再次采集光谱与初始光谱的相位差，就可以得到从初始状态开始后被测量的变化量。

　　设传感器初始状态的光谱为 $g_1(\lambda)$，可以写为

$$g_1(\lambda) = a_1(\lambda) + b_1(\lambda)\cos\left(\frac{4\pi}{\lambda}d + \phi_0\right) \tag{1.7.6}$$

其中，d 是初始腔长，$2d$ 是光程差；$a_1(\lambda)$ 是背景光；$b_1(\lambda)$ 是条纹对比度，由传感器端面反射率、光源光谱轮廓和腔长所决定；ϕ_0 是初始相位。当外界物理量改变

23

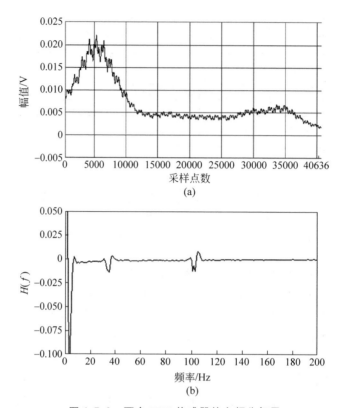

图 1.7.2　两个 EFPI 传感器的空频分复用

（a）复合白光光谱；（b）傅里叶变换后复合白光光谱的频谱

腔长后,传感器的光谱信号变为

$$g_2(\lambda) = a_2(\lambda) + b_2(\lambda)\cos\left[\frac{4\pi}{\lambda}(d + \Delta d) + \phi_0\right] \tag{1.7.7}$$

其中,$a_2(\lambda)$ 和 $b_2(\lambda)$ 与公式(1.7.6)中的含义相同。由于光纤损耗、传感器腔长的变化,则 $a_1(\lambda)$ 和 $b_1(\lambda)$ 不能认为是固定值。Δd 是腔长的变化量,是需要通过解调获得的。

可以把公式(1.7.6)和公式(1.7.7)写成下面的格式

$$g_1(\lambda) = a_1(\lambda) + \frac{1}{2}b_1(\lambda)\exp\left[\mathrm{j}\left(\frac{4\pi}{\lambda}d + \phi_0\right)\right] + \frac{1}{2}b_1(\lambda)\exp\left[-\mathrm{j}\left(\frac{4\pi}{\lambda}d + \phi_0\right)\right]$$
$$\tag{1.7.8}$$

$$g_2(\lambda) = a_2(\lambda) + \frac{1}{2}b_2(\lambda)\exp\left\{\mathrm{j}\left[\frac{4\pi}{\lambda}(d + \Delta d) + \phi_0\right]\right\} +$$
$$\frac{1}{2}b_2(\lambda)\exp\left\{-\mathrm{j}\left[\frac{4\pi}{\lambda}(d + \Delta d) + \phi_0\right]\right\} \tag{1.7.9}$$

对公式(1.7.6)和公式(1.7.7)做傅里叶变换,有

$$G_1(f) = A_1(f) + B_1(f - f_1) + B_1^*(f + f_1) \qquad (1.7.10)$$

$$G_2(f) = A_2(f) + B_2(f - f_2) + B_2^*(f + f_2) \qquad (1.7.11)$$

其中,∗代表复共轭;大写字母代表傅里叶谱;f_1 和 f_2 代表载频,f_1 由腔长 d 决定,f_2 由腔长 $d + \Delta d$ 决定。

将频率分量 $B_1(f - f_1)$ 从公式(1.7.10)里面滤出来,频率分量 $B_2(f - f_2)$ 从公式(1.7.11)中滤出来,再计算 $B_1(f - f_1)$ 和 $B_2(f - f_2)$ 的傅里叶逆变换,得到解析信号

$$h_1(\lambda) = \frac{1}{2} c_1 b_1(\lambda) \exp\left[\mathrm{j}\left(\frac{4\pi}{\lambda} d + \phi_0 \right) \right] \qquad (1.7.12)$$

$$h_2(\lambda) = \frac{1}{2} c_2 b_2(\lambda) \exp\left\{ \mathrm{j}\left[\frac{4\pi}{\lambda}(d + \Delta d) + \phi_0 \right] \right\} \qquad (1.7.13)$$

其中,c_1 和 c_2 是由傅里叶变换引入的一个附加倍率因子。再做如下的复对数运算,可以得到

$$h_3(\lambda) = \ln[h_1(\lambda) * h_2^*(\lambda)] = \ln\left[\frac{c_1 c_2}{4} b_1(\lambda) b_2(\lambda) \right] - \mathrm{j}\frac{4\pi}{\lambda}\Delta d = \alpha(\lambda) - \mathrm{j}\phi(\lambda)$$

$$(1.7.14)$$

其中,

$$\alpha(\lambda) = \ln\left[\frac{c_1 c_2}{4} b_1(\lambda) b_2(\lambda) \right] \qquad (1.7.15)$$

$$\phi(\lambda) = \frac{4\pi}{\lambda}\Delta d \qquad (1.7.16)$$

公式(1.7.14)的虚部就是相位 $\varphi(\lambda)$,这个信号中已经剥离了不需要的背景光 $a_1(\lambda)$ 和 $a_2(\lambda)$,条纹对比度 $b_1(\lambda)$ 和 $b_2(\lambda)$,以及初始相位 φ_0。光源波长从 λ_1 扫描到 λ_2,就能得到相位的变化量 $\Delta\varphi(\lambda)$,因此腔长的变化为

$$\Delta d = \frac{\lambda_1 \lambda_2}{4\pi(\lambda_1 - \lambda_2)}\Delta\phi(\lambda) \qquad (1.7.17)$$

利用相位测量技术还可以直接获得两个传感器之间的相位差。将其中一个传感器作为参考传感器,用于感受被测环境的随机波动,如温度和测量系统抖动,另一个传感器作为测量传感器,在外界扰动相同的条件下同时感受被测物理量,用光纤白光干涉相对测量的方法计算出两个传感器之间的相位差,就可以在测量出被测量的同时去除其他外界扰动对测量的影响。

白光干涉法主要有扫描白光干涉法和光谱白光干涉法两种类型。扫描白光干涉是通过扫描本地接收干涉仪的光程差,从而产生白光干涉条纹。该技术的缺点是存在较大的系统误差,相对较低的机械稳定性和分辨率。光谱白光干涉法是使

用宽带光源和光谱分析仪得到输出光谱。测量两个具有 2π 相移的白光光谱相邻峰波长便可求出其绝对腔长。但在实际中存在两个问题：一个是光谱分析仪在处理数据时很麻烦,不适合仪器使用；另一个则是由于光谱曲线为正弦分布,难以确定白光光谱中的峰位置。

于是便提出了傅里叶变换白光干涉法,使用光纤 F-P 可调滤波器扫描波长,并设计一个傅里叶变换相位解调器检测绝对腔长,通过解调器计算出两个 EFPI 之间的腔长差便可以比较由扫描波长引起的相位差。该技术具有抗光功率波动和动态测量范围大的优点,且可以消除环境和询问器中常见的波动,大大提高了测量分辨率。

如图 1.7.3 所示,两个 EFPI（EFPI1 为应变传感器,EFPI2 为补偿器）通过耦合器阵列被连接到一起。为缩小环境变化的影响,两个 EFPI 在理论上应具有相同的空腔长度和传感器大小,但在实际应用中,都会存在着微小的误差。系统最开始提供一个具有较宽宽带范围的放大自发辐射光源,其波长覆盖 1525～1565nm,输出功率为 20mW,用于照亮光纤 F-P 可调滤光器（FFP-TF）。其中,光纤 F-P 可调滤光器的带宽为 0.325nm,精细范围为 200nm,无光谱范围为 65nm。计算机控制锯齿波发生器产生线性扫描电压,从而使光纤 F-P 可调滤波器产生波长为 0.325nm 的线性扫描光。产生的线性扫描光被一个耦合器分成两束光,其中一束光束用于检测 EFPI 的光谱,通过另一个耦合器被分成两束光分别注入两个 EFPI 中,再由光电探测器 PD1 和 PD2 检测反射光；另一束光束则注入两个光纤光栅中,并通过 PD0 检测反射光。当扫描光纤 F-P 可调滤光器时,可以确定起始波长和终止波长。两个光纤光栅通过将它们粘贴在温度稳定的热电冷却模块上达到稳定状态,其波长分别为 1525.649nm 和 1564.676nm。

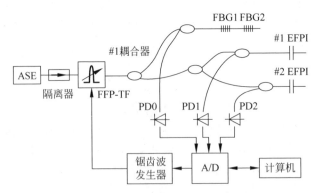

图 1.7.3　傅里叶变换白光干涉法实验装置示意图

扫描光纤 F-P 可调滤波器,获得两个由 EFPI 传感器反射的白光光谱,可表示为

$$g_1(\lambda) = a_1(\lambda) + b_1(\lambda)\cos\left[2\pi f_1\lambda + \varphi_0 + \Delta\varphi(\lambda)\right] \qquad (1.7.18)$$

$$g_2(\lambda) = a_2(\lambda) + b_2(\lambda)\cos\left[2\pi f_2\lambda + \varphi_0 + \Delta\varphi(\lambda)\right] \qquad (1.7.19)$$

其中,$a_1(\lambda)$ 和 $a_2(\lambda)$ 是由光源光谱轮廓引入的背景光;$b_1(\lambda)$ 和 $b_2(\lambda)$ 是条纹的对比度,它受腔长和光纤末端反射的影响;φ_0 是初始相移,它是在 EFPI 和耦合相移中由第二次反射所得;$\Delta\varphi(\lambda)$ 是当扫描光纤 F-P 滤波器时由环境干扰和波长不确定性所引起的相位变化之和,两个相同尺寸和相同承受能力的 EFPI 在相同的环境干扰下,具有相同的相位不确定度 $\Delta\varphi(\lambda)$;f_1 和 f_2 是由 EFPI 腔长决定的载波频率,可以表示为

$$f_{1,2} = \frac{2d_{1,2}}{\lambda^2} \qquad (1.7.20)$$

其中,d_1 和 d_2 分别是 EFPI 的腔体长度,理论上最好两个腔长相等,但实际还是存在细小的误差。将公式(1.7.18)、公式(1.7.19)分别进行傅里叶变换,我们将得到以下两个傅里叶光谱:

$$G_1(f) = A_1(f) + B_1(f - f_1) + B_1^*(f + f_1) \qquad (1.7.21)$$

$$G_2(f) = A_2(f) + B_2(f - f_1) + B_2^*(f + f_2) \qquad (1.7.22)$$

其中,* 表示复共轭;大写字母表示傅里叶光谱函数。如果腔体长度过长,则载波频率 f_1、f_2 远大于由 $a_1(\lambda)$、$b_1(\lambda)$ 和 $a_2(\lambda)$、$b_2(\lambda)$ 所引起的频域扩展,故公式(1.7.21)、公式(1.7.22)中的三个频谱分量将因载波频率大小而分开。我们通过带通滤波器从公式(1.7.21)中选择一个光谱 $B_1(f - f_1)$,并从公式(1.7.22)中选择光谱 $B_2(f - f_2)$。计算 $B_1(f - f_1)$ 和 $B_2(f - f_2)$ 的傅里叶逆变换,得到其解析信号

$$h_1(\lambda) = \frac{1}{2}b_1(\lambda)\exp\{\mathrm{j}[2\pi f_1\lambda + \varphi_0 + \Delta\varphi(\lambda)]\} \qquad (1.7.23)$$

$$h_2(\lambda) = \frac{1}{2}b_2(\lambda)\exp\{\mathrm{j}[2\pi f_2\lambda + \varphi_0 + \Delta\varphi(\lambda)]\} \qquad (1.7.24)$$

于是,我们计算出如下的复对数,并取其虚部,便获得信息

$$h_3(\lambda) = \ln[h_1(\lambda)*h_2(\lambda)] = \ln\left[\frac{1}{4}b_1(\lambda)b_2(\lambda)\right] + \mathrm{j}\frac{4\pi}{\lambda}(d_1 - d_2) = \alpha(\lambda) + \mathrm{j}\beta(\lambda)$$

$$(1.7.25)$$

从等式(1.7.25)的虚部中我们可知两个 EFPI 所产生的相位差,且与多余背景光 $a_1(\lambda)$ 和 $a_2(\lambda)$、振幅变化 $b_1(\lambda)$ 和 $b_2(\lambda)$、初始相移 φ_0 和相位不确定度 $\Delta\varphi(\lambda)$ 无关。同时,我们也获得了模数为 2π 的相变主值,且相位变化区间为 $[-\pi, \pi]$,因此光谱具有 2π 不连续的相位跳变。可以通过相位展开算法来校正此相位,便可以实现超过 2π 的大相变的测量。但是当我们从 λ_1 到 λ_2 扫描波长时,可以获得一个相位变化 $\Delta B(\lambda)$,于是腔长差可以写成下列等式:

$$\Delta d = d_1 - d_2 = \frac{\lambda_1 \lambda_2}{4\pi(\lambda_1 - \lambda_2)}\Delta\beta(\lambda) \qquad (1.7.26)$$

在测量过程中,引用 EFPI 可以检测由环境变化和扫描波长的不确定性(除应变)引起的常见干扰。将带有传感器的 EFPI 附着在测量结构上,可以感应应变和常见干扰。因此,可以消除大部分的常规干扰,并高精度地测量出两个 EFPI 之间的腔体长度差 Δd。

在实验中,两种 EFPI 的腔长分别为 $2946.5\mu m$ 和 $3003.7\mu m$。如图 1.7.4 所示,当从 $1525.649\sim1564.676nm$ 扫描光纤 F-P 可调滤波器时,可以获得 2 个 EFPI 的反射白光光谱,其水平轴是以相等时间为间隔的采样序列。因为光纤 F-P 可调滤波器是通过线性电压驱动,且压电传感器具有较大的磁滞,所以等间隔采样会使光谱的周期在不同的采样点处会有所不同,导致后部的波形很密集。然后对两个采样的白光光谱进行傅里叶变换,得到图 1.7.5 的傅里叶光谱,其宽度由于压电换能器的滞后而变宽,约为 $60Hz$。

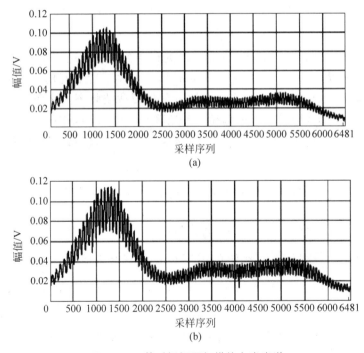

图 1.7.4 等时间间隔扫描的白光光谱

(a) $2946.5\mu m$ 腔长 EFPI 的光谱;(b) $3003.7\mu m$ 腔长 EFPI 的光谱

为了实现快速的热响应,这里使两个 EFPI 与热电冷却模块的冷却板直接接触,并使用导热胶增强热电冷却模块和 EFPI 之间的热耦合。当温度从 22℃ 变为

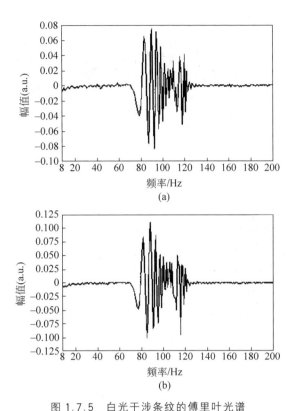

图 1.7.5　白光干涉条纹的傅里叶光谱

(a) 2946.5μm 腔长 EFPI 的傅里叶光谱；(b) 3003.7μm 腔长 EFPI 的傅里叶光谱

32℃且温度间隔为 2℃时，进行连续测试，使温差变化可以稳定在十次测量（约 20s）之内。在每个温度下，执行 300 次测量。通过使用绝对测量技术测量两个腔的长度，长度的变化为±0.7μm。

　　通过傅里叶变换白光干涉法可以测量出两个 EFPI 之间的腔长差，1800 个测量结果如图 1.7.6(a)所示，其中的变化仅为±0.07μm。如图 1.7.6(b)所示，在不同温度下，我们对每 300 个测量数据取平均，可以得到腔长差与温度之间的变化仅为±0.35nm。由于存在补偿 EFPI(具有与应变 EFPI 相同的尺寸和特性)，温度变化对腔长差没有影响。

　　比较应变传感器 EFPI 与常规电阻箔应变仪的差别。将应变 EFPI(20cm×3cm×0.3cm)附着在钢板的上侧表面，补偿 EFPI 不施加应变。将常规电阻箔应变仪安装在应变 EFPI 旁边，以提供应变的参考测量。当应变从 0 变化到 100$\mu\varepsilon$，应变间隔为 10$\mu\varepsilon$时，实验结果如图 1.7.7 所示。腔长差的线性变化率为 42.31nm/$\mu\varepsilon$。考虑到±0.35nm 的变化，可实现 $8.27\times10^{-3}\mu\varepsilon$ 的应变分辨率。

　　本技术使用光纤 F-P 可调滤光器作为波长扫描组件，适用于仪器测量。虽然

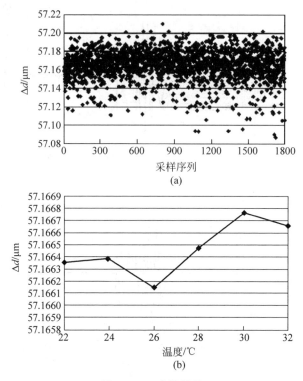

图 1.7.6 实验结果

（a）温度从 22℃ 变为 32℃ 时的连续测试；（b）每个温度的平均数据

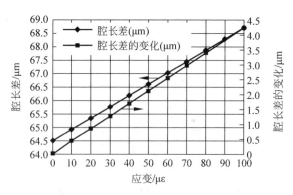

图 1.7.7 腔长差随应变的变化关系

其他技术使用光谱仪进行测量，但光谱仪通常只在实验室中使用，不适用于诸如处理大量数据或在实际工程中现场使用。并且，使用两个白光光谱的相位比较器可以恢复相位差。因此，在系统中引入补偿 EFPI，可以消除环境影响和系统不稳定。

傅里叶变换白光干涉相对测量法还可以用于测量光纤器件的相位关系,例如直接测量出光纤耦合器每两个输出端的相位差。理论上 2×2 耦合器的两个输出端之间相位相差 180°,3×3 耦合器的 3 个输出端之间相位差互成 120°。但在实际中会偏离理想值,在做干涉仪时,相位的偏差可能会引入测量的误差。用傅里叶变换光纤白光干涉相对测量法可以直接测量出任意两个输出脚之间的相位关系。由于是基于波长扫描的技术,还可以直接显示出相位差与波长之间的关系。

1.8　波长扫描白光干涉测量技术

应用 3×3 耦合器及其解调技术,可以直接解调出相位的变化,结合光纤白光干涉测量技术,发展出波长扫描光纤白光干涉测量技术。其测量系统如图 1.8.1(a)所示,与傅里叶变换白光干涉测量术不同的是,这个系统中同时采集干涉仪的三路白光干涉光谱,利用三路信号互成 120°的相位差关系,直接解调出由波长扫描所引

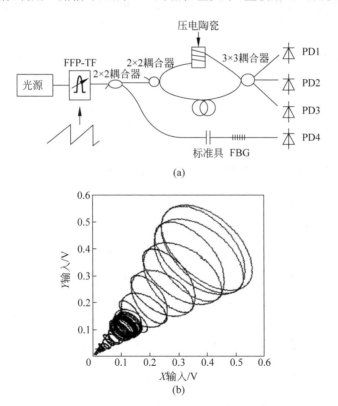

图 1.8.1　波长扫描光纤白光干涉测量技术

(a) 测量系统;(b) 两路信号的李萨如图

起的干涉仪的相位变化。图 1.8.1(b)是其中两路信号的李萨如图,该图显示,两路输出信号间存在 $120°$ 的相位关系。

考虑到光源的不平坦和对比度的变化,三路干涉白光光谱可以写为

$$I_k = B(\lambda) + C(\lambda)\cos\left[\varphi - (k-2)\frac{2\pi}{3}\right], \quad k=1,2,3 \qquad (1.8.1)$$

信号解调的方法采用对称解调技术,其原理框图如图 1.8.2 所示。这一解调不需要做傅里叶变换,而且可以用硬件实现,因此可以满足高频率测量的要求。尽管我们可以用低通滤波器消除从光电探测器得到的直流量,但是这样做限制了对低频信号的解调。而采用直流电平平移的方法,则会由于直流电平的漂移而变得很难滤除。这样我们利用三角函数关系

$$\sum_{n=1}^{3}\cos\left[x - (n-1)\frac{2}{3}\pi\right] = 0 \qquad (1.8.2)$$

来消除直流分量 C。

数据处理步骤如原理框图所示,首先,将三路信号相加,再将和乘以 $-1/3$,可以得到

$$V = -\frac{1}{3}\sum_{k=1}^{3}P_k = -\frac{1}{3}\sum_{k=1}^{3}\left\{C + B\cos\left[\varphi(\lambda) - (k-1)\frac{2}{3}\pi\right]\right\} = -C, \quad k=1,2,3$$

$$(1.8.3)$$

把三路信号分别与 $-C$ 相加,并假设它的增益为 A_1,可以得到

$$S_k = A_1 B\cos\left[\varphi(\lambda) - (k-1)\frac{2}{3}\pi\right] \qquad (1.8.4)$$

再把得到的 S_k 各自微分,假设增益为 A_D,可以得到

$$D_k = A_D A_1 B\varphi'(\lambda)\sin\left[\varphi(\lambda) - (k-1)\frac{2}{3}\pi\right] \qquad (1.8.5)$$

利用三角关系公式

$$\sin(\alpha + \beta) - \sin(\alpha - \beta) = 2\cos\alpha\sin\beta \qquad (1.8.6)$$

将每一路信号与另两路信号的微分之差相乘,并且假设乘法器增益为 A_M,可得

$$V_{Mk} = \sqrt{3}A_M A_D A_1^2 B^2 \varphi'(\lambda)\cos^2\left[\varphi(\lambda) - (k-1)\frac{2}{3}\pi\right] \qquad (1.8.7)$$

将得到的三路信号相加,并且利用 $\sum_{n=1}^{3}\cos^2\left[x - (n-1)\frac{2}{3}\pi\right] = \frac{3}{2}$,可得

$$V_N = \frac{3\sqrt{3}}{2}A_M A_D A_1^2 A_3 B^2 \varphi'(\lambda) \qquad (1.8.8)$$

因为在实际的系统中 B 项受到光源和偏振态的影响并不稳定,所以需要去掉 B。将公式(1.8.4)的三路信号平方再相加可以得到

$$V_{\mathrm{D}} = \frac{3}{2} A_{\mathrm{M}} A_1^2 A_2 B^2 \tag{1.8.9}$$

将公式(1.8.8)除以公式(1.8.9),并假设除法器的增益为 A_{R},再积分就可以得到

$$V_{\mathrm{out}} = \frac{\sqrt{3} A_3 A_{\mathrm{D}} A_{\mathrm{R}}}{A_2} \varphi(\lambda) \tag{1.8.10}$$

也就是所需要测量的信号。如果设每一级的放大倍数为 1,则从公式(1.8.10)可以看出,输出电压信号与相位调制幅度间是 $\sqrt{3}$ 的倍数关系,获得电压输出后就可以得到相位调制幅度。

图 1.8.3 是傅里叶变换光纤白光干涉测量术与波长扫描白光干涉测量术测量结果的比较,两种解调方法获得了完全相同的相移变化。

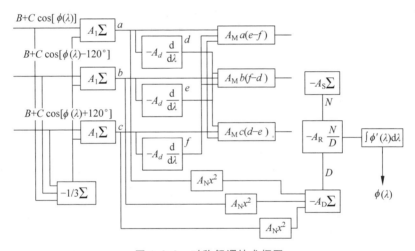

图 1.8.2　对称解调技术框图

与强度型传感器、光纤光栅传感器和偏振型传感器相比,光纤干涉传感器具有高灵敏度的优势。四种最广泛使用的双光束干涉结构有萨尼亚克(Sagnac)干涉仪(SI)结构、迈克耳孙干涉仪(MI)结构、马赫-曾德尔干涉仪(MZI)结构和外腔式 F-P 干涉仪(EFPI)结构。在干涉系统中,需要一种适当的解调技术来提供自动的线性化和实时输出。解调技术可分为被动零差法、主动零差法和外差法。被动零差调制需要提供两个 90° 或三个 120° 相位差的干涉测量输出,干涉仪中的相变可通过检测电子设备直接换算出。该技术易于操作,且操作频率仅受电子设备的限制。但是,被动零差法需要一个特殊的元器件:3×3 或 4×4 光纤耦合器。其中,3×3 耦合器易于制造且成本低廉,因此在被动零差法中更易被广泛使用。

在理想 3×3 耦合器中,三个输出中的任意两个输出之间存在着 120° 的相位差,可直接实现相移复原。并且,三个输出也可构建成两个相位差为 90° 的输出,再

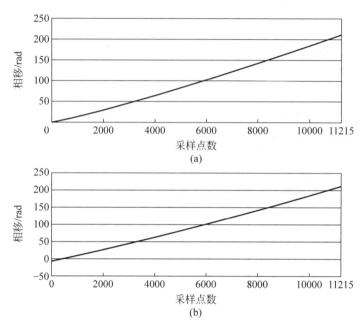

图 1.8.3　两种不同白光干涉测量技术测量的相位

（a）波长扫描白光干涉测量术；（b）傅里叶变换白光干涉测量术

用差分交叉复用器（DCM）算法进行相移复原。但是，解调技术的性能还是取决于 3×3 耦合器。在对称 3×3 耦合器中通常假设三个输出的相位差互为 120°。实际上，这种假设因 3×3 耦合器的不完善特性会引起畸变。所以我们可以测量 3×3 耦合器的相位差来补偿失真，便可正确恢复相位调制。

　　由于光的频率太高，现阶段无法直接测量其相位，所以上述所有方法都需要借助 2×2 耦合器和 3×3 耦合器间接测量相位差。在已有的方法中，一种是可以通过测量输出功率来推导相位差，但该方法受到分光比光纤损耗和光电放大器的限制；另一种则是根据李萨如图形的倾角确定，该方法是通过测量屏幕上李萨如图形的大小而获得相位差，但它只能达到一个粗略的结果。所以我们提出基于白光干涉法的技术，直接测量 3×3 耦合器两个输出端口之间的相位差，再通过傅里叶变换的算法恢复干涉仪中由扫描波长引起的相位变化来达到高精度的测量。与已有方法描述的工作不同的是，已有方法只测量外腔式 F-P 干涉仪一路信号的相位变化，本技术则是测量 3×3 耦合器两路信号之间的相位差。用于研究 3×3 耦合器中两个输出端口之间的相位差的实验装置如图 1.8.1(a)所示。

　　将一个 2×2 耦合器和一个 3×3 耦合器结合用于构造 MZI。宽带源为波长 1525～1565nm 且输出功率 20mW 的放大自发辐射光源，用以照亮光纤 F-P 可调滤波器（FFP-TF），FFP-TF 的带宽为 0.325nm，精细度为 200，因此自由光谱范围

为 65nm。锯齿波发生器由计算机触发以产生线性扫描电压,该电压用于驱动
FFP-TF。波长扫描光被耦合器分成两束。一束光注入基于 3×3 耦合器的 MZI,
三个光电探测器 PD1、PD2 和 PD3 分别检测到三个输出。当扫描波长时,该光束
用于检测三个光谱。将另一束光束注入与光纤布拉格光栅组合的标准具中,并通
过 PD4 检测透射光。当 FFP-TF 调谐时,该光束用于获取扫描波长。

检测到的三个白光光谱可以表示为

$$g_k(\lambda) = b_k(\lambda) + c_k(\lambda)\cos\left(\frac{2\pi}{\lambda}nD - \varphi_k\right), \quad k = 1,2,3 \tag{1.8.11}$$

其中,k 值取 1、2、3,代表三个输出;$b(\lambda)$ 是由光源光谱轮廓引入的背景光;$c(\lambda)$
是由耦合器的偏振态和耦合比决定的对比度;n 是折射率;D 是路程差,则 nD 为
光程差。

实际上,三路信号中两路的相位差就是 3×3 耦合器中两个输出端的相位差。
故公式(1.8.11)可以写成如下式子

$$g_k(\lambda) = b_k(\lambda) + c_k(\lambda)\cos(2\pi f_0\lambda + \varphi_k), \quad k = 1,2,3 \tag{1.8.12}$$

其中,

$$f_0 = \frac{nD}{\lambda^2} \tag{1.8.13}$$

f_0 是由光程差所决定的载波频率。

将公式(1.8.12)进行傅里叶变换,可以得到傅里叶光谱

$$G_k(f) = B_k(f) + C_k(f - f_0) + C_k^*(f + f_0), \quad k = 1,2,3 \tag{1.8.14}$$

其中,* 表示复共轭;大写字母表示傅里叶光谱函数。如果光程差很大,则载波频
率 f_0 会变得比由 $b_k(\lambda)$ 和 $c_k(\lambda)$ 变化造成的扩展频谱大得多。因此,公式(1.8.14)
中的三个频谱分量因载波频率 f_0 大小而分离。通过带通滤波器从公式(1.8.14)
中选择一个光谱 $C_k(f - f_0)$,计算 $C_k(f - f_0)$ 的傅里叶逆变换,得到其解析信号

$$g_k(\lambda) = \frac{1}{2}C_k(\lambda)\exp[j(2\pi f_0\lambda + \varphi_k)], \quad k = 1,2,3 \tag{1.8.15}$$

然后我们用信号 $g_i(\lambda)$ 和 $g_j(\lambda)$ 计算复对数并取其虚部,便获得信息

$$h_{ij}(\lambda) = \ln[g_i(\lambda) * g_j(\lambda)] = \ln\left[\frac{1}{4}c_i(\lambda)c_j(\lambda)\right] + j(\varphi_i - \varphi_j)$$

$$= \alpha(\lambda) + j\Delta\varphi_{ij}, \quad i \neq j; i,j = 1,2,3 \tag{1.8.16}$$

上式虚部中,我们得到任意两个输出的相位差 $\Delta\varphi_{ij}$,且与多余背景光 $b_k(\lambda)$ 和振幅
变化 $c_k(\lambda)$ 无关。

当 FFP-TF 扫描波长时,可以从 3×3 偶合器中检测到三个干涉量输出,外加
一个标准具输出。三路干涉信号用于测量 3×3 耦合器中的相移,标准具的输出用
于标定扫描波长。三路信号除了相位不同,其他数据均相同,干涉仪输出信号之一

如图 1.8.4(a)所示(水平轴是等时采样序列)。图 1.8.4(b)显示了三个输出中的两个输出之间的李萨如图形,其与传统李萨如图形差别微小,图中许多椭圆形是由光源轮廓产生的。由图可以粗略地推论出 3×3 耦合器的相移是 120°。

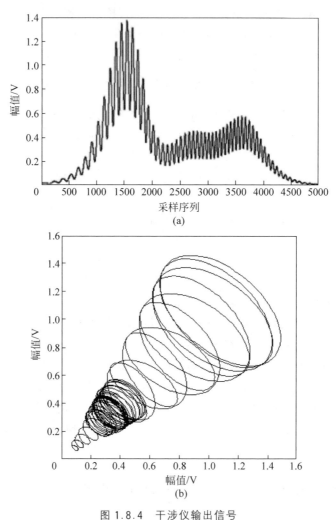

图 1.8.4　干涉仪输出信号

(a) FFP-TF 扫描波长时的一路干涉仪信号;(b) 两路信号的李萨如图

当用 1530～1565nm 的波长扫描测量相位差时,波长改变,相位差保持不变,结果之一如图 1.8.5 所示,连续测量三个相位差的结果如图 1.8.6 所示。

由图 1.8.6 可知,三个输出中的两两之间的平均相位差分别为 2.171rad、2.075rad 和 2.038rad,即 124.389°、118.888°和 116.769°。将三个相移相加,得出

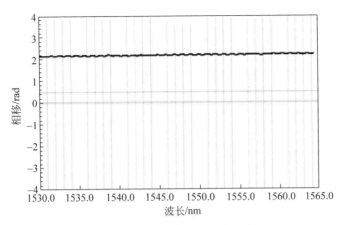

图 1.8.5　两路输出信号间的相位差

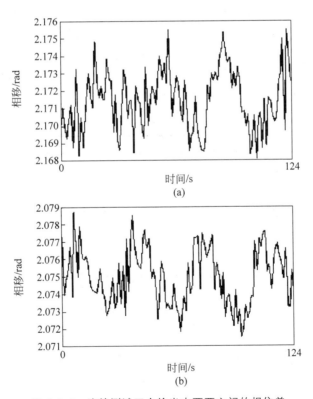

图 1.8.6　连续测试三个输出中两两之间的相位差

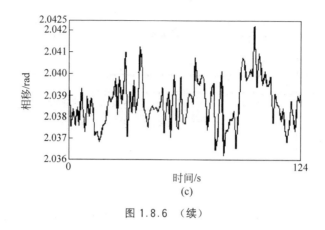

(c)

图 1.8.6 （续）

的总相移为 360.046°,非常接近于理想值 360°。由于计算中的读取误差会引起一些微小差异,则在实际测量中我们可以忽略不计。对于光纤干涉测量系统,任何干扰都会严重影响输出信号。下文论述了各个干扰对测量结果的影响。实验中使用一个 3×3 熔锥耦合器,并和 2×2 个耦合器组成一个 MZI。首先检验应变对测量结果的影响,将一根长度为 215mm 的光纤粘合到钢梁上,并将该梁的应变从 0 拉伸到 288με。三个输出中的两个输出之间测量到的相位差如图 1.8.7 所示,当一方梁臂的应变变化时,测量结果没有发生改变。

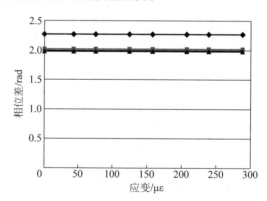

图 1.8.7　3×3 耦合器的相位差随应变的变化关系
（请扫Ⅶ页二维码看彩图）

再检验温度对测量结果的影响,将一根臂上长度为 62cm 的纤维放入温度稳定的烘箱中,以 5℃ 的间隔将温度从 31℃ 升高为 61℃,温度依赖性如图 1.8.8 所示。由图可知,测量结果不受温度变化的影响。

实际上,实验表明光程差的变化不会影响测量结果。由此可知,该技术存在如下优点:当干涉仪应变改变或受热时,在 3×3 耦合器的每个端口上的输出信号都

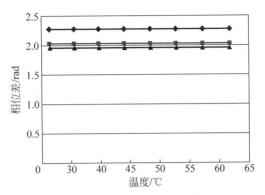

图 1.8.8　3×3 耦合器的相位差随温度的变化关系

(请扫Ⅶ页二维码看彩图)

具有相变,但是由于耦合器的性能未发生改变,所以三路信号具有相同的相位变化,并且两路信号之间的相位差是恒定的。

　　然后,继续检验极化状态下对测量结果的影响。当改变一个梁臂的极化状态时,发现不同极化状态下其李萨如图形的大小有所不同。虽然无法测量偏振态,但可以测量在 1530nm 波长下白光光谱的峰谷值。实际上白光光谱是采样的数据阵列,如图 1.8.4(a)所示。当两个光束的偏振态相同时,峰谷值最大。当两个偏振态垂直时,峰谷值最小。在 3×3 耦合器中测量的相位差与偏振状态变化的关系如图 1.8.9 所示。

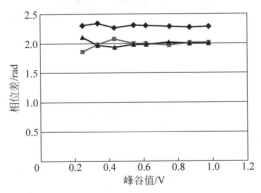

图 1.8.9　3×3 耦合器的相位差随偏振态的变化关系

(请扫Ⅶ页二维码看彩图)

　　很明显,当两个干涉信号的偏振状态接近垂直时,在 3×3 耦合器中的两个端口之间的相位差与偏振相关。当偏振态接近相同时,两个端口之间的相位差与偏振无关。实验结果表明,3×3 耦合器的干涉信号偏振态应该加以控制,以便保持三个端口中两个端口之间的稳定相位差。

假设三个干涉输出分别是 g_1、g_2、g_3,两个 90°异相信号可以被构造为 g_2-g_3 和 g_2+g_3,或是 g_2-g_3 和 $2g_1-g_2-g_3$。因此,可以通过广泛使用的微分交叉相乘(DCM)来对解调干涉仪进行相位调制。当两路信号不完全为精确的 90°异相信号时,精确测量相移有助于恢复相位调制。我们使用提出的技术精确测量了两路正交信号的相移。g_2-g_3 和 g_2+g_3 的信号分别如图 1.8.10(a)和图 1.8.10(b)所示。

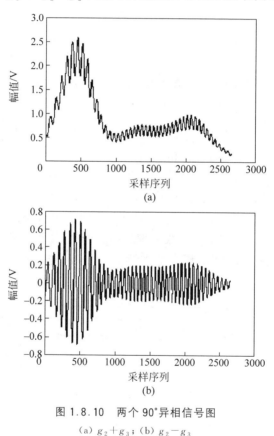

图 1.8.10　两个 90°异相信号图

(a) g_2+g_3;(b) g_2-g_3

图 1.8.11 中绘制了两路信号的李萨如图形,由于两路信号的轮廓截然不同,所以李萨如图形不是圆形。

图 1.8.12 则是使用本书所提技术计算的两路信号之间的相位差,值为 1.60505rad,即 91.963°。并且还对 g_2-g_3 和 $2g_1-g_2-g_3$ 的相位差进行了校验,其结果为 1.57264rad,即 90.106°,与使用 g_2-g_3 和 g_2+g_3 计算的结果相差不大。

实验结果表明,如果 3×3 耦合器是不对称的,那么无论是 g_2-g_3 和 g_2+g_3,还是 g_2-g_3 和 $2g_1-g_2-g_3$,其相位差都并非精确的 90°。该方法能准确测量相

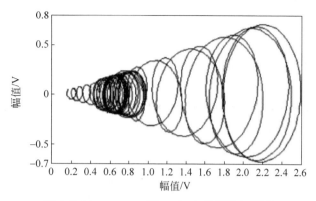

图 1.8.11　$g_2 - g_3$ 和 $g_2 + g_3$ 的李萨如图形

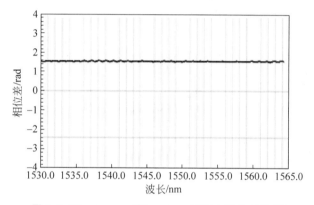

图 1.8.12　$g_2 - g_3$ 和 $g_2 + g_3$ 信号之间的相位差

位差,并能补偿 90°的相位误差,从而达到精确测量。

1.9　相移光纤白光干涉测量技术

利用相移的概念,可将干涉仪的输出多路信号间具有不同的相位差理解为多次移相的结果,形成相移光纤白光干涉测量术。例如 3×3 耦合器的三路相位相差 120°的信号,可以看成是第 1 路信号移相 120°得到第 2 路信号,再移相 120°得到第 3 路信号,因此由波长变化引起的相位变化可以由公式(1.9.1)解调出:

$$\phi = \arctan\left(-\sqrt{3}\,\frac{I_1 - I_3}{2I_2 - I_1 - I_3}\right) \qquad (1.9.1)$$

另外,还可以由公式(1.8.1)构筑出两路正交的信号:

$$g_1 = -\frac{I_1 - I_3}{\sqrt{3}} = b(\lambda)\sin\phi \qquad (1.9.2)$$

$$g_2 = \frac{2I_2 - I_1 - I_3}{3} = b(\lambda)\cos\phi \tag{1.9.3}$$

再用正交相位解调法就可以解调出相位变化。图 1.9.1 是由三路白光光谱构造出的两路正交信号的李萨如图,可见两路信号的相位差是 90°。图 1.9.2 是两种相移白光干涉测量术解调得到的相位变化与傅里叶变换白光干涉测量法得到的结果比较,三种方法的测量结果完全重叠在了一起,说明得到了完全相同的结果。

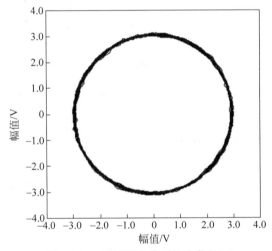

图 1.9.1 两路正交信号的李萨如图

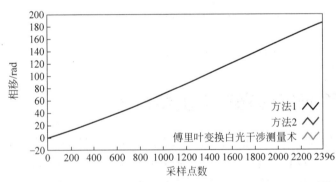

图 1.9.2 两种相移白光干涉测量术与傅里叶变换白光干涉测量术解调得到的相位变化结果
(请扫Ⅶ页二维码看彩图)

1.10 波数域傅里叶变换光纤白光干涉测量技术

对于白光干涉光谱,$\varphi(\lambda) = 2\pi l/\lambda + \pi$。其中,$l$ 为干涉仪的光程差;相位 φ 与

波长 λ 呈反比。波数 $k = 1/\lambda$,波数与相位是线性关系,因此可以对白光干涉光谱进行等波数重采样。波数域白光干涉光谱可以表示为

$$g(k) = a(k) + b(k)\cos(2\pi lk + \pi) \tag{1.10.1}$$

在波数域,白光干涉光谱的周期 $T = 1/l$,只与干涉仪的光程差有关,不随波数改变。当干涉仪的光程差一定时,光谱周期为定值,因此波数域的白光干涉光谱信号是一个固定周期的信号,没有啁啾,傅里叶频谱不会展宽。利用傅里叶白光干涉测量法,对白光干涉光谱做快速傅里叶变换(FFT),自适应带通滤波提取 FFT 主频,做快速傅里叶逆变换,做复对数运算,再取虚部,就能得到干涉条纹的相位信息。然后进行相位反包裹运算,得到相位信息 $\varphi(k)$。在波数域中白光干涉光谱的相位 $\varphi(k)$ 与波数 k 呈线性关系,如图 1.10.1 所示。

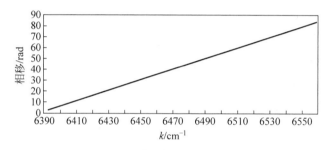

图 1.10.1　相位展开运算后沿波数分布的干涉光谱相位 $\varphi(k)$

干涉仪的光程差 l 可以由起止波数 k_1、k_2 及其对应的相位变化量 $\Delta\varphi(k)$ 计算得到,如下式所示:

$$l = \frac{\Delta\varphi(k)}{2\pi(k_2 - k_1)} \tag{1.10.2}$$

1.11　互相关白光干涉测量技术

解调光纤干涉仪的光程差还可以采用互相关方法,利用数值模拟的方法生成一个白光干涉光谱信号,并将其与实测的白光干涉信号进行互相关运算,得到互相关系数。改变模拟光程差的值,模拟生成的白光干涉光谱随之变化,因此互相关系数也随之改变。当设定的模拟光程差与被测干涉信号的光程差相等时,互相关系数最大。这种方法近似于机械扫描式的白光干涉测量系统,通过数值模拟不同的光程差,起到了对传感干涉仪的光程差进行扫描的作用。为了提高测量的分辨率,可以通过缩小数值模拟光程差的变化步长来实现。这种互相关测量法需要大量的数值计算,效率低。

经过小波降噪和平坦化的白光干涉光谱信号可以表示为

$$S(\lambda) = b(\lambda)\cos\left(\frac{2\pi l}{\lambda} + \varphi_0\right) \tag{1.11.1}$$

根据公式(1.11.1)利用数值模拟生成一个白光干涉光谱 S_v，S_v 中的模拟光程差用 l_v 表示，S_v 随着 l_v 变化。

对白光干涉的实测光谱 $S(\lambda)$ 与模拟光谱 S_v 做互相关计算，与模拟光程差 l_v 对应的互相关系数 C 用公式(1.11.2)表示

$$C(l_v) = \sum_{n=1}^{N} S(n)S_v(n) = \sum_{n=1}^{N} S(n)\cos\left(\frac{2\pi l_v}{\lambda_n} + \varphi_0\right) \tag{1.11.2}$$

其中，$S(n)$ 和 $S_v(n)$ 分别是白光干涉光谱信号的实测采样序列和模拟光谱的采样序列；N 为采样点数；λ_n 是与 $S_v(n)$ 对应的采样波长序列。互相关系数 C 为对 $S(n)$ 和 $S_v(n)$ 做内积，即实测序列与模拟序列对应相乘后再相加求和。当模拟光程差 l_v 与被测光程差 l 相等时，模拟干涉光谱 S_v 与实测干涉光谱 S 相位分布相同，互相关系数 C 最大。为了计算出实际的光程差 l，不断改变模拟白光干涉光谱信号的光程差 l_v，计算互相关系数及其最大值 $C_{\max}$，与 $C_{\max}$ 对应的模拟光程差 l_v 就等于实际的被测光程差 l。

为了减小运算量，同时保证高的测量分辨率，这里引入多级分层的概念，对模拟光程差 l_v 的取值半径和间隔步长 Δl_v 分多级并赋予不同的值。图1.11.1所示

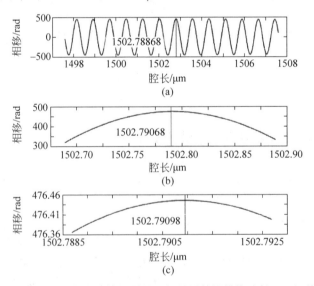

图1.11.1 三级互相关计算得到的互相关系数沿模拟腔长 $\Delta l_v/2$ 的分布

(a) 第一级运算中取值半径为 $5\mu m$，间隔步长为 100nm；(b) 第二级运算中取值半径为 100nm，间隔步长为 2nm；(c) 第三级运算中取值半径为 2nm，间隔步长为 0.1nm

为三级互相关计算得到的互相关系数沿模拟腔长 $\Delta l_v/2$ 的分布,最后获得干涉仪的光程差为 $1502.7909\mu m$。

1.12　步进相移白光干涉测量技术

为了解决 FPI 传感器小光程差的测量需求,我们提出一种步进相移光纤白光干涉测量方法,无需频率分析,避免了小光程差时引入的较大误差,扩大了测量范围,能够满足不同光程差($50\sim10000\mu m$)的光纤 F-P 干涉仪绝对测量的要求,尤其是能解决目前 FPI 传感器光程差 $100\mu m$ 以内不能精确测量的问题。步进相移测量法无须探测峰值、追踪波长,从而避免了操作人员实时观察,实现了系统高精度自动测量。

白光光谱信号的相位 φ 与波数 k 呈线性关系,按照等波数间隔重采样得到新的白光光谱,用波数来重新描述 FPI 的白光干涉光谱,公式(1.4.3)可以改写为

$$I(k)=a(k)+b(k)\cos(\text{OPD}\cdot k+\pi) \tag{1.12.1}$$

其中,相邻采样点间的波数间隔为 Δk_0;相位差为 $\Delta\varphi_0$。

如果直接对公式(1.12.1)所示的白光干涉光谱进行相移,则由光源轮廓与信号对比度引入的幅值变化会引起解调误差。因此,在对白光干涉光谱进行相移之前还需要对干涉光谱进行归一化处理,消除 $a(k)$ 与 $b(k)$ 的影响。首先,探测出干涉光谱的波峰和波谷,分别利用插值的方法拟合出光纤 FPI 干涉光谱的上轮廓 $I_u(k)$ 和下轮廓 $I_l(k)$,即

$$\begin{cases} I_u(k)=a(k)+b(k) \\ I_l(k)=a(k)-b(k) \end{cases} \tag{1.12.2}$$

然后,通过公式(1.12.1)和公式(1.12.2)可以计算出光纤 FPI 的归一化白光干涉光谱,如公式(1.12.3)所示。

$$I(k)_{\text{norm}}=2\times\left[\frac{I(k)-I_l(k)}{I_u(k)-I_l(k)}-0.5\right]=\cos(\text{OPD}\cdot k+\pi) \tag{1.12.3}$$

在归一化的白光干涉光谱中等步距截取五段信号,获得五幅步进相移光谱。首先截取具有 $W+1$ 个采样点的一段干涉信号,作为 $I_1(k)$。然后截取区间依次向后移动 $M,2M,3M,4M$ 个采样点,每次依然截取 $W+1$ 个采样点,得到 $I_2(k)$,$I_3(k)$,$I_4(k)$,$I_5(k)$。那么第 $n(n=1,2,3,4,5)$ 段干涉信号的采样区间即 $[(n-1)M,W+(n-1)M]$。每段干涉信号有 $W+1$ 个点,每段干涉信号的相位变化量则为

$$\Delta\varphi=W\Delta\varphi_0 \tag{1.12.4}$$

任意相邻两段干涉信号之间的步进相移量 δ 相等,表示为

$$\delta = M\Delta\varphi_0 \tag{1.12.5}$$

因此,对归一化的白光干涉光谱进行截取后得到的五段步进相移干涉信号可以表示为

$$\begin{cases} I_1 = \cos(\varphi + 2\delta) \\ I_2 = \cos(\varphi + \delta) \\ I_3 = \cos\varphi \\ I_4 = \cos(\varphi - \delta) \\ I_5 = \cos(\varphi - 2\delta) \end{cases} \tag{1.12.6}$$

五段步进相移干涉信号的截取过程及干涉信号如图 1.12.1 所示。

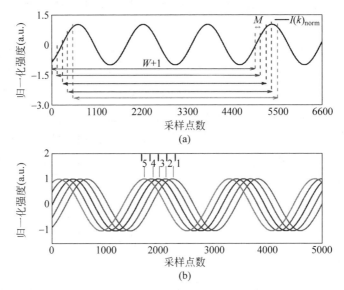

图 1.12.1　五段步进相移干涉信号的截取过程及干涉信号

(a) 归一化白光干涉光谱的截取;(b) 五段步进相移干涉信号

(请扫Ⅶ页二维码看彩图)

接下来,利用五段步进相移干涉信号求解光程差。待测相位 φ 的正切值与步进相移量的一半 $\delta/2$ 的正切值之间的关系可以通过 I_2、I_3 与 I_4 求得:

$$\frac{I_2 - I_4}{2I_3 - I_2 - I_4} = \frac{2\sin\varphi\sin\delta}{2\cos\varphi - (2\cos\varphi\cos\delta)} = -\frac{\tan\varphi}{\tan(\delta/2)} \tag{1.12.7}$$

待测相位的正切值 φ 与步进相移量 δ 的正切值之间的关系可以通过 I_2、I_3 与 I_5 求得:

$$\frac{I_1 - I_5}{2I_3 - I_1 - I_5} = \frac{2\sin\varphi\sin(2\delta)}{2\cos\varphi - [2\cos\varphi\cos(2\delta)]} = -\frac{\tan\varphi}{\tan\delta} \tag{1.12.8}$$

将以上两个式子代入正切的二倍角公式:

$$\tan(\delta/2)^2 = 1 - 2\,\frac{\tan(\delta/2)}{\tan\delta} \tag{1.12.9}$$

就可以得到步进相移的一半$(\delta/2)$的正切值的绝对值。

$$\mid \tan(\delta/2) \mid = \sqrt{1 - 2\,\frac{\tan(\delta/2)}{\tan\delta}} = \sqrt{1 - 2\,\frac{I_1 - I_5}{2I_3 - I_1 - I_5} \Big/ \frac{I_2 - I_4}{2I_3 - I_2 - I_4}} \tag{1.12.10}$$

通过公式$(1.12.7)$,我们得到

$$\tan\varphi = \frac{I_4 - I_2}{2I_3 - I_2 - I_4}\tan(\delta/2) \tag{1.12.11}$$

引入一个新的相位 ψ,令

$$\tan\psi = \frac{I_4 - I_2}{2I_3 - I_2 - I_4}\mid \tan(\delta/2) \mid \tag{1.12.12}$$

那么就有 $\tan\varphi = \tan\psi$ 或者 $\tan\varphi = -\tan\psi$。我们可以发现,无论 $\tan\varphi = \tan\psi$ 或者 $\tan\varphi = -\tan\psi$,即 $\varphi = \psi$ 或者 $\varphi = -\psi$,都有 $\Delta\varphi = \Delta\psi$。因此,对公式$(1.12.12)$进行反正切计算,再利用相位解包裹运算补偿 π 的相位跳变,即可得到 $\Delta\psi$,也就得到了 $\Delta\varphi$。最终,光程差可以得到

$$\mathrm{OPD} = \Delta\varphi/\Delta k = \Delta\varphi/(W \cdot \Delta k_0) \tag{1.12.13}$$

1.13   本章小结

光纤白光干涉测量技术是光纤高温传感器信号解调的技术基础,应用干涉测量的方法测量温度、压力、应变等物理量时,都需要使用光纤白光干涉测量技术。激光干涉测量技术要求被测物理量有变化则才能有干涉条纹产生,因此其适合测量振动和声这一类动态信号,或者连续变化的信号,这是因为,对这些物理量我们只关心它的变化幅度、频率和相位。测量这些物理量的干涉仪的输出,我们只关心干涉仪的相位变化,或光程差的变化,而对于光程差是多少我们则不用关心。而光纤白光干涉测量技术的特点是能够测量出绝对光程差,因此不需要对传感器连续测量。即使断电后重新启动仪器,也能够得到绝对光程差,因此能够解决用干涉仪测量温度、压力、应变等这一类绝对物理量的测量问题。

单一波长的激光注入某一干涉仪时,若干涉仪保持静止,则此时干涉仪输出功率是一个固定值。另一个波长的激光注入同一干涉仪时,干涉仪依然保持静止,则此时干涉仪输出功率是另外一个固定值。若一个宽带光源注入干涉仪,每一个波长的光都能够形成干涉输出,因此干涉仪的干涉输出就是每一个波长光形成干涉

输出的叠加。如果在干涉仪的输出端用光电探测器（如 PIN 管）探测，探测到的是功率恒定的光，即使干涉仪光程差在变化，探测器的功率也无变化，这是干涉叠加的结果。从相干理论上解释，就是干涉仪的光程差大于光源线宽所决定的相干长度，因此不能产生干涉。但如果在探测端用光谱仪来探测，将每一个波长上的光功率都检测出来，我们就能在光谱上看到由波长的变化所引起的干涉仪输出条纹，即白光光谱。

本章重点介绍了我们在光谱域光纤白光干涉测量领域所做的研究工作，提出了多种测量光纤干涉仪绝对光程差的技术。这些技术各有其优点和不足，需要根据实际应用和工程实践来进行恰当的选择，没有万全的技术。比如，干涉峰的波长随着干涉仪光程差发生变化，通过测量波长的移动就可以测量出被测量，达到很高的测量灵敏度，但是若光程差变化超过 2π 相位变化，干涉仪的峰就会和下一级干涉峰产生重叠，无法分辨出峰的波长，因此限制了干涉仪的测量范围。傅里叶变换白光干涉测量法具有很大的动态范围，因此可以测量的腔长很大，但对于小光程差干涉仪的测量就无能为力，这是因为在光谱范围内，白光光谱的条纹数很少，无法进行傅里叶变换，也无法滤除主频成分。

光谱域光纤白光干涉测量技术以其高精度、高可靠性、大传感器复用能力、抗振动以及便于携带等优点，获得了广泛的研究和工程应用。然而，在新的应用中又对光纤白光干涉测量技术提出了新的挑战。比如，在很多环境下，需要测量的干涉仪光程差很大，可能达到几十毫米甚至米这个数量级，这时现有的技术就存在诸多的困难。又如，蓝宝石光纤是多模光纤，以之构成的干涉仪是多模输出，则多模白光干涉测量技术又是一个挑战。正是面临一个个工程需求中提出的问题，这一技术才得到了成熟和发展。

参考文献

[1]　江毅.高级光纤传感技术[M].北京：科学出版社，2009.

[2]　江毅.光纤白光干涉测量技术新进展[J].中国激光，2010，37(6)：1413-1420.

[3]　ZHU Y，HUANG Z，SHEN F，et al. Sapphire-fiber-based white-light interferometric sensor for high-temperature measurements[J]. Optics Letters，2005，30(7)：711-713.

[4]　JIANG Y. High-resolution interrogation technique for fiber optic extrinsic Fabry-Perot interferometric sensors by peak-to-peak method[J]. Applied Optics，2008，47(7)：925-932.

[5]　张瑞君.波长可调谐 DFB 激光器及其进展[J].集成电路通讯，2006(2)：42-47.

[6]　YUAN L B. Multiplexed，white-light interferometric fiber-optic sensor matrix with a long-cavity，Fabry-Perot resonator[J]. Applied Optics，2002，41(22)：4460-4466.

[7]　张小云，章鹏，符欲梅，等.基于光楔的光纤法珀应变传感器解调系统研究[J].电子测量与仪器学报，2006(增刊)：432-435.

[8] JIANG Y. Fourier transform white-light interferometry for the measurement of fiber optic extrinsic Fabry-Perot interferometric sensors[J]. IEEE Photonics Technology Letters, 2008,30(2): 75-77.

[9] JIANG Y,TANG C J. Fourier transform white-light interferometry based spatial frequency-division multiplexing of extrinsic Fabry-Perot interferometric sensors[J]. Review of Scientific Instruments,2008,79(10): 106105.

[10] LIU T,FERNANDO G F. A frequency division multiplexed low-finesse fiber optic Fabry-Perot sensor system for strain and displacement measurements[J]. Review of Scientific Instruments,2000,71(3): 1275-1278.

[11] JIANG Y. Fourier-transform phase comparator for the measurement of extrinsic Fabry-Perot interferometric sensors [J]. Microwave & Optical Technology Letters, 2008, 50(10): 2621-2625.

[12] JIANG Y,TANG C J. A high-resolution technique for strain measurement using an extrinsic Fabry Perot interferometer (EFPI) and a compensating EFPI[J]. Measurement Science and Technology,2008,19(6): 065304.

[13] JIANG Y,LIANG P J,JIANG T. Direct measurement of optical phase difference in a 3×3 fiber coupler[J]. Optical Fiber Technology,2010,16(3): 135-139.

[14] JIANG Y. Wavelength-scanning white-light interferometry with a 3 × 3 coupler-based interferometer[J]. Optics Letters,2008,33(16): 1869-1871.

[15] JIANG Y. Four-element fiber Bragg grating acceleration sensor array[J]. Optics & Lasers in Engineering,2008,46(9): 695-703.

[16] JIANG Y,DING W H,LIANG P J,et al. Phase-shifted white-light interferometry for the absolute measurement of fiber optic Mach-Zehnder interferometers [J]. Journal of Lightwave Technology,2010,28(22): 3294-3299.

[17] WANG Z,JIANG Y. Wavenumber scanning-based Fourier transform white-light interferometry[J]. Applied Optics,2012,51(22): 5512-5516.

[18] WANG Z,JIANG Y,DING W H,et al. A cross-correlation based fiber optic white-light interferometry with wavelet transform denoising[C]. Wuhan: 4th Conference on Asia Pacific Optical Sensors (APOS),2013.

[19] GAO H C,JIANG Y, ZHANG L C, et al. Five-step phase-shifting white-light interferometry for the measurement of fiber optic extrinsic Fabry-Perot interferometers [J]. Applied Optics,2018,57(5): 1168-1173.

[20] DING W H,JIANG Y. Miniature photonic crystal fiber sensor for high-temperature measurement[J]. IEEE Sensors Journal,2014,14(3): 786-789.

[21] 江毅,高红春,贾景善. 光谱域光纤白光干涉测量技术[J]. 计测技术,2018,38(3): 31-42.

第 2 章

光纤激光干涉测量技术

2.1 引言

　　不同于温度、距离、压力、折射率等静态物理量,振动、声、交变磁场等动态信号会对光纤干涉仪的光程差进行周期性调制,从而在干涉谱产生周期性的相位调制。白光干涉测量技术受限于测量原理,解调速度难以满足高速动态信号测量的需求。对于这类动态信号,我们所关注的是信号变化的幅度和频率,对应于所调制的干涉仪,我们所关注的是干涉仪的光程差的变化量,而对绝对光程差不感兴趣。因此对于这一类相对测量,其频率变化很高,则使用光纤激光干涉测量技术是更好的信号解调方案。

　　以最典型的干涉仪——光纤外腔式法布里-珀罗干涉型(EFPI)传感器为例,其本质是一种双光束干涉。低精细度法布里-珀罗(F-P)传感器的干涉谱可表示为

$$f(\lambda) = I(\lambda) + V(\lambda)\cos\left(\frac{4n\pi}{\lambda}d + \pi\right) \tag{2.1.1}$$

其中,$I(\lambda)$为干涉条纹的直流分量;$V(\lambda)$为干涉谱的对比度;n为F-P腔内物质的有效折射率;λ为光源波长;d为F-P腔的腔长。当将一个固定波长的激光注入干涉仪时,干涉受到外界周期性动态信号的调制,公式(2.1.1)可以写为

$$\begin{aligned} f(t) &= I + V\cos\left\{\frac{4n\pi}{\lambda}[d_0 + \Delta d\cos(\omega t)] + \pi\right\} \\ &= I + V\cos[A\cos(\omega t) + \varphi_0] \\ &= I + V\cos[F(t) + \varphi_0] \end{aligned} \tag{2.1.2}$$

其中,

$$F(t) = A\cos(\omega t) = \frac{4n\pi}{\lambda}\Delta d\cos(\omega t) \tag{2.1.3}$$

$$\varphi_0 = \frac{4n\pi}{\lambda}d_0 + \pi \tag{2.1.4}$$

φ_0 是干涉仪的初始相位,我们并不关心;$F(t)$ 反映了外部调制信号,即被测信号,因此激光干涉解调的目的是获得 $F(t)$。

激光干涉测量技术就是通过测量干涉仪输出信号的变化反推传感器相位的变化,进而得到其腔长的变化,达到动态信号测量的目的。由于干涉仪的输出与调制信号之间呈正弦关系,所以无法直接从干涉输出得到被测量。已经有多种解调方法被提出以实现动态信号的恢复,这些解调方法可分为有源解调与无源解调两大类。其中,有源解调方案,如相位载波法,受限于系统的有源部分,解调频率受限。而无源解调方案以其高解调频率上限、高精度、形式灵活等优势得到了蓬勃的发展。本章主要针对几种较实用的无源光纤激光干涉测量技术,对其原理及优缺点进行详细的介绍。

2.2　正交工作点直接解调法

正交工作点直接测量法是当前最常用的相位解调方案之一。该方案通过干涉条纹线性区间将传感器腔长的变化直接转换为输出信号强度的变化,具有简单、直接和低成本的优势。

2.2.1　正交工作点直接测量法基本原理

正交工作点直接测量法解调原理如图 2.2.1 所示。图 2.2.1 为 EFPI 传感器输出的典型干涉条纹。这里的干涉条纹给出的是公式(2.1.1)中腔长-光强正弦曲线中的一段,从式中可以看出,干涉谱的强度随腔长的变化为正弦函数。当传感器工作在正交工作点 A 点附近时,输入的正弦信号可以不失真地变换成输出光功率的变化,建立起输入信号和输出信号一一对应的关系,通过测量光强的变化值,就可以得到 F-P 腔长的变化信息,从而得到外界扰动参量的变化。B、C 两点之间即传感器的线性工作区间。以激光器工作波长 1550nm 为例,对于 EFPI,λ/α 的腔长变化将产生 $\alpha\pi$ 的相位变化,线性工作区间的范围约为 π/α,对应腔长变化范围小于 200nm,即 ±100nm。

正交工作点的解调系统如图 2.2.2 所示,窄线宽分布式反馈(DFB)激光器发出单色激光,经过光隔离器和光纤耦合器或者光纤环形器入射到 EFPI 传感器中,反射光经过光纤耦合器或者光纤环形器被光电二极管(PD)接收,将光信号转化为

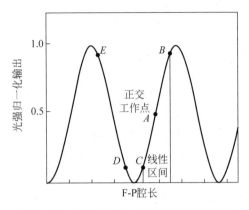

图 2.2.1　正交工作点直接测量法解调原理

电信号,经采集卡(ADC)采集之后进行数据处理。调制 DFB 激光器的波长,使干涉仪工作在正交工作点附近,小幅度的调制信号就会变成同样的光功率输出。

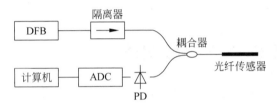

图 2.2.2　正交工作点解调系统

2.2.2　正交工作点的补偿技术

对于 EFPI 传感器,任何外界环境参量变化所造成的微小腔长变化,例如传感头的工作环境温度的变化,均会使其正交工作点发生漂移。尤其是传感器工作在高温环境下,环境温度的大幅度变化不可避免地会改变 EFPI 的腔长,从而使干涉仪偏离正交工作状态。因此需要设计一种补偿机制,以避免正交工作点漂移带来的问题。

一种比较好的方法是通过微调激光器光源的工作波长,使干涉仪传感器的静态工作点始终锁定在正交工作点处。公式(2.1.1)中,传感器两束反射光之间的相位差为

$$\Phi = \frac{4\pi}{\lambda}d \qquad\qquad (2.2.1)$$

为了简便直观,这里取传感器腔内有效折射率 n 为 1。公式(2.2.1)左右两边对波长进行微分,则光源工作波长变化 $\Delta\lambda$ 所造成的相位的变化 $\Delta\Phi$ 为

$$\Delta\Phi = \frac{4\pi}{\lambda^2} d\,\Delta\lambda \tag{2.2.2}$$

要求相位变化范围达到 $\pm\pi$，则对应激光器光源的波长变化为

$$\Delta\lambda = \pm\frac{\lambda^2}{4d} \tag{2.2.3}$$

如果激光器光源的中心工作波长为 1550nm，F-P 腔的腔长为 1mm（即 $1000\mu m$），利用式（2.2.3），则对应的光源波长变化 0.6nm 就可以产生 $\pm\pi$ 的相位变化。因此，使用带有温度控制器的 DFB 激光器，通过调节激光二极管（LD）的工作温度，使得 DFB 激光器中的有源区光纤布拉格光栅（FBG）的栅距发生变化，从而调节激光器的工作波长。DFB 激光器中的光纤布拉格光栅的栅距 Λ 和其工作波长 λ_B 的关系满足

$$\lambda_B = 2n_{eff}\Lambda \tag{2.2.4}$$

这样就可以在一定的范围内实现工作波长的调节，从而补偿由外界环境参量变化所造成的 EFPI 传感器静态工作点的漂移。

图 2.2.3 是实际测试一只 DFB 激光二极管的温度波长曲线。温控驱动电路能够提供 $17\sim72^{\circ}C$ 的温度扫描范围，对应于 $1549.8\sim1555.4$nm 的波长范围。而曲线中线性度较好的一段范围是温度 $20\sim60^{\circ}C$、波长 $1550.2\sim1553.8$nm，即 $40^{\circ}C$ 的温度变化引起了 3.6nm 的 DFB 激光器工作波长变化，激光器的温度灵敏度为 90pm/$^{\circ}C$。可由此拟合出该 DFB 激光器的线性的温度-波长（T-λ）的关系式（2.2.5）

$$\lambda = 1548.4 + 0.09T, \quad 20^{\circ}C \leqslant T \leqslant 60^{\circ}C \tag{2.2.5}$$

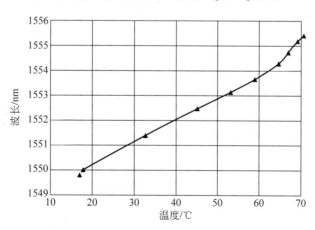

图 2.2.3　DFB 激光二极管的温度-波长曲线

另一个需要注意的问题是，在腔长-光强曲线中存在所谓的正向线性区间和反向线性区间。如图 2.2.1 中的 CB 段线性区间，在该区间内，若干涉仪的 F-P 腔的

腔长变长,则干涉条纹光功率增加,静态工作点会上移,如需将静态工作点下拉,则需要将激光器光源的工作波长变长,即升高激光器的工作温度,从而将 EFPI 传感器的静态工作点下拉至正交工作点,CB 段对应的线性区间就称为正向线性区间;而对于图 2.2.1 中的 DE 段,则是正好相反的情况,即当干涉仪腔长变长时,干涉仪输出光功率会减少,静态工作点下移,则需要将激光器的工作波长变短,即降低激光器的工作温度,从而将 EFPI 传感器的静态工作点上提至正交工作点,则 DE 段就称为反向线性区间。在反向线性区间内,传感信号的大小和干涉条纹的光功率存在反相的关系。EFPI 传感器工作的正反向线性区间的判别方法,是扫描激光器波长,通过温度-波长-光功率的相对关系即可得到。

静态工作点稳定的信号解调技术的原理如图 2.2.4 所示。在原有的正交工作点的直接测量法的基础上增加工作点锁定电路。光电探测器的输出经过低通滤波后,得到低频直流信号,即 EFPI 的静态工作点。将电压送入电压比较器中,与设置好的静态工作点参考电压进行比较,输出的误差电压放大后控制温度调整电路,对 DFB 激光器的工作温度进行调节,改变其工作温度,从而改变激光器的工作波长,相应改变干涉仪的输出相位最终使 EFPI 的静态工作点始终维持在正交工作点,保证输出信号与输入被测信号始终是线性输出。该方案是一个光-电-温-光的反馈控制回路,目的是稳定 EFPI 的静态工作点。该方案的反馈控制信号是一个低频信号分量,因此该信号解调方案只适用于测量动态信号,不能测量静态或缓变时信号。

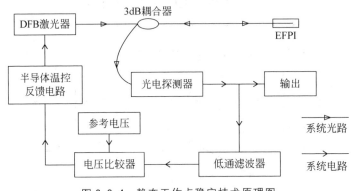

图 2.2.4　静态工作点稳定技术原理图

为了对静态工作点稳定技术进行实验验证,将 EFPI 传感头放入鼓风式恒温干燥箱中进行缓慢加热,以模拟 EFPI 传感头的工作环境温度变化,使干涉仪的静态工作点产生漂移。加热温度从室温(约 30℃)直至 100℃,数据采样的时间间隔为 1s。测试结果如图 2.2.5(传感器腔长 1000μm)所示。对于 1000μm 腔长的 EFPI 传感器,上电约 50s 后系统稳定,放进已经加热的温箱,上电约 200s 后,系统的静态工作点达到稳定。在之后由于外界环境温度的影响,EFPI静态工作点抖动,但温控反馈电路能够很好地对静态工作点的漂移进行补偿,并在宽温度范围内始终维持静态工作点的稳定。干涉仪工作在正交工作点,对 EFPI 传感器外加动态信号,光电探测直接输出外加信号。

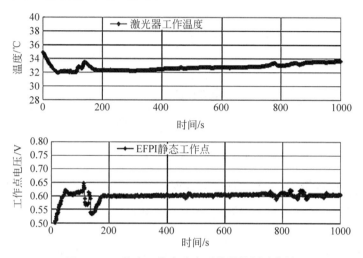

图 2.2.5　静态工作点稳定系统性能测试曲线

在正交工作点解调技术中,受干涉条纹线性区间的限制,该方案只能用于解调相位调制幅度小于 π(腔长调制深度小于 λ/4)的动态信号。此外,该方案一般需要稳定静态工作点,需要一套反馈电路来补偿静态工作点的漂移。

2.3　双波长正交解调法及相位补偿技术

双波长正交测量法是对光纤激光干涉型传感器测量动态信号(振动、声等)进行解调的一种优秀方案,它的测量范围不受线性区间范围限制,是一种被动测量法,测量频率高、适用范围广、通用性好,且灵敏度高。

2.3.1　双波长正交解调法基本原理

由公式(2.1.1)可以看出,不同波长的光注入同一干涉仪会在干涉信号中带来相位差。由此,可以利用两个不同波长的激光来获得两路相位差为 π/2 的信号。之后,通过对这两路正交信号进行微分交叉相乘(DCM)算法来获得待测信号。其原理框图如图 2.3.1 所示。两个波长的光通过波分复用器(WDM)后进入同一根光纤,经过 3dB 耦合器后进入 EFPI 传感器。传感器的反射光信号送入另一个WDM,将两个波长分开,分别用 2 只光电探测器(PD)进行探测。

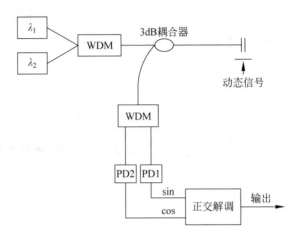

图 2.3.1　双波长正交解调系统

经光电转换后,两路正交信号可表示为

$$V_{\text{PD1}} = A + B\sin\theta \tag{2.3.1}$$

$$V_{\text{PD2}} = A + B\cos\theta \tag{2.3.2}$$

其中,θ 是振动引起的相位变化;A 是直流分量;B 是干涉条纹对比度。通过高通滤波器或直流平移等手段,去掉 V_{PD1} 和 V_{PD2} 中的直流分量 A,得到两路新的正交信号 V_1 和 V_2

$$V_1 = B\sin\theta \tag{2.3.3}$$

$$V_2 = B\cos\theta \tag{2.3.4}$$

分别对 V_1 和 V_2 进行求导,可以得到

$$\frac{\mathrm{d}V_1}{\mathrm{d}t} = B\cos\theta\,\frac{\mathrm{d}\theta}{\mathrm{d}t} \tag{2.3.5}$$

$$\frac{\mathrm{d}V_2}{\mathrm{d}t} = -B\sin\theta\,\frac{\mathrm{d}\theta}{\mathrm{d}t} \tag{2.3.6}$$

交叉相乘,有

$$V_1\,\frac{\mathrm{d}V_2}{\mathrm{d}t} = -B^2\sin^2\theta\,\frac{\mathrm{d}\theta}{\mathrm{d}t} \tag{2.3.7}$$

$$V_2\,\frac{\mathrm{d}V_1}{\mathrm{d}t} = B^2\cos^2\theta\,\frac{\mathrm{d}\theta}{\mathrm{d}t} \tag{2.3.8}$$

两式相减可得

$$V_2\,\frac{\mathrm{d}V_1}{\mathrm{d}t} - V_1\,\frac{\mathrm{d}V_2}{\mathrm{d}t} = B^2\,\frac{\mathrm{d}\theta}{\mathrm{d}t} \tag{2.3.9}$$

再积分,即可得到相位 θ

$$\int \left(V_2 \frac{\mathrm{d}V_1}{\mathrm{d}t} - V_1 \frac{\mathrm{d}V_2}{\mathrm{d}t} \right) \mathrm{d}t = B^2 \theta \tag{2.3.10}$$

积分后的系数 B^2 可由 V_1 和 V_2 的平方和得到

$$V_1^2 + V_2^2 = B^2 \sin^2 \theta + B^2 \cos^2 \theta = B^2 \tag{2.3.11}$$

由此即可去除干涉条纹对比度对解调结果的影响

$$\frac{\int \left(V_2 \dfrac{\mathrm{d}V_1}{\mathrm{d}t} - V_1 \dfrac{\mathrm{d}V_2}{\mathrm{d}t} \right) \mathrm{d}t}{V_1^2 + V_2^2} = \frac{B^2 \theta}{B^2} = \theta \tag{2.3.12}$$

最终,可以得到传感器腔长的变化

$$d_{\mathrm{t}} = \frac{\lambda}{4n\pi} \theta \tag{2.3.13}$$

2.3.2　双波长正交解调法的相位补偿技术

双波长正交解调方案自从 20 世纪 90 年代初提出以来,得到了广泛的关注和研究。然而,其对两路信号正交的依赖,极大地限制了该方案的应用。由公式(2.1.1)可知,相同腔长下,不同波长带来的相位差为

$$\beta = \frac{4n\pi}{\lambda_2} d - \frac{4n\pi}{\lambda_1} d = 4n\pi \frac{\lambda_1 - \lambda_2}{\lambda_1 \lambda_2} d = \frac{\pi}{2} \tag{2.3.14}$$

由此可知,为了保证两路信号的正交,即 $\beta = \pi/2$,则要求传感器的腔长与光源的波长必须严格匹配,因此基于该技术的解调仪只能用来解调具有特定腔长的传感器。

在实际应用中,由于加工工艺的限制,以及工作环境温度的影响,两路干涉信号常常并不完全正交,而是偏离正交状态一定的相位角,这样会引起测量误差,并造成解调出的信号失真。对于这种情况可以通过直接对原始的两路干涉信号进行处理和计算,获得两路相位差偏离 90° 的干涉信号,再产生一路补偿掉该相位差的新干涉信号,与其中一路原始信号形成两路完全正交的干涉信号,最终能正确地解调出调制信号。该方法简单易行,既不需改变硬件设置又无需人工干预,便于应用,测量精度高。

两路不完全正交的干涉信号 I_1 和 I_2 表示为

$$I_1 = B + C\cos(\alpha + \Delta\phi) \tag{2.3.15}$$

$$I_2 = B + C\sin\alpha \tag{2.3.16}$$

其中,B 是两路干涉信号的背景光,也就是直流部分;C 是两路干涉信号的对比度;$\Delta\phi$ 为两路干涉信号偏离正交的相位差;α 为需要测量的相位信号。

去除直流量并归一化,两路干涉信号可以分别以 I_1' 和 I_2' 表示

$$I_1' = \cos(\alpha + \Delta\phi) \tag{2.3.17}$$

$$I_2' = \sin\alpha \qquad (2.3.18)$$

将这两路干涉信号相乘,利用积化和差公式变换后可得

$$I_1' \times I_2' = \frac{1}{2}\sin(2\alpha + \Delta\phi) - \frac{1}{2}\sin\Delta\phi \qquad (2.3.19)$$

在公式(2.3.19)中等号的右边第一项的正弦信号,其频率是两路原始干涉信号频率的两倍,是高频交流信号;而在第二项中由于 $\Delta\phi$ 为常量,所以第二项为直流分量。这样低频滤波滤出直流分量就可以得到 $-1/2\sin\Delta\phi$ 的值,然后将该直流分量乘以 -2,再计算它的反正弦函数就可以得到 $\Delta\phi$ 的值。这样与 I_2 相正交的新生成的干涉信号 I_1^{new} 为

$$I_1^{\text{new}} = \cos\alpha \qquad (2.3.20)$$

通过三角函数可以将上面的公式变换为

$$I_1^{\text{new}} = \cos\alpha = [\cos(\alpha + \Delta\phi) + \sin\alpha\sin\Delta\phi]/\cos\Delta\phi \qquad (2.3.21)$$

将其化简得

$$I_1^{\text{new}} = [I_1' + I_2'\sin\Delta\phi]/\cos\Delta\phi \qquad (2.3.22)$$

其中,$\Delta\phi$ 已经求出,这样就可以得到新生成的两路正交的干涉信号 I_1^{new} 和 I_2,再利用正交信号解调方法就可以解调出调制信号 α。

该相位补偿技术可以用实验验证,即选用腔长与解调仪波长不匹配的传感器,使其产生不严格正交的两路信号来进行。图2.3.2(a)及(c)为未进行相位校准时两路原始信号的李萨如图及解调出的信号。从李萨如图中可以直观、明显地看出原始的这两路干涉信号并不正交,并且相位差偏离90°较大。从图2.3.2(c)中可以看出,此时解调出的信号已经失真。图2.3.2(b)与(d)为同样的两路干涉信号经过相位校准后新生成的两路信号的李萨如图及最终的解调信号。从图2.3.2(b)中可以看出,这是一个正圆,表明这两路新生成的干涉信号的相位差为90°。比较图2.3.2(d)与图2.3.2(c)可知,与相同条件下的未进行相位补偿模块的解调方法解调出来的结果相比,进行相位补偿的解调方法解调出来的波形信号没有发生失真,波形质量高,从而证明了该相位校准方法的有效性。

本节介绍的双波长正交解调法及相位补偿技术,需要去掉原始信号中干涉条纹的直流量后才能正确解调出被测信号,而干涉条纹的直流量取决于光功率和传感器反射面的反射率以及腔长。这样,每换一只传感器都需要重新校准,修改直流参数,而使用高通滤波器等手段来去除直流量,只有在信号频率较高且传感器的相位调制深度大于 2π 的情况下才有效。对于相位补偿技术则同样需要保证相位调制深度大于 2π 才能正常进行原始信号的归一化处理。因而,在相位调制幅度较小的情况下,上述解调方案有一定的局限性。

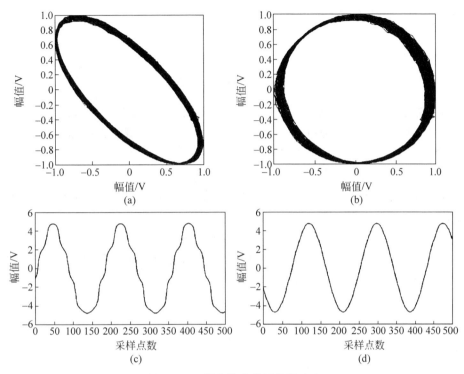

图 2.3.2　相位校准前后信号对比

（a）相位校准前两路原始信号的李萨如图；（b）相位校准后新生成的两路信号的李萨如图；
（c）相位校准前解调出的信号；（d）相位校准后解调出的信号

2.4　直流补偿双波长干涉解调技术

前文提到了微分交叉相乘（DCM）算法的一些不足之处，无法实现任意腔长、任意调制深度 F-P 传感器的解调。为此，我们提出了一种直流补偿双波长干涉解调技术。该解调技术使用直流补偿算法消除原始信号中直流量的影响，再通过信号校正算法生成两路正交信号，之后便可使用 DCM 算法或反正切算法来解调出待测信号。由此，可以实现对任意腔长、任意调制深度的 F-P 传感器的信号解调。

图 2.4.1 为解调系统的示意图，平均光功率为 2mW 的两路激光（$\lambda_1 = 1547.30$nm，$\lambda_2 = 1550.12$nm）由半导体激光器（DFB-LD）产生，经过一个波分复用器（WDM）合束，再通过一个耦合器后注入 EFPI 传感器，携带干涉信号的反射光再经过耦合器注入另一只 WDM 解复用，之后分为不同波长的两路干涉信号，经过光电转换后由采集卡（ADC）所采集，并通过计算机进行信号的计算，从而解调出加载在传感器上

的待测信号。采集卡采集的两路信号可表示为

$$f_1 = A + B\cos\left(\frac{4n\pi}{\lambda_1}d_t\right) \qquad (2.4.1)$$

$$f_2 = A + B\cos\left(\frac{4n\pi}{\lambda_2}d_t\right) \qquad (2.4.2)$$

其中,A 为干涉条纹的直流量;B 为干涉条纹对比度;n 为 EFPI 腔内介质的有效折射率(通常 $n=1$);d_t 为待测信号调制的腔长信号。加载在传感器上的动态信号可以表示为

$$g = C\cos(\omega t + \varphi) \qquad (2.4.3)$$

其中,C 为信号的振幅;ω 为信号的频率;φ 为信号的初始相位。因此,被调制的传感器腔长可以表示为

$$d_t = d_0 + kg = d_0 + kC\cos(\omega t + \varphi) \qquad (2.4.4)$$

其中,d_0 为传感器的初始腔长,可由白光干涉测量技术测得;k 为传感器的灵敏度。则公式(2.4.1)、公式(2.4.2)可表示为

$$f_1 = A + B\cos\left[\frac{4n\pi}{\lambda_1}(d_0 + kg)\right] \qquad (2.4.5)$$

$$f_2 = A + B\cos\left[\frac{4n\pi}{\lambda_2}(d_0 + kg)\right] \qquad (2.4.6)$$

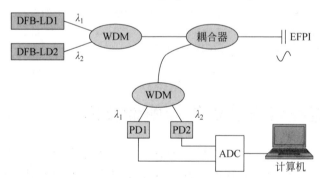

图 2.4.1　直流补偿双波长干涉解调系统

首先需要计算出公式(2.4.5)、公式(2.4.6)中干涉条纹的直流量 A。当传感器上未加载信号时,$g=0$,此时,$d_t = d_0$,并且两路原始信号 f_1、f_2 退化为两个常量,F_1、F_2 如图 2.4.2 所示。这两个常量可以表示为

$$F_1 = A + B\cos\left(\frac{4n\pi}{\lambda_1}d_0\right) \qquad (2.4.7)$$

$$F_2 = A + B\cos\left(\frac{4n\pi}{\lambda_2}d_0\right) \qquad (2.4.8)$$

其中，d_0、λ_i($i=1,2$)为已知量；F_1、F_2 则通过解调系统的探测器直接获得。则有

$$K = F_1 - F_2 = B\cos\left(\frac{4n\pi}{\lambda_1}d_0\right) - B\cos\left(\frac{4n\pi}{\lambda_2}d_0\right) \tag{2.4.9}$$

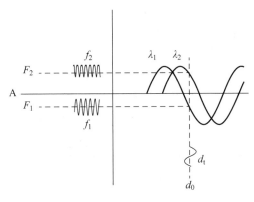

图 2.4.2　直流量的计算原理

然后可以得到干涉条纹的对比度 B

$$B = \frac{K}{\cos\left(\frac{4n\pi}{\lambda_1}d_0\right) - \cos\left(\frac{4n\pi}{\lambda_2}d_0\right)} \tag{2.4.10}$$

则直流量 A 为

$$A = F_1 - \frac{K\cos\left(\frac{4n\pi}{\lambda_1}d_0\right)}{\cos\left(\frac{4n\pi}{\lambda_1}d_0\right) - \cos\left(\frac{4n\pi}{\lambda_2}d_0\right)} \tag{2.4.11}$$

令 $\theta_t = 4n\pi d_t/\lambda_1$。通过公式(2.4.1)、公式(2.4.2)和公式(2.4.11)可以得到两个不含直流量的信号

$$I_1 = f_1 - A = B\cos(\theta_t) \tag{2.4.12}$$

$$I_2 = f_2 - A = B\cos(\theta_t + \beta) \tag{2.4.13}$$

对 EFPI 传感器来说，公式(2.4.4)中的 $d_t \gg kC$，即 $d_t \approx d_0$，则信号(公式(2.4.12))与信号(公式(2.4.13))的相位差 β 可以表示为

$$\beta = 4n\pi \frac{\lambda_1 - \lambda_2}{\lambda_1\lambda_2}d_0 \tag{2.4.14}$$

则 I_2 为

$$I_2 = B\cos(\theta_t + \beta) = B\cos\theta_t\cos\beta - B\sin\theta_t\sin\beta \tag{2.4.15}$$

令 $a = \cos\beta$、$b = \sin\beta$，其中 β 为已知量。则有

$$S_1 = aI_1 - I_2 = bB\sin\theta_t \tag{2.4.16}$$

$$S_2 = bI_1 = bB\cos\theta_t \qquad\qquad (2.4.17)$$

显然,S_1、S_2 之间的相位差为 $\pi/2$。则待测相位信号 θ_t 可由 2.3 节 DCM 算法获得。

这里通过对比直接测量的直流(DC)值和通过公式(2.4.11)计算的 DC 值,来验证直流补偿算法的可行性。对不同腔长的 EFPI 传感器进行了实验,给传感器加载大振幅的正弦信号,保证信号的调制深度在 2π 以上,就可以直接测量出原始信号的直流量 A,即干涉信号的最小值加上峰峰值的一半。将其与公式(2.4.11)计算所得的值进行对比,结果如表 2.4.1 所示。从表 2.4.1 可以看出,对于不同腔长传感器的直流量,其计算值与测量值高度一致,证明了前述方法的正确性。

表 2.4.1　直流量的计算值与测量值的对比

腔长/μm	测量值/V	计算值/V
123.948	1.55	1.58
129.946	1.50	1.51
153.128	1.25	1.23
166.507	1.00	0.99
254.390	0.66	0.67
319.701	0.55	0.51
365.530	0.48	0.45

在实验中对不同腔长的 EFPI 传感器加载正弦信号,使用基于图 2.4.1 所示的解调仪对传感器进行解调,每个通道的采样频率为 200kHz。一只腔长为 129.946μm 的传感器被加载了频率为 100Hz 的正弦信号,得到的两路干涉信号如图 2.4.3(a) 所示。图 2.4.3(b)是两路干涉信号的李萨如图,从图中可以看出,信号间的相位差不是 90°。但是,解调仪依然成功解调出了待测信号,如图 2.4.3(c)所示。图 2.4.3(d)为解调信号的功率谱。然后,在这只传感器上加载 1kHz 的正弦信号,结果如图 2.4.4 所示。图 2.4.4(a)~(d)分别表示两路干涉信号、信号的李萨如图、解调信号及其功率谱。从图 2.4.4(b)可以看出,即使信号的调制深度小于 2π,该解调仪仍然可以成功解调出待测信号。

同一解调仪还被用来解调加载在两只腔长分别为 153.128μm 及 275.380μm 的 EFPI 传感器上的信号。腔长为 153.128μm 的传感器加载了 100Hz 的正弦信号,实验结果如图 2.4.5 所示。图 2.4.5(a)~(d)分别表示两路干涉信号、信号的李萨如图、解调信号及其功率谱。对比图 2.4.5(b)和图 2.4.3(b)可以看出,传感器的腔长不同,两路干涉信号之间的相位差也发生了改变。另外一只腔长为 275.380μm 的传感器上加载了 10kHz 的正弦信号,实验结果如图 2.4.6 所示。图 2.4.6(a)~(d)分别表示两路干涉信号,信号的李萨如图,解调信号及其功率谱。

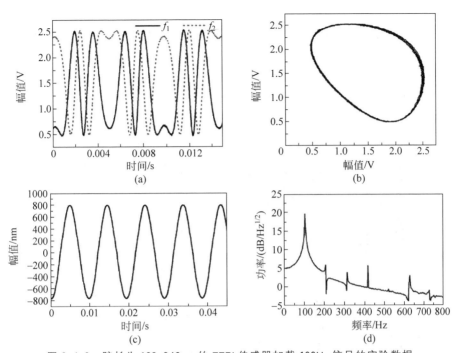

图 2.4.3　腔长为 129.946μm 的 EFPI 传感器加载 100Hz 信号的实验数据

（a）两路干涉信号；（b）两路干涉信号的李萨如图；（c）解调出的信号；（d）解调信号的功率谱

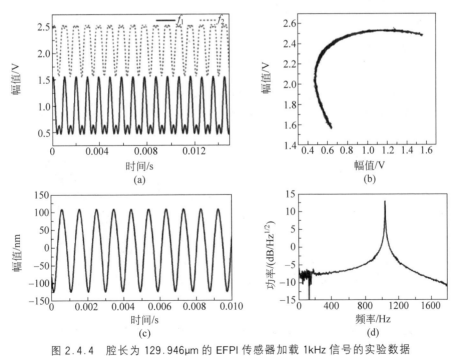

图 2.4.4　腔长为 129.946μm 的 EFPI 传感器加载 1kHz 信号的实验数据

（a）两路干涉信号；（b）两路干涉信号的李萨如图；（c）解调出的信号；（d）解调信号的功率谱

从图 2.4.6(c)来看,解调出的信号存在一点瑕疵,这是因为此时加载的待测信号振幅很小,导致信噪比低;此外,对于周期 10kHz 的信号,每个周期只有 20 个采样点,导致恢复出来的信号质量较差。通过图 2.4.3～图 2.4.6 不难看出,不管传感器的腔长有多长,不管信号的调制深度有多大,该解调技术都能够成功解调出待测信号。

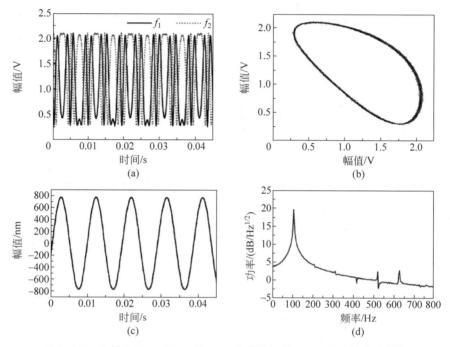

图 2.4.5　腔长为 153.128μm 的 EFPI 传感器加载 100Hz 信号的实验数据
(a) 两路干涉信号;(b) 两路干涉信号的李萨如图;(c) 解调出的信号;(d) 解调信号的功率谱

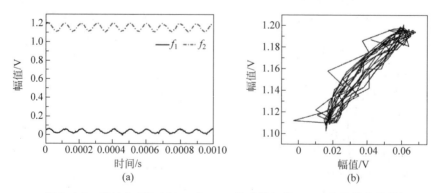

图 2.4.6　腔长为 275.380μm 的 EFPI 传感器加载 10kHz 信号的实验数据
(a) 两路干涉信号;(b) 两路干涉信号的李萨如图;(c) 解调出的信号;(d) 解调信号的功率谱

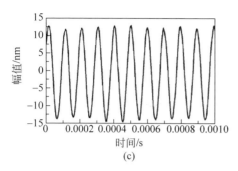
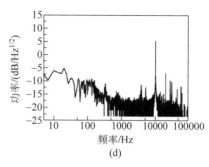

图 2.4.6　（续）

2.5　三波长激光干涉被动解调技术

直流补偿双波长干涉解调技术可以用来解调具有任意光程差（optical path difference，OPD）和任意相位调制幅度的 F-P 传感器，但是需要准确知道 EFPI 的腔长，同时对腔长的测量精度要求很高。当传感器腔长测量误差较大或者是传感器腔长由测量环境的温度、压力等因素而发生漂移时，直流量的计算会出现较大误差，对最终的测量结果影响很大。此外，通过该方法计算直流量只能在测量前进行，对测量过程中由环境变化、激光器功率等系统漂移引起的直流变化不能及时反映，从而带来测量误差。

我们提出了一种三波长激光干涉被动解调技术。在该解调技术方案中，引入了三路不同波长的激光，增加了系统的鲁棒性。通过三路激光产生的不同相位干涉信号来计算出干涉条纹的直流量，相较于直流补偿双波长干涉解调技术，计算直流量时的腔长误差容错能力提高了约 500 倍。同时，该方法利用三路干涉信号实时计算直流量，能够及时准确地反映干涉条纹直流量的变化。在去除干涉信号直流量的影响后，通过相位补偿获得两路正交信号，从而解调出被测信号。实验证明，该解调方法系统稳定、解调精确，能够满足不同腔长、不同测量环境下测量振动等动态信号的需求，具有很好的工程应用价值。

三波长激光干涉被动解调技术的解调原理如图 2.5.1 所示。平均光功率为 2mW、不同波长的三路激光由半导体激光器（DFB-LD）产生：$\lambda_1 = 1547.30$nm、$\lambda_2 = 1550.12$nm、$\lambda_3 = 1552.90$nm，通过波分复用器 WDM1 合为一束光，然后通过一个耦合器注入 EFPI 传感器中。携带干涉信号的反射光通过耦合器注入另一只波分复用器 WDM2，之后再次分为三路不同波长的信号，经过光电转化后，转换为三路电信号，采集后进行信号处理，解调出待测信号。所采用的 EFPI 传感器由切割平整的光纤端面与粘贴在压电陶瓷（PZT）柱上的反射镜构成。

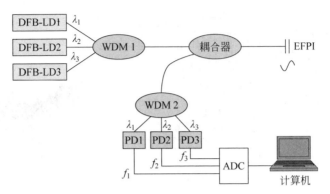

图 2.5.1　三波长激光干涉被动解调系统

经过光电装换后的三路干涉信号可以表示为

$$f_1 = A + B\cos\left(\frac{4n\pi}{\lambda_1}d_t\right) \tag{2.5.1}$$

$$f_2 = A + B\cos\left(\frac{4n\pi}{\lambda_2}d_t\right) \tag{2.5.2}$$

$$f_3 = A + B\cos\left(\frac{4n\pi}{\lambda_3}d_t\right) \tag{2.5.3}$$

其中，A 为干涉条纹的直流分量，由激光器的光功率及传感器两个反射面的反射率，以及 EFPI 的腔长所决定；B 为干涉条纹的对比度；n 为 EFPI 腔的有效折射率，通常为 1；d_t 为被待测信号调制的腔长信号。加载在传感器上的动态信号可以表示为

$$g = C\cos(\omega t + \varphi) \tag{2.5.4}$$

其中，C 为信号的振幅；ω 为信号的频率；φ 为信号的初始相位。此时，被调制的传感器腔长可以表示为

$$d_t = d_0 + kg = d_0 + kC\cos(\omega t + \varphi) \tag{2.5.5}$$

其中，d_0 为传感器的初始腔长，由白光干涉测量仪测得；k 为传感器的灵敏度。则三路干涉信号可以写为

$$f_1 = A + B\cos\left[\frac{4n\pi}{\lambda_1}(d_0 + kg)\right] \tag{2.5.6}$$

$$f_2 = A + B\cos\left[\frac{4n\pi}{\lambda_2}(d_0 + kg)\right] \tag{2.5.7}$$

$$f_3 = A + B\cos\left[\frac{4n\pi}{\lambda_3}(d_0 + kg)\right] \tag{2.5.8}$$

令 $\theta_t = 4n\pi d_t/\lambda_1$，则三路信号变成

$$f_1 = A + B\cos(\theta_t) \tag{2.5.9}$$

$$f_2 = A + B\cos(\theta_t + \delta_1) \tag{2.5.10}$$

$$f_3 = A + B\cos(\theta_t + \delta_2) \tag{2.5.11}$$

因为公式(2.5.5)中, $d_0 \gg kC$,则相位差 δ_1 , δ_2 可写为

$$\delta_1 = 4n\pi \frac{\lambda_1 - \lambda_2}{\lambda_1 \lambda_2} d_0 \tag{2.5.12}$$

$$\delta_2 = 4n\pi \frac{\lambda_1 - \lambda_3}{\lambda_1 \lambda_3} d_0 \tag{2.5.13}$$

令

$$I_1 = f_2 - f_1 = B(\cos\delta_1 - 1)\cos\theta_t - B\sin\delta_1 \sin\theta_t \tag{2.5.14}$$

$$I_2 = f_3 - f_1 = B(\cos\delta_2 - 1)\cos\theta_t - B\sin\delta_2 \sin\theta_t \tag{2.5.15}$$

则有

$$L = \sin\delta_2 I_1 - \sin\delta_1 I_2$$

$$= B(\sin\delta_2 \cos\delta_1 - \cos\delta_2 \sin\delta_1 + \sin\delta_1 - \sin\delta_2)\cos\theta_t \tag{2.5.16}$$

令 $K = \sin\delta_2 \cos\delta_1 - \cos\delta_2 \sin\delta_1 + \sin\delta_1 - \sin\delta_2$, K 为常量,则有

$$L = KB\cos\theta_t \tag{2.5.17}$$

$$H = Kf_1 - L = KA \tag{2.5.18}$$

从公式(2.5.18)可以得到干涉条纹的直流量

$$A = H/K \tag{2.5.19}$$

公式(2.5.12)～公式(2.5.19)中,本方案在直流量 A 的计算过程中,只有相位差 δ_1 、 δ_2 的运算中涉及初始腔长值 d_0 。但是在直流补偿双波长干涉解调技术中,计算直流量时涉及相位的计算,其受腔长测量误差影响较大。所使用的激光器波长都在 1550nm 附近,则对于相同的腔长测量误差 Δ_d ,这两种解调方法的相位差误差 Δ_δ 和 Δ_θ 可分别表示为

$$\Delta_\delta = \frac{4\pi n(\lambda_i - \lambda_j)}{\lambda_i \lambda_j} \Delta_d \approx \frac{4\pi n \times 3}{1550^2} \Delta_d, \quad i,j = 1,2,3 \tag{2.5.20}$$

$$\Delta_\theta = \frac{4n\pi}{\lambda_n} \Delta_d \approx \frac{4n\pi}{1550} \Delta_d, \quad n = 1,2,3 \tag{2.5.21}$$

从公式(2.5.20)、公式(2.5.21)不难看出,对于相同的腔长测量误差, Δ_δ 只有 Δ_θ 的 1/500 左右。所以,相较于直流补偿双波长干涉解调技术,该方法计算直流量时的腔长误差容错能力调高了约 500 倍,使系统的鲁棒性和解调的精度大幅提高。同时,该解调方法对直流量 A 的计算是实时进行的,从而能够更加及时、准确地反映干涉条纹直流量的变化,该解调技术的适用范围更广。

由公式(2.5.9)～公式(2.5.11)及公式(2.5.19)即可得到三路去除直流量的

信号

$$F_1 = f_1 - A = B\cos(\theta_t) \tag{2.5.22}$$

$$F_2 = f_2 - A = B\cos(\theta_t + \delta_1) \tag{2.5.23}$$

$$F_3 = f_3 - A = B\cos(\theta_t + \delta_2) \tag{2.5.24}$$

其中,δ_1、δ_2 已由公式(2.5.12)、公式(2.5.13)算得,则

$$F_2 = B\cos\theta_t\cos\delta_1 - B\sin\theta_t\sin\delta_1 \tag{2.5.25}$$

$$F_3 = B\cos\theta_t\cos\delta_2 - B\sin\theta_t\sin\delta_2 \tag{2.5.26}$$

之后,据公式(2.4.16)~公式(2.4.18)即可从 F_1、F_2 或 F_1、F_3 中得到待测
信号

$$F_1 = f_1 - A = B\cos\theta_t \tag{2.5.27}$$

$$F_2 = B\cos\theta_t\cos\delta_1 - B\sin\theta_t\sin\delta_1 \tag{2.5.28}$$

令 $a = \cos\delta_1$、$b = \sin\delta_1$,其中 β 为已知量。则有

$$S_1 = aF_1 - F_2 = bB\sin\theta_t \tag{2.5.29}$$

$$S_2 = bF_1 = bB\cos\theta_t \tag{2.5.30}$$

显然,S_1、S_2 之间的相位差为 $\pi/2$。则待测相位信号 θ_t 可由 DCM 算法获得,则有

$$\frac{\int\left(S_2\dfrac{\mathrm{d}S_1}{\mathrm{d}t} - S_1\dfrac{\mathrm{d}S_2}{\mathrm{d}t}\right)\mathrm{d}t}{S_1^2 + S_2^2} = \theta_t \tag{2.5.31}$$

$$d_t = \frac{\lambda_1}{4n\pi}\theta_t \tag{2.5.32}$$

这里使用不同腔长的 EFPI 传感器对公式(2.5.19)进行了验证。给 EFPI 传感器加载大振幅的正弦信号,保证其相位调制幅度在 2π 以上,此时传感器干涉条纹的直流量 A 为干涉信号的最小值加上峰峰值的一半。对比直接测量的直流量与公式(2.5.19)计算出的直流量,实验结果如表 2.5.1 所示,可以看出两者一致性很好,证明了本书所提方案的正确性。表 2.5.1 中直流量在传感器腔长测量精度小于直流补偿双波长干涉解调技术的前提下,直流量的计算精度并未低于直流补偿双波长干涉解调技术。

表 2.5.1　直流量的计算值与测量值的对比

腔长/μm	测量值/V	计算值/V
126.66	0.678	0.675
129.28	0.691	0.699
149.33	0.603	0.591
180.23	0.502	0.491
190.98	0.429	0.425

续表

腔长/μm	测量值/V	计算值/V
239.77	0.424	0.420
242.47	0.399	0.400

我们使用了不同腔长的 EFPI 传感器来验证三波长激光干涉被动解调技术。基于图 2.5.1 所示的解调仪进行信号解调。首先,在腔长为 129.28μm 的 EFPI 传感器上加载 100Hz 的正弦信号,得到的三路原始信号如图 2.5.2(a)所示。图 2.5.2(b)为信号 f_1 与 f_2、f_3 之间的李萨如图。从李萨如图可以看出,此时信号的相位调制幅度大于 2π,信号间的相位差并非 $\pi/2$、$\pi/3$ 等特殊值,传感器所用 PZT 有较大的磁滞,非线性较大。解调出的信号如图 2.5.2(c)所示。图 2.5.2(d)为解调信号的频谱图,信号频率为 100Hz,可以看出,该解调仪成功解调出了加载在传感器上的正弦信号。

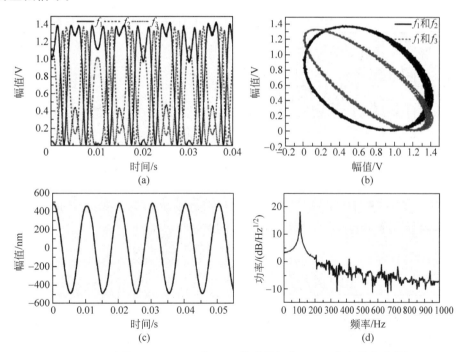

图 2.5.2　腔长为 129.28μm 的 EFPI 传感器加载 100Hz 信号的实验数据

(a) 三路原始信号;(b) f_1 与 f_2,f_1 与 f_3 两路干涉信号的李萨如图;(c) 解调出的信号;(d) 解调信号的功率谱

(请扫Ⅶ页二维码看彩图)

在腔长为 149.33μm 的 EFPI 传感器上加载频率为 700Hz 的正弦信号,采集到的三路原始信号如图 2.5.3(a)所示。图 2.5.3(b)为信号 f_1 与 f_2,f_1 与 f_3 之

间的李萨如图，从李萨如图可以看出，此时信号的相位调制幅度大于 2π，传感器所用 PZT 磁滞效应比较明显。对比图 2.5.2(b)可以看出，由于腔长的变化，信号之间的相位差已经明显改变，但使用该解调仪仍然成功解调出了加载在传感器上的信号，如图 2.5.3(c)所示。图 2.5.3(d)为输出信号的频谱图，信号的频率为 700Hz。

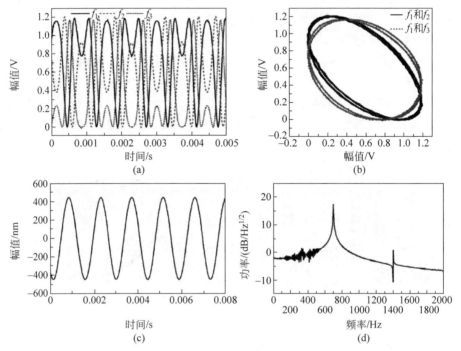

图 2.5.3　腔长为 149.33μm 的 EFPI 传感器加载 700Hz 信号的实验数据

(a) 三路原始信号；(b) f_1 与 f_2，f_1 与 f_3 两路原始信号的李萨如图；(c) 解调出的信号；(d) 解调信号的功率谱

（请扫Ⅶ页二维码看彩图）

在腔长为 242.47μm 的 EFPI 传感器上加载频率为 2kHz 的正弦信号，解调仪采集到的三路原始信号如图 2.5.4(a)所示。图 2.5.4(b)为信号 f_1 与 f_2，f_1 与 f_3 之间的李萨如图，从李萨如图可以看出，此时信号的相位调制幅度小于 2π，但解调仪仍然成功解调出加载在传感器上的正弦信号，如图 2.5.4(c)所示。图 2.5.4(d)为输出信号的频谱图，信号频率为 2kHz。

从图 2.5.2～图 2.5.4 可以看出，该技术可以对不同腔长的 EFPI 传感器进行解调，而不要求腔长与激光器的波长相匹配以产生特定的相位差，从而可以对加载在传感器上的不同调制深度的信号进行解调，无论信号调制深度是否大于 2π。

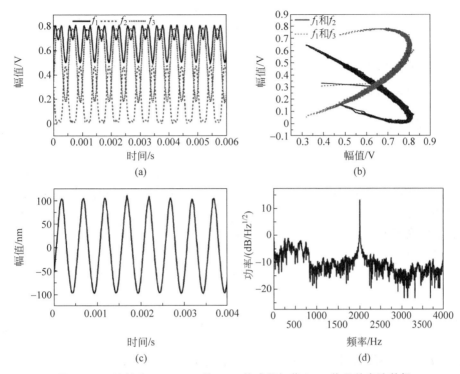

图 2.5.4　腔长为 242.47μm 的 EFPI 传感器加载 2kHz 信号的实验数据

(a) 三路原始信号；(b) f_1 与 f_2、f_1 与 f_3 两路原始信号的李萨如图；(c) 解调出的信号；(d) 解调信号的功率谱

（请扫Ⅶ页二维码看彩图）

2.6　光纤激光干涉型传感器的移相解调法

我们提出了一种光纤激光干涉型传感器的移相解调法，该方法对干涉信号之间的相位差没有特定的要求，解调仪制作完成后，可用于不同光程差的干涉仪。解调过程中无须计算直流量，而是通过原始信号之间的相互运算去掉直流量的影响，且不需要通过信号校正算法生成正交信号，因而解调过程更加简洁、高效和精确。通过对原始信号的计算得到信号的正切值，通过反正切算法及相位解包裹算法得到待测信号。

光纤激光干涉型传感器的移相解调法其系统硬件与三波长激光干涉被动解调技术类似，如图 2.5.1 所示。平均光功率为 2mW、不同波长的三路激光由半导体激光器(DFB-LD)产生：$\lambda_1 = 1540.004$nm、$\lambda_2 = 1549.274$nm、$\lambda_3 = 1557.926$nm，通过波分复用器 WDM1 合为一束光，然后通过一个耦合器注入 EFPI 传感器中。携带干涉信号的反射光通过耦合器注入另一只波分复用器 WDM2，之后再次分开为三路不同波长的信号,经过光电转化,转换为三路电信号,采集后进行信号处理,以获得待测信号。采集卡的采样频率为每通道 100kHz,所采用的 EFPI 传感器由切割平整的光纤端面与粘贴在压电陶瓷柱上的反射镜构成。经过光电装换后的三路干涉信号可以表示为

$$f_1 = a + b\cos(\phi + \delta_1) \tag{2.6.1}$$

$$f_2 = a + b\cos(\phi + \delta_2) \tag{2.6.2}$$

$$f_3 = a + b\cos(\phi + \delta_3) \tag{2.6.3}$$

其中,a 为干涉条纹的直流分量,由激光器的光功率及传感器两个反射面的反射率,以及 EFPI 腔长所决定;b 为干涉条纹的对比度;ϕ 为待测相位信号;$\delta_i (i=1, 2,3)$ 为信号 f_1、f_2、f_3 与信号 f_1 之间的相位差,其大小与激光器的波长及 EFPI 传感器的光程差有关,有

$$\delta_1 = 0 \tag{2.6.4}$$

$$\delta_2 = 4\pi \frac{\lambda_2 - \lambda_1}{\lambda_1 \lambda_2} d \tag{2.6.5}$$

$$\delta_3 = 4\pi \frac{\lambda_3 - \lambda_1}{\lambda_1 \lambda_3} d \tag{2.6.6}$$

这里,d 为传感器的初始腔长,由白光干涉测量仪测得。f_1、f_2、f_3 可以看成一个同一个信号再移相 2 次形成,消除信号中直流分量 a 的影响,并获取所求信号的正切值

$$
\begin{aligned}
A &= \frac{f_1 - f_3}{2f_2 - (f_1 + f_3)} \\
&= \frac{\cos(\phi + \delta_1) - \cos(\phi + \delta_3)}{2\cos(\phi + \delta_2) - \cos(\phi + \delta_1) - \cos(\phi + \delta_3)} \\
&= \frac{\cos\phi\cos\delta_1 - \sin\phi\sin\delta_1 - \cos\phi\cos\delta_3 + \sin\phi\sin\delta_3}{2\cos\phi\cos\delta_2 - 2\sin\phi\sin\delta_2 - \cos\phi\cos\delta_1 + \sin\phi\sin\delta_1 - \cos\phi\cos\delta_3 + \sin\phi\sin\delta_3} \\
&= \frac{(\cos\delta_1 - \cos\delta_3)\cos\phi - (\sin\delta_1 - \sin\delta_3)\sin\phi}{(2\cos\delta_2 - \cos\delta_1 - \cos\delta_3)\cos\phi - (2\sin\delta_2 - \sin\delta_1 - \sin\delta_3)\sin\phi} \\
&= \frac{(\cos\delta_1 - \cos\delta_3) - (\sin\delta_1 - \sin\delta_3)\tan\phi}{(2\cos\delta_2 - \cos\delta_1 - \cos\delta_3) - (2\sin\delta_2 - \sin\delta_1 - \sin\delta_3)\tan\phi}
\end{aligned}
\tag{2.6.7}
$$

令

$$B = \cos\delta_1 - \cos\delta_3 \tag{2.6.8}$$

$$C = \sin\delta_1 - \sin\delta_3 \tag{2.6.9}$$

$$D = 2\cos\delta_2 - \cos\delta_1 - \cos\delta_3 \tag{2.6.10}$$

$$E = 2\sin\delta_2 - \sin\delta_1 - \sin\delta_3 \tag{2.6.11}$$

由公式(2.6.4)～公式(2.6.6)可知，B、C、D、E 都为已知常量。经恒等变换可有

$$A = \frac{B - C\tan\phi}{D - E\tan\phi} \qquad (2.6.12)$$

则有

$$\tan\phi = \frac{B - AD}{C - AE} \qquad (2.6.13)$$

对 $\tan\phi$ 进行反正切运算，反正切运算得到的值在 $(-\pi/2, \pi/2)$ 范围内，因此需对反正切后的结果进行相位解包裹运算，得到完整的信号 ϕ。此外，也可以由公式(2.6.13)的分子 $(B - AD)$ 和分母 $(C - AE)$ 进行 DCM 解调得到待测信号。

这里使用不同腔长的 EFPI 传感器来验证该方法的正确性。将 10Hz 的正弦波加载到腔长为 $622\mu m$ 的 EFPI 传感器上，再使用基于图 2.5.1 的解调仪进行信号解调，其结果如图 2.6.1 所示。图 2.6.1(a) 为三路原始信号，实线、粗虚线、细虚线分别为信号 f_1、f_2、f_3，横坐标为采样点数，纵坐标为幅度，单位为 V。图 2.6.1(b) 为信号两两之间的李萨如图，可以看出信号间相位差并不是 90°，相位关系随 EFPI 腔长的变化而变化，但解调仪还是成功解调出了待测信号。图 2.6.1(c) 为解调后的信号(峰峰值 1005.3nm，横坐标为采样点数，纵坐标为幅度，单位为 nm)，以及解调后信号的频谱图(峰值为 10Hz)。

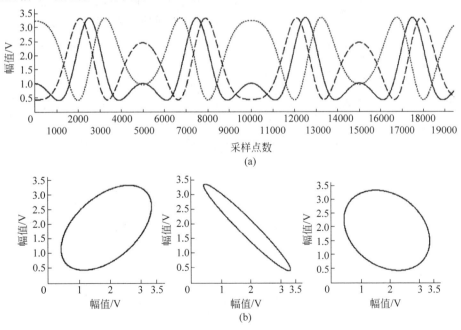

图 2.6.1　腔长为 622μm 的 EFPI 传感器加载 10Hz 信号的实验数据

(a) 三路原始信号；(b) 两两信号之间的李萨如图；(c) 解调出的信号及频谱图

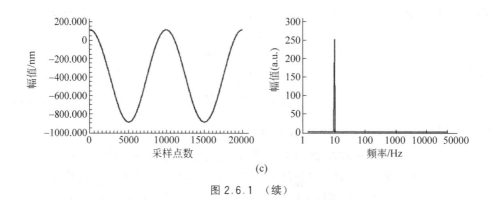

(c)

图 2.6.1 （续）

将 1kHz 的正弦波加载到腔长为 $350\mu m$ 的 EFPI 传感器上,使用同一台解调仪进行信号解调,其结果如图 2.6.2 所示。图 2.6.2(a)为三路原始信号,实线、粗虚线、细虚线分别为信号 f_1、f_2、f_3,横坐标为采样点数,纵坐标单位为 V。图 2.6.2(b)为信号两两之间的李萨如图,可以很明显看出,此时信号的振幅较小,相位调制幅度不足 2π。解调仪成功解调出了待测信号,如图 2.6.2(c)所示,图 2.6.2(c)为解调后的信号(峰峰值 115.6nm,横坐标为采样点数,纵坐标为幅值,单位为 nm),以及解调后信号的频谱图(峰值为 1000Hz)。从图 2.6.1 和图 2.6.2 可以看出,不管传感器的腔长多长,以及信号的调制深度多大,该解调技术都能够成功解调出待测信号。

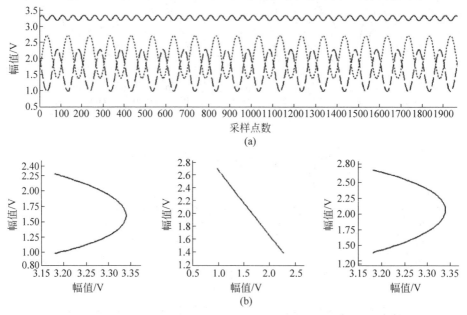

图 2.6.2 腔长为 $350\mu m$ 的 EFPI 传感器加载 1kHz 信号的实验数据
(a) 三路原始信号;(b) 两两信号之间的李萨如图;(c) 解调出的信号及频谱图

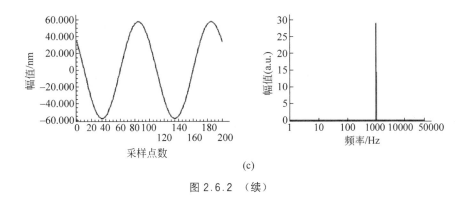

图 2.6.2　（续）

2.7　本章小结

　　本章首先介绍了比较常见的两种激光干涉解调技术——静态工作点直接解调法和双波长正交解调法，以及对两者进行的改良，并对其优缺点进行了简单分析。然后讨论了三种激光干涉解调技术。我们提出的直流补偿双波长干涉解调技术、三波长激光干涉被动解调技术以及光纤激光干涉型传感器的移相解调法，其克服了现有激光干涉解调算法的不足，无须匹配传感器的腔长和激光器的波长，可以用来解调任意腔长的传感器。此外，这些技术能够满足测量不同调制深度信号的要求，无论其是否大于 2π，不受信号调制线性区的影响，解调信号的频率仅受限于系统的采集卡等电路部分，同时提高了解调的稳定性和精度。这些新型解调方案精度高、结构简洁、适用能力强，能够满足不同腔长和调制深度、不同测量环境下测量振动等动态信号的需求，具有很好的工程应用价值。

参考文献

［1］　江毅. 高级光纤传感技术［M］.北京：科学出版社，2009.

［2］　DANDRIDGE A，TVETEN A B，GIALLORENZI T G. Homodyne demodulation scheme for fiber optic sensors using phase generated carrier［J］. IEEE Transactions on Microwave Theory and Techniques，1982，MTT-30(10)：1635-1641

［3］　JIA J S，JIANG Y，ZHANG L C，et al. Dual-wavelength DC compensation technique for the demodulation of EFPI fiber sensors［J］. IEEE Photonics Technology Letters，2018，30(15)：1380-1383.

［4］　JIA J S，JIANG Y，GAO H C，et al. Three-wavelength passive demodulation technique for the interrogation of EFPI sensors with arbitrary cavity length［J］. Optics Express，2019，

27(6)：8890-8899.

［5］ 江毅,贾景善,姜澜,等.一种光纤激光干涉型传感器的移相解调法：CN105865500B［P］.
2017-12-01［2021-06-10］. https：//kns. cnki. net/kcms/detail/detail. aspx？ FileName＝
CN105865500B&DbName＝SCPD2017.

［6］ 张柳超.基于飞秒激光微纳加工的光纤传感器的研究［D］.北京：北京理工大学,2019.

［7］ 郭桂榕.大型发电机安全监测光纤振动传感器的研究［D］.北京：北京理工大学,2010.

第 3 章

石英光纤F-P高温温度传感器

3.1 引言

在国防、航空航天以及工业中,对高温温度进行监测和控制都具有非常重要的意义。目前高温温度测量技术已经很成熟,例如热敏电阻、热电偶、光学高温计等。但是,这些传感器都是电学传感器,是以电信号作为传感媒介的,因此在一些极端应用环境,如易燃、易爆和强电磁干扰环境等,电学传感器并不能得到良好的应用。尤其是随着技术的发展,许多特殊领域对温度检测的器件尺寸的要求越来越严格,对温度的测量范围和测量精度的要求越来越高。因此,在温度传感器的研究中,实现高温、高速、微小局部目标温度的测量具有非常重要的意义。光纤传感器是利用光作为传感媒介的新型传感器,具有抗电磁干扰、体积小、质量轻、灵敏度高等优越性,且光纤天然具有耐高温的优点。光纤法布里-珀罗(F-P)高温温度传感器的出现和发展,为高温环境的温度测量提供了一种新的可靠的技术选择。光纤 F-P 高温温度传感器是在光纤上制作出 F-P 干涉仪,外界温度的变化会调制 F-P 干涉仪的输出信号,通过光纤的远距离传输可以使传感器的光电器件远离高温环境,对干涉信号的解调是在远离高温的环境下进行的。光纤 F-P 高温温度传感器具有非常重要的工程应用价值。目前所报道的光纤高温温度传感器主要包括基于光纤 F-P 干涉仪的高温温度传感器和光纤布拉格光栅(FBG)高温温度传感器两大类。本章主要介绍石英光纤 F-P 高温温度传感器,第 7 章介绍 FBG 高温温度传感器。

3.2 国内外研究现状

石英光纤 F-P 高温温度传感器是利用光在低精细度 F-P 结构产生的二次反射光来产生干涉的。当外界温度使光纤的折射率或腔长发生变化时,产生的干涉信号也会发生变化,干涉仪输出的白光干涉光谱就会发生改变,对干涉光谱解调就能得到被测温度。光纤 F-P 高温温度传感器的种类从光纤 F-P 结构来分,有石英光纤本征型法布里-珀罗干涉型(intrinsic Fabry-Perot interferometer,IFPI)高温温度传感器、石英光纤外腔式法布里-珀罗干涉型(也称为非本征型法布里-珀罗干涉型,extrinsic Fabry-Perot interferometer,EFPI)的高温温度传感器、石英光纤 F-P 薄膜干涉式高温温度传感器、石英光纤偏芯熔接式高温温度传感器和石英光纤凹型 F-P 高温温度传感器等。

对于光纤 F-P 高温温度传感器的研究已经很多了,国内关于光纤 F-P 高温温度传感器的研究单位主要有武汉理工大学、重庆大学、北京理工大学、电子科技大学和西北大学等,国外对此研究比较多的有英国的赫瑞-瓦特大学、美国的密苏里大学和内布拉斯加大学林肯分校等。

2009 年,重庆大学报道了一种单模光纤 EFPI 高温温度传感器,传感器用 800nm 的飞秒激光在普通单模光纤(single mode fiber,SMF)上烧蚀出一个微矩形状的槽,矩形槽形成了 F-P 腔结构,由此制作了一种单模光纤 EFPI 高温温度传感器。用飞秒激光加工的方式不需要使用昂贵的掩模板,通过计算机精确控制,可以制作任意 F-P 腔长度的光纤 F-P 干涉传感器。该光纤 EFPI 温度传感器是全光纤结构的,其在高温的环境中仍具有良好的稳定性,实验测得该传感器能耐 800℃的高温,温度灵敏度为 0.12nm/℃。

2015 年,英国赫瑞-瓦特大学报道了一种基于空气光纤边界和反射式光纤金属拼接之间构成的微型 IFPI 高温传感器。传感器的制作步骤是,首先将切割好的单模光纤的端面进行清洁,然后用射频溅射涂层系统在光纤端面沉积一层薄薄的 Cr 膜,在涂覆金属膜时随时监测金属膜的反射率,当反射率达到 10%时停止溅射,最后将金属膜的一端和两端切割好的一端单模光纤熔接。光源发出的光经 Cr 膜发生第一次反射,透射光经单模光纤在光纤与空气的交界面发生第二次反射,两次后向反射光产生干涉,这种传感器是一种 IFPI 光纤传感器。经试验测量,该种传感器能够测量 1100℃以下的高温,其在 1100℃下可以运行超过 300h,运行中传感器的稳定性保持在 10℃左右,这是现有报道的稳定运行时间最长的传感器。

基于单模光纤制作的 F-P 高温温度传感器,受限于单模光纤的材料特性,一般不能长时间工作在 1000℃以上的极端环境下。要满足实际工程应用的要求,则石英光纤 F-P 高温温度传感器需要达到更高的测温上限和更长时间的稳定运行时间。近年来,光子晶体光纤的发展为石英光纤 F-P 高温传感器的制备开辟了一条新的途径。光子晶体光纤(photonic crystal fiber,PCF)是一种在截面上具有复杂折射率分布的特殊光纤,其包层由周期性的空气孔组成。与传统的掺杂光纤相比,光子晶体光纤可以由纯石英玻璃制成,因此,即使在高温环境下,光仍能稳定传输,这使得传感器的测温上限得到了进一步提高。目前,基于光子晶体光纤 F-P 结构的高温温度传感器的研究越来越多,国内外均有报道。

2012 年,重庆大学报道了一种新型高温传感器,该传感器是由 SMF-PCF 组成 IFPI 结构的高温温度传感器。该传感器在制作中,通过加大光子晶体光纤在熔接时包层空气孔的塌陷长度,以塌陷区和光子晶体光纤交界面的反射及光子晶体光纤和空气交界面之间的反射作为 F-P 腔。该传感器是全石英结构的,经试验测量,传感器稳定运行温度为 1100℃,当 F-P 腔的腔长为 $1044\mu m$ 时,传感器的温度灵敏度为 29.4nm/℃。

2017 年,北京理工大学提出了一种可用于高温温度测量的高温光子晶体光纤温度传感器。在光子晶体光纤末端熔接一段纯石英无芯光纤构成外腔式光纤 F-P 腔结构,纯石英无芯光纤在高温下的热膨胀效应和热光效应使得 EFPI 的光学腔长发生变化。结合光纤白光干涉测量技术,通过测量 EFPI 的腔长就能够得到被测温度。实验在不同温度环境下对腔长为 $175\mu m$ 的 EFPI 光纤温度传感器进行了连续测量。测量结果显示,设计的高温光纤温度传感器的工作范围是 $27\sim 1100$℃,在 1100℃温度下的分辨率为 0.225℃,短时间的工作温度达到了 1200℃。

2018 年,武汉理工大学报道了一种石英玻璃实芯光子晶体光纤 F-P 温度传感器。通过将光子晶体光纤熔接到标准单模光纤上,在光子晶体光纤内部形成了一个 IFPI 结构。经实验测量结果表明,该传感器能够 1100℃温度下连续工作 24h,短期工作温度可达 1200℃以上(短于 30min)。在 $300\sim 1200$℃的测量范围,温度灵敏度可达 15.61pm/℃。

基于光子晶体光纤 F-P 结构的高温温度传感器的研究越来越多,目前研究方向主要往温度更高、高温下传感器的稳定性保持时间更长的方向发展。

3.3　石英光纤 F-P 高温温度传感器

3.3.1　光纤 F-P 高温温度传感器的结构及测量原理

光纤 F-P 高温温度传感器是通过光纤中的 F-P 结构产生双光束干涉,当外界温度发生变化时,干涉信号也会随之改变,解调出干涉信号就能够获得外界的温度。图 3.3.1 是一种石英光纤 EFPI 温度传感器的传感原理图,本节以此为例分析传感器的测量原理。传感器由无芯纯石英光纤与光子晶体光纤构成。用飞秒激光在光子晶体光纤的端面打出一个凹槽,再与无芯光纤焊接。入射光在焊接处形成第一次反射 M_1,透射光在无芯光纤与空气间的界面形成第二次反射 M_2,两次反射在后向形成双光束干涉。

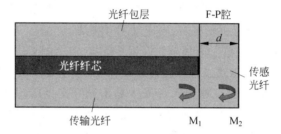

图 3.3.1 光纤 F-P 温度传感器传感原理图

EFPI 的白光干涉光谱可以表示为

$$I(\lambda) = a(\lambda) + b(\lambda)\cos\left(2\pi\frac{2L}{\lambda} + \pi\right) \tag{3.3.1}$$

其中,L 为 EFPI 的光学腔长,$L = nd$,这里 d 是 F-P 腔的物理长度,$2L$ 是光程差;$a(\lambda)$ 为白光干涉光谱的背景光;$b(\lambda)$ 为腔长和光纤端面反射产生的对比度;π 是由第二端面反射产生(光疏到光密)的相位跳变。当温度 T 变化时,无芯光纤的热膨胀和热光效应分别引起 EFPI 的腔长 L 和折射率 n 的变化,从而引起光学腔长 L 的变化。通常光纤的热膨胀可以视为线性的,热光效应是非线性的,由热膨胀和热光效应引起的 EFPI 的腔长和折射率变化分别用公式(3.3.2)和公式(3.3.3)表示:

$$d(T) = d_0(1 + \alpha_d T) \tag{3.3.2}$$

$$n(T) = n_0 + \alpha_n T + \beta_n T^2 \tag{3.3.3}$$

其中,d_0 和 n_0 分别为初始腔长和初始折射率;α_d 为线性热膨胀系数;α_n、β_n 分别为热光效应的一次系数、二次系数。光学腔长 L 随温度的变化表示为

$$
\begin{aligned}
L(T) &= n(T)d(T)\\
&= (n_0 + \alpha_n T + \beta_n T^2)d_0(1 + \alpha_d T)\\
&= n_0 d_0\left(1 + \frac{\alpha_n}{n_0}T + \frac{\beta_n}{n_0}T^2\right)(1 + \alpha_d T)\\
&= L_0\left[1 + \left(\frac{\alpha_n}{n_0} + \alpha_d\right)T + \left(\frac{\alpha_n\alpha_d}{n_0} + \frac{\beta_n}{n_0}\right)T^2 + \frac{\beta_n\alpha_d}{n_0}T^3\right] \tag{3.3.4}
\end{aligned}
$$

其中,$L_0 = n_0 d_0$ 为初始光学腔长,光学腔长与初始腔长有关。归一化的光学腔长

L_{norm} 表示为

$$L_{\mathrm{norm}}(T) = \frac{L(T)}{L_0}$$

$$= 1 + \left(\frac{\alpha_n}{n_0} + \alpha_d\right)T + \left(\frac{\alpha_n \alpha_d}{n_0} + \frac{\beta_n}{n_0}\right)T^2 + \frac{\beta_n \alpha_d}{n_0}T^3$$

$$= 1 + \alpha T + \beta T^2 \qquad (3.3.5)$$

其中,$\alpha = \alpha_n/n_0 + \alpha_d$ 和 $\beta = \alpha_n \alpha_d/n_0 + \beta_n/n_0$ 分别为综合热效应的一次系数以及二次系数。从公式(3.3.5)可以看出,归一化的光学腔长与传感器初始腔长无关,只与光纤材料以及温度有关。因此,同结构的任意一只传感器的归一化光学腔长具有相同的温度特性。而任意两只传感器的光学腔长之比为

$$\frac{L_1(T)}{L_2(T)} = \frac{L_{10}}{L_{20}} \qquad (3.3.6)$$

可以得出,两只 EFPI 的光学腔长之比为常数,不随温度变化。因此,测量出一只 EFPI 的 T-L 曲线 $T = f(L_{\mathrm{standard}\text{-}T})$ 作为标准,同结构的 EFPI 都可以根据室温下与该标准传感器的光学腔长之比 $C = L_{\mathrm{sensor}室温}/L_{\mathrm{standard}室温}$,得到所测温度下对应的标准 EFPI 的光学腔长 $L_{\mathrm{standard}\text{-}T} = L_{\mathrm{sensor}\text{-}T}/C$,并代回 T-L 曲线得到待测温度。

光纤 EFPI 温度传感器的光学腔长-温度灵敏度为

$$S_{L\text{-}T} = \frac{\partial LT}{\partial T} = L_0(\alpha + 2\beta T) \qquad (3.3.7)$$

$S_{L\text{-}T}$ 与传感器的初始光学腔长以及光纤材料有关,初始光学腔长越长,则传感器的灵敏度越高。理论上,石英光纤线性热膨胀系数 $\alpha_d = 0.55 \times 10^{-6}/℃$,热光效应的一次系数约为 $\alpha_n = 1 \times 10^{-5}/℃$,二次系数约为 $\beta_n = 2.2 \times 10^{-9}/℃$,热光效应占主导作用。则当室温下初始光学腔长为 $150\mu\mathrm{m}$ 时,忽略 α_d 与 β_n 的微小影响,EFPI 的光学腔长-温度灵敏度约为 $S_{L\text{-}T} \approx L_0 \alpha_n/n_0 = 1.03\mathrm{nm}/℃$。

3.3.2　石英光纤本征型 F-P 干涉型高温温度传感器

石英光纤 IFPI 高温温度传感器的 F-P 结构是由两个光纤内部反射镜和腔内光纤组成的。光纤的内部反射镜可以利用飞秒激光在光纤内部引入折射率变化加工而成。图 3.3.2 是一套飞秒激光加工系统原理图,飞秒激光波长 800nm,重复频率 1kHz,脉冲持续时间 120fs。将剥离外层涂层的光纤安装在高精度三维平移台上,光纤轴线垂直于激光束入射方向。将飞秒激光的焦点聚焦于光纤的纤芯处,飞秒激光会使光纤聚焦处的纤芯折射率发生变化,从而形成反射镜,整套系统是在计算机控制下完成的。用飞秒激光可以制作任意腔长的光纤 IFPI 结构。

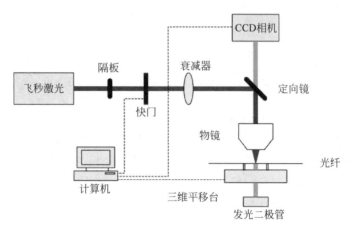

图 3.3.2　使用飞秒激光制作光纤 IFPI 结构的加工系统

一种技术方案是利用波长为 800nm,重复率为 1kHz,脉冲持续时间为 120fs 的飞秒激光在标准单模光纤内部通过引入折射率变化来制备反射镜,光纤纤芯折射率的改变量 Δn 约为 0.01,制作的反射镜的反射率约为 -49.2dB。图 3.3.3 是飞秒激光制作的两个光纤内部反射镜的显微照片,两个反射镜之间形成 IFPI 传感器。

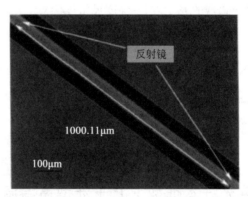

图 3.3.3　飞秒激光制备的光纤 IFPI 传感头的显微照片

这里用图 3.3.4 的实验系统对 IFPI 传感器的温度特性进行了测试。光纤 IFPI 传感头放在管式高温炉的中心,用于测量管式温度炉中心的温度。传感器的右端浸入折射率匹配油中,以消除光纤右端端面反射对实验测量的影响,传感器的左端接光谱仪。光源是扫描激光器,传感器的后向反射光用光谱仪测量。

光纤 IFPI 温度传感器在进行温度测量前,需要先对传感器进行老化实验,以保证传感器在实验测量中性能更加稳定。传感器的老化实验是将传感器加热到要

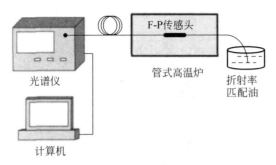

图 3.3.4　光纤 IFPI 传感器的温度测试实验系统

测量的温度,然后保持此温度一段时间,再将传感器自然冷却至室温。图 3.3.5 是光谱仪采集到的传感器光源光谱和反射光谱,光源的谱平坦,反射光谱为双光束干涉,所以光谱是正弦形状。实验测得这种传感器耐温 1000℃,温度的灵敏度为 14.9pm/℃,而且在重复测量中,反射光谱具有良好的重复性和稳定性,表明这种由飞秒激光制备的光纤 IFPI 传感器的高温传感特性优良。这种光纤 IFPI 传感器是由飞秒激光在单模光纤制作的,成本低廉、结构稳定,易于与现有的各种标准光纤器件进行连接,从而构成光纤传感网络,在工程领域中具有较强的实用价值。

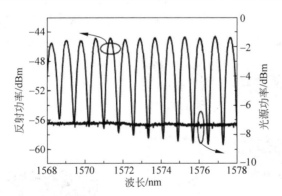

图 3.3.5　光源光谱和光纤 IFPI 传感器的反射光谱

利用光纤熔接处和光纤端面的反射可以制作另一种光纤 IFPI 温度传感器。单模光纤和单模光纤的熔接处的反射率比较低,而单模光纤和光子晶体光纤熔接时,由于光子晶体光纤空气孔的塌陷问题,且光子晶体光纤纤芯与单模光纤纤芯的折射率有差异,从而熔接处的反射率较高。图 3.3.6 是光子晶体光纤的端面图及其与单模光纤熔接制作的 F-P 结构的原理图。

光子晶体光纤的包层是由周期性排列的空气孔组成的,光子晶体光纤在熔接机中放电熔接时,包层中的空气孔会在高温下熔化塌陷。这种传感器的制作比较简单,首先将一段端面齐平的光子晶体光纤和单模光纤放入熔接机的两放电极间

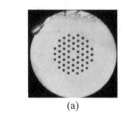

(a)

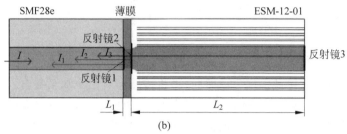

(b)

图 3.3.6　光子晶体光纤及用其制作的 IFPI
(a) 光子晶体光纤端面；(b) 其与单模光纤熔接制作的 F-P 结构示意图
(请扫Ⅶ页二维码看彩图)

进行焊接,经多次放电后取出。图 3.3.7 是由放电引起的光子晶体光纤的塌陷图,随着放电次数的增多,光子晶体光纤空气孔的塌陷长度逐渐增大。取 6 次放电后的光子晶体光纤,然后用切割刀截取设计好长度,光子晶体光纤传感器即制作完成。

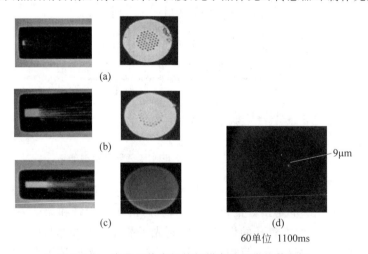

(a)

(b)

(d)

(c)

9μm

60单位　1100ms

图 3.3.7　光子晶体光纤的扫描电子显微镜截面图
(a) 2 次放电；(b) 4 次放电；(c) 6 次放电；(d) 完全塌陷
(请扫Ⅶ页二维码看彩图)

这种光纤 IFPI 传感器在光纤的内部有二次后向反射光,单模光纤和熔接区的

反射光 I_1，光子晶体光纤和空气的反射光 I_2，干涉信号由反射光 I_1 和 I_2 后向反射产生。传感器的实验系统图和单模光纤 IFPI 一样。图 3.3.8 是传感器输出的干涉光谱，由于反射光 I_1 的强度比较弱，从而信号整体的对比度比较低。实验测得，这种传感器的测温上限可达 1100℃，温度灵敏度为 29.4nm/℃。

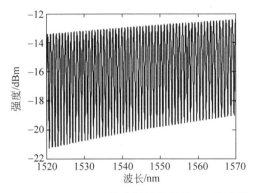

图 3.3.8　$L_1 = 1.2\mu m$、$L_2 = 1035\mu m$ 的光子晶体光纤 F-P 传感器理论计算干涉谱

3.3.3　石英光纤外腔型 F-P 干涉型高温温度传感器

石英光纤 EFPI 高温温度传感器是由两个光纤的端面来构成 F-P 腔的两端，F-P 腔内是空气，相较于 IFPI 传感器，EFPI 传感器不存在由光偏振态变化引起的信号漂移的问题。但是由于空气的热膨胀系数小，石英光纤 EFPI 传感器天然具有温度补偿特性，所以普通光纤 EFPI 温度传感器对温度不敏感。图 3.3.9 是一种金属封装的石英光纤 EFPI 温度传感器，传感器由陶瓷芯和陶瓷套管组成，两者的热膨胀系数相同，左侧的陶瓷芯内有光纤，右侧的陶瓷芯为陶瓷堵头，表面经过抛光处理，便于反射，两侧的陶瓷芯固定在不锈钢上，不锈钢用高温胶和铝合金进行固定。由于封装材料的热膨胀系数不同，从而传感器对温度的敏感性优于普通的 EFPI 传感器。

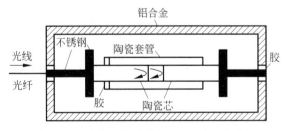

图 3.3.9　金属封装的光纤 EFPI 温度传感器

将制作好的传感器放入恒温烤箱中，传感器外接白光干涉解调仪。先将温度加热到 70℃，然后保持恒温一段时间，再将传感器自然冷却至室温。图 3.3.10 显

示了光纤 EFPI 高温温度传感器的腔长随温度的变化关系,当温度从 60℃ 下降到 25℃时,传感器 F-P 腔长度变化了 16μm。对传感器进行高温实验,实验表明该传感器能够耐 400℃ 的高温,温度-腔长灵敏度为 0.3837μm/℃,温度分辨率为 0.36℃。这种传感器结构简单,可以制作出任意腔长的传感器,还可以通过选择合适的封装材料进一步提高传感器的温度灵敏度或得到所需的温度特性。但是这种传感器易受封装材料和高温胶的材料特性影响,传感器的测温上限比较低。

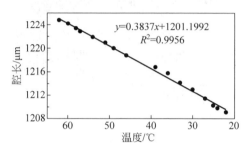

图 3.3.10 光纤 EFPI 高温温度传感器的腔长随温度的变化关系

另一种单模光纤 EFPI 高温温度传感器是用 800nm 的飞秒激光在普通单模光纤上烧蚀出一个微矩形状的槽,矩形槽形成了 F-P 腔结构。图 3.3.11 是这种光纤 EFPI 传感器的原理图和显微照片。

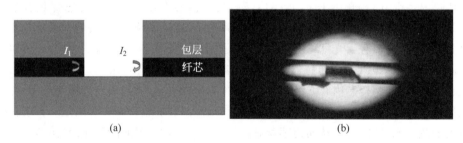

(a)   (b)

图 3.3.11 由 800nm 飞秒激光烧蚀制作的光纤 EFPI 高温温度传感器

(a) 原理图;(b) 显微照片

(请扫Ⅶ页二维码看彩图)

该种传感器的制作过程是,用飞秒激光对准光纤的作业区域,高峰值功率的飞秒激光会在很短时间内作用到光纤上,飞秒激光照射位置的光纤温度会急剧上升,当温度超过硅材料的熔化和汽化温度时,作业区的硅会被电离成等离子体,最终离开光纤的作业区,在光纤的侧面形成一个凹槽。飞秒激光持续时间极短,使得光纤的温度加速下降,从而避免产生热传导而热熔化。用飞秒激光加工的方式不需要使用昂贵的掩模板,通过计算机的精确控制可以制作任意 F-P 腔长度的光纤 F-P 干涉传感器。

将制作好的传感器放入如图 3.3.12 所示的温度实验装置中,宽带光源发出的光经耦合器进入光纤 EFPI 传感器中,F-P 腔产生的后向反射的光会回到光谱仪中,最终通过计算机分析干涉信号。在实验中改变高温炉的温度,从 200℃ 开始,每间隔 60℃ 逐渐升高温度到 800℃,图 3.3.13 是这种传感器腔长随温度的变化图。由于该种光纤 EFPI 温度传感器是全光纤结构,其在高温的环境中仍具有良好的稳定性,实验测得该传感器能耐 800℃ 的高温,温度灵敏度为 0.12nm/℃。由于这种传感器需要损伤光纤,所以易于折断,须小心处理。

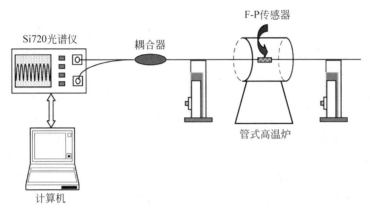

图 3.3.12　光纤 EFPI 传感器的温度测试实验系统

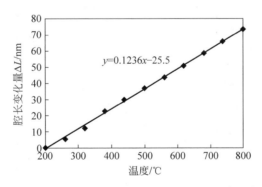

图 3.3.13　光纤 EFPI 高温温度传感器的腔长随温度的变化关系

3.3.4　石英光纤 F-P 薄膜干涉式高温温度传感器

石英光纤 F-P 薄膜干涉式高温温度传感器是近几年发展起来的,通过在单模光纤的端面镀上一层厚度为 d 的金属薄膜,在单模光纤和金属薄膜以及金属薄膜和空气的交界处形成两个反射面,从而在单模光纤端面形成了长度为 d 的 F-P 腔结构。图 3.3.14 为单模光纤 F-P 薄膜干涉型高温温度传感器的原理图。

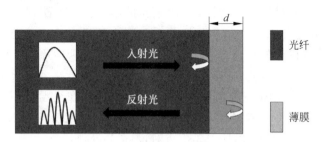

图 3.3.14　单模光纤 F-P 薄膜干涉型高温温度传感器的原理图

薄膜干涉型温度传感器对薄膜材料的选择有比较高的要求。在选取薄膜材料时,除了需要全面考虑薄膜材料的透明度、吸收和散射性、折射率、机械牢固度及材料的化学稳定性,还需要权衡薄膜材料的温度特性,尤其是薄膜材料的热膨胀系数和热光系数。可以选用单一材料或多种材料组合构成金属薄膜。当选择多种材料来构成金属薄膜时,所选取的介质材料要具有相近的热膨胀系数,这样才能保证金属薄膜在高温环境下的稳定性,避免其因高温环境而断裂从而影响传感器的性能。

现有报道过的一种薄膜干涉型传感器,选用 ZrO_2 和 Al_2O_3 两种材料作为金属薄膜的介质材料,两种材料的热膨胀系数如图 3.3.15 所示。采用真空镀膜系统用电子束蒸发技术在单模光纤的端面蒸镀金属薄膜,同时实时监测薄膜的厚度,最后形成 $ZrO_2/Al_2O_3/ZrO_2$ 结构的薄膜。

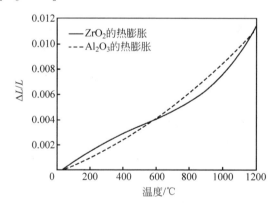

图 3.3.15　ZrO_2 和 Al_2O_3 材料的热膨胀系数

该种传感器制作完成后,为了稳定传感器薄膜的温度敏感特性,需要对传感器进行高温老化处理。先将传感器在温度炉中升温到 400℃,待温度稳定后保持 4h,然后将传感器自然冷却至室温。接下来进行第二次升温,将温度升温到 600℃,同样保持 600℃温度 4h,然后将传感器自然冷却至室温,完成传感器的老化工作。

将老化后的传感器放入图 3.3.16 所示的实验装置中进行实验,实验结果如

图 3.3.17 所示,随着温度的上升,反射光谱逐渐向长波长方向移动。选取光谱的波峰 A 和波谷 B 作为特征峰来分析传感器的性能。实验结果表明,该传感器能够在 200~600℃的温度范围内保持 $8.37×10^{-6}/℃$ 的灵敏度,传感器具有良好的线性度。

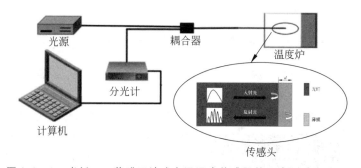

图 3.3.16 光纤 F-P 薄膜干涉式高温温度传感器的温度测试实验系统

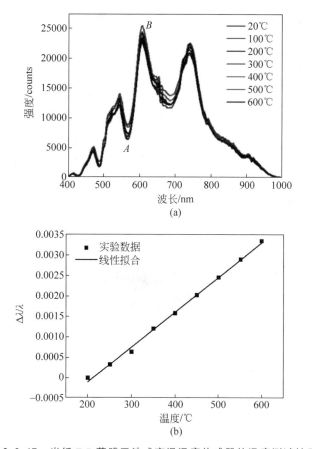

图 3.3.17 光纤 F-P 薄膜干涉式高温温度传感器的温度测试结果
(a) 不同温度下的反射光谱;(b) 不同温度下的波长变化量及其线性拟合

薄膜干涉型温度传感器在镀膜过程中,需要精确地控制薄膜材料的蒸发速率,虽然传感器的成本较低,但是在传感器的制作中需要比较复杂的加工工艺,传感器的批量化生产还有难度,而且此类传感器目前还没有长时间工作的报道,距离工程化应用还有一定的距离。

3.3.5 石英光纤偏芯熔接式高温温度传感器

通过石英光纤的偏芯熔接可以构成一种偏芯熔接式温度传感器。在传感器的

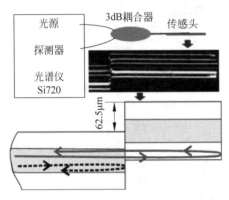

制作中,两段石英光纤偏芯距离的大小会影响传感器光的传输路径。偏芯熔接式的温度传感器的原理如图 3.3.18 所示,光在传输光纤和传感光纤的交界处发生第一次反射,透射光会耦合进传感光纤的包层中,然后透射光会在传感光纤和空气的交界面发生第二次反射,两次反射光会发生干涉,偏芯的传感光纤成为 F-P 干涉传感器的 F-P 腔。

当偏芯距离较大时,偏芯熔接式温度传感器的原理如图 3.3.19 所示,相较于上一种传感器,这种传感器在制作时还需在偏芯传感光纤 B 熔接一端与传输光纤 A 共

图 3.3.18 偏芯距离小时传感器的传感原理

(请扫Ⅶ页二维码看彩图)

线的单模光纤 C。光纤 C 的右端面加工成与垂直方向的夹角不小于 8°,以消除光纤 C 右端的反射对传感器的影响。

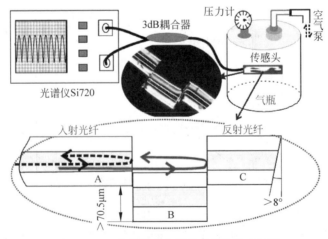

图 3.3.19 偏芯距离大时传感器的传感原理

(请扫Ⅶ页二维码看彩图)

两种传感器的实验测量系统和传感原理相同,解调方法都是采用光谱仪解调,图 3.3.20 是光谱仪采集的干涉光谱,传感器 F-P 腔产生的双光束干涉十分明显。

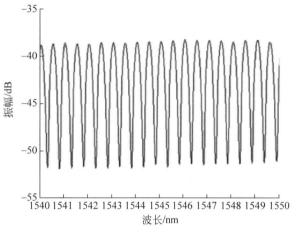

图 3.3.20　偏芯熔接式高温温度传感器的干涉光谱

将制作好的传感器放入图 3.3.19 的实验装置中进行高温测试,高温实验的结果如图 3.3.21 所示。实验结果表明,该传感器的灵敏度为 41nm/℃,线性度和重复性好,能在 1000℃以下的温度下工作。这种传感器由两段单模光纤熔接而成,传感器的制作步骤只包括光纤切割和熔接,不涉及其他工艺,因此制造简单且成本低。但是由于传感器的结构是偏芯熔接式,传感器的传感头和传输光纤的熔接部分很少,所以传感器的机械性能较差,容易断,也容易受外界振动信号的影响,这给传感器的工程化应用带来了困难。

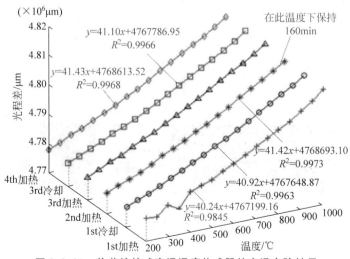

图 3.3.21　偏芯熔接式高温温度传感器的高温实验结果

(请扫Ⅶ页二维码看彩图)

91

3.3.6 石英光纤凹型 F-P 式高温温度传感器

石英光纤凹型无隔膜 F-P 式高温温度传感器通过将一段空芯光纤（HCF）熔接在单模光纤的切割端面上,然后切割空芯光纤,最后形成凹形无隔膜的 F-P 腔。该传感器的原理如图 3.3.22 所示,沿着单模光纤纤芯传播的入射光在熔融石英-空气界面（凹形顶点）处发生第一次反射,反射光为 I_1,同时在界面处部分透射光被耦合到 HCF 的壁上,然后在 HCF 的端面上被第二次反射,反射光为 I_2。两个反射光 I_1 和 I_2 会产生干涉,干涉信号作为传感器的输出。

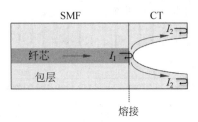

图 3.3.22　凹形无隔膜 F-P 式高温温度传感器的传感原理

（请扫Ⅶ页二维码看彩图）

这类温度传感器的制作过程如图 3.3.23 所示。首先,将一段内径为 $55\mu m$、外径为 $125\mu m$ 的 HCF 熔接到单模光纤一个端面上,原理图为图 3.3.23(a),实物图为图 3.3.23(c),在 HCF 的接合端形成凹形结构。然后,用光纤切割刀切断 HCF 的另一端,如图 3.3.23(b)和(d)所示,部分 HCF 与单模光纤熔接在一起。图 3.3.23(e)为在红色可见光下的传感器的显微镜图像,一部分光线被耦合到 HCF 的壁上,图中传感器尖端的空气腔长度约为 $93.1\mu m$。

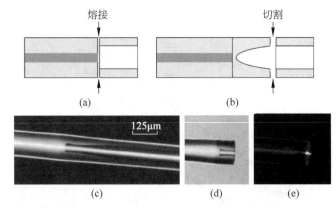

图 3.3.23　凹形无隔膜 F-P 式高温温度传感器的制作过程

（a）HCF 与单模光纤的熔接示意图；（b）HCF 切割示意图；（c）HCF 与单模光纤熔接后的实物图；

（d）HCF 切割后的实物图；（e）在红色可见光下的传感器显微图

（请扫Ⅶ页二维码看彩图）

将制作好的传感器放入如图 3.3.24(a)所示的实验装置中,宽带光源发出的光经耦合器进入传感器中,F-P 腔产生的两次反射光发生干涉,干涉光谱经光谱仪采集出,如图 3.3.24(b)所示,干涉图样为双光束干涉图。

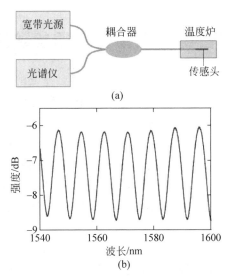

图 3.3.24　凹形无隔膜 F-P 式高温温度传感器的高温测试

(a) 实验装置；(b) 传感器的干涉光谱

传感器的高温实验结果如图 3.3.25 所示,当温度从 20℃ 上升到 1000℃ 时,从图中可以看到干涉光谱发生红移。随着温度的升高,光纤会发生热膨胀,F-P 空腔的长度增加。同时由于光纤的热光效应,F-P 空腔壁的折射率也会增加,从而导致干涉波长的增大。实验测得传感器在 20~1000℃ 的温度范围中,温度灵敏度为 0.01226nm/℃。

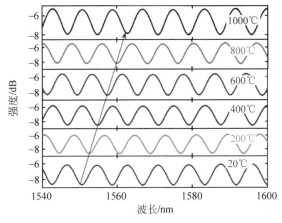

图 3.3.25　凹形无隔膜 F-P 式高温温度传感器的高温实验结果

(请扫Ⅶ页二维码看彩图)

这种光纤 F-P 高温温度传感器的制作非常简单,在传感器的制作中,仅涉及光纤的熔接和切割。另外,传感器的材料是成本较低的单模光纤和空芯光纤,所以传感器的成本比较低,该类光纤 F-P 高温温度传感器有比较大的工程应用前景。

3.4 超高温下石英光纤主要物理参数的实验测量

热膨胀系数和折射率是光纤高温温度传感器最重要的光学参数。光纤的折射率会随着环境温度的变化而发生变化,光纤的折射率随温度的变化是由光纤的热光系数决定的。当光纤所在的环境温度发生变化时,光纤的物理长度也会发生变化,这是由光纤的热膨胀效应引起的。光纤的热膨胀系数和热光系数是光纤的基本物理参数,它们关系到光纤传感器对待测物理量的敏感性能,它们的测量对于光纤传感技术的应用具有重要作用。但是目前光纤的热光系数和热膨胀系数的测定是在光纤温度 800℃ 以下进行的,对更高温度范围内光纤热光系数和热膨胀系数则没有准确数值。

作者团队在前人工作的基础上,利用光纤 EFPI 和光纤 IFPI 在 0～1200℃ 温度范围内对光纤的热膨胀系数和热光系数进行了测量,对石英光纤热膨胀效应和热光效应现有的线性模型进行了修正,提出了二阶模型,随后提出了一种光纤 F-P 高温温度传感器的通用测温方法和一种高速信号解调技术。

3.4.1 光纤 EFPI 及光纤热膨胀系数的测量

当环境温度变化时,光纤的物理长度会发生变化,这是由光纤的热膨胀效应引起的。我们用热膨胀系数来衡量热膨胀效应,光纤的热膨胀系数定义为光纤在单位温度内单位长度的变化量。通常,我们认为石英光纤的热膨胀系数是常数 $5.5 \times 10^{-7}/℃$。根据阿达莫夫斯基(G. Adamovsky)等报道,热膨胀效应的二次系数的量级为 $10^{-12}/℃^2$,是可以忽略的,则热膨胀效应可以认为是线性的。由于他们的实验结果是分段测量得到的,分段的最大测温范围小于 300℃,总温度范围小于 800℃。在测温范围小,热膨胀系数可以视为常数。但是当温度的动态范围高达 1200℃ 时,线性模型是不准确的,则光纤的热膨胀系数不能再视为常数,其值与温度有关。

早期,苏德(W. Souder)和希德内特(P. Hidnert)对前人的测量工作进行了总结,并测量了 17 种熔融石英的热膨胀系数。根据他们的测量数据,得出的熔融石英的热膨胀系数的温度特性如图 3.4.1 所示。但是苏德和希德内特选用的熔融石英样品中有半透明的,甚至有的样品带有些许微小气泡。而光纤是一种透明的熔融石英,无气泡。因此,他们的实验测量结果虽然能够反映出光纤的热膨胀系数的温度特性,但是不具有代表性。

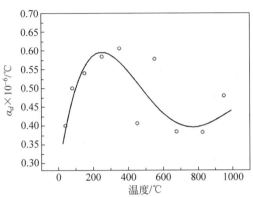

图 3.4.1　熔融石英热膨胀系数的温度特性

根据李(L. T. Li)等的报道,当温度从 30℃ 上升到 700℃ 时,光纤的热膨胀系数由 $5.193\times10^{-7}/℃$ 增大到 $7.94\times10^{-7}/℃$。由此,当温度的动态范围较大,高达 1200℃ 时,我们需要把光纤的热膨胀效应的线性模型修正为二次模型,热膨胀效应的一次系数和二次系数需要同时被考虑进来。

1. 光纤热膨胀系数的测量原理

光纤 FPI 中 F-P 腔长的变化会引起光纤 FPI 的干涉光谱的变化。光纤白光干涉测量仪解调的是 FPI 的光学腔长,它是光纤长度与折射率的乘积。石英光纤的热效应包含热膨胀效应和热光效应,为了不受光纤折射率热光效应的影响,我们选用单模光纤和空芯光纤构成的 SMF-HCF-SMF 结构的光纤 EFPI 对光纤的热膨胀系数进行实验测量。为了避免空芯光纤中残存气体的热膨胀影响,需要在空芯光纤的侧壁上打一个微孔,形成开腔式的光纤 EFPI。又考虑到空气折射率的影响,需要把光纤 EFPI 置于真空环境中。此时,光纤白光干涉测量仪解调得到的光学腔长就是光纤 EFPI 中空芯光纤的长度。

光纤的二阶热膨胀效应可以写为

$$d(T)=d_0(1+\alpha_d T+\beta_d T^2) \tag{3.4.1}$$

其中,$d(T)$ 表示光纤在温度 T 下的长度;d_0 表示光纤在 0℃ 下的长度;α_d 表示光纤的一次热膨胀系数;β_d 表示光纤的二次热膨胀系数。

$$\alpha_d=\frac{1}{d_0}\left(\frac{\partial d}{\partial T}\right)_{T=0}, \quad \beta_d=\frac{1}{2!}\frac{1}{d_0}\left(\frac{\partial^2 d}{\partial T^2}\right)_{T=0} \tag{3.4.2}$$

归一化光纤长度的温度特性可以表示为

$$\frac{d(T)}{d_0}=1+\alpha_d T+\beta_d T^2 \tag{3.4.3}$$

为了进行适合的腔长测量,我们首先粗略预估光纤长度的变化量。在 d_0 取 $400\mu m$,α_d 取值 $5.5\times10^{-7}/℃$,ΔT 取值 $1200℃$ 时,根据式(3.4.1)及热膨胀系数的量级可得,光纤长度的变化量约为

$$\Delta d \approx d_0\alpha_d\Delta T = 0.264\mu m \qquad (3.4.4)$$

对于真空环境中的开腔式 SMF-HCF-SMF 结构的光纤 EFPI,解调系统测得的光学腔长就是空芯光纤的长度。

2. 光纤热膨胀系数的实验测量

首先利用光纤熔接机把传光的单模光纤和空心光纤焊接到一起。注意调整熔接机的参数,避免空芯光纤的塌陷。再在显微镜的辅助下切割空芯光纤,预留长度 $350\sim450\mu m$。然后与另外一段单模光纤焊接。两段单模光纤与空心光纤的界面处形成两个反射镜。第二段单模光纤的末端做斜切处理,避免发生第三次反射。最后,使用飞秒激光器在空心光纤的侧壁上打一个微孔,形成开腔式的 SMF-HCF-SMF 结构的 EFPI,其显微结构图如图 3.4.2(a)所示。实验测量系统的原理如图 3.4.2(b)所示。将光纤 EFPI 置于真空系统末端的陶瓷管,并将陶瓷管置于马弗炉高温区中间。马弗炉的工作温度范围为 $20\sim1200℃$,温度精度为 0.5%。

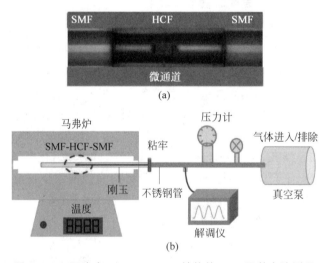

图 3.4.2 开腔式 SMF-HCF-SMF 结构的 EFPI 及其实验测量
(a) 开腔式 SMF-HCF-SMF 结构的显微图;(b) 实验测量系统
(请扫Ⅶ页二维码看彩图)

应用于高温环境的光纤传感器都要经过高温老化处理以保证光纤传感器的可靠性。未老化的光纤与老化过的光纤相比,热膨胀效应更明显。因此,在测量之前,需要把光纤 EFPI 置于 $700℃$ 和 $1050℃$ 的高温环境中各老化 1h。老化完成之

后,将马弗炉由 25℃升温至 1200℃,升温间隔约 100℃。记录解调仪测量出的光学腔长(空芯光纤的长度)及对应温度,白光干涉解调仪的腔长测量分辨率为 1nm。

测量结果如图 3.4.3 所示,光学腔长的温度特性曲线为对应于左侧纵坐标的曲线,对左侧数据进行拟合,得到 0℃时的光学腔长,即 d_0。再用光学腔长除以 d_0,就可以得到对应的归一化光学腔长(归一化光纤长度),其温度特性如图 3.4.3 中对应右侧纵坐标的曲线所示,对数据进行拟合,得到归一化光纤长度的温度特性。将拟合曲线与公式(3.4.3)对比可知

$$d(T)/d_0 = 1 + 5.36 \times 10^{-7} T + 6.20 \times 10^{-11} T^2 \tag{3.4.5}$$

因此,石英光纤热膨胀效应的一次系数和二次系数分别为 $5.36 \times 10^{-7}/℃$ 和 $6.20 \times 10^{-11}/℃^2$。

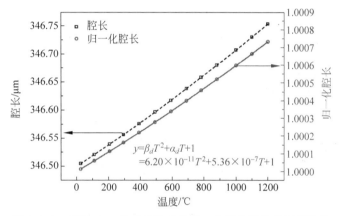

图 3.4.3　光纤 EFPI 的光学腔长及归一化光学腔长的温度特性

根据李等的数据,当温度从 30℃上升到 700℃时,光纤的热膨胀系数由 $5.193 \times 10^{-7}/℃$ 增大到 $7.94 \times 10^{-7}/℃$,即

$$\left(\frac{1}{d_0}\frac{\partial d}{\partial T}\right)_{T=30℃} = 5.193 \times 10^{-7}/℃$$

$$\left(\frac{1}{d_0}\frac{\partial d}{\partial T}\right)_{T=700} = 7.94 \times 10^{-7}/℃ \tag{3.4.6}$$

因此可得,光纤的热膨胀系数为

$$\left(\frac{1}{d_0}\frac{\partial d}{\partial T}\right)_T = 5.07 \times 10^{-7}/℃ + 4.1 \times 10^{-10} T/℃^2 \tag{3.4.7}$$

由公式(3.4.1)可得

$$\left(\frac{1}{d_0}\frac{\partial d}{\partial T}\right)_T = \alpha_d + 2\beta_d T \tag{3.4.8}$$

对比可知,李等测量的一次热膨胀系数 α_d 为 $5.07 \times 10^{-7}/℃$,二次热膨胀系数 β_d

为 $2.05 \times 10^{-10} / ℃^2$。

图 3.4.4 展示了公式(3.4.8)所示的光纤热膨胀系数的温度特性,包含我们的测量结果,苏德和希德内特的测量结果,以及李等的测量结果。李等的温度测量范围较小,结果明显偏大。这可能是由没有对光纤 EFPI 进行老化造成的,其文献中没有提到光纤的老化,未老化的光纤与老化过的光纤相比,热膨胀效应是更明显的。通常,对于在高温环境中使用的光纤传感器,为了得到更高的可靠性,需要进行老化试验。而苏德和希德内特的测量结果差异是由熔融石英样品的纯度差异引起的。

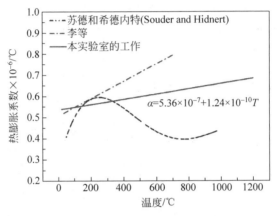

图 3.4.4 光纤热膨胀系数的温度特性

(请扫Ⅶ页二维码看彩图)

3.4.2 光纤 IFPI 及光纤热光系数的测量

折射率随温度变化的现象称为热光效应。折射率是石英光纤的重要光学参数,对光学器件的性能有重要影响。因此,人们对光纤折射率的温度特性开展了很多研究工作。以往的研究工作中,温度变化范围较小,热光效应被认为是线性的,然而在 1200℃ 的变化温度范围内,这种线性模型是不准确的。

对固体材料的热光系数的测量方法分为棱镜法和干涉法。棱镜测量法能够直接测量折射率的值,再通过折射率与温度的对应关系,得到热光系数 $\partial n / \partial T$。笨重的棱镜法不属于光纤技术,也不适用于高温环境的测量。干涉测量法利用光程差的温度特性和已知的热膨胀系数,可以得到热光系数 $\partial n / \partial T$。在早期的测量系统中,瓦克斯勒(R. M. Waxler)和克莱克(G. W. Cleek)利用抛光的熔融石英平板构成干涉仪,系统光源波长为 $0.5876\mu m$。实验结果表明,温度由室温降至液氮温度($-196℃$)时,热光系数由 $9 \times 10^{-6} / ℃$ 降至 $3 \times 10^{-6} / ℃$。阿达莫夫斯基(G. Adamovsky)等利用 FBG 测量了光纤的热膨胀系数,系统光源波长为 $1.310\mu m$。 $20 \sim 780℃$ 范围内的分段测量结果表明,热光系数的平均值为 $2.37 \times 10^{-5} / ℃$。

FBG 在高温环境下性能不稳定,这是该测量方法存在的一个问题。利用光纤延迟线测量的方法也已经被提出,系统光源波长为 $1.550\mu m$。当温度由 -30℃ 上升到 70℃ 时,热光系为 1.178×10^{-5}/℃。当温度由 26℃ 上升到 1000℃ 时,热光系数为 1.333×10^{-5}/℃。光纤延迟线的测量方法复杂,且光纤长度比较大。综上,以前的测量方法大多是线性模型且测量温度范围小。

在超高温光纤温度传感器中,需要在大动态温度范围内直接测量石英光纤的热光系数,并建立一个更准确的模型。光纤 IFPI 具有结构简单、体积小、抗干扰能力强、耐高温的特点,最高工作温度达 1200℃,因此我们选用光纤 IFPI 在高温环境下测量光纤热光系数。

1. 光纤热光系数的测量原理

光纤的折射率变化会引起光纤 F-P 干涉仪的干涉光谱发生变化。光纤白光干涉测量仪解调的是 F-P 干涉仪的光学腔长,它是光纤长度与折射率的乘积。石英光纤的热效应包含热膨胀效应和热光效应,热膨胀效应不可避免。在 3.4.1 节中,我们已经对光纤的热膨胀系数进行了分析及实验测量。这里,通过测量 IFPI 的光学腔长,然后利用 3.4.1 节热膨胀系数的测量结果进行补偿,最终得到光纤的热光系数。

当折射率随温度呈线性变化时,光纤的热光效应可以表示为

$$n(T)=n_0+\alpha_n T \tag{3.4.9}$$

其中,$n(T)$ 和 n_0 分别表示光纤在温度 T 和 0℃ 下的纤芯折射率;α_n 为光纤的热光系数。上式对温度求导,可得

$$\left(\frac{\partial n}{\partial T}\right)_{T=0}=\alpha_n \tag{3.4.10}$$

光纤 IFPI 的光学腔长 L 是光纤长度 d 与折射率 n 的乘积,可以表示为

$$L(T)=n(T)d(T) \tag{3.4.11}$$

光学腔长的温度响应是热光效应和热膨胀效应共同作用的结果。

在 3.4.1 节中我们已经对光纤的热膨胀系数进行了分析及实验测量,光纤长度的温度特性可以用公式(3.4.1)表示。因此,光纤 IFPI 的光学腔长又可以表示为

$$L(T)=d_0(n_0+\alpha_n T)(1+\alpha_d T+\beta_d T^2)$$
$$=L_0\left[\frac{\alpha_n\beta_d}{n_0}T^3+\left(\frac{\alpha_n\alpha_d}{n_0}+\beta_d\right)T^2+\left(\frac{\alpha_n}{n_0}+\alpha_d\right)T+1\right] \tag{3.4.12}$$

其中,$L_0=n_0d_0$,是光纤 IFPI 在 0℃ 下的光学腔长。从以前的研究结果和后续 3.4.2 节 2. 的实验结果可知,公式(3.4.12)中的 3 次项极小,可以忽略不计。因此,光纤 IFPI 的光学腔长可以表示为

$$L(T) = L_0 \left[\left(\frac{\alpha_n \alpha_d}{n_0} + \beta_d \right) T^2 + \left(\frac{\alpha_n}{n_0} + \alpha_d \right) T + 1 \right] \tag{3.4.13}$$

因此,光纤 IFPI 的归一化光学腔长 L_m 可以表示为

$$L_m(T) = \left(\frac{\alpha_n \alpha_d}{n_0} + \beta_d \right) T^2 + \left(\frac{\alpha_n}{n_0} + \alpha_d \right) T + 1 \tag{3.4.14}$$

其中,$L_m(T) = L(T)/L_0$。从公式(3.4.14)可以看出,归一化光学腔长与光纤长度无关,对于特定的材料,只与温度有关。

当光学腔长的温度特性 $L(T)$ 经过实验测量后,可以通过数据拟合得到 L_0,进而得到归一化光学腔长 L_m 的温度特性

$$L_m(T) = BT^2 + AT + 1 \tag{3.4.15}$$

其中,A 和 B 分别是归一化光学腔长温度特性拟合曲线的一次系数和二次系数。对比公式(3.4.14)和公式(3.4.15)可知

$$B = \frac{\alpha_n \alpha_d}{n_0} + \beta_d \tag{3.4.16}$$

$$A = \frac{\alpha_n}{n_0} + \alpha_d \tag{3.4.17}$$

那么,热光系数 α_n 可以通过公式(3.4.16)或者公式(3.4.17)得到,即

$$\alpha_n = (B - \beta_d) n_0 / \alpha_d \tag{3.4.18}$$

或

$$\alpha_n = n_0 (A - \alpha_d) \tag{3.4.19}$$

然而,多次测量的实验数据表明 $(B - \beta_d) n_0 / \alpha_d \gg n_0 (A - \alpha_d)$。这说明在较大的温度范围内,热光效应的线性模型是不准确的,热光效应的二次系数 β_n 需要被考虑进来。

光纤折射率的温度特性重新表示为

$$n(T) = n_0 + \alpha_n T + \beta_n T^2 \tag{3.4.20}$$

那么光纤 IFPI 的光学腔长重新表示为

$$L(T) = L_0 \left[\left(\frac{\alpha_n \alpha_d + \beta_n}{n_0} + \beta_d \right) T^2 + \left(\frac{\alpha_n}{n_0} + \alpha_d \right) T + 1 \right] \tag{3.4.21}$$

归一化光学腔长重新表示为

$$L_m(T) = \left(\frac{\alpha_n \alpha_d + \beta_n}{n_0} + \beta_d \right) T^2 + \left(\frac{\alpha_n}{n_0} + \alpha_d \right) T + 1 \tag{3.4.22}$$

因此,归一化光学腔长温度特性的拟合曲线的二次系数和一次系数分别为

$$B = \frac{\alpha_n \alpha_d + \beta_n}{n_0} + \beta_d, \quad A = \frac{\alpha_n}{n_0} + \alpha_d \tag{3.4.23}$$

由上式可得,热光效应的一次系数和二次系数分别为

$$\alpha_n = n_0(A - \alpha_d), \quad \beta_n = n_0(B - \beta_d) - \alpha_n \alpha_d \qquad (3.4.24)$$

由于$(B - \beta_d)n_0/\alpha_d \gg n_0(A - \alpha_d)$,热光效应的二次系数可以简化为

$$\beta_n = (B - \beta_d)n_0$$

最终得到热光效应的一次系数和二次系数分别为

$$\alpha_n = n_0(A - \alpha_d), \quad \beta_n = n_0(B - \beta_d) \qquad (3.4.25)$$

为了对传感器的光学腔长进行测量,我们首先粗略预估 IFPI 光学腔长的变化量。L_0 设为 $150\mu m$,α_n 取值 $1.333 \times 10^{-5}/^{\circ}C$,$\Delta T$ 取值 $1200^{\circ}C$,n_0 取值 1.447。根据公式(3.4.21)及热光系数、热膨胀系数的量级可得,光学腔长的变化量约为

$$\Delta L \approx L_0 \alpha_n \Delta T / n_0 = 1.66\mu m \qquad (3.4.26)$$

2. 光纤热光系数的实验测量

光纤 IFPI 由光子晶体光纤(PCF)与无芯光纤(CF)熔接而成,原理如图 3.4.5(a) 所示。光子晶体光纤作为传光光纤,无芯光纤作为传感光纤。相比于普通的单模光纤,全石英材料的光子晶体光纤和无芯光纤耐高温、稳定性更好。用飞秒激光在光子晶体光纤的端面加工一个尺寸约为 $25\mu m \times 25\mu m \times 25\mu m$ 的微孔,如图 3.4.5(b) 所示。在显微镜的辅助下,距离 PCF/CF 界面约 $150\mu m$ 处切割无芯光纤。入射光在 PCF/CF 与 CF/空气两个界面处反射,形成双光束干涉。制作好的光纤 IFPI 的显微侧视图,如图 3.4.5(c)所示。

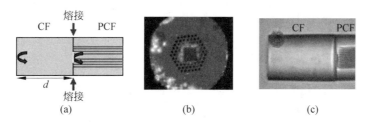

图 3.4.5　由 PCF 和 CF 构成的光纤 IFPI

(a) 原理图;(b) PCF 端面微孔显微图;(c) IFPI 的显微侧视图

(请扫Ⅶ页二维码看彩图)

用于解调 IFPI 的光纤白光干涉测量系统的原理第 1 章已经涉及。可调谐光纤激光器的波长扫描范围为 $1522 \sim 1570nm$,线宽为 $0.05nm$,输出功率为 $2mW$。波长扫描光通过光纤耦合器注入 IFPI,反射回来的光经光电二极管探测转换成电信号,进而被采集卡采集,获取的白光干涉光谱如图 3.4.6 所示。光纤白光干涉解调仪的光学腔长的测量分辨率为 $1nm$。

将光纤 IFPI 置于恒温炉中,其中马弗炉的工作温度范围为 $20 \sim 1200^{\circ}C$,干井恒温炉的工作温度范围为 $0 \sim 300^{\circ}C$。为了保证光纤 IFPI 的可靠性,首先将其置于 $700^{\circ}C$ 和 $1050^{\circ}C$ 的高温环境中各老化 1h。其次,将光纤 IFPI 置于干井恒温炉中,

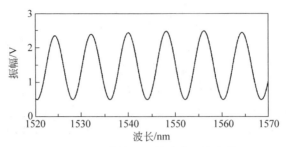

图 3.4.6　光纤 IFPI 的白光干涉光谱

将温度从 0℃ 调节到 300℃,温度间隔约 50℃。最后,将光纤 IFPI 置于马弗炉中,将温度从 30℃ 调节到 1200℃,温度间隔约 100℃。为了保证实验测量的准确性,测试了大量光纤 IFPI 传感器的温度特性。选择其中 3 只不同腔长的光纤 IFPI,其光学腔长的温度特性,如图 3.4.7 所示。3 只光纤 IFPI 有 3 条不同的光学腔长的温度特性曲线,对它们的温度特性数据分别进行二次拟合,拟合的相关系数均大于 0.999。

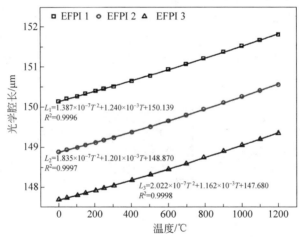

图 3.4.7　光纤 IFPI 光学腔长的温度特性

(请扫 Ⅶ 页二维码看彩图)

为了得到一条统一的温度特性曲线,我们引入了归一化光学腔长的温度特性曲线。分别用图 3.4.7 中的测量数据除以各自的 L_0(0℃ 下的光学腔长),得到 IFPI 的归一化光学腔长的温度特性曲线,如图 3.4.8 所示。3 只 IFPI 的归一化光学腔长的温度特性曲线吻合得很好,这验证了 3.4.2 节 1. 中的理论分析,归一化光学腔长与光纤长度无关,仅与温度有关。归一化光学腔长的温度特性公式为

$$L_m(T) = \frac{L_R}{L_0} = L_m(T) = 1.175 \times 10^{-9} T^2 + 8.066 \times 10^{-6} T + 1.000$$

$$(3.4.27)$$

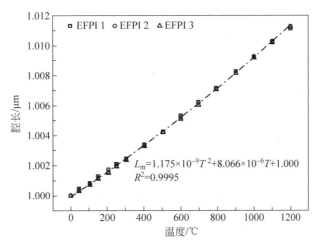

图 3.4.8　光纤 IFPI 归一化光学腔长的温度特性

（请扫Ⅶ页二维码看彩图）

归一化光学腔长温度特性的拟合曲线的一次系数和二次系数分别是 A 和 B。$A = 8.066 \times 10^{-6}/℃$，$B = 1.175 \times 10^{-9}/℃^2$。一次热膨胀系数、二次热膨胀系数、光纤折射率的取值分别为 $5.36 \times 10^{-7}/℃$，$6.2 \times 10^{-11}/℃^2$，1.447。由公式（3.4.18）和公式（3.4.19）可知，热光系数可以由 $(B - \beta_d)n_0/\alpha_d$ 或者 $n_0(A - \alpha_d)$ 计算得到。因而

$$(B - \beta_d)n_0/\alpha_d = 3.005 \times 10^{-3}/℃ \tag{3.4.28}$$

$$n_0(A - \alpha_d) = 1.090 \times 10^{-5}/℃ \tag{3.4.29}$$

从上面两个公式的计算结果来看，$(B - \beta_d)n_0/\alpha_d \gg n_0(A - \alpha_d)$。因此，二次热光系数 β_n 需要被考虑。由公式（3.4.25）可知，一次热光系数应为公式（3.4.29）的计算结果，二次热光系数应为

$$\beta_n = (B - \beta_d)n_0 = 1.611 \times 10^{-9}/℃^2 \tag{3.4.30}$$

因此，折射率的温度特性可以表示为

$$n(T) = 1.447 + 1.090 \times 10^{-5} T + 1.611 \times 10^{-9} T^2 \tag{3.4.31}$$

或者

$$\partial n/\partial T = 1.090 \times 10^{-5} + 3.222 \times 10^{-9} T \tag{3.4.32}$$

图 3.4.9 展示了在 0～1200℃ 范围内光纤折射率的温度特性。

根据相关文献报道，热光系数的范围为 $3 \times 10^{-6}(/℃) < \partial n/\partial T < 3 \times 10^{-5}(/℃)$。由于测量系统的光源波长不同，测量的折射率就不同。因此我们对比分析了折射率的变化量与温度的关系，如图 3.4.10 所示。除了阿达莫夫斯基的测量结果，我们的测量结果与其他结果，在 0～1000℃ 的范围内，具有很好的吻合性，并且我们

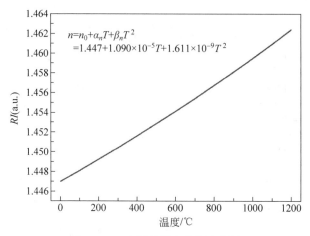

图 3.4.9　光纤折射率的温度特性

提供了 1200℃以内的热光系数。阿达莫夫斯基的测量结果与其他测量结果的偏离很可能是由 FBG 在高温环境中的性能不稳定造成的。

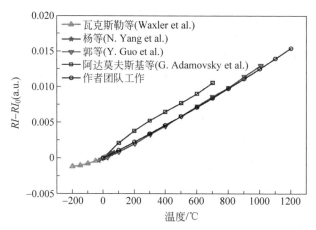

图 3.4.10　光纤折射率的变化量随温度的变化关系

（请扫Ⅶ页二维码看彩图）

3.5　光纤 F-P 高温温度传感器实验验证

3.5.1　光纤 F-P 高温温度传感器的测量原理

图 3.4.5 所示的由光子晶体光纤和无芯光纤构成的光纤 IFPI 就是一种高温温度传感器，其结构简单，耐高温，适于用作"点"式高温温度传感器。在光纤的热膨胀

系数和热光系数的测量过程中,光纤 IFPI 归一化光学腔长只与温度有关的这一特点为温度测量提供了一种方案。3.4.2 节 2.实验部分的图 3.4.8 验证了理论分析 3.4.2 节 1.中的说法,归一化光学腔长对于同类型的光纤 IFPI 是相同的,仅是温度的函数,与 F-P 腔内光纤的长度无关。由公式(3.4.27)可以得到温度的测量公式为

$$T = \left[\sqrt{11.781 + 851.064\left(\frac{L}{L_0} - 1\right)} - 3.432\right] \times 10^3 \qquad (3.5.1)$$

在以往的温度测量中,需要标定每只温度传感器的温度特性,再利用插值的方法,得到待测环境中光学腔长对应的温度。公式(3.5.1)表明,无须提前测量每只光纤 IFPI 的温度特性,就可以得到待测温度。

首先测得室温 T_R 下光纤 IFPI 的光学腔长 L_R。然后将 T_R 与 L_R 代入公式(3.4.27),即可得到 0℃下的光学腔长 L_0。获得 L_0 之后,再用公式(3.5.1)就可以进行实时测温,由实时测得的光学腔长 L 得到实时温度 T。

3.5.2　光纤 F-P 高温温度传感器的测量实验

为了验证公式(3.5.1)的准确性,这里利用 3.4.2 节中使用的三只全光纤 IFPI 和另外三只全光纤 IFPI,同时测量温度。温度测量结果如图 3.5.1 所示,每只光纤 IFPI 的测量结果与热电偶的测量结果都具有很好的一致性,相关系数均大于 0.99。因此,我们可以认为公式(3.5.1)的测量方法对于这类光纤 IFPI 的温度测量是通用的。

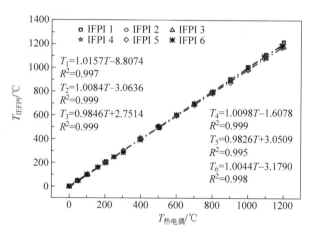

图 3.5.1　光纤 IFPI 温度传感器的温度测量结果

(请扫Ⅶ页二维码看彩图)

为了进一步确定此高温光纤 F-P 温度传感器的测量精度,将其中两只全光纤 IFPI 送往第三方计量单位进行温度标定。测试所用的干井恒温炉(工作温度 0～

300℃),马弗炉(工作温度 300～1200℃)和 S 型铂铑热电偶(WRPB-1),热电偶解调仪(2182,Keithley)如图 3.5.2 所示。实验中,将全光纤 IFPI 和热电偶同时置于恒温区。其中一只全光纤 IFPI 温度传感器的测量温度与热电偶的测量结果对比如表 3.5.1 所示,测量误差在 2%以内。

图 3.5.2　光纤 IFPI 的温度标定

(a)干井恒温炉;(b)马弗炉与 S 型铂铑热电偶;(c)热电偶解调仪

表 3.5.1　热电偶温度仪和光纤 IFPI 测量温度对比

热电偶温度/℃	IFPI 温度/℃	误差/%
0	0.2(±0.1)	—
50	50(±0.1)	0
100	98.25(±0.2)	1.02
160	160.1(±0.2)	1.00
200	196.4(±0.3)	1.02
250	248.25(±0.4)	1.00
300	304.25(±0.3)	0.99
303.56	303.53(±0.4)	0.01
396.40	400.68(±0.4)	1.08
496.39	506.17(±0.3)	1.97
599.56	605.97(±0.3)	1.07
699.29	705.65(±0.4)	0.91
800.41	805.37(±0.1)	0.62
899.83	900.9(±1.6)	0.12
999.06	1005.08(±0.6)	0.60
1090.53	1100.97(±1.2)	0.96
1189.52	1202.33(±4.1)	1.08

在 1200℃的高温环境中多次重复使用后,两只全光纤 IFPI 的实物如图 3.5.3(a)所示,光纤变脆,触摸时容易断。两只全光纤 IFPI 的干涉光谱如图 3.5.3(b)和(c)所示。在 1200℃的高温环境中多次重复使用后干涉光谱的波峰有些畸形,但是用波谷来计算光程差的结果仍然可以保持较高的测量精度和分辨率。

　　实验结果表明,我们设计制作的全光纤 IFPI 高温温度传感器结构简单、体积小、稳定性高,光谱域光纤白光干涉测量技术测量精度高、分辨率高,能为航空航天、材料、化工、能源等高温环境温度的测量提供重要的技术支撑。

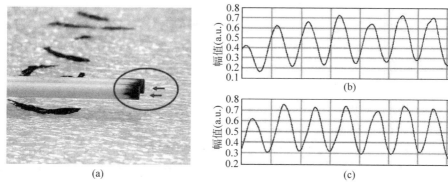

图 3.5.3　在 1200℃ 的高温环境中多次重复使用后的两只光纤 IFPI

(a) 实物图;(b) 一只光纤 IFPI 的干涉光谱图;(c) 另一只光纤 IFPI 的干涉光谱图

(请扫Ⅶ页二维码看彩图)

3.6　石英光纤 F-P 高温温度传感器在引信桥丝中的工程应用

3.6.1　光纤 F-P 高温温度传感器在引信桥丝的应用背景

石英光纤 F-P 高温温度传感器的一个工程应用是军事弹药的引信桥丝的温度测量。引信是安装在炮弹、火箭、导弹等弹药武器上的一种装置,它能够感应周围环境和目标的相关信息,通过分析将弹药从安全状态转换到待发状态,并且控制弹药适时作用,以发挥最佳性能。引信包括发火控制系统、安全系统、传爆序列和能源装置 4 个基本部分。按照其作用原理分为触发引信、非触发引信和时间引信 3 种类型。引信最主要的部分是一个起爆管,一般情况下,武器在撞击到目标以后,火帽受到了撞击的刺激,就会触发起爆装置,引燃武器弹药,产生爆炸。引信是弹药在特定时间内引爆的必要装置之一,它的作用至关重要,如果没有引信,炮弹就成为哑弹,无法发挥作用,所以引信的安全性一直以来都受到了很高的重视。弹药的引信大体分为两大类:机械类和电子类。最早的引信都是机械类的,但是随着科学技术的发展和进步,以及国家对武器弹药发展的重视,不断地有新型的火炮和弹药诞生,传统的机械式引信已经无法满足新一代弹药的作战要求,在实际的作战中显现出了很多问题。由于传统的机械引信存在着很大的安全隐患,对弹药的控制精度也比较低,它已经远远跟不上武器装备发展的脚步。所以随着现代武器技术的不断进步和发展,出现了电子引信,这种引信的性能得到了很大的改善,安全系数提高,而且对弹药的控制也更加精确了。

引信是弹药武器的一个重要组成部分,它是弹药武器发挥最终效应的终端控制装置,其作用的成败直接决定武器与目标对抗的成败。为了确保弹药武器能够高效安全地引爆,对攻击目标造成打击,引信的安全系统显得尤为重要,引信安全系统的优劣直接关系到弹药武器能否在合适的时间引爆,保证既能给敌人以沉痛的打击,又能很好地自我保护。

在弹药引信系统中,桥丝的温度是一个非常重要的参数。当驱动电流加到桥丝上时,桥丝的温度会迅速升高至 1000℃ 以上,需对桥丝的温度进行检测以判断炸药的起爆温度,这就要求用于桥丝温度测量的传感器具有小几何范围内高温高速测量的能力。由于桥丝的尺寸对发火时间和感度都有所影响,而且二者是一致的,凡增加感度就会使发火时间缩短,所以桥丝的长度大多只有几毫米,直径小至几十微米,甚至更小。这就要求测试系统要能够感应微小的瞬时温度变化,而且传感器整体尺寸必须很小。另外,为了更加真实地反映桥丝的温度,需要采用接触式的测量方法。传统的温度传感器体积都比较大,很难满足几十微米尺寸的温度测量,更没有办法直接接触如此小的尺寸的桥丝进行温度测量。基于桥丝的特点以及引信的作用环境,石英光纤 F-P 高温温度传感器是一个优秀的桥丝温度测量的选择方案。其体积小,只有光纤直径大小,能够在小尺寸的桥丝上实现接触传感;其光纤结构能够很好地抗电磁干扰,使其不受外界强大电磁场的影响;采用高速信号解调技术对 F-P 信号进行分析,可以迅速地测量出引信桥丝的温度变化。

3.6.2 光纤 F-P 高温温度传感器的高速信号解调技术

一般地,光纤 F-P 高温温度传感器是微纳型传感器,当外界环境温度快速变化时,传感器的干涉光谱也会发生快速的变化,为了实时准确地测量出快速变化的温度,需要对传感器的干涉信号进行快速处理。我们在光纤 F-P 高温温度传感器的研究中,提出了一种新的高速解调方案,即双波长激光解调干涉测量法。

实验中用此种解调方法解调图 3.6.1 所示的光纤 F-P 传感器,传感器的 F-P 腔是由单模光纤和光子晶体光纤熔接制作而成的。将传感器放入图 3.4.2(b)所示的实验系统中,对传感器进行高温试验测量。

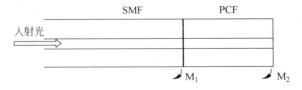

图 3.6.1 光纤 F-P 传感器

　　先用光谱仪采集传感器的干涉信号,结果如图 3.6.2 所示。然后将温度从室温升温到 240℃,在升温过程中反射光谱向长波长方向发生移动。图 3.6.3 为一个 F-P 腔长为 48μm 的传感头在 60℃ 和 120℃ 下的光谱,60℃ 下的两个峰值波长分别为 $\lambda_1 = 1543.700$nm 和 $\lambda_2 = 1558.760$nm,120℃ 下的两个峰值波长分别为 $\lambda_1 = 1546.240$nm 和 $\lambda_2 = 1561.720$nm。光谱峰值波长随着温度的变化关系如图 3.6.4 所示,可以看出峰值波长和温度之间是一种线性关系。

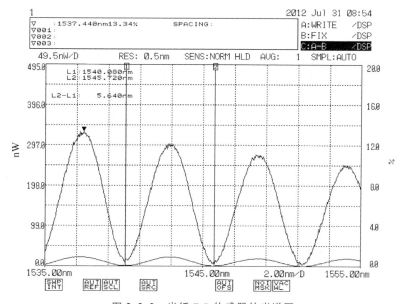

图 3.6.2　光纤 F-P 传感器的光谱图

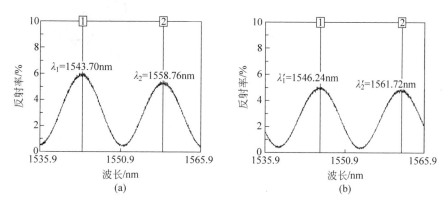

图 3.6.3　腔长为 48μm 的传感头在不同温度下的光谱

(a) 60℃下的光谱;(b) 120℃下的光谱

在上述分析基础上,我们提出了一种高速信号解调的方法。该方法利用两个

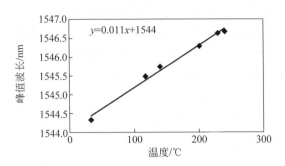

图 3.6.4　光谱峰值波长随温度的变化关系

固定波长的激光来实现温度测量,避免了用光谱仪来获取 F-P 腔的干涉光谱,从而大大提高温度测量的速度。高速信号解调系统的如图 3.6.5 所示,两束波长分别为 1550.820nm (λ_1)和 1559.600nm (λ_2)的窄带激光通过一个 2×2 耦合器入射到传感器中,在反射端利用一个波分复用器将这两束不同波长的光分开,然后利用两个光电二极管探测两束不同波长的光的光功率。两束窄带激光的波长落在了 F-P 干涉光谱的两个相邻线性区域的底部和顶部,如图 3.6.6 所示。当温度升高时,峰值波长向长波长的方向发生移动,那么 λ_1 的光强 I_1 就增强,而 λ_2 的光强 I_2 就会减小,并且每束光的强度随着温度的升高呈线性变化。为了消除光源波动和连接损耗的影响,计算出一个比例 r 来实现温度的测量,如公式(3.6.1)。

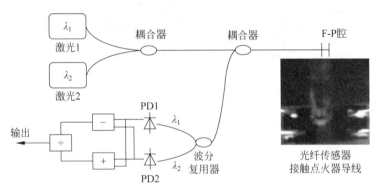

图 3.6.5　高速信号解调系统

(请扫Ⅶ页二维码看彩图)

$$r = \frac{I_2 - I_1}{I_2 + I_1} \qquad (3.6.1)$$

比例 r 不受光源功率波动的影响,仅受到传感头温度变化的影响。与该方法相比,白光干涉测量术虽然能够实现绝对的测量,但是它需要获取光谱,这样就会降低测量的速度。

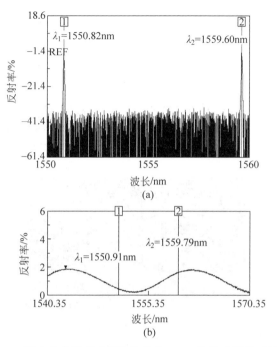

图 3.6.6　两束窄带激光光谱和腔长为 48μm 的传感器的反射光谱

（a）两束窄带激光光谱；（b）两束窄带激光波长在反射光谱中的位置

3.6.3　光纤 F-P 高温温度传感器在引信桥丝的测量实验

下面是我们利用石英光纤 F-P 高温温度传感器对引信桥丝温度进行测量的实验结果。测量的内容包括：①测试引信完全裸露时桥丝中心的温度；②测试引信堵上有 3mm 间隔时桥区中心的温度；③测试引信完全堵上时桥区中心的温度；④测试桥区不同位置的温度。

光纤 F-P 高温温度传感器的传感头结构如图 3.6.1 所示，传感头的腔长为 144μm。在测量前，首先对传感器进行温度标定，分别使用传感器干涉光谱中的两个波长进行温度标定。当温度变化时波长产生移动，干涉光谱上两个峰的波长移动与温度的关系如图 3.6.7 所示。由图 3.6.7 可以看出，该传感器的灵敏度是 91℃/nm。

1）测试引信完全裸露时桥丝中心的温度

测试中使用的引信外壳上部被切割掉，露出桥带表面，将光纤传感器安装在微调架上，在两套垂直的显微镜的帮助下，将光纤传感头顶在桥带上，实物图如图 3.6.8 所示。

实验测量了桥带中心温度与外加的电流关系。分别进行 3 次独立的测量，电

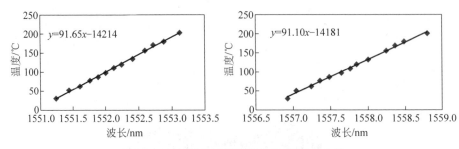

图 3.6.7　光纤传感器标定的温度-波长曲线

图 3.6.8　光纤传感器与桥带

（请扫Ⅶ页二维码看彩图）

流从 0 逐渐增加到 1200mA 和 1500mA,获得 3 条温度与电流的关系,测量数据如表 3.6.1 所示,测量曲线如图 3.6.9 所示。3 次测量结果数据重复性好,表明测量结论可靠。

表 3.6.1　桥带中心温度测量数据

电流/mA	峰值波长/nm	峰值波长差值/nm	温度差值/℃	实际温度/℃
0	1545.335	—	—	31
300	1545.654	0.319	29	60
600	1546.79	1.136	103	163
800	1547.92	1.13	103	266
1000	1549.25	1.33	121	387
1200	1550.783	1.53	139	526
0	1546.865	—	—	31
300	1547.18	0.315	28.6	59
600	1548.31	1.13	103	162
800	1549.374	1.064	97	259
1000	1550.65	1.276	116	375
1200	1552.206	1.556	141	516
1500	1554.87	2.664	242	758

续表

电流/mA	峰值波长/nm	峰值波长差值/nm	温度差值/℃	实际温度/℃
0	1545.52	—	—	31
300	1545.82	0.3	27.3	58.3
600	1546.88	1.06	96.46	154
800	1547.96	1.02	92.82	246
1000	1549.42	1.46	132.86	378

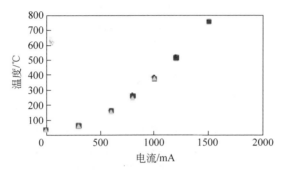

图 3.6.9　三次测量得到的温度-电流曲线

（请扫Ⅶ页二维码看彩图）

2）引信堵上有 3mm 间隔时桥区中心的温度

实际使用时引信是堵上的,为了更加准确地测量实际应用中桥丝的温度,我们测量了引信堵上有 3mm 间隔时桥带的实际温度。将光纤传感头插入一个陶瓷插芯,在插芯外部露出 3mm 的光纤。将陶瓷插芯插入堵住的引信头,光纤直接顶在桥丝上,但是堵头距离桥丝约有 3mm 的距离,此时桥丝的温度不能有效地传递出来,测量此时桥带温度随电流变化曲线。实验前,需要对这种传感头的温度系数进行标定,结果如图 3.6.10 所示,灵敏度为 79℃/nm。

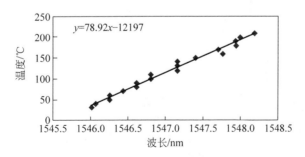

图 3.6.10　传感头的温度系数标定

首先使用两只腔长分别为 $146\mu m$ 和 $148\mu m$ 的传感头,测量 3 次的结果如图 3.6.11 所示。在桥带电流 500mA 时,图 3.6.11(a)腔长为 $146\mu m$ 的传感头测得桥带的温度就到了 350℃,图(b)腔长为 148μm 的传感头测得桥带的温度就达到了 380℃。在两次测量中,电流为 500mA 时的两只传感器测量的温度稍有差别,这是由于两个传感器到桥带的距离不一样,导致桥丝的散热条件也不一样。对比开放式的桥带,封堵引信后会引起散热条件的变差,桥丝温度会变得较高。

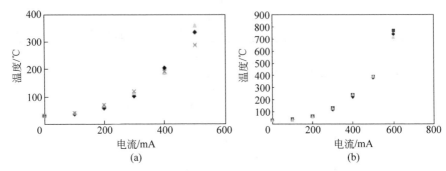

图 3.6.11　两只传感头分别测量 3 次桥带温度的结果

（a）腔长为 146μm 的传感头；（b）腔长为 148μm 的传感头

（请扫Ⅶ页二维码看彩图）

3）引信完全堵上时桥区中心的温度

实际使用中,引信桥带与药品是紧密接触的,药品实际上有一个热传导的作用,所以需要测试在这种情况下温度随电流的变化曲线。测量方法是光纤传感头与陶瓷插芯端面平行,将插芯插入引信后,插芯的端面就和桥带紧密贴合,同时光纤传感头也贴在桥带上。测量结果如图 3.6.12 所示,可见在 500mA 电流时,温度为 100℃,远低于堵头不接触桥丝时的温度。在电流大小为 1.5A 时,桥带温度达到了 1480℃。

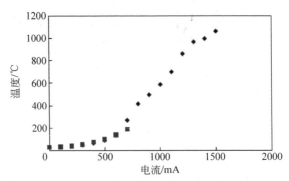

图 3.6.12　传感头对桥带温度的测量结果

（请扫Ⅶ页二维码看彩图）

4）引信裸露在外时桥区不同位置的温度

虽然是同一个桥带,但是在桥带不同的位置,其温度是不一样的。需要测量出桥带不同位置的温度。将光纤传感器紧贴在桥带中心、距离中心一半位置和桥带边沿,分别测量出 3 个不同位置的温度。测量时,需要移动传感器到桥带的不同位置,因此只能用开放式的桥带来进行测量。

　　实验测量结果如图 3.6.13 所示。在电流为 1.2A 时,桥丝中心位置、距离中心一半位置和边沿测量出来的温度分别是 470℃、160℃ 和 240℃。在桥带中心位置的温度最高,但边沿温度比距离中心位置一半的位置的温度高,这是由于边沿的带宽比距离中心位置一半的位置的带宽要窄,所以温度更高,符合该桥带设计时的想法。

　　本组实验很好地完成了各种情况下对桥带温度的测量。这个数据直接是桥带上某一点的温度数据,实验结果得到了相关单位的认可,测量数据的获得对桥带的设计和火控品的测试有重要的帮助。

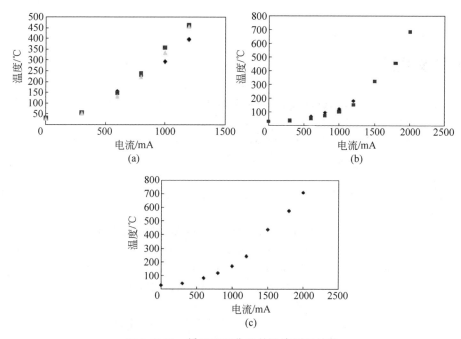

图 3.6.13　桥区不同位置的温度测量结果
（a）桥带中心位置；（b）距离桥带中心一半的位置；（c）边沿位置
（请扫Ⅶ页二维码看彩图）

3.7　本章小结

　　本章首先介绍了石英光纤 F-P 高温温度传感器的研究背景和国内外现状,详细分析了该类传感器的测量原理。对现有报道的几种石英光纤 F-P 高温温度传感器的技术方案,包括石英光纤 IFPI 高温温度传感器、石英光纤 EFPI 高温温度传感器、石英光纤薄膜干涉式 F-P 高温温度传感器、石英光纤偏芯熔接式高温温度传感器和石英光纤凹型 F-P 式高温温度传感器,进行了详细的介绍和分析,总结了每种技术方案的优点和缺点。然后,在前人工作的基础上,介绍了我们的工作。其中,重点突出了我们分别利用光纤 EFPI 和 IFPI,在 0～1200℃ 温度范围内对光纤的热膨胀系数和热光系数进行的测量,对现有的热膨胀效应和热光效应的线性模型进行了修正,提出了其二阶模型并实验验证;详细介绍了我们提出的一种高温光纤 F-P 温度传感器的通用测温方法,使实验中无须对每只温度传感器提前标定;提出了一种高速信号解调技术,不需使用光谱仪,能够快速解调出温度的变化。最后,详细介绍了本实验室制作的光纤 F-P 高温温度传感器在引信桥丝上的实验测量工作。

参考文献

[1] 饶云江,邓明,朱涛.飞秒激光加工的高对比度法布里-珀罗干涉传感器[J].中国激光,2009,36(6):1459-1462.

[2] MATHEW J,SCHNELLER O,POLYZOS D,et al. In-fiber Fabry-Perot cavity sensor for high-temperature applications [J]. Journal of Lightwave Technology, 2015, 33 (12): 2419-2425.

[3] 许来才,邓明,朱涛,等.光子晶体光纤 F-P 干涉式高温传感器研究[J].光电工程,2012,39(2):21-25.

[4] 高红春,江毅,李宝娟,等.高温光子晶体光纤温度传感器[J].光学技术,2017(6):61-64.

[5] YU H H,WANG Y,MA J,et al. Fabry-Perot interferometric high-temperature sensing up to 1200℃ based on a silica glass photonic crystal fiber[J]. Sensors,2018,18(1):273-276.

[6] 王文辕,文建湘,庞拂飞,等.飞秒激光制备的全单模光纤法布里-珀罗干涉高温传感器[J].中国激光,2012,39(10):85-89.

[7] 蔡茜玮,江毅,丁文慧.一种光纤 EFPI 高温传感器[J].光学技术,2012,38(1):36-39.

[8] 高晓丹,彭建坤,吕大娟.法布里-珀罗薄膜干涉的光纤温度传感器[J].红外与激光工程,2018,47(1):254-258.

[9] DUAN D W,RAO Y J,WEN W P,et al. In-line all-fibre Fabry-Perot interferometer high temperature sensor formed by large lateral offset splicing[J]. Electronics Letters,2011,47(9):572-572.

[10] ZHU C,ZHUANG Y Y,ZHANG B H,et al. A miniaturized optical fiber tip high-temperature sensor based on concave-shaped Fabry-Perot cavity[J]. IEEE Photonics Technology Letters,2019,31(1):35-38.

[11] DING W H,JIANG Y,GAO R,et al. High-temperature fiber-optic Fabry-Perot interferometric sensors[J]. Review of Scientific Instruments,2015,86(5):055001.

［12］ ADAMOVSKY G,LYUKSYUTOV S F,MACKEY J R，et al. Peculiarities of thermo-optic coefficient under different temperature regimes in optical fibers containing fiber Bragg gratings［J］. Optics Communications,2012,285(5)：766-773.

［13］ YANG N,QIU Q,SU J,et al. Research on the temperature characteristics of optical fiber refractive index［J］. Optik,2014,125(19)：5813-5815.

［14］ GUO Y,WANG Z Y,QIU Q, et al. Theoretical and experimental investigations on the temperature dependence of the refractive index of amorphous silica［J］. Journal of Non-Crystalline Solids,2015,429：198-201.

［15］ ZHU Y,COOPER K L,PICKRELL G R, et al. High-temperature fiber-tip pressure sensor［J］. Journal of Lightwave Technology,2006,24(2)：861-869.

［16］ LI L T,LV D J,YANG M H,et al. A IR-femtosecond laser hybrid sensor to measure the thermal expansion and thermo-optical coefficient of silica-based FBG at high temperatures ［J］. Sensors,2018,18(2)：359-363.

［17］ GAO H C,JIANG Y,CUI Y,et al. Investigation on the thermo-optic coefficient of silica fiber within a wide temperature range［J］. Journal of Lightwave Technology,2018,36(24)：5881-5886.

［18］ SORENSEN H R,CANNING J, LAEGSGAARD J, et al. Control of the wavelength dependent thermo-optic coefficients in structured fibres［J］. Optics Express,2006,14(14)：6428-6433.

［19］ WAXLER R M,CLEEK G W. Refractive indices of fused silica at low temperatures［J］. Journal of Research of the National Bureau of Standards,1971,75A(4)：279-281.

［20］ RAO Y J,DENG M,ZHU T. Visibility-enhanced in-line Fabry-Perot inteferometers by the use of femtosecond lasers［J］. Chinese Journal of Lasers,2009,36(6)：1459-1462.

［21］ RAO Y J,LI H,ZHU T,et al. High temperature strain sensor based on in-line Fabry-Perot interferometer formed by hollow-core photonic crystal fiber［J］. Chinese Journal of Lasers,2009,36(6)：1484-1488.

［22］ WANG T Y,WANG W Y,CHEN N, et al. Fiber-optic intrinsic Fabry-Perot interferometric sensors fabricated by femtosecond lasers ［C］. Orlando, FL： Conference on Photonic Microdevices/Microstructures for Sensing Ⅲ,2011.

［23］ 丁文慧. 光子晶体光纤传感技术的研究［D］. 北京：北京理工大学,2015.

［24］ 高红春. 光谱域光纤白光干涉测量技术研究［D］. 北京：北京理工大学,2019.

［25］ 崔平,齐杏林,王卫民. 从外军引信装备研制情况看引信技术发展趋势［J］. 四川兵工学报,2005,26(4)：9-12.

第 **4** 章

石英光纤F-P高温压力传感器

4.1 引言

　　压力是生产生活当中重要的物理参数。用于测量气体或液体的压力传感器已经广泛应用于水利水电、铁路交通、智能建筑、航空航天、石油化工、船舶电力、国防工业等众多行业和领域。在某些特殊工业领域,存在许多高温环境下压力检测的需求。例如,冶金行业中广泛应用的炼钢炉的安全监测需要耐高温的压力传感器;石油化工产品的生产工艺过程中也离不开高温压力传感器;在内燃机中,高温氢燃料的压力参数反馈对保证燃烧效率、动力供应和燃料安全等非常重要;在船舶及海洋工程装备中,高温高压蒸汽管道的压力健康监测为船舶的正常运行提供了安全保障。然而在高温环境下,常规的传感器(如压阻式、压电式和电容式等)的性能以及传输信号都会受到影响甚至失效,使我们无法获取准确的压力信息。

　　光纤传感技术的出现有效地扩展了压力传感器的温度使用范围。采用光纤制作的压力传感器天然具有耐高温特性,凭借其体积小、灵敏度高、抗电磁干扰以及耐化学腐蚀的诸多优点,已经得到广泛的应用。目前常用的光纤压力传感器主要是光纤光栅压力传感器和光纤法布里-珀罗(F-P)压力传感器两大类。由于光纤光栅不能长期耐受高温,不适合高温环境下压力测量且需要一直拉伸光纤,这会带来长期工作不可靠的问题。基于前面章节描述,本章所叙述的采用石英光纤制作的F-P压力传感器,在高温压力测量方面具有得天独厚的优势,同时有效解决了传感器体积和温漂的问题,其结构简单,制作成本低,为我国在高温压力测量领域方面提供了弯道超车的技术可能,也解决了现有一些测量方法的不足。

　　本章首先概述高温压力传感器相关种类及已知方案(4.2节),然后讨论石英光纤 F-P 高温压力传感器的主要技术方案,包括光纤玻璃管式 F-P 高温压力传感器和全光纤 F-P 高温压力传感器(4.3 节和 4.4 节),最后介绍光纤 F-P 压力传感器的拓展应用方案,包括光纤高温 F-P 温度/压力复合传感器和光纤微电子机械系统(micro electromechanical system,MEMS)压力传感器(4.5 节和 4.6 节)。

4.2　高温压力传感器研究背景

高温压力传感器在航天航空、能源开发以及国防建设等领域有着广阔的应用需求。但是多年来,对于高温压力的精密测试未能得到很好的解决。具体原因有很多,归纳起来主要有以下几个方面。

(1) 传感器的耐高温问题。传感器需要在高温环境下长期稳定工作,并且抗干扰能力强。例如在涡轮发动机内,其工作温度能达到 1000℃,并且具有很强的电磁干扰。

(2) 传感器的温度交叉影响问题。压力传感器在高温状态下工作应该具有良好的温度稳定性,或者能够补偿由温度变化导致的对压力测量的影响。

(3) 传感器的封装问题。对于传感器的封装,需要解决高温范围内的安装工艺。

为此,国内外学者将目光投向不同的高温材料,并研究基于各种材料的高温压力传感器的制作可行性。经过二十余年的发展,在高温压力传感领域里取得了丰硕的成果。本节将讨论几种典型的高温压力传感器的研究进展,并对比分析各种方案的优缺点。

4.2.1　高温压力传感器分类

压力传感器的分类方法有很多种,既可按照压力敏感方式分,也可按照敏感芯片的组成材料来分。根据传感器不同的压敏方式,高温压力传感器可以分为:压电式、压阻式、电容式以及光纤式。如果根据敏感芯片材料来划分,则可以分为:绝缘衬底上的硅(silicon on insulator,SOI)压力传感器、多晶硅压力传感器、碳化硅(SiC)压力传感器、蓝宝石上硅(silicon on sapphire,SOS)压力传感器、溅射合金薄膜压力传感器、无线共烧陶瓷压力传感器、硅碳氮(SiCN)陶瓷压力传感器和光纤压力传感器。下面对不同材料制作的高温压力传感器进行概述。

1. 绝缘衬底上的硅(SOI)高温压力传感器

SOI 是一种半导体材料,具有自隔离性、体漏电小以及抗辐射等优势,最初在大功率半导体器件里应用广泛。目前采用 SOI 制作的高温压力传感器也属于一种压阻式压力传感器,在高温下仍然具有较好的压阻效应。同时,在相同尺寸下基于

SOI 结构的漏电流比基于硅 PN 结要低 3 个数量级,因此非常适合高温压力传感器的制作。目前,美国 Kulite 公司采用背面刻蚀 SOI(back-etching SOI,BESOI)技术研发出了 XTEH-10LAC-190(M)系列的高温表压传感器,该传感器工作温度可达 480℃。此外,法国的 LET1 研究所和意大利 Gefan 公司研究所合作研制的 SOI 高温压力传感器均能在 400℃ 下稳定工作。SOI 高温压力传感器在制备工艺上比较成熟,是目前市场上比较常见的一种高温压力产品。但由于高温环境下硅压阻系数易退化以及硅高温蠕变等因素的影响,传感器难以在 500℃ 以上温度的环境下稳定工作。

2. 多晶硅高温压力传感器

多晶硅是一种薄膜材料,最早是于 1966 年由鲍尔(R. W. Bower)和迪尔(H. G. Dill)等在美国华盛顿特区举行的美国电子器件会议上提出,此后广泛应用于半导体集成电路。在后来研究中,由于多晶硅具有较大的压阻系数和良好的温度特性,也可用于制作高温压力传感器。图 4.2.1 给出了多晶硅压力传感器的结构,该

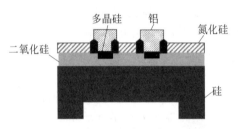

图 4.2.1　多晶硅压力传感器的结构

传感器采用掺杂的多晶硅膜作应变电阻膜。可以看出,传感器有 4 个构成惠斯通电桥的应变电阻分别分布在多晶硅膜片上的不同区域。目前天津大学微电子技术研究室已经研发出了工作温度达到 200℃、最大工作量程达 10MPa 的多晶硅高温压力传感器。

3. 碳化硅(SiC)高温压力传感器

SiC 高温压力传感器是以新研发的高温半导体材料 SiC 为膜片的压力传感器。SiC 材料具有优良的抗辐照特性、耐热性、抗腐蚀性以及良好的机械强度,在制备高温传感器领域里应用前景广阔。目前,基于 SiC 的微加工技术主要有 SiC 的干法刻蚀、欧姆接触制备法、SiC-SiC 圆片级键合法等。基于 SiC 的高温压力传感器也可以分为压阻式和电容式两大类。图 4.2.2 为 NASA(美国国家航空航天局)的格伦研究中心制作的全 SiC 的压敏芯片结构。该压敏结构以 6H-SiC 作为基底,采用同质外延掺杂技术和干法刻蚀法形成 PN 结和压阻结构,然后使用 Ti/Ta Si/Pt 膜系来实现欧姆接触制备。该压力传感器的工作温度可达 750℃。此外,美国西储大学在衬底上沉积 3C-SiC 薄膜制备了电容式 SiC 高温压力传感器,其压力敏感结构如图 4.2.3 所示。可以看出,传感器受压膜片较薄且工作时膜的中心与底部需要接触。该压力传感器的最高工作温度可达到 400℃。另外,法国的 LETI 研究所和国内的北京遥测技术研究所将该结构的传感器工作温度提高到了 600℃。然而,由于 SiC 欧姆接触具有使用温度限制,该类型传感器工作温度不超过 800℃。

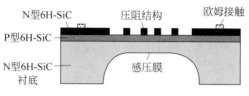

图 4.2.2　SiC 压阻式压敏结构

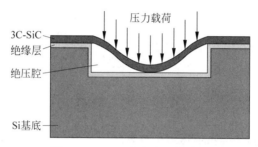

图 4.2.3　SiC 电容式压敏结构

4. 蓝宝石上硅(SOS)高温压力传感器

蓝宝石的熔点达到 2040℃,在 1500℃ 时机械性能稳定,同时具有良好的光学特性和绝缘性,是制作高温压力传感器的理想材料。基于 SOS 结构的高温压力传感器最早是通过在蓝宝石晶体上生长外延单晶硅膜,并采用干法刻蚀来制作硅应变电桥。目前,Omega 公司制作的该类传感器工作温度能达到 350℃。但 SOS 压力传感器加工成本高且工艺复杂,不适合批量生产。同时,外延单晶硅薄膜与蓝宝石之间的晶格失配大,存在较大的失配应力,在高温下不稳定,因而限制了该类传感器的使用温度。

5. 溅射合金薄膜高温压力传感器

溅射薄膜压力传感器采用一种合金-SiO_2-合金的三明治结构。该传感器首先在作为衬底的合金薄膜上沉积一层 SiO_2 膜,然后利用磁控溅射技术在 SiO_2 膜上溅射一定厚度的合金薄膜,最后采用光刻技术将合金薄膜光刻成应变电桥并在电桥上淀积 Au 电极。由于金属的电阻率小,压阻系数又很低,导致该压力传感器的灵敏度受限。

6. 无线共烧陶瓷高温压力传感器

相比于半导体材料,共烧陶瓷绝缘性好、分布电容小且工艺难度更低。根据烧结温度不同,共烧陶瓷可以分为低温共烧陶瓷(low temperature co-fire ceramic,LTCC)和高温共烧陶瓷(high temperature co-fire ceramic,HTCC)。基于共烧陶瓷的高温压力传感器首次由佐治亚理工学院的艾伦(Allen)等实现。该传感器的敏感芯片结构如图 4.2.4 所示,可稳定工作在 450℃。在国内,中北大学研制了基于 HTCC 的压力传感器,其工作温度达到 800℃。然而,由于电感有效耦合距离与线圈的外径相当,此类传感器的最大问题是无线测压的距离限制,同时在工艺方面也存在着很大的技术难题,可靠性差。

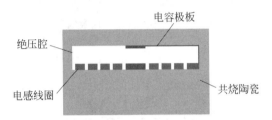

图 4.2.4　无线共烧陶瓷压敏结构

(请扫Ⅶ页二维码看彩图)

7. 基于 SiCN 陶瓷的高温压力传感器

SiCN 是一种新型的聚合转化非晶陶瓷材料。和前面陶瓷材料一样,SiCN 同样具备耐高温、抗氧化且热稳定性好的特点,在 1500℃ 下依然能够长期保持良好的机械性能。美国 Sporian Microsystems 公司对 SiCN 陶瓷掺杂硼来实现一种前驱体紫外敏感的 SiBCN 材料。该材料可用于制作发动机用高温压力传感器,其能够在 1400℃ 下长期工作并保持 6.8MPa 的测压上限。图 4.2.5 为采用该材料制作出的样品。此外,在该陶瓷中掺杂铝元素可以降低材料的电阻率,实现低电阻率的 SiAlCN 陶瓷,其制作出的高温压力传感器可实现 1050℃ 下压力的测量。目前这种材料的加工手段还非常有限,难以制作出复杂、精细的结构。

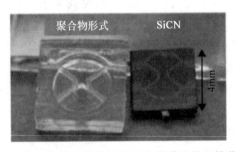

图 4.2.5　基于 SiCN 陶瓷的高温压力传感器的压敏芯片样品

(请扫Ⅶ页二维码看彩图)

4.2.2　光纤高温压力传感器

自 20 世纪 70 年代起,由于光纤传感技术的众多优势,将其应用于不同的压力测量领域成为了研究热点,并涌现出大量的基于光纤传感的压力传感器的研究报道。最早发展出的基于膜片式光纤压力传感器为强度调制型传感器,随后,基于光纤光栅的压力传感器和基于 F-P 的光纤压力传感器成为了研究重点,并广泛应用于各个工业领域中,两者分别属于波长调制型压力传感器和相位调制型压力传感器。

1. 光纤光栅高温压力传感器

光纤光栅的应用已经遍布了各个传感器领域,它不仅继承了光纤传感器的所有优势,更具有波长编码的优点。光纤光栅具有较高的测量精度和测量灵敏度,波长测量的特点使之具有很强的抗干扰能力。同时,它还可以实现多参数混合测量(如温度和压力),并且通过多种复用方式来实现准分布式测量。目前光纤光栅的种类很多,最常用的主要是光纤布拉格光栅(fiber Bragg grating,FBG)和长周期光栅(long period fiber grating,LPFG)。光纤光栅属于波长调制型光纤传感器,其传感机理是探测中心波长随外界环境变化而导致的中心波长移动。而光纤光栅中心波长的移动又取决于光纤的有效折射率和光栅周期的变化。光纤光栅是通过周期性的紫外光照射光敏光纤使光纤折射率发生轴向周期性改变,从而达到通过此光纤的特定波长才能被反射的目的。当对光纤光栅施加的压力发生变化时,经过光栅被反射光的波长随之改变,通过检测反射光的中心波长的变化并建立相应的数学关系,则可以解调出外界压力值。但是,由于热光效应和热膨胀效应的影响,光纤光栅的反射光波长同样对温度也敏感。因此,对于光纤光栅的压力测量首先要解决的就是温漂问题。其次,光纤光栅在工作温度高于 300℃ 时极易被擦除,则常规方法写入的光纤光栅很难在高温环境下工作,这时就需要使用耐高温光纤光栅。

由于光纤光栅同时面临着温度交叉敏感和高温限制的问题,则光纤光栅高温压力传感器不具有较高的应用价值,其实现方式一般是通过设计一些特种光栅或者特殊的封装结构。经过十余年的研究,人们已经证明,能够用于高温工作的光栅主要是采用基于高温再生技术和超快激光加工技术制作的光栅。其中一种实现方式是采用飞秒激光超快直写的方式通过制作双孔光栅来实现压力传感,其实物照片如图 4.2.6 所示。该光栅在加工时采用的是直径为 $220\mu m$ 的双孔光纤,其每个孔径有 $90\mu m$。当液体静压作用于两孔时,两个孔都将产生形变,进而产生作用于纤芯的应力。此应力将导致在纤芯中传播的光产生双折射,最终使写入的 FBG 波长发生移动。其实验装置如图 4.2.6 所示。该方式制作出的光栅工作温度能够达到 800℃,同时能在一根光纤中制作出多个双孔光栅。但是,该双孔光栅的反射光谱图信号较差,同时含有大量的旁瓣,测量精度有限。

2. 光纤 F-P 高温压力传感器

光纤 F-P 传感器在高温环境下的应用优势明显,尤其是高温环境下的压力测量,光纤 F-P 传感器是最佳的技术方案。光纤 F-P 压力传感器根据传感原理可分

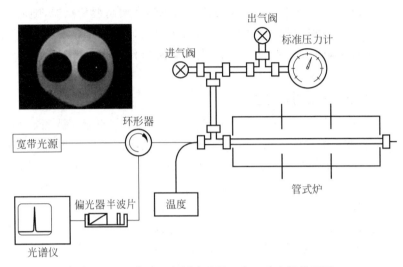

图 4.2.6　高温压力测试装置图和双孔光栅截面图

（请扫Ⅶ页二维码看彩图）

为两类：一类是膜片式光纤 F-P 压力传感器；另一类是无膜片式 F-P 光纤压力传感器。两类传感器的原理将在后面章节详细阐述。由于外界因素（比如温度）对光纤折射率的影响很大，这在很大程度上限制了本征型 F-P 压力传感器在高温领域的应用。而基于非本征型结构的光纤 F-P 高温压力传感器在腔内传输介质主要是空气，受温度的影响较小，是目前光纤高温压力传感器领域里的主要技术方案。根据不同敏感芯体的高温材料来分，光纤 F-P 高温压力传感器可以分为光纤玻璃管式 F-P 高温压力传感器、蓝宝石光纤 F-P 高温压力传感器、SiC 光纤 F-P 高温压力传感器以及全光纤 F-P 高温压力传感器等。

　　光纤玻璃管式 F-P 高温压力传感器是最早使用的非本征型光纤 F-P 高温压力传感器，其基本结构如图 4.2.7 所示。该结构主要由两段光纤和中空的玻璃毛细管组成，同时在光纤和玻璃毛细管的接触部分采用环氧树脂胶来固定。为了使光纤固定更加牢固，可以采用熔接技术来代替环氧树脂胶进行固定。经过多年发展和结构改进，光纤玻璃管式 F-P 高温压力传感器在高温领域里获得一定的应用。

　　如果将各种高温材料应用于光纤 F-P 结构中，则可以制作成各式各样的光纤高温压力传感器。基于蓝宝石光纤的 F-P 高温压力传感器就是其中的一种。随着蓝宝石微加工技术的发展，基于全蓝宝石的光纤 F-P 传感器已成为高温传感领域中的一个重要研究方向。美国弗吉尼亚理工大学通过蓝宝石的 ICP 干法刻蚀结合蓝宝石的热压键合工艺，制作出了全蓝宝石结构的 F-P 腔，其实物图如图 4.2.8 所示。该传感器主要用于温度测量，其最高工作温度可以达到 1500℃。美国佛罗里达大学、美国 Luna Innovation 公司以及欧洲航天局等研究机构都开展了基于蓝宝

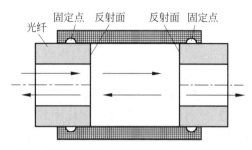

图 4.2.7　光纤玻璃管式 F-P 高温压力传感器基本结构

石光纤 F-P 高温传感器的研究,但由于蓝宝石光纤加工难度大、成本高,基于蓝宝石的光纤压力传感器鲜有报道。

　　基于 SiC 的光纤 F-P 高温压力传感器也是研究的一大热点。其中一类传感头全部采用 SiC 来制作 F-P 腔,然后利用蓝宝石光纤作为导入光纤。但是,该材料同样存在传感头的加工技术问题和封装问题。北京航空航天大学采用超声波振动磨法对 SiC 膜和衬底进行加工,并结合镍扩散连接技术制作出了全 SiC 传感头,如图 4.2.9 所示。但是该传感头和导入光纤是采用高温胶进行封装的,传感器的工作温度只有 540℃。

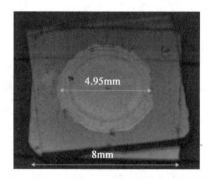

图 4.2.8　全蓝宝石结构的 F-P 腔实物图

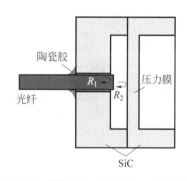

图 4.2.9　基于 SiC 的光纤 F-P 高温压力
传感器基本结构

　　传感器在制作过程中如果引入其他材料,将会存在两个问题:一个是不同材料之间的组合封装问题;另一个是不同材料之间粘合后的耐高温性能问题。而且采用不同材料制作出的传感器往往体积较大,很难做到传感器的小型化。光纤的基本成分是二氧化硅,其本身也是一种耐高温材料。因此,如果只采用光纤进行加工,制作出的传感器体积将缩小到微米级别,同时由于不存在材料之间的粘合问题,传感器的稳定性有很大的提高,这就是后来发展成的全光纤 F-P 高温压力传感器。

最早制作全光纤压力传感器的基本操作是熔接、切割和抛光打磨。这种方法制作简单,成本低,但是在制作压敏薄膜时精度有限,导致薄膜过厚,灵敏度低。光纤加工技术经过多年的发展,目前用于全光纤压力传感器的加工方式主要包括化学腐蚀法、电弧放电技术以及飞秒激光加工技术。采用化学腐蚀法来减少压力薄膜厚度一般是使用氢氟酸溶液。弗吉尼亚理工大学通过首先熔接一段 $105/125\mu m$ 阶跃型多模光纤和一小段 $62.5/125\mu m$ 渐进型多模光纤,切割后再次熔接一段单模光纤,然后利用氢氟酸腐蚀掉 $62.5/125\mu m$ 多模光纤的纤芯,重复上述多模光纤操作步骤,最终得到 EFPI 结构的膜片式全光纤高温压力传感器,制作过程如图 4.2.10 所示。其工作温度最高能够达到 710℃。

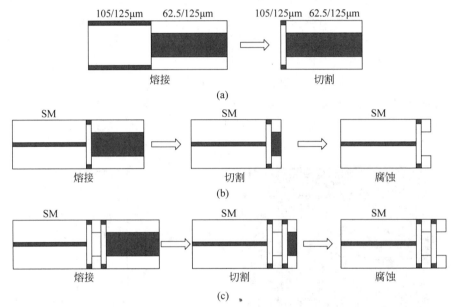

图 4.2.10 化学腐蚀法制作膜片式全光纤高温压力传感器的流程图
(a) 阶跃型多模光纤与渐进型多模光纤熔接,并将阶跃型多模光纤的一端切割;(b) 单模光纤与切割后的阶跃型多模光纤熔接,并将渐进型多模光纤的一端切割后腐蚀掉纤芯;(c) 重复(a)、(b)多模光纤操作步骤,得到膜片式全光纤高温压力传感器

另一种制作全光纤压力传感器的加工方式是采用电弧放电技术。该技术是基于石英管内部封存的空气在电弧放电的作用下热膨胀并在光纤端部形成空心微泡,最终形成弧形 F-P 腔。其基本加工流程和加工显微图如图 4.2.11 所示。该传感器头是通过将焊接在光纤端部的中空石英管熔至塌陷,再通过电弧放电得到空心微泡。该方法加工出来的弧形 F-P 高温压力传感器一般能达到 600℃以上,但是灵敏度低。

飞秒激光则是一种新型加工手段,它具有加工精度高、热效应小、损伤阈值低、可以实现三维加工等特点,为全光纤传感器制作提供了新的手段和方法。美国密

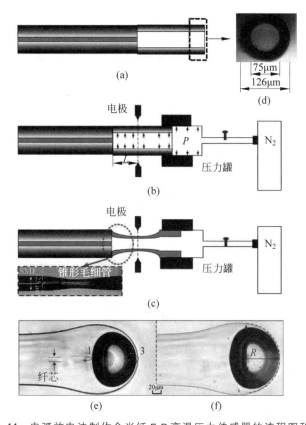

图 4.2.11　电弧放电法制作全光纤 F-P 高温压力传感器的流程图和显微图

（a）石英毛细管与单模光纤熔接；（b）在压力下对毛细管进行拉锥；（c）通过施加电弧断开（熔化）锥体，插图为锥形毛细管的显微图；（d）石英毛细管的横截面显微镜图；（e）石英壁厚为 $6\mu m$ 的光纤尖端微腔的显微图；（f）石英壁厚为 $2.2\mu m$ 的光纤尖端微腔的显微图

（请扫Ⅷ页二维码看彩图）

苏里科学技术大学利用飞秒激光在单模光纤端面钻孔，与另一单模光纤熔接形成 EFPI，再利用飞秒激光烧蚀形成厚度约 $2.6\mu m$ 的薄膜片，从而进行压力传感，如图 4.2.12 所示。在 $0\sim0.7MPa$ 的范围内腔长的灵敏度为 $0.28\mu m/kPa$，温度的交叉响应小于 $15.86Pa/℃$，该传感器能够承受 $700℃$ 的高温环境，为飞秒激光加工高温压力传感器提供了新的思路。

图 4.2.12　飞秒激光制作的光纤压力传感器的原理图和剖面显微镜照片

（请扫Ⅷ页二维码看彩图）

4.3　光纤玻璃管式 F-P 高温压力传感器

玻璃是一种具有相当优秀的透光性和化学稳定性的材料,并且硬度较高不易磨损,在一定的温度下具备良好的可塑性。由于其主要原料是石英、长石、石灰石等,这些原材料分布广泛,来源丰富,价格低廉,因而制作出的产品可进行大量推广。玻璃在相当多的领域均有应用,例如化学工业及实验室玻璃设备,医药和食品工业玻璃器皿,电气工业和电子工业用的各种轻型外壳,各种棱镜、透镜、滤光器等,以及在本书中多次使用的光纤也是玻璃在信息技术中的广泛用途之一。

本节所使用的光纤 F-P 高温压力传感器需要采用特殊工艺进行加工粘合以保证传感器能够在高温环境下稳定工作。传感器结构中含有玻璃管、普通单模光纤以及厚度为 1mm 或 2mm 的玻璃片。因其主要成分为二氧化硅,故深入研究玻璃的加工工艺及其性能相当重要。

4.3.1　石英玻璃特性及加工方法

固体物质的存在形式一般是以结晶或者无定形状态存在。玻璃属于一种典型的无序状态非晶体,其内部分子不像晶体那样有序排列,而是短程无序排列,更贴近于液体排列。一般玻璃状物质主要具有以下通用特性。

(1)各向同性。由于玻璃结构受应力影响相当大,则当玻璃不处于内应力时,其内部将处于各向同性状态,这是玻璃的固有性质,即若确定了玻璃内部某一点,那么其物理和化学性质在该点上的所有方向相同。

(2)介稳性。即玻璃系统的内部能量并不在最低值,而是处于亚稳态(热力学因子)。其原因是因为它具有从自发放热变为较低内能晶体的趋势,在室温下转化为结晶态的可能性非常小,从而处于亚稳态。

(3)无固定熔点。在室温下的玻璃为固态,但在逐渐加热过程中,在一定的温度范围内,玻璃会逐渐地软化,最后才会从固态向液态转化。而这段转换范围指的是一个温度范围,并不是某一个固定的温度点,即玻璃没有固定的熔点。

(4)性质变化的连续性。所谓的连续性是由于二元或更多的结晶化合物除了形成连续的固溶体,还具有固定的原子和分子比。在结晶情况下,体积或其他性质在其熔点从熔融状态到固体状态时发生突变。当冷却成玻璃时,体积或其他性质则是连续的、逐渐的变化,这是玻璃所独有的性质。

(5)性质变化的可逆性。可逆性指的是玻璃可以进行多次熔融固化,并且在这个过程中不会产生多余的物质或者处于完全新的状态。

光纤玻璃管式 F-P 压力传感器基本组成大致包括光纤、玻璃管、玻璃毛细管以及玻璃片等,这些材料均为石英材料。为了探究其在高温条件下测量压力的应用条件,需要了解玻璃的几个重要的性能,包括玻璃的机械强度性能、玻璃的弹性性能、玻璃的热学性能和玻璃的热稳定性。其中玻璃的机械强度性能和玻璃的弹性性能决定了其测量压力的条件,而玻璃的热学性能和玻璃的热稳定性决定了其在高温条件下的应用。

1. 玻璃的机械强度性能

玻璃机械强度性能是在使用玻璃作为压力传感器时的重要指标之一。玻璃属于脆性材料,由于其弯曲和拉伸强度不高,其应用受到了一定的限制。尤其是块状玻璃,其实际强度要远低于理论强度。此外,玻璃非常容易受到微裂纹的影响,玻璃由于外部施力的作用将使其内部应力集中而导致应力不均匀,这将造成玻璃的内部缺陷。由于表面微裂纹对玻璃强度的影响很大,所以需要特别注意冷热加工玻璃工艺,避免微裂纹影响。

2. 玻璃的弹性性能

玻璃材料在受到外力作用下会产生一定量的形变,而在外力撤去后其形变会恢复,这种性质即称为弹性。玻璃的弹性参数主要包括弹性模量 E、剪切模量 G、泊松比 μ 和体积压缩模量 K。它们之间有以下关系

$$\frac{E}{G} = 2(1+\mu) \tag{4.3.1}$$

$$\frac{E}{K} = 3(1-2\mu) \tag{4.3.2}$$

而弹性模量与胡克定律类似,可表示为

$$E = \frac{\sigma}{\varepsilon} \tag{4.3.3}$$

其中,σ 为应力;ε 为相对的纵向变形。一般在工程中所使用的玻璃弹性模量为 $(441 \sim 882) \times 10^8 \text{Pa}$,泊松比在 $0.11 \sim 0.30$。

玻璃的弹性模量会随着外界温度的升高而降低。在温度升高时,其内部微观粒子的距离将增加,但粒子之间的相互作用力会降低,即玻璃的弹性模量降低。此时与玻璃热膨胀系数相关的不同掺杂物质则会产生不同的热敏效应。

3. 玻璃的热学性能

玻璃的热学性能有很多,在这里主要讨论玻璃的热膨胀系数和玻璃的导热性。物体受热后都会产生膨胀,其膨胀的多少主要是由它们的线热膨胀系数和体膨胀系数表示的。线膨胀系数是衡量在一维空间上的膨胀比例,即单位温度下物体膨胀后物体的长度变化与原物体长度的比率。为了方便计算和使用,一般情况下会采用某一段温度范围内的平均线膨胀系数来表示。体膨胀系数是衡量三维上的膨

胀情况,即单位温度下膨胀后物体的体积变化与原物体体积的比率。在实际应用过程中,线膨胀系数更容易测量,体膨胀系数测量难度大,且精确度也较低。因此在实际应用中,常用线膨胀系数来代表体膨胀系数,使得计算和测定更加方便。一般不同组成的玻璃的热膨胀系数在$(5.5 \sim 15000) \times 10^{-7}/℃$变化。

导热性表现为依靠某一种物质将颗粒振动能量传递到材料温度的能力。这种特性可用热导率来表示。玻璃的导热性一般在单位温度梯度中使用,用通过单位时间的横截面积的物质在单元上的热量来确定。热导率国际单位为$W/(m \cdot K)$,常用单位为$cal/(cm \cdot s \cdot K)$。玻璃的热量可表示为

$$Q = \frac{\lambda S \Delta t}{\delta} \qquad (4.3.4)$$

其中,Q为热量,单位是J;S是横截面积,单位为m^2;Δt是温差,单位是℃;δ是物品厚度,单位是m;λ为热导率。热导率表示的是物质之间传递热量的难易程度,其倒数值就是热阻。玻璃是一种热导率比较低的物质,介于$0.712 \sim 1.340 W/(m \cdot K)$,其热导率主要取决于玻璃的内部的化学组成、温度及其附着颜色等。

4. 玻璃的热稳定性

玻璃在加热过程中将会发生一定的形变,在微观层面上解释表现为粒子振动加强等情况。这里也可以用热稳定性系数K来描述玻璃在受热过程中的稳定性。

$$K = \frac{P}{\alpha E} \sqrt{\frac{\lambda}{cd}} \qquad (4.3.5)$$

其中,P为玻璃的抗张强度极限;α是玻璃的热膨胀系数;E为玻璃的弹性模量;λ是玻璃的热导率;c是玻璃的比热容;d为玻璃的密度。其中,P和E会同倍数地改变,且P/E的比值基本为定值,而$\lambda/(cd)$对K的影响又相对较小,因此玻璃的热膨胀系数对玻璃的热稳定性的影响有很大作用。如果要表示玻璃的热稳定性,还可以通过在一定温度范围内的玻璃物理状态不发生改变来定义,这一温度的变化范围可以近似地表示为

$$\alpha \Delta t = 1150 \times 10^{-6} \qquad (4.3.6)$$

从公式(4.3.6)可以看出,玻璃的热膨胀系数随着温度差的增大而减小,温度差越大,玻璃的热稳定性就越好,所以可以通过掺杂部分物质来提高玻璃的热稳定性,如SiO_2、Al_2O_3、B_2O_3、ZnO、MgO、ZrO_2等低膨胀系数物质。石英玻璃的热膨胀系数很小($\alpha = 5.5 \times 10^{-7}/℃$),因此其热稳定性极好,透明石英玻璃能够承受高达1100℃左右的温度差。而制作光纤玻璃管式F-P高温压力传感器都是采用单模光纤、中空的玻璃套管、光纤毛细管以及玻璃膜片,其材质均为石英玻璃,因此该类压力传感器具有很好的热稳定性。

4.3.2　光纤玻璃管式 F-P 压力传感器的加工制作

1. 石英玻璃的加工方法比较

不同的条件对石英玻璃的工艺要求也不同。由于石英玻璃材料具有高脆性、低断裂韧性和弹性极限等,在加工过程中需要注意其表面缺陷以及材料脆性硬度的变化。传统的石英玻璃的加工方法主要包括机械研磨和抛光、喷砂、超声波消隐、化学蚀刻、等离子蚀刻和激光直接刻蚀法等。

(1) 机械研磨和抛光。即在玻璃表面上使用研磨盘机械抛光将其变为毛玻璃,同时除去耐热材料。在研磨过程中,将抛光浆料加入并分布在相对运动的玻璃表面,使其抛光以获得光滑的玻璃表面。这种方法的优点是工艺简单,所需设备少,但缺点是比较慢,不适合大量生产。

(2) 喷砂。该方法采用一定的压力气体和磨料粉末混合后由通过 1.2mm 的喷嘴孔高速排出来进行研磨表面,以去除杂质的影响。该加工方法属于微机械加工工艺,但工作效率较低,处理成本高,难以推广。

(3) 超声波消隐。该方法利用工具头的超声频率振动,再使用冲击锤加工其表面下的压迫磨具,从而穿透待加工表面,以实现超声波消隐切割。其优点是处理周期短,处理工序简单。但超声波消隐会降低加工精密度且刀具磨损严重。

(4) 化学蚀刻。化学蚀刻利用与石英玻璃的化学测试溶液的化学反应来达到蚀刻的目的。其蚀刻速率取决于蚀刻溶液的不同特性。该方法加工具有良好的表面质量,但蚀刻速率较低。

(5) 等离子体蚀刻。该方法的基本条件是使所刻蚀物体处于等离子状态,然后可将其作为另一层掩模来进行后续处理,再配合溅射、化学反应及辅助能源离子模式转换等工艺可以精确地控制具有一定深度的材料。该工艺具有高蚀刻速率、均匀性和选择性,并能避免浪费材料和污染环境,已被广泛应用于工程及工业领域。然而,该方法蚀刻宽度不高且工作时会产生大量噪声和灰尘,另外还会造成器件的消耗。

(6) 激光直接刻蚀法。目前常用的激光直接蚀刻方法可分为:红外线激光蚀刻、紫外激光刻蚀和飞秒激光烧蚀等。对于石英玻璃的红外线激光蚀刻通常采用 $10.6\mu m$ 的二氧化碳激光波长作为热源,该波长对于石英玻璃的光吸收率非常高。而石英玻璃的紫外激光蚀刻通常使用较短波长的准分子激光器来实现精确的石英蚀刻。飞秒激光是一种脉宽达飞秒量级的激光,它利用锁模技术实现。相比于长脉冲激光,飞秒激光具有热损伤小、热影响区域小、烧蚀阈值低、加工精度高等优势。

2. 光纤玻璃管式 F-P 压力传感器的加工制作

下面介绍北京理工大学光电子研究所制作的光纤玻璃管式 F-P 压力传感器。主要采用了氢氧火焰加工技术来进行制作,也可以采用红外激光刻蚀玻璃法来进行加工焊接。该传感器的基本结构如图 4.3.1 所示。传感器采用单模光纤和玻璃片制作一个带压力膜的 F-P 腔体。设计时采用单模光纤作为导入光的传输介质,光纤毛细管来进行光纤的固定。光纤毛细管为圆柱形结构,其外直径 2.5mm,长度 10.6mm,正中间有一贯穿的通孔,通孔直径稍大于单模光纤直径,同时通孔一端有一凹槽,便于光纤的插入。在玻璃毛细管的外面套上一层玻璃套管,最终再和玻璃片进行焊接。玻璃套管与光纤毛细管为同种玻璃材料,其结构为圆柱形中空玻璃管,内径 2.6mm,外径 3.5mm,长度 7.2mm。在使用之前,玻璃套管的其中一端已经抛光,便于与玻璃片进行焊接时确保其密封性。玻璃片为直径 5mm、厚度 0.5mm 的圆形薄片。在焊接时,需要尽可能保证光纤、光纤毛细管、玻璃套管、玻璃片四个结构的中心轴一致,其中光纤端面与玻璃片形成的 F-P 腔长度在 $100\sim$ $200\mu m$。

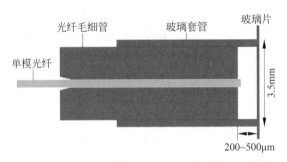

图 4.3.1　光纤玻璃管式 F-P 压力传感器的结构图

首先需要调整氢氧焊机,主要是通过电离氢氧化钾来产生氢气,其产气量为 100L/h,加水容量为 2400mL。启动后自动产生的氢气将存储在气缸内,在压力达到 0.2MPa 时停止。使用时火焰喷口压力可以手动调节,但在加工时需维持在 $0.1\sim0.2$MPa。具体气体流速大小随着加工部位及加工时间来进行调整。

将单模光纤插入光纤毛细管中,并在尾端用有机硅密封胶进行简单固定,方便后面进行焊接。用夹持器将单模光纤与光纤毛细管固定,并放置于铜板或铝板等散热性较好的金属上。启动氢氧焊机,此时打开焊枪阀排出一定量的空气后点燃焊枪头则可以进行后续加工。如图 4.3.2 所示,将火焰对准光纤毛细管端部侧面进行加热,保持火焰焰心与毛细管侧壁表面平齐,同时调节焊枪阀门、气体流速等,待火焰边缘微泛白时进行加热,加热时间为 $3\sim5$s。为了避免火焰烧蚀光纤端面,必须先关闭焊枪阀门再进行后续操作。

　　加热完成以后,关闭阀门移除焊枪进行冷却。由于光纤毛细管表面被氢氧火焰焰心加热,温度较低,且散热较快,毛细管从表面到内部将形成一定的温度梯度,如图 4.3.2(b)所示。由于外层温度较低且有较大的收缩,同时这种收缩受到温度较高的内层阻碍,产生内部应力,进而形成了应力梯度。待毛细管表面冷却一定程度后,滴上数滴酒精或水进行二次冷却,此时光纤毛细管内部将产生适量形变,可直接将光纤固定。为了保证样品良好的密封性及光纤的抗拉强度,可在多点进行加热并重复上述步骤。

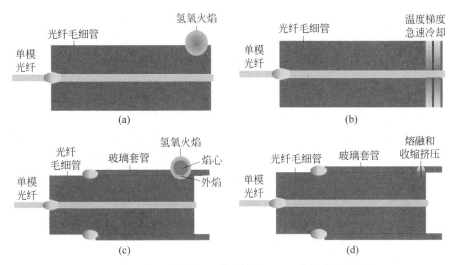

图 4.3.2　氢氧焊机制作光纤玻璃管式 F-P 压力传感器的流程图

(a) 单模光纤插入光纤毛细管并固定,将火焰对准光纤毛细管端部侧面进行加热;(b) 关闭阀门移除焊枪,毛细管迅速冷却形成温度梯度;(c) 将光纤毛细管插入玻璃套管中并固定,将火焰对准玻璃套管进行加热;(d) 加热直至玻璃套管与光纤毛细管接触的缝隙中产生刺眼的白光,然后停止加热

(请扫Ⅶ页二维码看彩图)

　　然后进行玻璃套管与光纤毛细管的焊接步骤。由于光纤毛细管直径较粗,而玻璃套管壁体较薄,则需要进行熔化后产生形变再挤压才能固定。因此二次加热时间稍长(5～10s),直至玻璃套管与光纤毛细管接触的缝隙中产生刺眼的白光时停止加热,在两表面之间形成熔融态后凝固。如图 4.3.2(d)所示。最后将玻璃片封装于玻璃套管边缘处。将玻璃片放置在金属板上,然后将之前加工好的样品置于玻璃片上并在接触的边缘处均匀洒上玻璃胶,然后用氢氧火焰加热金属板底部,玻璃胶融化后便可将玻璃片与玻璃套管连接在一起。此操作也可采用激光器进行焊接。具体操作流程如图 4.3.3 所示。其中激光器采用型号为 FSV40SFD 的 CO_2 激光器,最大输出功率为 150W,波长介于 $10.2\sim10.8\mu m$。激光器输出光经过半透半反镜后到达全反镜,全反镜可调整角度使得输出光到达合适的位置进

行焊接。在半透半反镜另一侧还有指示灯,可以进行辅助焊接的操作。

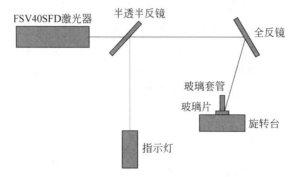

图 4.3.3　CO_2 激光器的焊接原理图

(请扫Ⅶ页二维码看彩图)

　　最后通过实验得到传感器的温度特性和压力特性,如图 4.3.4 所示。从图 4.3.4(a)可以看出,在温度上升至 200℃时,腔长变化随温度变化线性度较好,压力传感器的 F-P 腔长偏移 0.05μm,该线性度误差来源主要包括传感器受热不均匀以及腔内气体膨胀等。从压力特性曲线可以看出,室温下传感器腔长与压力同样呈线性关系,压力灵敏度达到 23.158μm/MPa,且线性度达 97.52%。

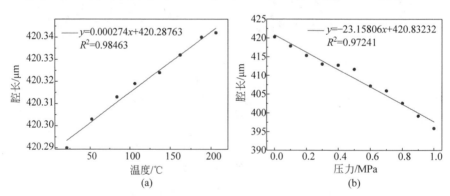

图 4.3.4　光纤玻璃管式 F-P 压力传感器温度和压力特性曲线

(a) 温度特性曲线;(b) 压力特性曲线

4.3.3　小结

　　本节介绍了一种用氢氧火焰加工光纤玻璃管式 F-P 压力传感器的方法。氢氧焊机加工方式是一种新的石英玻璃加工方式,其操作步骤相对简单,成本低,火焰温度最高能够达到 2000℃以上。利用氢氧火焰形成的温度梯度和应力梯度将光纤、微型玻璃套管、玻璃片和光纤毛细管焊接在一起,设计出的压力传感器可进行高温高电磁环境下的压力测量。压力传感器直径 5mm,长度小于 12mm,具有体积小、抗电磁干扰和可靠性高等特性。但是由于加工工艺及操作等原因,传感器的最高工作温度限制在 300℃,其主要原因是采用氢氧火焰加热时玻璃样品受热不均匀,容易导致内部结构发生断裂。此方案对光纤传感器的加工工艺很有借鉴意义,同时对玻璃工艺的发展也有一定的应用价值。

4.4　全光纤 F-P 高温压力传感器

全光纤 F-P 高温压力传感器采用低精细度光纤 F-P 干涉仪结构,其耐高温能力主要是由材料的耐高温性能决定的,比如选用纯石英的光子晶体光纤和纯石英无芯光纤作为传感器的材料,可以承受 1200℃的高温冲击。传感器制作方面,随着光纤传感器朝着全光纤传感器发展,往往需要直接在光纤上加工出三维微结构。传统的切割、研磨、熔接、腐蚀等技术已经难以满足传感器的制作需求,各国研究人员开始尝试利用新型微加工手段制作光纤传感器。这些新型微加工手段包括二氧化碳激光烧蚀、皮秒激光烧蚀、飞秒激光烧蚀、聚焦离子束刻蚀等。二氧化碳激光烧蚀和皮秒激光烧蚀其加工精度相对较低,无法实现对光纤微结构的精细加工。聚焦离子束刻蚀加工精度高,但设备昂贵、加工速度慢。相比而言,飞秒激光加工技术的精度和效率更适用于微米级的加工,在光纤传感器制造领域有广泛的发展前景。本节将介绍采用飞秒激光加工技术加工的两类(膜片式和无膜片式)全光纤 F-P 高温压力传感器的原理及实验应用,并讨论传感器在制作过程中的技术难点。

4.4.1　膜片式 F-P 压力传感器传感原理

膜片式光纤压力传感器是利用石英或其他材料制作成微米级或者亚微米级的薄膜片,并在光纤末端构造一个封闭腔,利用光纤末端的反射和膜片内侧的反射构成 EFPI。当传感器受到外界压力作用时,膜片发生形变,从而引起 EFPI 的腔长发生变化。通过测量 EFPI 腔长的变化可以解调出压力信息。其测量原理如图 4.4.1 所示。图中各参量的物理意义如下:p 表示外界压力;h 表示膜片的厚度;R 表示 F-P 腔的半径,即膜片的有效感压半径;d 表示 F-P 腔初始腔长;Δd 表示 F-P 腔的腔长变化量。

根据弹性力学原理,膜片受到外界压力后形变 ω 如下:

$$\omega(r) = \frac{3p(1-\mu^2)}{16Eh^2}(R^2 - r^2)^2 \qquad (4.4.1)$$

其中,$\omega(r)$ 为膜片距离中心为 R 的半径上的挠度;p 为外界压力;E 为膜片的杨氏模量;μ 为膜片的泊松比;R 为膜片半径;r 为膜片任意部位的半径。膜片受到外界压力后的形变情况如图 4.4.2 所示,外界气压的影响下,中央发生的形变最大,形变量沿径向逐渐减小,在膜片边缘处形变量最小,为零。

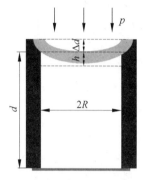

图 4.4.1　膜片式压力传感器的
测量原理

（请扫Ⅶ页二维码看彩图）

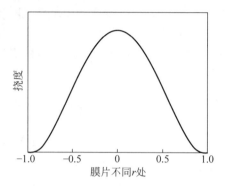

图 4.4.2　受压情况下弹性膜片不同部位的
形变示意图

由公式(4.4.1)可得到,在膜片的中心点($r=0$)处,压力变化 Δp 与腔长变化 Δd 之间的关系如下

$$\Delta d = \frac{3(1-\mu^2)R^4}{16Eh^3}\Delta p \tag{4.4.2}$$

其中,E、μ 为常量,对于石英玻璃通常 $\mu=0.17$,$E=73\mathrm{GPa}$。因此在相同腔长改变下,h 越小,R 越大,则能感应到的压力变化越小,即灵敏度越高,灵敏度 Y 表达式为

$$Y = \frac{\Delta P}{\Delta d} = \frac{3(1-\mu^2)R^4}{16Eh^3} \tag{4.4.3}$$

在设计传感器过程中,还需要考虑传感器的测量上限,即膜片所用材料的最大许用应力下所能承受的最大压力。当膜片形变量为膜片厚度的 20% 以内时($\leqslant 0.2h$),认为膜片的变形是线性的,因此对于圆形膜片,膜片能承受的最大压力 $p_{\max}$ 为

$$p_{\max} = \frac{16Eh^4}{15R^4(1-v^2)} \tag{4.4.4}$$

从公式(4.4.4)可以看出,膜片能够承受的最大压力主要取决于膜片的厚度和半径,膜片越厚半径越小,则抗压能力越强,但对应的灵敏度更低,如公式(4.4.3)所示。因此在工程应用中需要根据实际需求来设计膜片厚度和半径。对于全光纤 F-P 压力传感器来说,由于膜片直径为 $125\mu\mathrm{m}$,所以膜厚是决定传感器性能的关键。

4.4.2　无膜片式 F-P 压力传感器传感原理

无膜片式光纤压力传感器通过测量待测气体的折射率变化进而测量环境压

力。空气折射率受到压力、温度、气体成分等因素的综合影响,若对于固定成分的气体,在温度不变或者小范围变化下,空气折射率与气体压力呈线性关系,即通过测量气体折射率就可以得到气体压力。无膜片式光纤压力传感器基于开腔式EFPI,EFPI 腔内的气体与外界联通,通过测量 EFPI 的光程差(optical path difference,OPD)计算出气体折射率,进而计算出气体压力。其中 EFPI 的光程差可以表示为

$$OPD = 2nL_0 \tag{4.4.5}$$

其中,L_0 为 EFPI 的腔长;n 为 EFPI 内部的气体折射率。根据文献,n 可以表示为

$$n = 1 + \frac{2.8793 \times 10^{-9} p}{1 + 0.003661T} \tag{4.4.6}$$

其中,p 为气体的压力(Pa);T 为气体的温度(℃)。则腔长为 OPD 的 EFPI 压力灵敏度可以表示为

$$S_{OPD} = \frac{dOPD}{dp} = 2L_0 \frac{dn}{dp} \tag{4.4.7}$$

而腔长为 OPD 的 EFPI 在波长为干涉光谱波峰或波谷 λ_m 处的压力灵敏度可以表示为

$$S_\lambda = \frac{d\lambda_m}{dp} = \frac{d\lambda_m}{dn}\frac{dn}{dp} = \frac{\lambda_m}{n}\frac{dn}{dp} \tag{4.4.8}$$

由公式(4.4.7)和公式(4.4.8)可知,腔长 L_0 越长,OPD 的压力灵敏度 S_{OPD} 越大,而波长为 λ_m 的压力灵敏度 S_λ 与腔长无关。显然,腔长过长会导致干涉条纹对比度的降低。因此,腔长的选取需要权衡 OPD 的压力灵敏度和干涉条纹的对比度。

4.4.3　全光纤 F-P 高温压力传感器

这里将分别介绍北京理工大学光电子研究所设计并研制的全光纤膜片式 F-P 高温压力传感器和全光纤无膜片式 F-P 高温压力传感器,并对两种不同机理的压力传感器进行对比,通过实验来验证全光纤 F-P 高温压力传感器的优势。

1. 全光纤膜片式 F-P 高温压力传感器

该传感器主要是由经过飞秒激光加工微孔后的光子晶体光纤和无芯光纤熔接在一起构成 F-P 腔。飞秒激光系统主要用的是美国 Spectral Physics 公司的产品。其中,飞秒激光器里振荡级型号为 Tsunami,脉宽为 35fs～100ps,波长范围为720～850nm,输出功率为560mW;放大级型号为 Spitfire Pro,脉宽为 35fs 或 2ps,波长范围是 780～820nm,输出功率大于 4W。实验中将加工的样品固定在六维超精密移动平台上,通过平台的移动来改变样品的加工位置。其 X、Y、Z 轴的平动范围分别为 ±50mm、±50mm、±25mm,转动范围分别为 ±15°、±15°、±30°。整

个系统的软件控制界面采用 VB 语言程序编程设计来控制六维移动平台的运动的
速度、位置等。

制作步骤如下：首先对光子晶体光纤和无芯光纤的端面做高精度的研磨处
理,用飞秒激光微加工技术在研磨好的光子晶体光纤和无芯光纤端面上分别加工
出直径为 d、深度为 L 的微孔,其中直径 d 为 $60\sim80\mu m$,深度 L 为 $30\sim100\mu m$,如
图 4.4.3(a)虚线所示;用光纤熔接机在手动熔接模式下,将已加工微孔的光子晶
体光纤和无芯光纤进行熔接,在光纤内部形成 F-P 腔,然后切去多余的无芯光纤,
保留无芯光纤薄膜厚度在 0.5mm 以内,如图 4.4.3(b)所示;将无芯光纤薄膜再研
磨至所需的厚度,研磨过程中,由于形成的研磨表面反射率较高,从而与 F-P 腔的
两个反射面一起,构成了一个三光束干涉仪,可以利用白光干涉测量技术实时测量
膜片的厚度,以控制传感器的灵敏度,如图 4.4.3(c)所示,这一过程也可以用飞秒
激光截断光纤,直接切出一个压力膜片;研磨到设计的膜片厚度后,使用飞秒激光
在研磨好的无芯光纤薄膜外表面进行粗糙化处理,去除端面反射,并微调膜片厚
度,即形成双光束干涉的光纤 EFPI 高温压力传感器,结构如图 4.4.3(d)所示。根
据理论计算结合多次实验测试选取合适的腔长、膜厚等传感器参数。其中一个传
感器成品的显微照片如图 4.4.4(a)所示,图 4.4.4(b)为加工后的光子晶体光纤端
面,加工内孔为边长 $68.5\mu m$ 的方孔。同时,传感器的干涉谱如图 4.4.5 所示,可
以看出,干涉条纹平滑且对比度达到了 14dB。

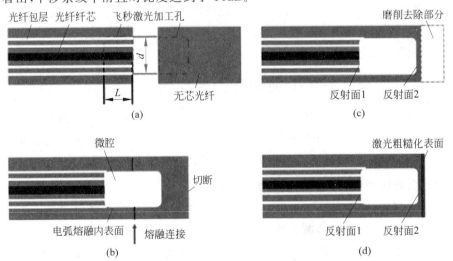

图 4.4.3　全光纤膜片式 F-P 高温压力传感器的制作流程

(a) 用飞秒激光分别在研磨好的光子晶体光纤和无芯光纤端面上加工出直径为 d、深度为 L 的微孔；(b) 光
子晶体光纤与无芯光纤熔接,并将多余的无芯光纤切除保留至 0.5mm 以内；(c) 将无芯光纤薄膜再研磨至所
需的厚度；(d) 使用飞秒激光对研磨好的无芯光纤薄膜外表面进行粗糙化,并微调膜片厚度

(请扫Ⅶ页二维码看彩图)

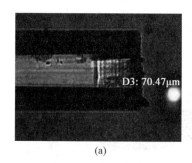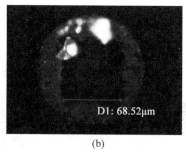

(a)　　　　　　　　　　　　　(b)

图4.4.4　全光纤膜片式F-P高温压力传感器的显微照片

（a）传感器侧面；（b）加工后的光子晶体光纤端面

（请扫Ⅶ页二维码看彩图）

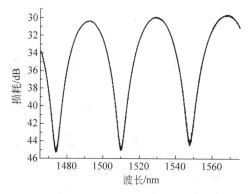

图4.4.5　全光纤膜片式F-P高温压力传感器的光谱图

为了对该类传感器进行测试，我们设计了一套高温压力测试系统。由于在高温环境下，绝大多数的材料，特别是易于加工的金属材料，其机械性能都会发生大幅的退化，这就给高温环境下的压力测试环境的搭建带来很大的困难。此外，作为标准的压力传感器也无法在高温环境下正常工作。为此，我们选择刚玉管来承受高温高压环境，但是刚玉是一种高硬度的脆性材料，加工困难，于是选择不锈钢管与毛细管作为短时储压和压力传导的主体部件。结合刚玉材料和不锈钢材料的优势，避免复合高温/高压源设计、制作的巨大困难，我们设计了温/压源分立的压力罐-刚玉陶瓷管-马弗炉结构来实现高温环境下的高压测试。将内部固定有微纳光纤高温压力传感器的陶瓷管与标准热电偶放置于马弗炉中央，陶瓷管与标准热电偶捆绑在一起，以保证热电偶的敏感部位与微纳光纤高温压力传感器处于同样的位置，用以测量测试环境的温度。陶瓷管通过毛细钢管与压力管连接，压力罐上安装有标准压力计，在保证微纳光纤高温压力传感器与标准压力计受到相同的压力的同时，避免标准压力计受热而损坏。光纤传感器通过毛细管接入压力罐，再经压力罐引出，连接至白光干涉压力解调仪。整套压力测量装置通过高压气体提供压力,其装置图和实物图分别如图 4.4.6 和图 4.4.7 所示。

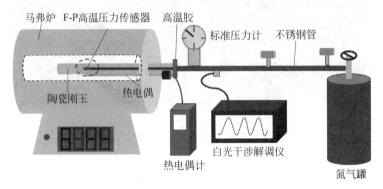

图 4.4.6　高温压力测试系统的装置图

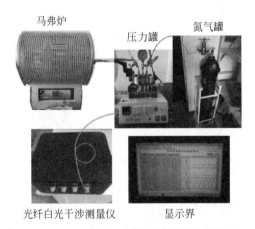

图 4.4.7　高温压力测试系统的实物图

　　为了测试全光纤膜片式 F-P 高温压力传感器的性能,首先,我们对传感器的温度特性进行了测试。将腔长为 $70\mu m$ 的传感器接入白光干涉解调系统中,再把传感头置于马弗炉中测量其腔长的变化。从室温开始对马弗炉进行加热,同时用标准热电偶对马弗炉的温度进行测量,并记录不同温度点下传感器的腔长。实验结果如图 4.4.8 所示,传感器的腔长随温度的增加呈线性递增关系,线性度达98.97%。从室温到 1000℃ 的范围里,腔长增长了 $0.10811\mu m$,压力传感器在约1000℃ 的温度范围内的温度灵敏度为 $0.10811nm/℃$。

　　为了获得在不同温度下的待测压力值,需要对传感器在不同温度下的腔长/压力特性进行研究。在室温下对压力测量系统进行加压测试,从 0MPa 到 10MPa,每次升高 1MPa,待实验装置内的压力稳定后,记录下光纤压力传感器的腔长和标准压力计的压力读数。升高温度,从室温至 800℃,每次升高 100℃ 左右,重复压力测

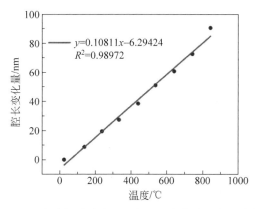

图 4.4.8   全光纤膜片式 F-P 高温压力传感器的温度特性

量操作,记录相关数据。之后根据实验数据对传感器在各温度点下的腔长/压力特性进行研究,获取传感器的压力灵敏度/温度特性,以此作为后续压力测试实验的标定标准。测量结果如图 4.4.9 所示,可以看出,在每个温度点下,传感器的腔长与压力呈线性关系,其灵敏度在 70nm/MPa 附近。

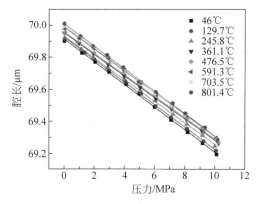

图 4.4.9   全光纤膜片式 F-P 高温压力传感器在不同温度下的压力特性

(请扫Ⅶ页二维码看彩图)

之后,根据传感器的温度特性曲线和不同温度下压力特性的标定结果,通过温度补偿来进行不同温度条件下压力的测量。由图 4.4.8 和图 4.4.9 可知,在常压时温度灵敏度是 0.10811nm/℃,在常温时压力灵敏度是 70.8nm/MPa,因此可以得到温度/压力交叉响应是 1525Pa/℃。在实际压力测量时,可以通过热电偶计读取的温度数值结合温度/压力交叉响应来进行温度补偿以减小高温带来的影响。再次升高温度,从室温至800℃,每次升高 100℃,重复压力测量操作,记录温度补偿后的压力值并与标准压力计所测量的结果进行比对,比对结果如图 4.4.10 所示。可以看出,该传感器测量的压力值与实际压力值基本重合,可以用于实际压力测量的应用。图 4.4.11 给出了压力传感器在 800℃时测量 10MPa 压力的结果。其中测量的分辨率为 0.02MPa，误差小于 0.2MPa。

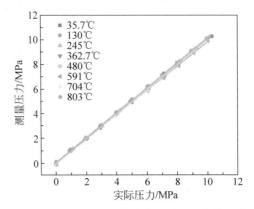

图 4.4.10　全光纤膜片式 F-P 高温压力传感器测量压力值和实际压力值的比对
（请扫Ⅶ页二维码看彩图）

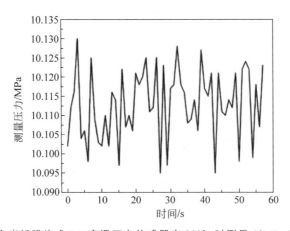

图 4.4.11　全光纤膜片式 F-P 高温压力传感器在 800℃时测量 10MPa 压力值的结果

2. 全光纤无膜片式 F-P 高温压力传感器

无膜片式 F-P 压力传感器是基于三明治型 EFPI 的结构，其原理图如图 4.4.12 所示。白光光源发出的光经单模光纤入射，在单模光纤与空芯光纤（HCF）的熔接面处，部分光反射回单模光纤，部分光在空芯光纤中继续传导。当光传输至空芯光纤与无芯光纤（CF）的熔接面处，部分光发生反射，部分光在无芯光纤中继续传导。两束反射的光发生干涉，形成 EFPI 结构。利用飞秒激光直写技术，在空芯光纤的侧壁加工出一个矩形的微通道，使得空芯光纤内部与外部的气体可以自由交换。

传感器末端端面的反射也将与空气腔两壁的反射形成干涉，从而形成三光束干涉，这不利于信号的解调，因此需去除传感器末端的端面反射。为此，我们采用了两种措施：①在传感器末端制造粗糙的反射面，从而降低传感器末端端面的反射率；②在空芯光纤后采用无芯光纤用于增大传输损耗，从而降低传输至传感器末端的光功率。

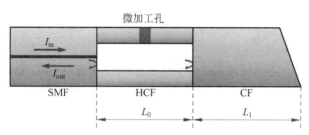

图 4.4.12　全光纤无膜片式 F-P 压力传感器的结构图

（请扫Ⅶ页二维码看彩图）

当环境温度升高时，OPD 同时受到腔内空气的热光效应和腔壁的热膨胀效应影响，其中空气的热光效应占主导，腔壁（HCF）的热膨胀效应影响很小。结合公式(4.4.5)和公式(4.4.6)，可以得到不同温度下 OPD

$$\mathrm{OPD} = 2nL_0 [1 + \alpha(T - T_0)]$$

$$= 2L_0 \left(1 + \frac{2.8793 \times 10^{-9} p}{1 + 0.003661T}\right)[1 + \alpha(T - T_0)] \qquad (4.4.9)$$

其中，T_0 为初始温度（室温，25℃）；α 为石英的热膨胀系数(0.55×10^{-6}/℃)。根据 4.4.2 节的讨论，腔长的选取需要权衡 OPD 的压力灵敏度和干涉条纹的对比度，经过大量实验验证，这里选取空芯光纤的长度为 $350\mu m$，即 $L_0 = 350\mu m$。

根据公式(4.4.7)，对于空芯光纤长度为 $349.6\mu m$ 的光纤压力传感器（下文中用于测试的样品），可以得到不同温度下 OPD 的压力灵敏度

$$S_{\mathrm{OPD}} = 2L_0 \frac{\mathrm{d}n}{\mathrm{d}p}[1 + \alpha(T - T_0)]$$

$$= 2 \times 349.6 \times \frac{2.8793 \times 10^{-9}}{1 + 0.003661T} \times [1 + 0.55 \times 10^{-6} \times (T - 25)]$$

$$(4.4.10)$$

即 S_{OPD} 随着温度的升高而减小，图 4.4.13 展示了 25℃、200℃、400℃和 600℃下 OPD 与压力的关系，其中 S_{OPD} 分别为 1847nm/MPa、1164nm/MPa、818nm/MPa 和 631nm/MPa。

此外，根据公式(4.4.8)可知，在常温常压下(25℃、101.325kPa)，对于所用光源 1550nm 附近的波峰，其波长灵敏度 S_λ 为

$$S_\lambda = \frac{\lambda_m}{n} \cdot \frac{\mathrm{d}n}{\mathrm{d}p} = \frac{1550}{1.002638} \frac{2.8793 \times 10^{-9}}{1 + 0.003661 \times 25} = 4.078 \mathrm{nm/MPa} \qquad (4.4.11)$$

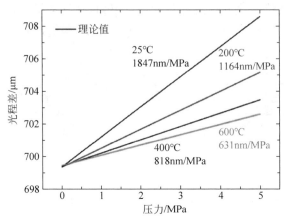

图 4.4.13 全光纤无膜片式 F-P 高温压力传感器在不同温度下的压力特性
（请扫Ⅷ页二维码看彩图）

传感器制作过程如图 4.4.14 所示。首先，用熔接机的手动模式熔接单模光纤和空芯光纤，如图 4.4.14(a)所示。所用空芯光纤的内径和外径分别为 $93\mu m$ 和 $125\mu m$。然后，截取约 $500\mu m$ 的空芯光纤，并将多余的空芯光纤切除，如图 4.4.14(b)所示。将切割后的空芯光纤与无芯光纤熔接，如图 4.4.14(c)所示。再在显微切割系统下截取约 $2000\mu m$ 的无芯光纤，并将多余的无芯光纤切除，形成单模光纤-空芯光纤-无芯光纤(SMF-HCF-CF)结构，如图 4.4.14(d)所示。用飞秒激光烧蚀末端的无芯光纤，制造一个倾斜的粗糙面，用来减小端面反射，如图 4.4.14(e)所示。最后，用飞秒激光从侧面烧蚀空芯光纤，烧蚀区域为 $60\mu m \times 30\mu m \times 20\mu m$，形成一个微通道，如图 4.4.14(f)所示。加工微通道和粗糙化时，我们选用了气体吹扫辅助加工法而没有选用加工精度更高的水辅助加工法，原因如下所述。①如果采用水辅助加工法，在飞秒激光打破空芯光纤侧壁的一瞬间，空芯光纤内部封存的气体将受到浮力的作用而通过加工的微通道涌出空芯光纤，形成大量气泡，这些气泡将妨碍飞秒激光聚焦，对后续加工造成干扰。②水辅助加工法虽然更容易清除加工产生的碎屑，但是在全光纤压力传感器的制作过程中，不论是加工微通道还是进行无芯光纤端面粗糙化，所烧蚀的区域都比较小，产生的碎屑量也相对较少。因此，从减少碎屑的角度来看，气体吹扫辅助法与水辅助法相差不大。③水辅助法虽然加工精度更高，但根据传感原理，我们所加工的微通道仅需实现空芯光纤内外的气体交换，对加工精度要求并不高，气体吹扫辅助法足以满足加工需求。无芯光纤端面粗糙化的目的就是消除端面反射，因而对加工精度的要求更低。

加工后的传感器的显微照片如图 4.4.15 所示，空芯光纤侧壁已被打通，且切口平滑，达到了设计要求。光谱仪测得的 1550nm 附近的反射光谱如图 4.4.16 所

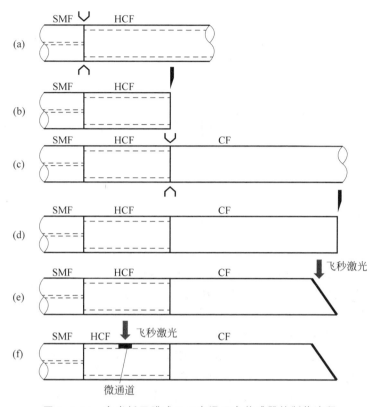

图 4.4.14　全光纤无膜式 F-P 高温压力传感器的制作流程

（a）单模光纤与空芯光纤熔接；（b）截取约 $500\mu m$ 的空芯光纤；（c）空芯光纤与无芯光纤熔接；（d）截取约 $2000\mu m$ 的无芯光纤；（e）无芯光纤端面粗糙化；（f）在空芯光纤上加工微通道

（请扫Ⅶ页二维码看彩图）

示,从光谱图中可以看出,末端反射已经被完全消除,获得了对比度约 7dB 的双光束干涉图样。

图 4.4.15　全光纤无膜片式 F-P 高温压力传感器的显微照片

（请扫Ⅶ页二维码看彩图）

　　采用北京理工大学光电子研究所研制的白光干涉解调仪,同样可以进行 OPD 的测量以及跟踪某一干涉级数的中心波长。在小量程范围内（OPD$<1000\mu m$）,该

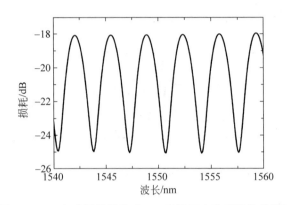

图 4.4.16　全光纤无膜片式 F-P 高温压力传感器的光谱图

白光干涉测量术的 OPD 的分辨率可达 2nm,大量程测量时($1000\mu m<$OPD$<$ $5000\mu m$),OPD 分辨率可达 20nm,探测频率为 1Hz。

按照前述膜片式压力传感器的温压测量方式搭建好测试系统并检验系统气密性后,首先在常温常压下用解调仪对光纤压力传感器的光谱和 OPD 进行测量。实验中,我们以 0.5MPa 为间隔,测量并记录了 0~10MPa 的光谱和 OPD 数据,如图 4.4.17 所示。需要说明的是,由于 EFPI 的自由光谱范围(free spectrum range,FSR)较小,约为 3.4nm,加压过程中,高压时的 m 阶波峰会与低压时的 $m+$ 1 阶、$m+2$ 阶、$m+3$ 阶···波峰重合,即发生跳峰现象,从而无法根据给定的光谱直接分辨出此时的环境压力值。为了便于展现特征峰与压力的关系,图 4.4.17(a)中,我们对不同压力下的光谱进行了波长截取,只展示了不同压力下特征峰附近的光谱。实验结果显示,压力从 0 以 0.5MPa 为间隔增加至 10MPa 的过程中,特征峰发生红移,不同压力下的波长值如图 4.4.17(b)中左侧 Y 轴所示,波长的压力响应为 3.943nm/MPa,与理论值 4.078nm/MPa 非常接近,误差仅为 3.3%,且波长的压力响应线性度很高,R^2 因子达到 0.9998。不同压力下的 OPD 如图 4.4.17(b)中右侧 Y 轴所示,OPD 的压力响应度为 1.806μm/MPa,与理论值 1.847μm/MPa 非常接近,误差仅为 2.2%,且 OPD 的压力响应线性度很高,R^2 因子达到 0.9998。对于给定的传感器,OPD 与压力数值一一对应,因此可根据 OPD 直接计算出压力,从而可以进行大量程的压力测量。

此外,该无膜片式压力传感器还能进行负压测量。将传感器置于真空腔中,将真空泵与真空腔的出气口相连,从而实现负压测量。实验中,先将真空腔抽至 -0.1MPa,然后稍稍打开进气口,让外界空气缓慢进入真空腔中,使得真空腔内力逐渐上升,腔内压力每上升 0.02MPa 记录光谱和 OPD,直至腔内压力恢复至大气压(0MPa)。不同压力下的光谱数据如图 4.4.18(a)所示,1550nm 附近的特征峰的波长漂移和 OPD 变化如图 4.4.18(b)所示。实验结果显示,波长的压力响应

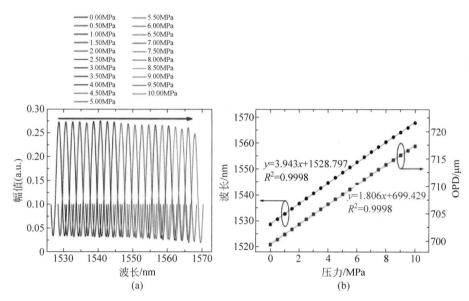

图 4.4.17　全光纤无膜片式 F-P 高温压力传感器的压力测试

（a）0～10MPa 特征峰处光谱的漂移；（b）0～10MPa 特征峰波长/OPD 与压力的关系

（请扫Ⅶ页二维码看彩图）

为 4.094nm/MPa，与理论值 4.078nm/MPa 非常接近，误差仅为 0.1%，且波长的压力响应线性度很高，R^2 因子达到 0.9949。OPD 的压力响应度为 1.846μm/MPa，与理论值 1.847μm/MPa 非常接近，误差仅为 0.05%，且 OPD 的压力响应线性度很高，R^2 因子达到 0.9979，负压测量的压力灵敏度与正压的压力灵敏度一致。

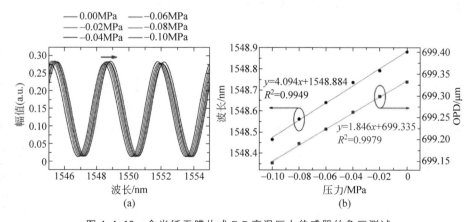

图 4.4.18　全光纤无膜片式 F-P 高温压力传感器的负压测试

（a）－0.1～0MPa 光谱的漂移；（b）－0.1～0MPa 特征峰波长/OPD 与压力的关系

（请扫Ⅶ页二维码看彩图）

为了测量传感器不同温度下的压力响应,这里将传感器置于马弗炉中并用解调仪测量其在不同温度下的 OPD 值。实验分别在 25℃(室温)、200℃、400℃ 和 600℃ 进行了 0~5MPa 的压力响应实验,压力间隔为 0.5MPa,实验结果如图 4.4.19 所示。从图 4.4.19 中可以看出,不同温度下 OPD 与环境压力呈线性关系,且温度越高则压力灵敏度越小,压力测试的数据与理论值(图中粗实线)吻合。通过对不同温度下的 OPD 压力响应的线性拟合,得到不同温度下的压力灵敏度(测量值)如表 4.4.1 所示,不同温度下的压力灵敏度(理论值)已在前文给出。不同温度下,压力灵敏度的测量值与理论值的最大误差仅为 2.2%,实验数据与理论值非常吻合。

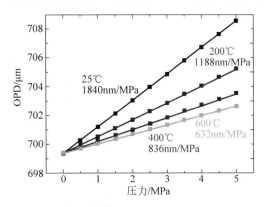

图 4.4.19　全光纤无膜片式 F-P 高温压力传感器在不同温度下的压力特性

(请扫Ⅶ页二维码看彩图)

表 4.4.1　不同温度下压力灵敏度的测量值与理论值的对比

温度/℃	压力灵敏度测量值/(nm/MPa)	压力灵敏度理论值/(nm/MPa)	误差
25	1840	1847	0.38%
200	1188	1164	2.1%
400	836	818	2.2%
600	632	631	0.16%

实验中还发现,常压下,OPD 随温度的升高,先减小后增大。实验通过减小温度测量间隔,重新进行温度实验并记录不同温度下的 OPD。根据公式(4.4.9),绘制了理论值曲线并与实验数据相对比,如图 4.4.20 所示。图中 OPD 理论值(实线)随温度升高,呈现先减小后增大的现象,拐点为 124℃。实验中,测量的温度拐点为 128℃,与理论值较为接近。OPD 随温度变化幅度小于理论值,可能是由于制作空芯光纤的石英不纯,热膨胀系数与理论值(0.55×10^{-6}/℃)有一定误差。

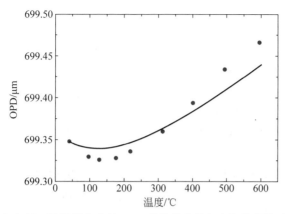

图 4.4.20　随温度变化的 OPD 理论值曲线与实验数据的对比

4.4.4　全光纤 F-P 高温压力传感器加工技术问题和注意事项

在光纤上制作 F-P 微腔,首先需要解决的问题是用飞秒激光微加工技术在光纤端面加工不同深度的微孔。激光加工光纤端面后,由于烧蚀和残屑堆积的影响,加工出来的光纤端面反射率较小,而有效提高激光加工后端面的反射率能够改善传感器的性能,因此光纤端面精密三维微纳加工具有决定性用,选取合适工艺参数(激光的光斑直径、激光脉冲的持续时间、激光脉冲的能量以及激光脉冲的重复频率等)来获得光滑的内腔表面,以保证较强的反射光。其次,难点是端面带孔的光纤与另一个带孔光纤的焊接问题,因为焊接时容易造成小孔塌陷,或者焊接不好容易断裂,焊接后的结构还需要具有一定的机械强度。最后,为了实现压力灵敏度的可控,需要有效地控制 F-P 腔压力膜的厚度。另外,为了消除光纤外表面反射光的干扰,对传感器外侧表面要做粗糙化处理,这也需要高超的激光加工技术予以解决。

由于飞秒激光加工过程十分精细,因此在加工前需要仔细调节加工系统,以提高传感器的质量。主要有以下几个方面需要注意。

(1) 设计合适的实验方案。需要根据待加工样品的材料、待加工区域的位置、待加工区域的大小和加工所需精度选用合适的物镜、照明方式和样品夹持装置。同时设计加工时六维微动平台所走轨迹,选用控制程序中自带的扫描程序或者额外编写程序。

(2) 调整光路。基本的光路调节这里不详细讨论,在进行光路调整时,需注意人眼安全,如需进行拆卸镜片等操作,则需要先将激光器出光口关闭,再进行拆卸镜片等操作。光路调整完毕后,需用夜视仪检查有无激光泄漏,特别是偏振片和衰减片的反光容易倾射出光学平台。

(3) 六维平台调水平。在加工过程中一定要保证六维平台处于水平状态。在加工之前,关闭快门,将水平尺置于六维微动平台上,通过程序控制六维微动平台转动,利用水平尺将六维微动平台的上表面调整至严格水平的位置。

(4) 保证飞秒激光垂直。由于飞秒激光加工系统在加工时是样品移动而飞秒激光垂直不动,所以需要微调双色镜的角度,保证飞秒激光经双色镜反射后与水平面垂直。调整完毕后,关闭快门,移除六维微动平台上的反射镜。加装或移除反射镜前注意需关闭快门,防止反射光打伤眼睛。

(5) 加装样品。将待加工的样品放置在六维微调架上,放置时样品尽量与六维微动平台的坐标轴保持平行,并用胶带固定好。用胶带固定样品时,需要尽量靠近待加工区域,否则在利用气体吹扫时将造成样品晃动,从而降低加工精度甚至导致加工失败。

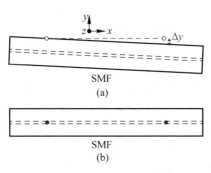

图 4.4.21 光纤调平示意图

(a) Y 方向调平;(b) Z 方向调平

(6) 样品调平。在成像系统中找到待加工区域后需对样品进行调平,否则将造成烧蚀倾斜,在大面积加工时还会造成烧蚀的不均匀或者不完全。以加工光纤为例,首先通过控制程序,调整 Z 轴直至可以清晰地看到光纤纤芯。此时焦平面处于光纤纤芯位置,可以清晰地看到 Y 轴方向光纤的边缘轮廓。然后将平移台沿 Y 轴移动,直至光纤的边缘与屏幕标记点重合,如图 4.4.21(a)所示。接着沿光纤轴向(X 轴)移动六维微动平台一段距离(通常为 $1000\mu m$)。移动后观察屏幕上的标记点与光纤边沿是否保持重合状态,若不重合则平移台需要沿 Z 轴转动(W+或 W−)。然后将微动平台降低约 $62.5\mu m$,即降至光纤上表面高度。分别在光纤上表面的轴向方向的两端进行打点烧蚀,如图 4.4.21(b)所示。若在 Z 轴不变的情况下出现两侧烧蚀不均匀甚至有一侧不能产生烧蚀,则说明光纤沿 X 轴方向不水平,需要沿 Y 轴进行转动调整(V+或 V−)。

4.5 光纤高温 F-P 温度/压力复合传感器

在高温应用领域,除需要测量压力之外,大多数情况下需要温度和压力的同时测量。其中,FBG 和 FPI 成为应用最为广泛的"点"式复合型光纤传感器。这些复合型传感器由 FBG 或 FPI 组合而成,其光谱是 FBG 光谱或 FPI 干涉光谱的叠加。FBG/FBG 和 FBG/FPI 类型的复合传感器的解调方法与单一的 FBG 传感器和单一的 FPI 传感器的解调方法相同。由于 FBG 在高温下持续工作时性能不稳定,而光纤 FPI 具有耐高温的特点,从而成为应用于高温环境中温度和压力同时测量的重要传感器。但 FPI 类型的复合传感器的光谱是基于两个不同频率的准正弦信号的叠加。现有的光纤白光干涉测量算法则大多是针对单一频率的准正弦形式的信号进行解调。经过研究,傅里叶变换白光干涉测量术可以有效地解决上述问题。因此,对基于傅里叶变换的白光干涉测量算法有待进一步深入研究,用于解调复合干涉仪的光程差,为光纤复合干涉传感器的多参数测量提供技术支撑。

本节首先介绍光纤复合 FPI 的基本原理;其次,介绍复合 F-P 干涉光谱的解调方法;最后,分析光纤复合 FPI 的温度/压力复合传感原理并进行实验研究。

4.5.1　光纤复合 FPI 的基本原理及解调

光纤复合 FPI 可以通过多个 FPI 级联,形成多光束干涉。以最基本的三光束干涉的复合 FPI 为例:如图 4.5.1 所示,SMF1、HCF、SMF2 和空气四个介质之间的三个界面分别作为三个反射面,波长扫描光由传输光纤 SMF1 注入复合 FPI,入射光在界面 SMF1/HCF、HCF/SMF2 和 SMF2/air 处分别发生三次反射,三束反射光叠加,形成三光束干涉。结构 SMF1-HCF-SMF2 作为 EFPI,结构 HCF-SMF2-air 作为 IFPI。

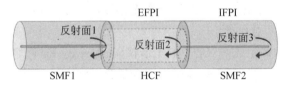

图 4.5.1　三光束干涉的复合 F-P 干涉仪

(请扫Ⅶ页二维码看彩图)

设三束反射光沿 z 方向传播,复振幅分别为 A_1、A_2 和 A_3,角频率为 ω,空间相位分别为 φ_1、φ_2 和 φ_3。这三束光波可以表示为

$$\begin{cases} E_1(z,t)=A_1\exp[-\mathrm{i}(\omega t-\varphi_1)] \\ E_2(z,t)=A_2\exp[-\mathrm{i}(\omega t-\varphi_2)] \\ E_3(z,t)=A_3\exp[-\mathrm{i}(\omega t-\varphi_3)] \end{cases} \quad (4.5.1)$$

干涉光为三束光波的叠加,则干涉光的合成振幅为

$$E(z,t)=A_1\exp[-\mathrm{i}(\omega t-\varphi_1)]+A_2\exp[-\mathrm{i}(\omega t-\varphi_2)]+A_3\exp[-\mathrm{i}(\omega t-\varphi_3)]$$
$$(4.5.2)$$

那么三光束干涉光的强度可以表示为

$$I=E\times E^{*}$$
$$=A_1^2+A_2^2+A_3^2+2A_1A_2\cos(\varphi_2-\varphi_1)+2A_1A_3\cos(\varphi_3-\varphi_1)+$$

$$2A_2A_3\cos(\varphi_3 - \varphi_2) \tag{4.5.3}$$

相位差 $\varphi_{12}(\varphi_{12}=\varphi_2-\varphi_1)$、$\varphi_{13}(\varphi_{13}=\varphi_3-\varphi_1)$ 和 $\varphi_{23}(\varphi_{23}=\varphi_3-\varphi_2)$ 分别为

$$\begin{cases} \varphi_{12} = \dfrac{4\pi L_1}{\lambda} + \pi \\[2mm] \varphi_{13} = \dfrac{4\pi L_2}{\lambda} + \pi \\[2mm] \varphi_{23} = \dfrac{4\pi(L_1+L_2)}{\lambda} \end{cases} \tag{4.5.4}$$

其中，L_1 和 L_2 分别是 EFPI 和 IFPI 的光学腔长；π 是常数，是光波由光疏介质入射到光密介质时由反射产生的相移。

从公式(4.5.3)和公式(4.5.4)可以看出，三光束干涉条纹可以看成三个双光束干涉条纹的叠加，这三个双光束干涉条纹分别对应于 EFPI、IFPI 和 C-FPI（EFPI 与 IFPI 的组合）。因此，三光束干涉光谱可以改写为

$$I(\lambda) = a(\lambda) + b(\lambda)\cos\left(\frac{4\pi L_1}{\lambda} + \pi\right) + c(\lambda)\cos\left(\frac{4\pi L_2}{\lambda} + \pi\right) + d(\lambda)\cos\frac{4\pi(L_1+L_2)}{\lambda}$$

$$\tag{4.5.5}$$

其中，$a(\lambda)$ 为由光源光谱轮廓引入的背景光；$b(\lambda)$、$c(\lambda)$ 和 $d(\lambda)$ 分别为三个 FPI 所对应的干涉条纹的对比度。

EFPI 和 IFPI 级联组成的双腔 F-P 干涉仪（dual-cavity Fabry-Perot interferometer, DFPI）的白光干涉光谱如图 4.5.2 所示。该复合干涉光谱显著包含两个不同频率的信号，其中条纹密集的高频信号对应于光程差大的干涉仪，频率低的轮廓信号对应于光程差小的干涉仪。

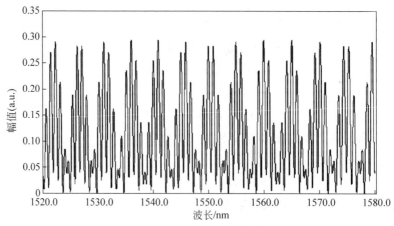

图 4.5.2　DFPI 的白光干涉光谱

对于 DFPI 的白光干涉光谱,最简单的解调算法是探测出干涉光谱的峰值波长,利用峰峰值法解调出高频信号对应的大光程差,再利用峰值拟合的方法拟合出低频轮廓信号,从而解调出对应的小光程差。但是,干涉光谱在条纹对比度低的位置峰值模糊,而且对比度高的位置峰值数量少,因此该解调算法的测量分辨率不高。

为了把 EFPI 和 IFPI 的干涉信号从复合干涉光谱中分别分离出来,可以对其傅里叶频谱进行滤波,分别提取出各自的主频信息,进而得到单个 FPI 的光谱信号。公式(4.5.5)所示的三光束干涉光谱可以改写为

$$I(\lambda) = a(\lambda) - \frac{1}{2}b(\lambda)\exp(\mathrm{j}2\pi f_1\lambda) - \frac{1}{2}b(\lambda)\exp(-\mathrm{j}2\pi f_1\lambda) - \frac{1}{2}c(\lambda)\exp(\mathrm{j}2\pi f_2\lambda) -$$

$$\frac{1}{2}c(\lambda)\exp(-\mathrm{j}2\pi f_2\lambda) + \frac{1}{2}d(\lambda)\exp(\mathrm{j}2\pi f_3\lambda) + \frac{1}{2}d(\lambda)\exp(-\mathrm{j}2\pi f_3\lambda) \quad (4.5.6)$$

其中,f_1、f_2 和 f_3 分别为其所对应的正弦信号的频率

$$f_1 = \frac{2L_1}{\lambda^2}, \quad f_2 = \frac{2L_2}{\lambda^2}, \quad f_3 = \frac{2(L_1 + L_2)}{\lambda^2} \quad (4.5.7)$$

对公式(4.5.6)做快速傅里叶变换,得到

$$I(f) = A(f) + B(f - f_1) + B^*(f + f_1) + C(f - f_2) +$$

$$C^*(f + f_2) + D(f - f_3) + D^*(f + f_3) \quad (4.5.8)$$

其中,大写字母 A、B、C 和 D 表示傅里叶频谱;$*$ 表示复共轭。图 4.5.2 所示的 DFPI 的白光干涉光谱的傅里叶频谱如图 4.5.3 所示。低频分量对应小的光程差,高频分量对应大的光程差,和频分量对应组合 F-P 腔的光程差。

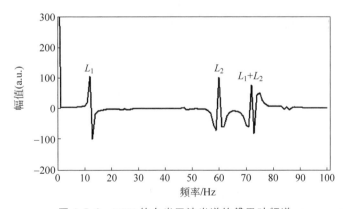

图 4.5.3　DFPI 的白光干涉光谱的傅里叶频谱

在第 1 章的傅里叶变换白光干涉测量术中已经讲到,测量傅里叶频谱的频率峰值位置虽然也能够解调出干涉仪的光程差,但是受傅里叶频谱分辨率的限制,光程差测量分辨率太低。傅里叶变换白光干涉测量术通过频谱滤波、傅里叶逆变换

等计算方法,通过测量波长扫描所引起的相位变化,能够提高测量分辨率。因此,对于解调光纤复合 FPI 的光程差,则基于傅里叶频谱滤波法的光纤白光干涉测量技术最为合适。当 EFPI 和 IFPI 各自的主频分量提取出来之后就可以按照单个 FPI 的光程差解调算法进行计算。但是,对于单个主频分量滤波较为简单,而对于多个主频分量,它们可能会出现混叠。利用傅里叶频谱滤波法成功实现频谱分离的关键在于:①主频间隔足够大;②主频宽度尽量窄。

在傅里叶变换白光干涉解调算法中,傅里叶频谱的中心频率(主频位置)对应于干涉信号的周期个数 n。于是,主频位置的确定可以等效于信号周期个数的确定。干涉光谱的两个相邻波峰之间的波长(λ_1 和 λ_2)间隔称为自由光谱范围(FSR),它们之间的相位差为 2π,FSR 满足

$$\mathrm{FSR} = \lambda_2 - \lambda_1 = \frac{\lambda_1 \lambda_2}{\mathrm{OPD}} \approx \frac{\lambda^2}{\mathrm{OPD}} \tag{4.5.9}$$

其中,λ 为波长扫描光源的中心波长。设干涉光谱的波长采样间隔为 λ_0,采样点数为 N。那么在光谱扫描范围 λ_s($\lambda_s = N\lambda_0$)内,信号的周期个数 n 约为

$$n \approx \frac{N\lambda_0}{\mathrm{FSR}} = \mathrm{OPD}\frac{\lambda_s}{\lambda^2} \tag{4.5.10}$$

由此可知,主频位置由波长扫描范围 λ_s 和光程差 OPD 共同决定。

对于某个光纤白光干涉测量仪,波长扫描范围固定,主频位置则由光纤干涉仪的光程差确定。为了保证主频间隔足够大,则各个干涉仪的光程差之间的差别要足够大。此外,干涉光谱的傅里叶频谱中还有两个主频分量的和频以及直流信号对应的零频分量。因此,最小的光程差不能太小,否则傅里叶频谱中的低频分量接近直流信号的零频分量,高频分量也会接近两个主频分量的和频,难以滤出。

傅里叶频谱的中心频率具有一定的宽度,因此各个主频的宽度要尽量窄才有利于从复合频谱中提取出各个主频信号。波长域的干涉条纹分布不均匀,具有啁啾现象,会导致傅里叶频谱的展宽。图 4.5.4(a)为一个 FPI 的波长域白光干涉光谱,采样点的波长间隔相等,图 4.5.4(b)为其波长域傅里叶频谱。图 4.5.4(c)为此 FPI 的波数域白光干涉光谱,重采样点的波数间隔相等,图 4.5.4(d)为其波数域傅里叶频谱。从图中可以看出,波长域频谱的主频宽度明显比波数域频谱的主频宽度宽。并且,由于 FFP-TF 的非线性扫描,实际采样的干涉光谱的啁啾现象更为明显,频谱展宽效应也就更明显。当傅里叶频谱的主频宽度与它们之间的间隔相比足够小时,这种展宽影响不大。但是当主频宽度与主频间隔相当时,就需要对白光干涉光谱进行等波数间隔重采样,将采集到的白光干涉光谱由波长域映射到波数域,消除由啁啾现象带来的频谱展宽。

傅里叶频谱的宽度还与干涉信号的周期完整性有关。从图 4.5.4(c)的波数域

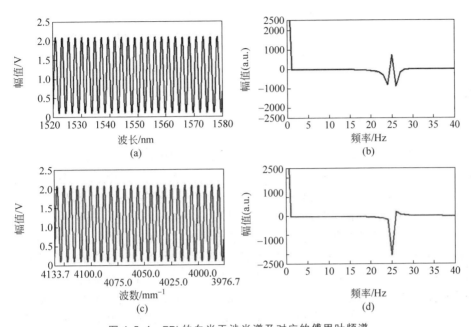

图 4.5.4　FPI 的白光干涉光谱及对应的傅里叶频谱

（a）波长域干涉光谱；（b）波长域傅里叶频谱；（c）波数域干涉光谱；（d）波数域傅里叶频谱

干涉光谱中分别截取整数个周期、整数＋0.75 个周期、整数＋0.5 个周期、整数＋0.25 个周期，截取信号的傅里叶频谱如图 4.5.5 所示。从中可以看出当干涉信号具有整数个周期时，傅里叶频谱的主频宽度最窄，当信号具有奇数个半周期时，傅里叶频谱的主频宽度最宽，展宽效应非常明显。主频宽度过宽会导致频谱的混叠，难以分离，也会影响主频位置的确定。因此在制作光纤干涉仪之前，可以根据扫描波长的光谱范围计算干涉仪的尺寸。

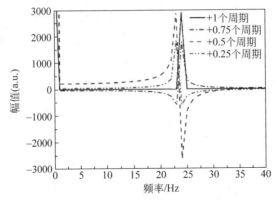

图 4.5.5　不同周期个数的干涉光谱的傅里叶频谱

（请扫Ⅶ页二维码看彩图）

设波长扫描光由 λ_1 扫描到 λ_2 时,干涉光谱有 n(正整数)个周期,那么对应的相位变化为 2π 的整数倍,即

$$\Delta\varphi = 2\pi \frac{\lambda_2 - \lambda_1}{\lambda_1\lambda_2} \cdot \mathrm{OPD} = 2\pi n \qquad (4.5.11)$$

则干涉仪的光程差为

$$\mathrm{OPD} = n\frac{\lambda_1\lambda_2}{\lambda_2 - \lambda_1} \qquad (4.5.12)$$

例如,当波长扫描的中心波长为 1550nm,波长扫描范围为 60nm 时,光程差的选值为 $n \cdot 40\mu m$,即 $400\mu m$、$440\mu m$、$480\mu m$ 等。光纤 F-P 干涉仪的光程差由腔体长度和折射率共同决定,此时再根据光纤 F-P 干涉仪的类型确定其尺寸参数。

如果不对干涉光谱进行滤波处理,则傅里叶逆变换计算能够完全恢复原始干涉信号。而对其傅里叶频谱滤波后,影响了干涉信号的相位,得到的傅里叶逆变换的信号总是整数个周期。如图 4.5.6 所示,原始的波数域干涉光谱有 10.5 个周期,但是对其傅里叶频谱滤波后再做傅里叶逆变换得到的信号有 11 个周期,那么最终得到的相位变化量就是 11 个 2π,这显然与实际干涉光谱对应的相位变化不一致。

也就是说,利用傅里叶变换频谱滤波法得到的干涉光谱的相位变化量总是 2π 的整数倍。从图 4.5.6 可以看出,相位变化量的误差主要发生在信号的起止位置。因此,在做傅里叶逆变换后,需要对其进行截取(取中间 60%),才能进行后续的复对数、取虚部等计算。并注意截取后,相位变化量对应的起止波长也发生了变化。

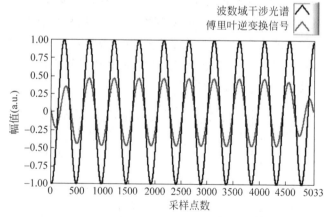

图 4.5.6　原始干涉信号和滤波后的傅里叶逆变换信号相位对比

(请扫Ⅶ页二维码看彩图)

4.5.2　膜片式光纤 F-P 高温温度/压力复合传感器

下面以一种由北京理工大学光电子研究所研制的光纤 F-P 高温温度/压力复

合传感器为例,说明基于复合 FPI 的温度/压力复合传感机理。

1. 测量原理

该类传感器由 SMF1、SMF2、HCF 和无芯光纤(CF)依次熔接构成,其结构如图 4.5.7 所示。为了在 SMF1 与 SMF2 的界面处形成第一个反射面,需要用飞秒激光在 SMF1 的端面中心打一个微孔。SMF2 与 HCF 的界面作为第二个反射面,HCF 与 CF 的界面作为第三个反射面。利用飞秒激光对 CF 进行厚度控制及外端面粗糙化处理,消除外端面的反射。波长扫描光由 SMF1 注入干涉仪,分别在界面SMF1/SMF2、SMF2/HCF 和 HCF/CF 处反射,最终形成三光束干涉。结构SMF1-SMF2-HCF 作为 IFPI,用于温度传感;结构 SMF2-HCF-CF 作为 EFPI,用于压力传感。

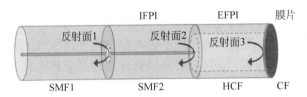

图 4.5.7　膜片式光纤高温温度/压力复合传感器的结构示意图

(请扫Ⅶ页二维码看彩图)

图 4.5.7 所示的光纤复合 FPI 的温度传感来源于 IFPI 中 SMF2 的热光效应和热膨胀效应。热光效应导致光纤的折射率随温度变化,热膨胀效应导致光纤的长度随温度变化。IFPI 光学腔长的温度灵敏度 S_{I-T} 表示为

$$S_{I-T} = \frac{\Delta L_1}{\Delta T} = \frac{d_1 \Delta n_1 + n_1 \Delta d_1}{\Delta T} = (\alpha_n + n_1 \alpha_d) d_1 \tag{4.5.13}$$

其中,ΔL_1 为温度变化 ΔT 引起的 IFPI 光学腔长的变化;d_1 为 SMF2 的长度;n_1为 SMF2 纤芯的折射率;α_n 为光纤纤芯的热光系数;α_d 为光纤的热膨胀系数。通常,$\alpha_n \approx (1.178 - 1.333) \times 10^{-5} / ℃$,$n_1 = 1.468$,而 α_d 为 $5.5 \times 10^{-7} / ℃$,因此对于 SMF 来说热光效应占主导作用。

作为压力传感器的 EFPI 光学腔长的温度灵敏度 S_{E-T} 表示为

$$S_{E-T} = \frac{\Delta L_2}{\Delta T} = \frac{n_2 \Delta d_2}{\Delta T} = n_2 \alpha_d d_2 \tag{4.5.14}$$

其中,ΔL_2 为温度变化 ΔT 引起的 EFPI 光学腔长的变化;d_2 为 HCF 的长度;n_2为 HCF 中空气的折射率(值为 1)。

光纤 IFPI 作为温度传感器,温度灵敏度高。光纤 EFPI 作为压力传感器,则需要温度灵敏度低,以降低温度对压力测量的交叉影响。由公式(4.5.13)和公式(4.5.14)可知,需要 SMF2 的长度设计为较长,HCF 的长度设计为较短。因此,

光纤 IFPI 的光程差大,光纤 EFPI 的光程差小。多功能光纤白光干涉测量仪 WLI-V 的光谱扫描范围为 48nm,由公式(4.5.12)可知,FPI 的最佳光程差约为 $n \cdot 50\mu m$(n 为正整数)。考虑到主频间隔对光程差的要求,设计 IFPI 的光程差为 $4400\mu m$,EFPI 的光程差为 $500\mu m$。IFPI 中 SMF2 纤芯的折射率为 1.447,因此 SMF2 的长度为 $1520\mu m$。EFPI 中 HCF 的长度是光程差的一半,因此 HCF 的长度为 $250\mu m$。由公式(4.5.13)和公式(4.5.14)可得,IFPI 和 EFPI 的光学腔长的温度灵敏度分别约为 20nm/℃ 和 0.137nm/℃。傅里叶变换白光干涉测量术的光程差的测量分辨率为 $0.1\mu m$,即光学腔长的测量分辨率约为 50nm,那么由 IFPI 测得的温度分辨率约为 2.5℃。

光纤复合 FPI 的压力传感来源于外界环境压力使 EFPI 的膜片发生形变,其形变机理在 4.4 节已经讨论过。当膜片厚度为 $5\mu m$ 时,其耐压范围可达 10MPa(公式(4.4.4)),EFPI 的光学腔长的压力灵敏度约为 100nm/MPa(公式(4.4.3))。而傅里叶变换白光干涉测量术的光程差的测量分辨率约为 $0.1\mu m$,即光学腔长的测量分辨率约为 50nm,那么此压力传感器的压力测量分辨率仅有 0.5MPa。为了提高测量分辨率,把傅里叶频谱滤波法与干涉级次法相结合,光学腔长的测量分辨率可以达到 1nm,那么由 EFPI 测得的压力分辨率可达 0.01MPa。

光纤复合 F-P 干涉仪对温度和压力的响应可以表示为

$$\begin{bmatrix} \Delta L_I \\ \Delta L_E \end{bmatrix} = \begin{bmatrix} S_{I\text{-}T} & 0 \\ S_{E\text{-}T} & -S_P \end{bmatrix} \begin{bmatrix} \Delta T \\ \Delta P \end{bmatrix} \tag{4.5.15}$$

其中,ΔL_I 和 ΔL_E 分别为 IFPI 和 EFPI 的光学腔长变化量;ΔT 和 ΔP 分别为温度和压力的变化量。温度对 EFPI 压力测量的影响可以通过 IFPI 测量的温度计算补偿掉,温度和压力可以通过以下公式求解

$$\begin{bmatrix} \Delta T \\ \Delta P \end{bmatrix} = \frac{-1}{S_{I\text{-}T}S_P} \begin{bmatrix} -S_P & 0 \\ -S_{E\text{-}T} & S_{I\text{-}T} \end{bmatrix} \begin{bmatrix} \Delta L_I \\ \Delta L_E \end{bmatrix} \tag{4.5.16}$$

2. 传感器制作

光纤温度压力复合传感器的制作流程如图 4.5.8(a)~(c)所示。首先利用飞秒激光在切好的 SMF1 的端面中心制作一个微孔,制作好的端面微孔如图 4.5.8(d)所示,微孔尺寸约为 $20\mu m \times 20\mu m \times 20\mu m$。然后依次熔接和切割 SMF2、HCF 和 CF。熔接过程中调整熔接参数,避免 SMF1 与 SMF2 之间的微孔塌陷,也避免 HCF 的变形。SMF2、HCF 和 CF 都是在显微镜的辅助下,用切割刀剪切预留设计的长度。SMF1 和 SMF2 熔接后的界面侧视图如图 4.5.8(e)所示。由于 CF 的外端面与空气的界面也会形成一个反射面,为了消除此界面处反射的影响,最后用飞秒激光进行 CF 的厚度控制及粗糙化处理。飞秒激光的中心波长、重复频率、脉冲宽度和脉冲能量分别为 800nm、1kHz、35fs 和 $0.3\mu J$。EFPI 的显微侧视图如

图 4.5.8(f)所示,EFPI 传感头的剖面环扫电镜图如图 4.5.8(g)所示,膜片厚度约为 5.017μm。

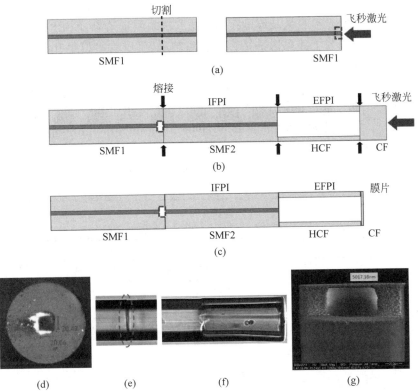

图 4.5.8　膜片式光纤高温温度/压力复合传感器的制作过程及显微图

(a)~(c) 光纤温度/压力复合传感器制作流程图;(d) SMF1 的端面微孔图;(e) SMF1 和 SMF2 的界面侧视图;(f) EFPI 的显微侧视图;(g) EFPI 传感头的剖面环扫电镜图

(请扫Ⅶ页二维码看彩图)

3. 实验

采用 4.4 节高温压力测量实验系统来进行温压复合测量实验(图 4.4.6)。将光纤复合 FPI 接入光纤白光干涉测量仪,其波长域白光干涉光谱如图 4.5.9(a)所示,其中的高频信号对应光程差较大的 IFPI,低频包络信号对应光程差较小的 EFPI。从中可以看出,由于制作工艺误差,信号周期个数不是绝对的整数,因此在解调计算过程中可以进行适当截取。图 4.5.9(b)展示了将波长域干涉光谱转换为波数域干涉光谱的傅里叶频谱,以及 EFPI 和 IFPI 对应的主频信号的自适应滤波器的频谱。零频分量,两个主频分量以及它们的和频分量之间完全能够分离开。滤波器 1 将低频包络信号的频谱滤出后再做傅里叶逆变换得到 EFPI 的信号,如

图 4.5.9(c)所示。滤波器 2 将高频信号的频谱滤出后再做傅里叶逆变换得到
IFPI 的信号,如图 4.5.9(d)所示。图 4.5.9(c)和图 4.5.9(d)都是做傅里叶逆变
换之后截取的中间信号,以避免两端的相位误差。光学腔长的测量结果如图 4.5.10
所示,其中 IFPI 的光学腔长是傅里叶频谱滤波法的测量结果,EFPI 的光学腔长是
傅里叶频谱滤波法与干涉级次法结合的测量结果,可以看出傅里叶频谱滤波法的
光学腔长测量分辨率为 50nm,结合干涉级次法后光学腔长的测量分辨率为 1nm。

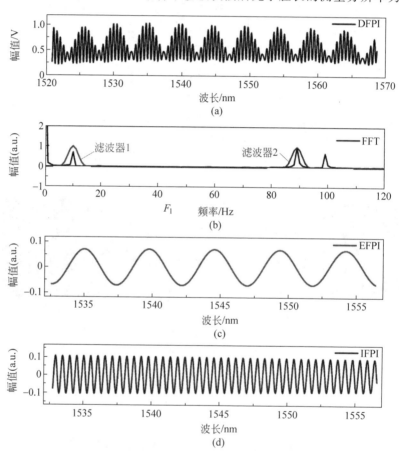

图 4.5.9　膜片式光纤温度/压力复合传感器的白光干涉光谱及解调过程

(a) 波长域白光干涉光谱;(b) 波数域傅里叶频谱及滤波器频谱;(c) 滤波后做傅里叶逆变换得到的
EFPI 信号;(d) 滤波后做傅里叶逆变换得到的 IFPI 信号

(请扫Ⅶ页二维码看彩图)

　　然后对传感器的温度和压力响应进行测试。在 0MPa 下,温度从 20℃升至
800℃,温度间隔约 100℃。在每个温度下,压力从 0MPa 升至 10MPa,压力间隔约
1MPa。复合 F-P 干涉仪的光学腔长-温度响应如图 4.5.11 所示,IFPI 和 EFPI 的

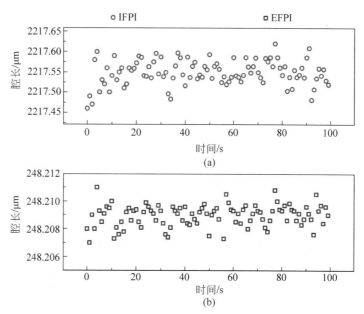

图 4.5.10 膜片式光纤温度/压力复合传感器的光学腔长测量结果

（a）傅里叶频谱滤波法解调 IFPI；（b）傅里叶频谱滤波法与干涉级次法结合解调 EFPI

温度响应具有很好的线性。IFPI 的温度灵敏度为 19.8nm/℃，EFPI 的温度灵敏度为 0.146nm/℃，测量灵敏度分别与理论灵敏度接近，其中 EFPI 的温度灵敏度的部分微小误差来源于 EFPI 内残存空气的热膨胀。待测温度可由 IFPI 的温度特性获得

$$T = T_0 + \Delta L_I / 19.8 \qquad (4.5.17)$$

其中，T_0 为环境初始温度。

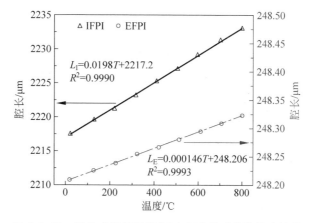

图 4.5.11 膜片式光纤温度/压力复合传感器的温度特性

EFPI 在不同温度下的光学腔长-压力响应如图 4.5.12(a)所示。可以看出在不同温度下光学腔长-压力响应线性度良好。通过线性拟合,得到不同温度下 EFPI 的压力灵敏度,如图 4.5.12(b)所示。压力灵敏度约为 98nm/MPa,与理论灵敏度非常接近,温度压力交叉灵敏度约为 1.49kPa/℃。但是,EFPI 的压力灵敏度随温度变化,对压力灵敏度与温度的关系进行曲线拟合,得到压力灵敏度的温度特性为

$$S_p(T) = 1.4612 \times 10^{-10} T^4 - 1.5870 \times 10^{-7} T^3 + 6.6500 \times 10^{-5} T^2 - 0.02298T + 100.84$$

$$(4.5.18)$$

因此,压力变化量可以通过公式(4.5.18)得到

$$\Delta p = \frac{0.146\Delta L_I - 19.8\Delta L_E}{19.8 S_p(T)}$$

$$(4.5.19)$$

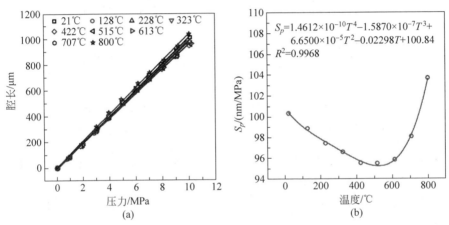

图 4.5.12　EFPI 在不同温度下的压力特性

(a) EFPI 的光学腔长-压力响应;(b) EFPI 的压力灵敏度的温度特性

(请扫Ⅶ页二维码看彩图)

4. 重复性测试

对复合 FPI 的重复性进行测试,在每个温度下将压力由 0MPa 升至 10MPa,再降至 0MPa,压力间隔约 1MPa,在每个压力点下多次重复测量并记录实验结果。其中,在 620℃、715℃和 800℃下的重复测试结果如图 4.5.13 所示。实验结果表明,在 20～800℃,压力传感器具有良好的重复性,但是温度越高则重复性越差。最后将传感器用于温度和压力测量,测量结果和实际值的对比如图 4.5.14 所示。可以看出,光纤复合 FPI 的测量值与标准温度和压力具有很好的一致性,相关系数大于 0.99。温度的最大误差为 5℃,压力的最大误差为 0.2MPa。温度对 EFPI 的压力响应的交叉影响和 EFPI 的压力灵敏度的温度特性通过计算进行了有效补偿。

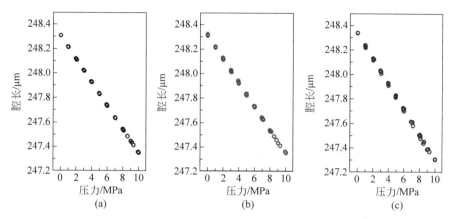

图 4.5.13　膜片式光纤温度/压力复合传感器在不同温度下压力响应的重复性测试

（a）620℃；（b）715℃；（c）800℃

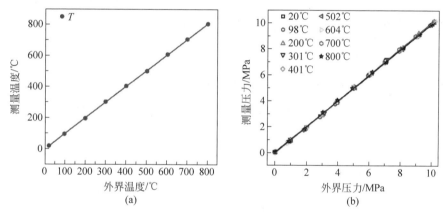

图 4.5.14　膜片式光纤温度/压力复合传感器的测量结果与实际值对比

（a）温度测量结果；（b）压力测量结果

（请扫Ⅶ页二维码看彩图）

4.5.3　无膜片式光纤 F-P 高温温度/压力复合传感器

该复合传感器同样是采用串联 IFPI 和 EFPI 结构,其中 EFPI 采用的是无膜片式结构来测量压力,其原理图如图 4.5.15 所示。单模光纤 1(SMF1)的端面经飞秒激光加工出一个小孔,在单模光纤 1 与单模光纤 2(SMF2)的熔接面形成一个反射面 M1;空芯光纤(HCF)与单模光纤 2 的熔接面形成反射面 M2;空芯光纤与无芯光纤(CF)的熔接面形成反射面 M3。当激光经单模光纤 1 入射时,M1 与 M2 处的反射光发生干涉,构成 IFPI;M2 与 M3 处的反射光发生干涉,构成 EFPI;M1

与 M3 处的反射光发生干涉,形成腔长为 $L_1 + L_2$ 的复合腔(LFPI)。利用飞秒激光直写技术,在空芯光纤的侧壁加工出一个矩形的微通道,使得空芯光纤内部与外部的气体可以自由交换。其中,IFPI 对温度敏感,可用于温度传感,EFPI 对于温度和压力均敏感,通过代入 IFPI 解调出的温度信息,可解调出压力信息。

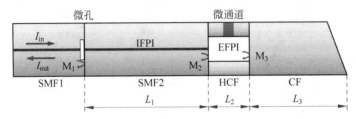

图 4.5.15 无膜片式光纤高温温度/压力复合传感器的结构示意图

(请扫Ⅶ页二维码看彩图)

无膜片式复合 F-P 温度/压力传感器是基于光程差的变化来进行温度和压力的测量。其 IFPI 的光程差 OPD_1 和 EFPI 的光程差 OPD_2 可以表示为

$$OPD_1 = 2n_1 L_1 \tag{4.5.20}$$

$$OPD_2 = 2n_2 L_2 \tag{4.5.21}$$

其中,L_1 为 SMF2 的长度;L_2 为空芯光纤的长度;n_1 为单模光纤纤芯的折射率,$n_1 = 1.46$;n_2 为 EFPI 腔内空气的折射率(公式(4.4.6))。当环境温度发生变化时,IFPI 同时受到热光效应和热膨胀效应的影响,其温度灵敏度 S_T 可以表示为

$$S_T = \frac{d(OPD_1)}{dT} = \left(\frac{1}{n_1} \frac{dn_1}{dT} + \frac{1}{L_1} \frac{dL_1}{dT} \right) OPD_1 = (\varepsilon + \alpha) OPD_1 \tag{4.5.22}$$

其中,ε 和 α 分别是石英的热光系数(8.3×10^{-6}/℃)和热膨胀系数(0.55×10^{-6}/℃)。可见,IFPI 在受温度影响时,热光效应占据主要作用。则温度 T 可以表示为

$$T = \frac{1}{S_T} \Delta OPD_1 + T_0 = \frac{1}{(\varepsilon + \alpha) OPD_1} \Delta OPD_1 + T_0 \tag{4.5.23}$$

其中,T_0 是环境初始温度,通常为室温(25℃)。当环境压力发生变化时,根据公式(4.4.7),EFPI 的压力灵敏度可以表示为

$$S_p = \frac{d(OPD_2)}{dp} = \frac{dn_2}{dp} 2L_2 = \frac{2.8793 \times 10^{-9} \times 2L_2}{1 + 0.003661T} \tag{4.5.24}$$

此时,环境压力 p 可以表示为

$$p = \frac{1}{S_p} \Delta OPD_2 + p_0 = \frac{1 + 0.003661T}{2.879310^{-9} \times 2L_2} \Delta OPD_2 + p_0 \tag{4.5.25}$$

其中，p_0 是环境初始压力，通常记标准大气压(101.325kPa)为 $p_0 = 0$；S_p 为 OPD 的压力灵敏度。

对于下文中用于测试的光纤温度/压力复合传感器，$L_1 = 1059\mu m$，$L_2 = 296.7\mu m$，则其温度灵敏度 $S_T = 26.8nm/℃$，压力灵敏度随温度的升高而减小，S_p 的理论值曲线如图 4.5.16 所示。室温下，$S_p = 1510.1nm/MPa$。

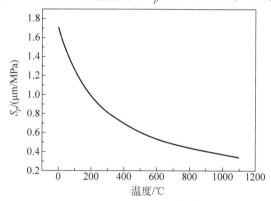

图 4.5.16　压力灵敏度 S_p 随温度变化的理论值曲线

传感器的制作流程如图 4.5.17 所示。首先准备一段单模光纤，用切割刀切出一个平整的端面，用飞秒激光直写技术在单模光纤的端面制作一个 $30\mu m \times 30\mu m \times 3\mu m$ 的微孔，如图 4.5.17(a)和(b)所示。根据平移台控制程序，如果烧蚀形状为圆形，则在烧蚀不同半径时的圆时，线速度无法保证处处相等，会造成烧蚀的底面不平整，所以此处烧蚀的形状为方形，从而得到更加平整的烧蚀面。然后，熔接另一段切割平整的单模光纤，保留单模光纤 2 的长度约 $1000\mu m$，在显微镜下切除多余的单模光纤，如图 4.5.17(c)所示。在单模光纤 2 的端面再次熔接空芯光纤，所用空芯光纤的内径和外径分别为 $93\mu m$ 和 $125\mu m$，在显微切割系统下截取约 $300\mu m$ 的空芯光纤，并将多余的空芯光纤切除，如图 4.5.17(d)所示。其次在空芯光纤末端熔接无芯光纤，同样在显微切割系统下截取约 $2000\mu m$ 的无芯光纤，并将多余的无芯光纤切除，形成单模光纤 1-单模光纤 2-空芯光纤-无芯光纤(SMF1-SMF2-HCF-CF)的结构，如图 4.5.17(e)所示。完成后用飞秒激光从侧面烧蚀末端的无芯光纤，制造一个倾斜的粗糙面，用来减小端面反射，如图 4.5.17(f)所示。最后，用飞秒激光从侧面烧蚀空芯光纤，烧蚀区域为 $40\mu m \times 30\mu m \times 20\mu m$，形成一个微通道，如图 4.5.17(g)所示。

加工的光纤温度/压力复合传感器如图 4.5.18 所示。加工形成的微孔在熔接后可看到一个小裂缝。空芯光纤侧壁上的微通道成功打通，切口平整，达到了设计要求。用宽带光源和光谱仪测得的反射光谱如图 4.5.19 所示，为三光束干涉图

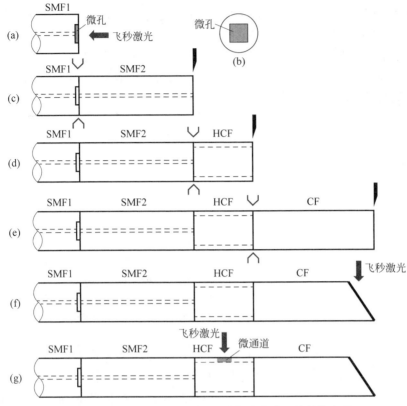

图 4.5.17　无膜片式光纤温度/压力复合传感器的制作流程图

（a）飞秒激光烧蚀微孔；（b）光纤端面俯视图；（c）熔接单模光纤 2 并切割；（d）熔接空芯光纤并切割；
（e）熔接无芯光纤并切割；（f）无芯光纤端面粗糙化；（g）利用飞秒激光在空芯光纤侧壁制作微通道

（请扫Ⅶ页二维码看彩图）

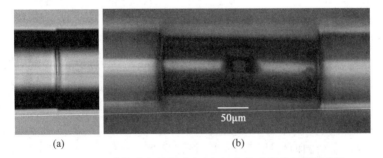

图 4.5.18　无膜片式光纤温度/压力复合传感器的显微镜照片

（a）单模光纤端面加工的微孔；（b）空芯光纤侧壁加工的微通道

谱，干涉条纹对比度约为 8dB。

在此之后，采用前面所使用的方式进行传感器的温度响应实验和压力响应实

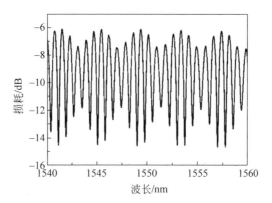

图 4.5.19　无膜片式光纤温度/压力复合传感器的反射光谱

验。在 $40\sim1100℃$，OPD_1 随温度的变化如图 4.5.20 所示。为了减少实验误差，实验测量数据采用二次拟合，拟合二次多项式为

$$OPD_1 = 1.0758T^2 + 0.01757T + 3032.843 \qquad (4.5.26)$$

R^2 因子达到 0.9988。对于测试得到的 OPD_1，可以通过公式(4.5.26)计算得到温度 T，即

$$T = \frac{-0.01757 + \sqrt{0.01757^2 - 4.3032 \times (3032.843 - OPD_1)}}{2.1516 \times 10^{-5}} \qquad (4.5.27)$$

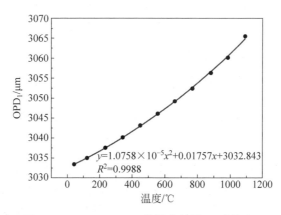

图 4.5.20　OPD_1(IFPI)的温度特性(二次拟合)

最终得到的温度值和外界环境的对比如图 4.5.21 所示，在 $1090℃$ 时误差最大，为 $15℃$。将二次拟合算法得到的温度值作为传感器的温度输出，可以为压力测量提供温度参数。

然后在不同的温度下，以 1MPa 为间隔进行了从大气压(0MPa)到 10MPa 的

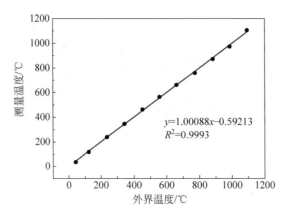

图 4.5.21 温度测量值与实际值的对比(采用二次拟合算法)

压力响应测试,如图 4.5.22 所示。各个温度下,压力灵敏度随温度的升高而降低,常温下压力灵敏度最大。

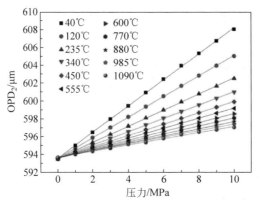

图 4.5.22 OPD_2(EFPI)在不同温度下的压力特性

(请扫Ⅶ页二维码看彩图)

最后对复合 FPI 的温度压力传感器进行压力测量,测量结果如图 4.5.23 所示。从温度测量结果和压力测量结果可以看出,光纤复合 FPI 的测量值与标准温度具有很好的一致性,相关系数大于 0.99。而不同温度下压力测量值的拟合曲线斜率非常接近,这表明压力测量已经去除了温度的交叉影响。500℃以下进行压力测量时,压力测量误差较小,温度超过 500℃时,压力测量误差相对较大。

由于此类无膜片式温压复合传感器在制作 IFPI 和 EFPI 都需要用到飞秒激光进行加工,具有一定的成本。同时,传感器在打孔的过程中存在技术问题,不利于工程批量生产。采用光子晶体光纤作为 IFPI,同时利用其多孔结构进行气体交换,可以实现基于光子晶体光纤的 F-P 温压复合传感。该传感器的结构示意图如

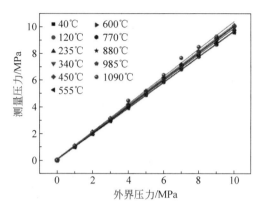

图 4.5.23　无膜片式光纤温度/压力复合传感器的压力测量结果与实际值对比

(请扫Ⅶ页二维码看彩图)

图 4.5.24(a)所示,导光光纤采用普通单模光纤,EFPI 采用内径 $93\mu m$、外径 $125\mu m$ 的空芯光纤,IFPI 采用中间实心、六边形气孔的光子晶体光纤。制作步骤分为 2 步:第一步,将单模光纤和空芯光纤熔接,在距熔接点 L_1 处,用光纤切割刀截断,保证端面平整;第二步,在切割后的空芯光纤端面熔接一段光子晶体光纤,在熔接点之后 L_2 处用光纤切割刀截断,保证光子晶体光纤端面平整,制作好的传感器实物如图 4.5.24(b)所示。其中空芯光纤的两端面形成的 EFPI 用于压力测量,光子晶体光纤的两端面形成的 IFPI 用于温度测量,同时和空芯光纤进行气体交换。

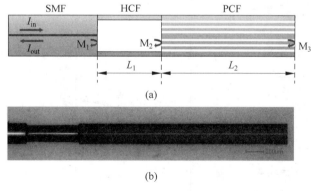

图 4.5.24　基于光子晶体光纤的 F-P 温压复合传感

(a) 结构示意图;(b) 实物图

(请扫Ⅶ页二维码看彩图)

为了在后续解调中能明显地区分不同 F-P 腔的干涉谱,这里确定 L_1 等于 $300\mu m$,L_2 等于 $1000\mu m$。传感器的白光干涉光谱如图 4.5.25(a)所示。将 L_1 和 L_2 代入公式(4.5.22)和公式(4.5.24)可得到该传感器理论温度灵敏度为 $25.488\mu m/℃$,

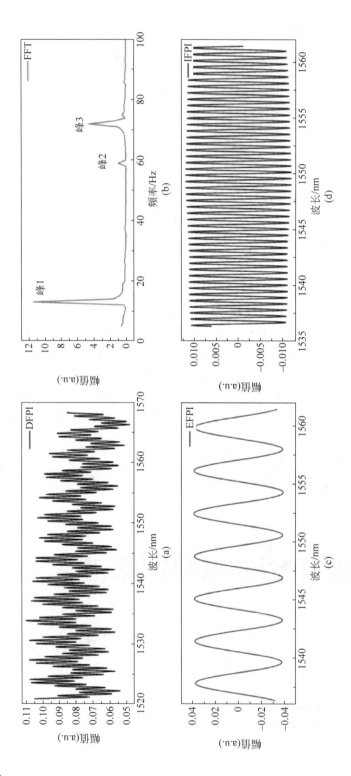

图 4.5.25 基于光子晶体光纤的 F-P 温压复合传感器的白光干涉光谱及解调过程

(a) 波长域白光干涉光谱；(b) 波数域傅里叶频谱及滤波器频谱；(c) 滤波后做傅里叶逆变换得到的 EFPI 信号；(d) 滤波后做傅里叶逆变换得到的 IFPI 信号

室温下压力灵敏度理论值为 1582.721nm/MPa。此外,图 4.5.25(b)展示了将波长域干涉光谱转换为波数域干涉光谱的傅里叶频谱,可以发现频域信号中有三个峰,峰 1 代表 EFPI,峰 2 代表 IFPI,峰 3 表示 EFPI 和 IFPI 形成的大 F-P 腔。然后分别选取中心频率在峰 1 和峰 2 的两个带通滤波器,并将两个信号分别滤出,就可以将复合干涉谱中的信号分离开,最后分别进行快速傅里叶逆变换(IFFT),就可以得到 EFPI 干涉谱和 IFPI 干涉谱,如图 4.5.25(c)和(d)所示。再通过前面介绍的白光干涉解调算法即可得到两个干涉谱对应的光程差。该传感器在室温和标准大气压下的 EFPI 的光程差为 $615\mu m$,OPD_2 为 $3638\mu m$。

将制作好的传感器接入温度压力测试系统进行测试,以 100℃ 为间隔,从 40℃ 升温至 1000℃,并记录 IFPI 的 OPD,其数据如图 4.5.26 所示。对数据进行线性拟合,可以得到其温度灵敏度为 $25.3\mu m/℃$,相关因子 $R^2 = 0.99653$,与理论值 $25.488\mu m/℃$ 相近。根据拟合的关系,进行标定值与实测值的对比,如图 4.5.27 所示。可以看出,标定值与实测值相差不大(最大误差小于 3%),能够较好地反映温度测量值。

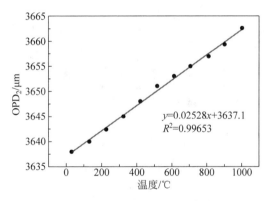

图 4.5.26 OPD_2(IFPI)的温度特性

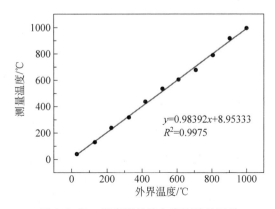

图 4.5.27 温度测量值与实际值的对比

　　同时,在升温过程中每隔 100℃ 进行一次间隔为 1MPa、范围为 0～10MPa 的加压过程,记录每个压力点的 EFPI 光程差,其测量结果如图 4.5.28 所示。可以看出,传感器压力特性在不同温度下线性度良好。通过线性拟合,可以得到不同温度下 EFPI 的压力灵敏度。在不同温度下,压力灵敏度和理论灵敏度都非常接近,但是,EFPI 的压力灵敏度受到温度变化的影响。对压力灵敏度与温度的关系进行曲线拟合,得到压力灵敏度的温度特性如图 4.5.29 所示。可以看出,温度升高 1000℃ 时对应的压力灵敏度减小了 $1.2\mu m/MPa$,该变化将直接导致错误的测量结果。因此在对压力进行精确测量时必先测量温度,可以将利用 IFPI 测量得到的温度值代入灵敏度计算公式中,即可得到相应温度下的灵敏度,然后可以得到补偿后的压力值,这样就去除了压力测量中的温度影响。将理论值和实测值进行拟合对比,对比结果如图 4.5.30 所示。可知在不同温度下实测值和理论值相符,变化趋势一致(最大误差小于 5％)。

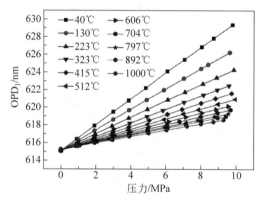

图 4.5.28　OPD_1(EFPI)在不同温度下的压力特性

(请扫Ⅶ页二维码看彩图)

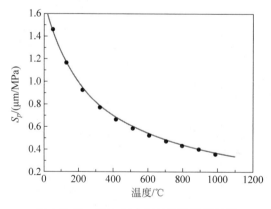

图 4.5.29　EFPI 压力灵敏度的温度特性

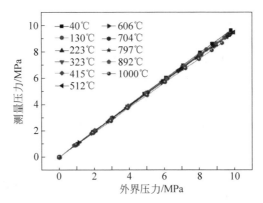

图 4.5.30　基于光子晶体光纤的 F-P 温压复合传感器的压力测量结果与实际值对比

（请扫Ⅶ页二维码看彩图）

4.6　光纤 MEMS 压力传感器

　　光纤 MEMS 传感器是将 MEMS 工艺与光纤传感技术相结合的一种新型光纤传感器。在众多类别的光纤压力传感器中，基于 MEMS 技术的光纤压力传感器不仅具备质量轻、体积小、灵敏度高、功耗低、易于实现批量化大规模生产等优点，更具备了线性度好、测量精度高以及动态测量范围大等良好特性。因此，在生物医疗、军事国防、航空航天等领域都具有极高的应用价值和极具潜力的研究前景。本节首先概述光纤 MEMS 压力传感器的发展状况，然后以北京理工大学光电子研究所研制的一类高精细度 MEMS 压力传感器为例，介绍制作压力传感器所需要的MEMS 制作工艺并搭建实验环境，最后对传感器的性能进行测试，给出测试结果。

4.6.1　概述

　　微电子机械系统（MEMS），又称微机电系统，是一种以半导体技术为基础，融合了光刻、薄膜、硅微、非硅微和精密机械等多种微加工技术的涉及多学科的前沿高新技术。其特点是尺寸微小、独立智能、集成度高、可实现量产化，因此，MEMS技术的出现使加工制造业迈上了一个新的台阶，并逐渐成为高新技术领域的关键技术，对国防安全与国民经济起到了重要的推动作用，成为 21 世纪人类生产生活革命性技术之一。MEMS 传感器技术则是 MEMS 技术发展的重要研究领域之一。与传统传感器相比，MEMS 传感器有小型化、功能多样、可靠性高、成本低、易于集成和智能化等优势，在生物医疗医学、军事国防、航天航空等领域有着广泛的应用。当前，MEMS 传感器技术仍在高速地发展，随着技术与材料的不断发展与革新，行业内的问题不断解决，其实际效益将会不断显现，对众多工程领域产生巨大影响。

光纤 MEMS 传感器是将光纤传感技术与 MEMS 技术相结合的一种新型传感器。光纤 MEMS 传感器既具有光纤传感的抗电磁干扰、本征安全等优势,又具备 MEMS 技术所赋予的传感器小型化、量产化等特点,符合当前传感系统的微型化、集成化、智能化的技术发展趋势,是一个极具广阔应用潜力的研究领域。光纤 F-P 压力传感器作为光纤传感器中的一类,结合 MEMS 技术,研制出的新型 MEMS 光纤 F-P 压力传感器,既具有光纤传感器的优势,又具备良好的稳定性与可靠性,能极大地满足工业生产中对微小压力测量的要求。

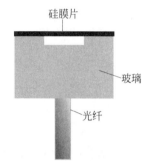

图 4.6.1 光纤 MEMS 压力传感器的基本结构

一种典型的该类传感器结构如图 4.6.1 所示。选用商业用途的硼硅酸盐多模玻璃光纤,对光纤端面进行抛光,利用氢氟酸溶液湿刻蚀法在光纤端面刻蚀空腔,将硅膜片与光纤端面阳极键合,形成 F-P 腔。该传感器通过硅膜片形变来感知压力,其工作温度范围宽。此种传感器尺寸小、封装简单且不用胶合,可用于阵列传感器的制作。

另一种常用的光纤 MEMS 压力传感器的结构是基于生物融合性聚合物材料 SU-8 来制作,其结构如图 4.6.2 所示。SU-8 是一种环氧基光致抗蚀剂,生物相容性材料,能固化成玻璃状。在一个 SU-8 圆柱形材料上刻蚀一个直径 $100\mu m$ 的圆形腔,留一层 $2\mu m$ 厚的压力敏感膜,并在圆形腔底面镀金属膜。然后选取另外一块材料,刻蚀一个直径 $125\mu m$ 的圆柱形通孔,起固定光纤的作用,从而光纤的端面与圆形腔底面形成 F-P 腔。此种材料只需要光刻工具的基本处理,且微机械处理成本比硅更低和更容易。

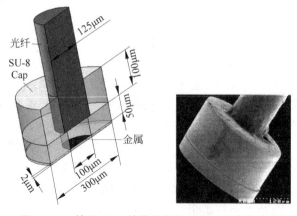

图 4.6.2 基于 SU-8 结构的光纤 MEMS 压力传感器

此外,基于平台结构膜的光纤 F-P 压力传感器也是一大研究热点,结构如图 4.6.3 所示。传感头主要由两部分组成:一部分是平台结构硅膜面,主要用于压力感知;另一部分为插入的光纤,其端面作为 F-P 腔的另一反射面。平台结构硅膜主要采用低压化学气相沉积法(low-pressure chemical vapor deposition, LPCVD)、反应离子刻蚀(reactive ion etching, RIE)、光刻等技术制成。完成后将平台结构硅膜与玻璃环键合在一起,再与光纤法兰盘用环氧树脂胶粘合,最后插入光纤即可得到完整的 F-P 腔。此类压力传感器能有

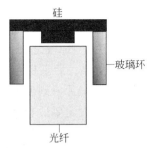

图 4.6.3　基于平台结构膜的
F-P 腔示意图

效降低平行结构 F-P 腔在施加压力时的感知膜片边缘的光波反射不平行度影响。

4.6.2　光纤 MEMS 压力传感器加工工艺

1. 光刻

光刻,是 MEMS 加工工艺中应用最频繁和最重要的加工工艺之一。工作原理是将掩模板上设计好的几何图案,经光化学反应转移到光刻胶膜上。光刻工艺流程主要如下所述。

(1) 涂胶。涂胶是光刻加工的第一步,主要方法有浸渍法、喷涂法、笔涂法及旋转涂敷法等几种。其中旋转涂敷法又可细分为旋涂板式和自转式两种。由于旋涂板式存在涂胶厚度不够均匀、涂敷面会残留胶丝的缺点,所以目前采用最多的是自转式涂法。其工作方式是将材料放置在吸片圆板上,圆板下方接真空泵抽吸片,通过旋转可得到均匀膜厚的光刻胶涂层。在这个过程中可以通过离合器控制初始转速,使用的光刻胶一般有 SU-8、4620 等。

(2) 前烘。前烘是指在涂胶之后,需要将涂胶的硅片放在 60~120℃的烘烤箱内放置 5~20min,其作用是使胶与硅片的粘结更加紧密,增加胶的耐磨能力,以达到胶膜图形尺寸准确的目的。在前烘的过程中,要注意温度的设定不能过高,过高会导致光刻胶硬化变形,在显影液中不易溶化,但温度也不能太低,太低则会导致胶不能充分挥发,在显影液中容易脱落。

(3) 曝光。曝光是指利用光刻机对涂敷光刻胶的硅片进行对准以及曝光,以得到所需求的几何图形的"潜影"。曝光是光刻工艺中较为重要的一步,曝光的好坏影响着光刻图形的精度,而光刻图形的精度在很大程度上决定着传感器最终的加工精度。影响曝光质量的因素有很多,包括从光刻胶的涂敷过程以及光源的选用等。

(4) 显影。显影是指将曝光后的硅片放入显影液中,用正胶显影液——稀碱

液溶去光刻胶上经过曝光的部分;用负胶显影液——丁酮溶去光刻胶没有被曝光的地方。显影整个过程的时间一般为 30~50s,可根据室温高低做调整,室温高则时间需要短一些,反之长一些,显影之后用去离子水漂洗,最后烘干。

(5)后烘。后烘是指在经过显影后,光刻胶会发生软化甚至膨胀凸起的现象。所以必须把硅片放到温度为 120~180℃的烘箱中,后烘 15min 左右。但后烘的时间与温度的设定要适当,后烘时间太长会使光刻胶膜发生硬化变形甚至剥落,太短则会存在由后烘不充分导致的光刻胶固化不充分,影响后续腐蚀过程。所以,后烘时间与温度设置要根据实际实验情况来定。

(6)腐蚀。腐蚀主要分为湿法腐蚀和干法腐蚀两类,具体工艺过程在后面详细介绍。

(7)去胶。去胶是指将光刻胶清洗去除,主要有以下几种方法:①用有机溶剂浸泡,时间大约在 20min,再用脱脂棉球擦拭干净;②将其置于浓硫酸并加热至煮沸,使胶膜被浓硫酸腐蚀炭化后脱落,最后用去离子水清洗干净;③直接放入专用的去胶机中;④采用紫外光的高光强照射分解胶。

2. 硅湿法腐蚀

硅湿法腐蚀就是将硅片放置于液态的化学腐蚀溶剂中进行腐蚀。在腐蚀的过程中,通过化学反应将硅片逐步腐蚀溶化。腐蚀溶剂有很多种类,包括酸性腐蚀剂、碱性腐蚀剂、有机腐蚀剂等。根据腐蚀特性的不同,腐蚀溶剂分为各向同性腐蚀和各向异性腐蚀。

1) 各向同性腐蚀

各向同性腐蚀主要描述硅材料被腐蚀的速率特性。由于硅不同的晶面被腐蚀的速率接近相同,所以在腐蚀过程中,腐蚀在狭窄的通道内会慢下来。在出现这种情况时,一般通过搅动腐蚀剂去控制腐蚀速度和腐蚀结构的形成,得到具有球形表面的坑体或腔体。常用的各向同性腐蚀溶剂有各种盐类(如 CN 基、NH 基等)和酸。

2) 各向异性腐蚀

各向异性腐蚀在对硅晶体腐蚀时,不同晶面上被腐蚀速度有区别。腐蚀速度大小主要受晶向影响,其作用原理主要是基于硅原子的键价结构不同。各向异性腐蚀溶剂通常分为如下两类:一类为有机腐蚀溶剂,包括溶液 EPW(乙二胺、邻苯二酚和水溶液)和联胺等;另一类为无机腐蚀剂,包括碱性腐蚀液,如 KOH、NaOH 等。

3. 反应离子刻蚀

反应离子刻蚀(RIE)是利用高压电场对气体的激发机理,在高压电场环境下,输入刻蚀气体,使其辉光发电激发出分子游离基(主要成分为游离的分子、原子或原子团），之后被分解出的分子游离基与材料发生化学反应，使材料汽化挥发而达到刻蚀的目的。

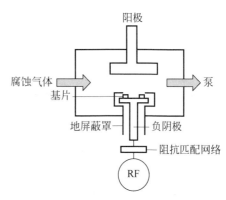

图 4.6.4　反应离子刻蚀原理图

反应离子刻蚀原理如图 4.6.4 所示，图中阳极须接地，阴极为功率电极，同时在功率电极接地屏蔽罩，主要用来防止功率电极被击穿。其中射频功率源频率为 13.56MHz，选择这个频率的原因是使阻抗匹配网络，从而使功率输出有效。当刻蚀开始时，把待刻蚀材料放置在功率电极上，将刻蚀气体充满反应室，接着在反应室接入高频电场，刻蚀气体在电场的作用下，刻蚀气体激发出分子游离基并发生随机高速碰撞，不断电离气体分子，造成电离和复合，最终达到平衡。在碰撞时产生的离子、电子以及分子游离基具有很强的化学活性，与待刻蚀材料表面的分子发生化学反应使其汽化挥发，实现刻蚀。刻蚀速率的大小主要受射频功率、刻蚀气体压强以及刻蚀气体的流速的影响，且具有各向异性。

4. 阳极键合

阳极键合（又称为静电键合），是指在高温高电压真空环境下，将清洁过表面的硅片和玻璃、硅片与硅片，以及硅片和其他材质通过分子之间的相互作用力键合为一个整体的工艺技术，阳极键合是 MEMS 加工工艺中极为关键的一个步骤，其加工原理如图 4.6.5 所示。首先将待键合的材料如硅和玻璃切成薄片，经过研磨抛光后再用标准清洗液清洁干净。然后，将硅片与玻璃两个面相对紧擦在一起，硅片与玻璃两端分别接正负极电极以施加高压，同时将整个环境升温到 $300\sim450℃$。在电场的作用下与硅片贴合的玻璃中的碱金属被电解分离，释放出自由活动的钠离子和固定不动的

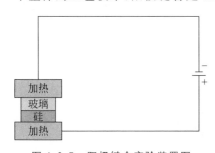

图 4.6.5　阳极键合实验装置图

氧离子，带电钠离子在电场的引导下向阴极电极移动，同时硅表面产生出数量相等的正电荷，由此在硅片与玻璃片之间形成一个静电场，在静电场力作用下，硅片与玻璃片粘结得更紧。温度升高可以使更多的碱金属分解，加快电离，但温度过高会使玻璃软化。电压使材料发生形变贴合更加紧密，但电压过高会将玻璃击穿。在键合的过程中，电离产生的离子移动以及化学键的形成不是瞬时完成的，所以键合时间越长，材料链接的程度越深。阳极键合既可以在真空中也可以在惰性气体的

环境中进行,同时需要保证环境温度的均匀性。

4.6.3　基于光纤准直器的高精细度光纤 MEMS 压力传感器

这里将介绍一种基于 MEMS 的高精细度光纤压力传感器。该类传感器结合高精细度 F-P 干涉仪的传感器技术和 MEMS 加工工艺进行研制,具有高测量分辨率和高稳定性。

传感器基本结构如图 4.6.6 所示。传感器由传感头与光纤准直器两部分组成,传感头为 F-P 腔腔体,在硅膜片两面分别刻蚀两个直径相同的圆柱形凹槽,中间留一定厚度的压力感知膜片,然后在其中一个凹槽中的底面镀高反膜,再选用一定厚度 Pyrex♯7740 玻璃片,在其中一面镀高反膜,一面镀增透膜。通过阳极键合技术将带凹槽的硅膜片与 Pyrex♯7740 玻璃片键合,镀高反膜的凹槽面与镀高反膜的玻璃面相对,由此形成两个平行的硅片/空气和空气/玻璃界面,构成 F-P 腔。再将用来固定准直器、带通孔的 Pyrex♯7740 玻璃块与 F-P 腔用紫外(UV)胶粘合,然后把光纤准直器插入玻璃块通孔用紫外胶粘合固定,最终制作成完整的传感器。

其中,光纤准直器用于入射光的准直,以提高光纤之间传输的耦合率,保证光纤前后器件功能的正常使用。光纤准直器的基本结构如图 4.6.7 所示。光纤准直器一般由四部分组成:光纤头、准直透镜、玻璃和金属套管。根据其中准直透镜类型的不同,光纤准直器分为 C-lens 准直器和 G-lens 准直器。C-lens 准直器的准直透镜是一种球面透镜,将发散光准制成平行光输出;G-lens 准直器的准直透镜是一种渐变折射率透镜,折射率沿光纤头径向渐变的准直器。本次使用的传感器选用光纤准直器规格为 C-lens2.4 * 10,其参数为:可传输光波波长为 1260～1650nm,入射光最大角度为 0.15°,最大光束直径为 5mm,最大光束的发散角为 0.25°。

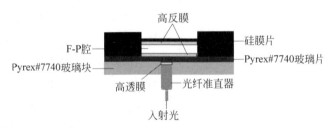

图 4.6.6　高精细度光纤 MEMS F-P 压力传感器的结构示意图

(请扫Ⅶ页二维码看彩图)

采用 MEMS 工艺制作传感器头的步骤如图 4.6.8 所示。①对硅片打磨抛光后,利用标准的 RCA 清洗,RCA 溶液制作的标准配比为 $NH_4OH : H_2O_2 : H_2O =$

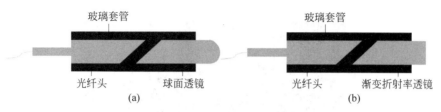

图 4.6.7　光纤准直器结构图

(a) C-lens 准直器；(b) G-lens 准直器

1∶1∶5,溶液加热至50℃,清洗10min,然后用离子水冲刷干净后烘干。最后在硅片两面先热氧化一层二氧化硅,再沉积一层氮化硅,如图4.6.8(a)所示。②利用光刻工艺,经过涂胶、软烘、曝光、显影、后烘等工艺,将设计好的掩模板上的图案转移到光刻胶膜上,如图4.6.8(b)所示。③利用反应离子刻蚀技术在硅片一面刻蚀一个深 $30\mu m$、半径 1.5mm 的圆形凹槽,另一面中心处刻深 $120\mu m$、半径 1.5mm 圆形凹槽,中间留 $150\mu m$ 厚承压膜片,如图4.6.8(c)所示。④采用磁控溅射技术在用作构成 F-P 腔底面和 Pyrex♯7740 玻璃片一面镀高反射率介质膜,Pyrex♯7740片玻璃另一面镀高透膜,如图4.6.8(d)所示。⑤利用反应离子刻蚀技术以及氢氟酸、氟化铵和水配制的腐蚀溶液(BOE)去除保护层,如图4.6.8(e)所示。⑥利用阳极键合工艺将硅片与镀膜 Pyrex♯7740 玻璃片键合构成 F-P 腔,如图4.6.8(f)所示。

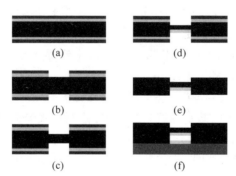

图 4.6.8　传感头工艺流程图

(a) 氧化沉积保护层；(b) 将掩模板的图案转移到光刻胶上；(c) 刻蚀凹槽；(d) 镀膜；(e) 去除保护层；(f) 阳极键合构成 F-P 腔

(请扫Ⅶ页二维码看彩图)

接下来将光纤准直器与制作好的传感头用玻璃块对准后封装固定,其实验装置如图 4.6.9 所示。实验中采用 C-Lens2.4 * 10 的光纤准直器。将传感头和光纤准直器用定制夹具分别固定在六轴超精密移动平台上,光纤准直器的光纤头与传

图 4.6.9　光纤准直器与传感头对准封装的实验装置

感头的玻璃面相对,光纤准直器接宽带光源(ASE)。入射光经耦合器进入光纤准直器,再进入传感头并在传感头发生多次反射,反射光经原路返回至光谱仪。通过调节六轴超精密移动平台,光纤准直器与传感头的相对位置和角度不断变化,同时与之相应接收反射信号的光谱仪上的干涉光谱也会不断变化。当调节出多光束干涉光谱时,将传感头和光纤准直器与带通孔的 Pyrex♯7740 玻璃块用紫外胶固定在一起,最终完成整个传感器的制作,整个传感器的实物图和反射光谱如图 4.6.10所示。该传感器的硅膜片厚度为 $150\mu m$,薄膜有效半径为 1.5mm,根据压力灵敏度公式可以得到传感器腔长变化灵敏度的理论值为 $1.408\mu m/MPa$。同时,从传感器光谱可以看出,高精细度的 F-P 反射谱的每个峰都比较尖锐,其自由光谱范围(FSR)为 45nm,半峰全宽为 1.2nm。

　　将制作好的压力传感器接入搭建好的温压测量系统进行温压性能测试。该系统装置和前几节所使用的基本一样,区别是在进行温度特性测试时将马弗炉换成了恒温箱,其温度调节更加稳定,分辨率更高。首先通过白光干涉解调仪读取出F-P 压力传感器的腔长,如图 4.6.11 所示。可以看出在无压情况下腔长最小值为 $27.7368\mu m$,最大值为 $27.7378\mu m$,密集分布在 $27.7373\mu m$,随时间变化,腔长变化只有 0.5nm,故认定初始腔长为 $23.7373\mu m$。将传感器进行增压,在室温下压力由 0MPa 逐次增压到 1MPa,每增压 0.1MPa 记录腔长变化数据。其次为了测量其重复性,待压力每下降 0.1MPa 再次记录腔长变化数据,测量结果如图 4.6.12 所示。压力由 0 增至 1.01MPa,腔长由 $27.737\mu m$ 减小至 $26.284\mu m$,传感器的腔长随压力变化灵敏度为 $1.4401\mu m/MPa$,线性度为 0.9998。在降压时,腔长由 $26.322\mu m$ 增加至 $27.744\mu m$,腔长随压力变化的灵敏度为 $1.4699\mu m/MPa$,线性度为 0.9998。在两次分别增压与减压的实验中,腔长随压力变化曲线图几乎完全重复,且线性度也非常

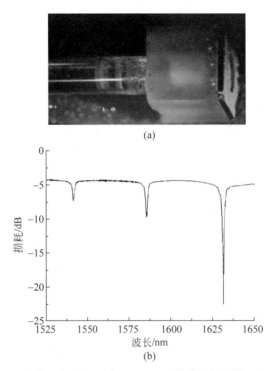

图 4.6.10 高精细度光纤 MEMS F-P 压力传感器的实物图和反射光谱

(a) 实物图;(b) 反射光谱

(请扫Ⅶ页二维码看彩图)

高,平均腔长变化灵敏度为 $1.445\mu m/MPa$,与理论计算 $1.4080\mu m/MPa$ 基本吻合,其中误差主要来源于膜的实际直径测量和膜厚加工精度。

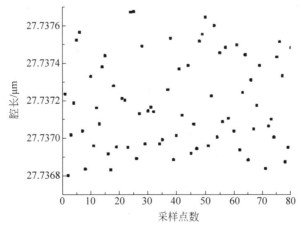

图 4.6.11 高精细度光纤 MEMS F-P 压力传感器的初始腔长

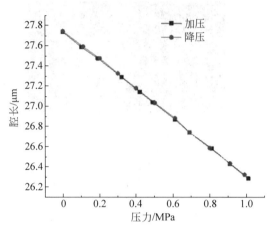

图 4.6.12　高精细度光纤 MEMS F-P 压力传感器的压力特性

　　传感器的温度特性主要是研究传感器的温度漂移特性。传感器工作时引起温度漂移的因素主要是由温度变化导致的材料和空气热膨胀。材料的热膨胀(测试的传感器为硅)将导致 F-P 腔腔长发生改变,而空气的热膨胀将改变 F-P 腔内的压力,从而对压力测量结果造成影响。将传感器放置于恒温台上,压力为 0MPa 时,温度由 30℃逐渐增增至 70℃,每加温 2℃待温度稳定后记录一次实验数据,实验结果如图 4.6.13 所示,初始腔长为 $27.7373\mu m$,温度由 30℃增至 70℃,腔体增长 $0.013\mu m$,因此传感器腔长灵敏度为 $0.325nm/℃$。结合压力特性实验可知,温度交叉灵敏度为 $224.913Pa/℃$,对于 0~1MPa 的测量范围,温度变化 100℃所引起的误差为 0.2%,具有低温漂特性。

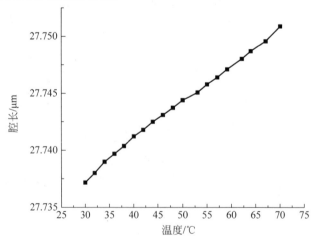

图 4.6.13　高精细度光纤 MEMS F-P 压力传感器的温度特性

4.6.4　温度交叉敏感问题

尽管选择 F-P 腔的材料硅和石英的热膨胀系数较低,但温度变化所引起的压力的变化达到 224.913Pa/℃,将会对传感器的测量精度产生影响,因此必须对温度影响给予补偿,以解决温度对基于 MEMS F-P 腔的压力测量的协同敏感问题。

传统的温度补偿技术主要是通过测量出传感器的温度系数,然后根据实际温度减去温度的影响。虽然这一技术简单,但在实际应用中会比较麻烦,因为需要预先测量出传感器的温度特性,并且还需要温度传感器来配合测量,同时需要有相应的软件来实现。这一方案对于高精度高分辨率的压力测量不具有太强的工程实用价值,因此需要采用其他途径来解决这一技术问题。

在高精度测量场合,温度会显著影响 F-P 腔长。利用不同材料的热膨胀系数的差别,通过结构上的设计,可以有效补偿掉由温度引起的腔长变化。目前提出了一种温漂自补偿 F-P 腔压力探头的设计方案,如图 4.6.14 所示。在 F-P 腔里靠 Pyrex♯ 7740 玻璃的反射端设计凸起结构,利用玻璃和硅的热膨胀系数之差来实现温度自补偿。根据前文的讨论,F-P 腔长为 $30\mu m$,硅的热膨胀系数为 $2.5\times10^{-6}/℃$,选用 Pyrex♯ 7740 玻璃的热膨胀系数为 $3.25\times10^{-6}/℃$。假如传感器的工作温度在 $-40\sim85℃$,温度变化范围 $125℃$,则 $125℃$ 的温度变化将引起 $30\mu m$ 长度的硅片变化 $9.375nm$。设计玻璃的温度补偿台阶高度为 D,则可以算出 D 为

$$D = \frac{9.375nm}{(3.25-2.5)\times10^{16}\times125} = 100\mu m \tag{4.6.1}$$

通过计算,所得到的传感器在理论上可以实现零温度漂移。

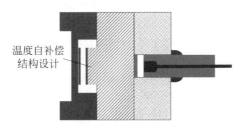

温度自补偿
结构设计

图 4.6.14　具有温度自补偿结构的高精细度光纤 MEMS F-P 压力传感器

(请扫Ⅶ页二维码看彩图)

4.7　本章小结

基于石英光纤的 F-P 高温压力传感器的基本技术路线是使用全石英的光子晶体光纤结合全石英的无芯光纤,通过飞秒激光打孔、机械研磨、电弧焊接、飞秒激光

粗糙化等处理技术,构成全石英的光纤微纳传感器。由于石英本身的熔点达到1650℃左右,从而研制的光纤传感器的耐冲击温度可以到1200℃。

这一技术路线的科学性在于利用了飞秒激光的精细加工的瞬间功率高、持续时间短的特点,能够在光纤的末端"雕刻"出传感器的结构,使得传感器具有完全相同的材料——石英,保证了不会由于不同材料在高温环境下的不同热膨胀系数而损坏传感器;具有极微小的尺寸(外径125μm,长度小于2mm),大幅度的温度变化不会产生显著的传感器尺寸变化,减小了温度的交叉影响。其先进性在于巧妙地运用了全石英材料和微纳结构这两个特征,应用飞秒激光加工将它们统一起来,构成的传感器结构也具有独特的优点:温度传感器设计简洁,灵敏度和精度都较高;设计的压力传感器膜片仅有几个微米的厚度,但在800℃高温下还能承受10MPa的压力;设计的温度/压力复合传感器巧妙利用了双腔的光程差,有效地分离出两个不同的信号等。

参考文献

[1] MERLOS A,SANTANDER J,ALVAREZ M D,et al. Optimized technology for the fabrication of piezoresistive pressure sensors [J]. Journal of Micromechanics and Microengineering,2000,10(2):204-208.

[2] KURTZ A D,NED A A,EPSTEIN A H. Ultra high temperature,miniature,SOI sensors for extreme environments[C]. Santa Fe,New Mexico:IMAPS International Hi TEC,2004.

[3] GIULIANIA A,DRERAA L,ARANCIOA D,et al. SOI-based,high reliable pressure sensor with floating concept for high temperature applications[J]. Procedia Engineering,2014,87:720-723.

[4] LUDER E. Polycrystalline silicon-based sensors[J]. Sensors and Actuators,1986,10(1-2):9-23.

[5] LUKCO D,SAVRUN E,OKOJIE R S,et al. Demonstration of SiC pressure sensors at 750℃[R]. NASA Report. 2014,U1522:1-5.

[6] CHEN L,MEHREGANY M. A silicon carbide capacitive pressure sensor for in-cylinder pressure measurement[J]. Sensors and Actuators A-Physical,2008,145:2-8.

[7] 曹正威,尹玉刚,许姣,等.4H-SiC MEMS高温电容式压力敏感元件设[J].纳米技术与精密工程,2015,13(3):179-185.

[8] 周剑,侯占强,肖定邦.极端环境下压力传感器的研究进展[J].国防科技,2015,36(4):15-19.

[9] TAN Q L,KANG H,XIONG J J,et al. A wireless passive pressure microsensor fabricated in HTCC MEMS technology for harsh environments[J]. Sensors,2013,13(8):9896-9908.

[10] ZHANG H X,HONG Y P,LIANG T,et al. Phase interrogation used for wireless passive pressure sensor in an 800℃ high temperature environment[J]. Sensors,2015,15(2):

2548-2564.

[11]　FRAGA M A,FURLAN H,PESSOA R S,et al. Wide bandgap semiconductor thin films for piezoelectric and piezoresistive mems sensors applied at high temperatures：an overview[J]. Microsystem Technology,2014,20(1)：9-21.

[12]　CHENG H T,SHAO G,EBADI S,et al. Evanescent-mode-resonator-based and antenna-integrated wireless passive pressure sensors for harsh environment applications［J］. Sensors Actuators A-Physical,2015,220：22-33.

[13]　RATHJE J,KRISTENSEN M, PEDERSEN J E. Continuous anneal method for characterizing the thermal stability of ultraviolet Bragg gratings[J]. Journal of Applied Physics,2000,88(2)：1050-1055.

[14]　JEWART C M,WANG Q Q, CANNING J, et al. Ultrafast femtosecond-laser-induced fiber Bragg gratings in air-hole microstructured fibers for high-temperature pressure sensing[J]. Optics Letters,2010,35(9)：1443-1445.

[15]　WANG A,XIAO H,WANG J,et al. Self-calibrated interferometric-intensity-based optical fiber sensors[J]. Journal of Lightwave Technology,2001,19(10)：1495-1501.

[16]　YI J H,LALLY E,WANG A B, et al. Demonstration of an all-sapphire Fabry-Pérot cavity for pressure sensing[J]. IEEE Photonics Technology Letters,2011,23(1)：9-11.

[17]　GUO Z S,LU C,WANG Y S,et al. Design and experimental research of a temperature compensation system for silicon-on-sapphire pressure sensors[J]. IEEE Sensors Journal,2017,17(3)：709-715.

[18]　JIANG Y G,LI J,ZHOU Z W,et al. Fabrication of all-SiC fiber-optic pressure sensors for high-temperature applications[J]. Sensors,2016,16(10)：1660-1663.

[19]　ZHU Y Z,COOPER K L, PICKRELL G R, et al. High-temperature fiber-tip pressure sensor[J]. Journal of Lightwave Technology 2006,24(2)：861-869.

[20]　MA J,JU J,JIN L,et al. A compact fiber-tip micro-cavity sensor for high-pressure measurement[J]. IEEE Photonics Technology Letters,2011,24(21)：1561-1563.

[21]　ZHANG Y N,YUAN L,LAN X W,et al. High-temperature fiber-optic Fabry-Perot interferometric pressure sensor fabricated by femtosecond laser[J]. Optics Letters,2013,38(22)：4609-4612.

[22]　姜宏,黄幼榕.中国洛阳浮法玻璃工艺技术发展历程[J].建筑玻璃与工业玻璃,2009(12)：11-14.

[23]　许伟光.钢化玻璃工艺参数的设定[J].玻璃与搪瓷,2011,39(4)：25-29.

[24]　王艳虎,陈希章.光纤激光雕刻有机玻璃工艺研究[J].激光杂志,2015,36(8)：90-93.

[25]　XU J C,PICKILL G, YU B, Et al. Epoxy-free high-temperature fiber optic pressure sensors for gas turbine engine applications[C]. Philadelphia,PA：Conference on Sensors for Harsh Environments,2004.

[26]　郭卫,童树庭,朱雷波.玻璃钢化工艺过程与钢化应力的研究[J].建筑材料学报,2005(1)：100-104.

[27]　石瑾.玻璃熔体的表面张力和湿润性[J].中国玻璃,2010(6)：46-48.

[28]　GIOVANNI M D. Flat and corrugated diaphragm design handbook［M］. New York：

Mechanical Engineering,1982.

[29] BAMBER M J,COOKE K E, MANN A B, et al. Accurate determination of Young's modulus and Poisson's ratio of thin films by a combination of acoustic microscopy and nanoindentation[J]. Thin Solid Films,2001,398(3): 299-305.

[30] MA W Y,JIANG Y,GAO H C. Miniature all-fiber extrinsic Fabry-Perot interferometric sensor for high-pressure sensing under high-temperature conditions[J]. Measurement Science and Technology,2019,30(2): 025104.

[31] XU B,WANG C,WANG D N,et al. Fiber-tip gas pressure sensor based on dual capillaries [J]. Optics Express,2015,23(18): 23484-23492.

[32] EDLÉN B. The refractive index of air[J]. Metrologia,1966,2(2): 71.

[33] DENG M,TANG C P,ZHU T,et al. Refractive index measurement using photonic crystal fiber-based Fabry-Perot interferometer[J]. Applied Optics,2010,49(9): 1593-1598.

[34] FERREIRA M S,BIERLICH J,LEHMANN H,et al. Fabry-Pérot cavity based on hollow-core ring photonic crystal fiber for pressure sensing[J]. IEEE Photonics Technology Letters,2012,24(23): 2122-2124.

[35] DING W H,JIANG Y, GAO R, et al. High-temperature fiber-optic Fabry-Perot interferometric sensors[J]. Review of Scientific Instruments,2015,86(5): 055001.

[36] CHAN J W,HUSER T R,RISBUD S H,et al. Waveguide fabrication in phosphate glasses using femtosecond laser pulses[J]. Applied Physics Letters,2003,82(15): 2371-2373.

[37] HOMOELLE D,WIELANDY S,GAETA A L, et al. Infrared photosensitivity in silica glasses exposed to femtosecond laser pulses[J]. Optics Letters,1999,24(18): 1311-1313.

[38] 袁雷. 全光纤传感器的飞秒激光制备与研究应用[D]. 北京: 北京理工大学,2014.

[39] GAO H C,JIANG Y,CUI Y,et al. Dual-cavity Fabry-Perot interferometric sensors for the simultaneous measurement of high temperature and high pressure[J], IEEE Sensors Journal,2018,18(24): 10028-10033.

[40] ZHANG Y A,HUANG J,LAN X W,et al. Simultaneous measurement of temperature and pressure with cascaded extrinsic Fabry-Perot interferometer and intrinsic Fabry-Perot interferometer sensors[J]. Optical Engineering,2014,53(6): 067101.

[41] GAO H C,JIANG Y, ZHANG L C, et al. Five-step phase-shifting white-light interferometry for the measurement of fiber optic extrinsic Fabry-Perot interferometers [J]. Applied Optics,2018,57(5): 1168-1173.

[42] JIANG Y. High-resolution interrogation technique for fiber optic extrinsic Fabry-Perot interferometric sensors by the peak-to-peak method[J]. Applied Optics,2008,47(7): 925-932.

[43] JIANG Y. Fourier transform white-light interferometry for the measurement of fiber-optic extrinsic Fabry-Perot interferometric sensors[J]. IEEE Photonics Technology Letters, 2008,20(2): 75-77.

[44] YANG N,QIU Q,SU J,et al. Research on the temperature characteristics of optical fiber refractive index[J]. Optik,2014,125(19): 5813-5815.

[45] GUO Y,WANG Z Y,QIU Q, et al. Theoretical and experimental investigations on the

temperature dependence of the refractive index of amorphous silica[J]. Journal of Non-Crystalline Solids,2015,429：198-201.

[46]　ZHU Y,COOPER K L，PICKRELL G R，et al. High-temperature fiber-tip pressure sensor[J]. Journal of Lightwave Technology,2006,24(2)：861-869.

[47]　胡利方. Pyrex 玻璃与金属阳极键合机理及界面结构和力学性能的分析[D]. 太原：太原理工大学,2007.

[48]　李和太,李晔辰. 硅片键合技术的研究进展[J]. 传感器世界,2002,9(2)：6-10.

[49]　王增健. F-P 腔式光纤压力传感器温度补偿设计研究[J]. 计测技术,2013,33(S2)：78-80.

[50]　刘宇,王萌,王博,等. 激光加工硅片的膜片式法-珀干涉型光纤压力传感器[J]. 传感器与微系统,2013,32(1)：112-114.

[51]　郑志霞,黄元庆. 基于 F-P 腔干涉的膜片式光纤微机电系统压力传感器[J]. 光子学报,2012,41(12)：1488-1492.

[52]　张立喆,张力,段玉培,等. 光纤压力传感器制作研究[J]. 计测技术,2012,32(S1)：103-107.

[53]　JIANG Y,TANG C J. High-finesse micro-lens fiber-optic extrinsic Fabry-Perot interferometric sensors[J]. Smart Materials and Structures,2008,17(5)：055013.

[54]　贲玉红. 低温度系数光纤 MEMS 压力传感器的设计与制造[D]. 南京：南京师范大学,2008.

第 **5** 章

石英光纤F-P高温应变传感器

5.1 引言

　　应变的测量遍及工业、农业、建筑、地质、交通等不同行业,是最受关注的物理量之一。自从 20 世纪 30 年代末电阻应变片诞生以来,应变传感器广泛应用于载荷、位移、压力、加速度、扭矩等的测量,成为日益繁盛的传感器家族中重要的一员。然而,近年来以航空航天、复合材料、核工业等为代表的高技术行业的蓬勃发展对应变测量提出了全新的挑战,其要求的高温、强辐射、植入式等苛刻测量环境已经超出传统应变测量手段的适用范围。尤其是高温环境下的应变测量,在高超声速飞行器、高性能航空航天发动机的力学优化与结构监测等应用场合有着迫切的工程需求和重要的军事价值。

　　1977 年,美国海军研究所提出光纤传感系统计划,正式拉开了光纤传感技术发展的序幕。发展至今,一批不同原理、不同结构的光纤应变传感器纷纷被提出和应用:基于强度调制的聚合物光纤应变传感器被应用于固体火箭发动机推进剂的健康监测;基于圆形橡胶棒的光纤缠绕式大量程应变传感器应用于沥青路面施工过程中的力学响应的监测;基于聚二甲基硅氧烷(polydimethylsiloxane,PDMS)光纤的应变传感器应用于人体运动监测,等等。由于结构简单紧凑、成本低廉、适于批量生产以及其为全石英结构,光纤法布里-珀罗(F-P)应变传感器是最有前途的高温应变传感器之一,已经在不同的工程环境中得到了初步应用。

　　本章针对石英光纤 F-P 高温应变传感器,介绍其应变测量原理,不同种类的石英光纤高温 F-P 应变传感器,以及传感器的特性测试、温度补偿、工程应用等。

5.2　石英光纤 F-P 高温应变传感器

在不同传感原理的光纤应变传感器中,低精细度 F-P 干涉仪是主流技术之一。其基于双光束干涉原理进行应变测量,解调手段较成熟,精度高,结构简洁而实现形式多样,从而发展出适应不同场合、拥有不同特性的多种多样的 F-P 应变传感器。其中,适用于高温环境的高温 F-P 应变传感器多数采用全石英非本征法布里-珀罗干涉(EFPI)结构,本节将对其进行分类介绍。

5.2.1　光纤 F-P 应变测量原理

光纤 EFPI 高温应变传感器的基本结构是两段对齐的单模光纤,光纤端面经过处理,保证其光学平整度,单模光纤之间通过空心光纤等结构进行连接,由此形成两个平行的空气-玻璃界面,从而形成 F-P 腔。两个界面的后向反射光发生干涉,其基本结构如图 5.2.1 所示。待测应力影响 F-P 腔的腔长,从而通过测量腔长的变化来获得应力值。

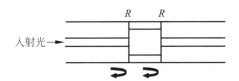

图 5.2.1　光纤 EFPI 高温应变传感器的基本结构

入射到光纤 EFPI 传感器第一个反射端面的光强为 I_0,腔面的反射率为 R(对于 EFPI,采用平整的单模光纤端面作为 F-P 腔的两个反射面,反射率约为 3.6%),则入射光在第一个反射面的反射光强为

$$I_1 = I_0 R \tag{5.2.1}$$

入射到腔内的高斯光束在第二个反射端面产生一次菲涅耳反射,返回后在第一个反射端面产生透射,其光强为

$$I_2 = I_0 (1-R)^2 R C^2(d) \tag{5.2.2}$$

其中,$C(d)$ 为光束经过干涉腔后重新回到入射光纤端面时的耦合系数。单模光纤内传输的基模可近似用高斯光束表示

$$E_1(r) = A \exp\left(-\frac{r^2}{\omega_0^2}\right) \exp(-\mathrm{j}\beta z) \tag{5.2.3}$$

其中,ω_0 为模场半径,r 和 z 为柱坐标,A 是基模光场归一化幅度。当光线进入 F-P 腔内时,由于单模光纤的数值孔径小,则光波在腔内的传输可以采用基尔霍夫衍射

形式描述

$$E_2(r,z) = A\frac{\omega_0}{\omega(z)}\exp\left[-\frac{r^2}{\omega(z)^2}\right]\exp(-\mathrm{j}\beta z) \qquad (5.2.4)$$

其中,$\omega(z)$是距离入射光纤端面距离为 z 处的高斯光束的模场半径,其表达式为

$$\omega(z) = \omega_0\sqrt{1+\left(\frac{z}{z_R}\right)^2} \qquad (5.2.5)$$

其中,z_R 为瑞利距离,$z_R = \pi n \omega_0^2/\lambda$,对于光纤 EFPI 传感器而言,腔内有效折射率 n 为 1。

从公式(5.2.5)可以看出,随着光在腔内传输距离的增加,高斯光束的模场半径也在增大,呈发散趋势。当光束入射到腔的反射端面时产生菲涅耳反射,经过干涉腔后重新回到入射光纤端面,但此时高斯光束的模场半径为 $\omega(2d)$,由于高斯光束的发散,光束的模场半径大于单模光纤的模场半径 ω_0,所以只有 $\omega(2d)$ 与 ω_0 重合的部分才能耦合进单模光纤的纤芯,能量的耦合系数即

$$C^2(d) = \frac{\int_0^{\omega_0}\left[\dfrac{\omega_0}{\omega(2d)}\right]^2\exp\left[-\dfrac{2r^2}{\omega^2(2d)}\right]r\,\mathrm{d}r}{\int_0^{\omega_0}\exp\left(-\dfrac{2r^2}{\omega_0^2}\right)r\,\mathrm{d}r} = \frac{1-\exp\left[-\dfrac{2\omega_0^2}{\omega^2(2d)}\right]}{1-\mathrm{e}^{-2}} \qquad (5.2.6)$$

于是,两束反射光之间发生干涉,光强为

$$\begin{aligned}I_R &= I_1 + I_2 + 2\sqrt{I_1 I_2}\cos\delta \\ &= I_0 R[1+(1-R)^2 C^2(d) + 2C^2(d)(1-R)\cos\delta]\end{aligned} \qquad (5.2.7)$$

其中,相位差

$$\delta = \frac{4\pi nd}{\lambda} + \pi \qquad (5.2.8)$$

单模光纤的数值孔径角很小,因此光线近似轴线传输,可以认为光线是平行光纤主轴方向入射到光纤 EFPI 传感器腔内,从而没有考虑相位条件中的由光纤入射角引起的差异问题。

我们采用波长扫描白光干涉测量技术,其原理是基于光纤 F-P 腔干涉,在光纤端面和空气间隙间,有约 3.6% 的菲涅耳反射。第一次反射光不受被测量的影响,作为参考反射光。第二次反射携带有传感信号,受腔长 d 的调制,而 d 又受被测量的调制。如公式(5.2.7)所述,两次后向反射产生干涉,干涉强度 I_R 是腔长 d 的函数,公式(5.2.7)可简化为

$$I_R = A + I_0\cos\left(\frac{4\pi}{\lambda}d\right) \qquad (5.2.9)$$

其中,I_0 是干涉输出条纹的幅值;λ 是激光器的波长。

应用白光干涉测量技术测量干涉仪输出光谱,就可以测量出 F-P 腔内的光程差,即腔长。将 EFPI 高温应变传感器固定在被测物体表面,当被测物体发生形变时,该传感器的腔长 d 也随之发生变化,根据腔长的改变量即可得到被测物体的应变值

$$\varepsilon = \frac{d' - d}{d} \tag{5.2.10}$$

其中, d 为原始腔长; d' 为形变后的腔长。可见该类传感器通过测量 EFPI 的腔长,直接获得应变量,传感器不需要做事先的标定。

5.2.2　常规光纤 EFPI 高温应变传感器

常规 EFPI 高温应变传感器往往由光纤端面直接构成 F-P 腔的反射面,而与构成腔体的结构,如空心光纤、光子晶体光纤等,直接通过粘接、熔接、激光热熔等手段固连,典型例子如图 5.2.2 所示。图 5.2.2(a)为由石英毛细管与光纤通过激光热熔形成的传感器,图 5.2.2(b)为使用熔接机制造的光纤 EFPI 高温应变传感器的显微照片。传感器的结构匀称,受力均匀,保留了构成传感器各部分光纤的原始结构,因而具有良好的机械强度,可有较大的应变测量范围。同时,传感器在制作的过程中对反射面的影响小,制作完成的传感器有较大的干涉条纹对比度,故而有较高的测量精度。5.2 节以下内容为国内外同行的研究成果,详细内容参见本章的参考文献。

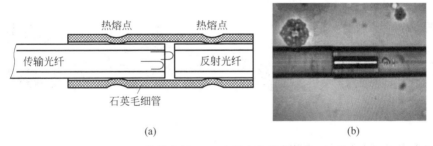

图 5.2.2　常规光纤 EFPI 高温应变传感器的 F-P 腔
(a) 通过激光热熔制造的 F-P 腔;(b) 通过熔接机制造的 F-P 腔

利用大直径纤芯的空心光子晶体光纤(hollow-core ring photonic crystal fiber,HCR PCF)代替空心光纤,与单模光纤(SMF)熔接在一起,构成 SMF-PCF-SMF 三明治结构的 EFPI,如图 5.2.3 所示,也可进行高温环境下的应变测量。传感器的温度交叉影响很小,仅有 $0.81\mathrm{pm/℃}$,在 $900\mu\varepsilon$ 的测量范围内,应变灵敏度达到了 $15.4\mathrm{pm/}\mu\varepsilon$。

此外,利用特制大芯径光子晶体光纤的应力分布特征,在切割过程中对光纤施

图 5.2.3 基于 HCR PCF 的应变传感器

加轴向拉力,使切割后的光子晶体光纤产生凹坑,最终将带凹坑的光子晶体光纤 (concave-core photonic crystal fiber,CPCF)与单模光纤熔接形成 EFPI,实现应变测量。传感器制作过程不同阶段的显微照片如图 5.2.4 所示。图 5.2.4(e)为该 EFPI 应变传感器的最终形态。实验验证了该传感器在 500℃ 环境下的生存能力, 温度交叉灵敏度为 0.653pm/℃；在 1600$\mu\varepsilon$ 范围内,应变灵敏度为 31.58pm/$\mu\varepsilon$。

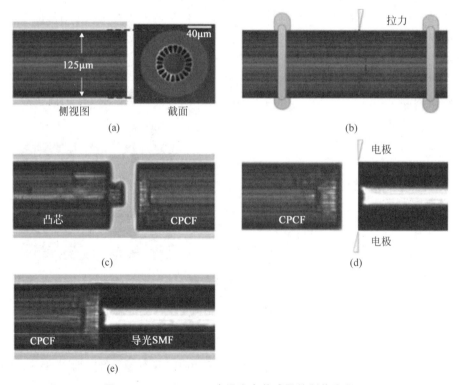

图 5.2.4 CPCF-SMF 高温应变传感器的制作流程

(a) 多模 PCF,侧视图(左)和横截面(右)；(b) 在轴向拉力下切割多模 PCF；(c) 多模 PCF 切割后制造的 CPCF 和凸芯 PCF；(d) CPCF 与单模光纤的熔接；(e) 使用 CPCF 制造的 EFPI

(请扫Ⅶ页二维码看彩图)

5.2.3　气泡式光纤 F-P 应变传感器

气泡式 F-P 应变传感器由不同方式形成的石英气泡腔的两侧内壁作为 EFPI 的两个反射面,外部应力改变气泡的形状,从而改变 EFPI 的腔长,进而获得待测应变量。气泡腔可以由空心光纤或光子晶体光纤放电塌陷形成,也可以通过特殊的熔接方式由单模光纤形成熔接缺陷而产生。通过调整气泡的大小可以调整应变传感器的性能。相较于常规 EFPI 应变传感器,气泡式 F-P 应变传感器制作过程相对复杂烦琐。

图 5.2.5 给出了由空心光纤制作气泡式光纤 F-P 应变传感器的流程示意图。将切割平整的单模光纤与空心光纤(HCF)熔接在一起,在距离熔接点合适距离的位置放电,使空心光纤闭合为气泡腔,如图 5.2.5(a)所示,插图为空心光纤截面图;形成的气泡腔如图 5.2.5(b)所示,通过不同放电部位的选择可以控制气泡腔的尺寸,此时形成三个反射面,M_1、M_2 和 M_3;在气泡腔的弧顶处熔接第二根单模光纤即可形成应变传感器,同时,消除了弧顶处的反射面 M_3,保证传感器仍然为双光束干涉。图 5.2.6 为不同气泡尺寸的传感器显微照片及对应的光谱图。实验证明该传感器能够在 500℃ 环境下工作,其在 $1000\mu\varepsilon$ 应变范围内灵敏度为 3.29pm/$\mu\varepsilon$,温度交叉灵敏度为 1.08pm/℃。此外,由于该传感器气泡腔尺寸大,径向明显凸起,从而可用于测量径向的载荷。

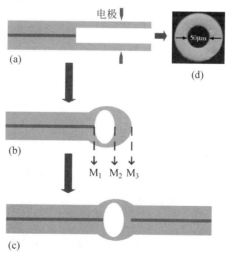

图 5.2.5　空心光纤制作气泡式光纤 F-P 应变传感器的流程

(a) 单模光纤与 HCF 熔接,并在在距离熔接点合适距离的位置放电;(b) HCF 塌陷和断开后形成气泡腔;(c) 将单模光纤熔接到气泡腔的端面形成应变传感;(d) HCF 的横截面显微镜照片

(请扫Ⅶ页二维码看彩图)

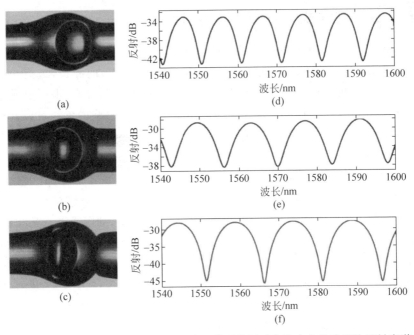

图 5.2.6　不同尺寸(长×高)的气泡腔显微照片及对应的应变传感器的反射光谱

(a)(d) $120\mu m\times141\mu m$；(b)(e) $90\mu m\times130\mu m$；(c)(f) $82\mu m\times146\mu m$

(请扫Ⅶ页二维码看彩图)

　　光子晶体光纤的多孔结构很容易在熔接过程中塌陷,在合适的条件下可以在两段光纤之间形成微气泡,从而构成 EFPI。图 5.2.7 展示了一种在单模光纤与光子晶体光纤之间形成的气泡腔。熔接过程中,通过氮气对光子晶体光纤加压,使之在放电区域塌陷并形成气泡,气泡的尺寸能够在一定范围内调整。该传感器应变灵敏度达到 $10.3pm/\mu\varepsilon$,测量范围超过 $1000\mu\varepsilon$,温度交叉灵敏度为 $1pm/℃$。

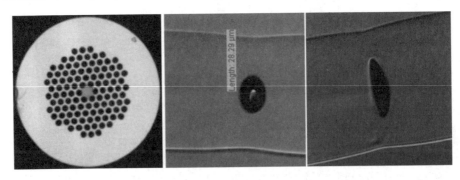

图 5.2.7　SMF-PCF 气泡腔所采用 PCF 的截面显微图及不同尺寸的气泡腔显微图

还可以预先在光子晶体光纤上预制微孔,在与单模光纤熔接过程中,熔融的光子晶体光纤在表面张力的作用下形成气泡腔,如图 5.2.8 所示。在光纤纤芯预制微孔可以通过腐蚀或超快激光加工等手段实现。实验验证了传感器在 500℃下能够正常工作,应变测量范围达到 $5000\mu\varepsilon$,温度敏感小于 $1.0\mathrm{pm}/℃$。

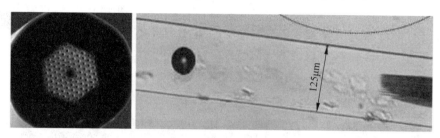

图 5.2.8　预制微孔的 PCF 截面显微图和制作的应变传感器显微图

普通单模光纤经过特殊的熔接步骤也能够形成气泡腔,从而构成结构紧凑的 F-P 应变传感器。首先,使用熔接机对切割后的单模光纤放电,使之形成球形端面,如图 5.2.9(a)所示;其次,将另外一根切割平整的单模光纤与球形单模光纤熔接,如图 5.2.9(b)所示,选择合适的熔接参数,由于光纤不同部位熔化与固化的时间差,熔接点将少量空气包覆其中,形成气泡,如图 5.2.9(c)所示;最后,在熔接点的两端适当施加轴向的压力或拉力,补充放电,即可将气泡腔的形态调整到所需状态,如 5.2.9(d)所示。该传感器在 $1000\mu\varepsilon$ 内的应变灵敏度为 $4\mathrm{pm}/\mu\varepsilon$,且具有良好的线性。其在 1000℃以内的温度交叉灵敏度小于 $0.9\mathrm{pm}/℃$。经高温下的应变实验证明,该传感器能够在 800℃下工作,但传感器在应变加载和卸载中的重复性变差;在 600℃以下时,传感器工作良好。

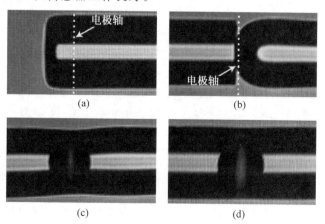

图 5.2.9　基于单模光纤的气泡式光纤 F-P 应变传感器的制作流程

(a)熔接机对切割后的单模光纤放电以形成球形端面;(b)切割平整的单模光纤与球形单模光纤熔接;(c)选用合适的熔接参数以形成气泡;(d)调整气泡形状

由于液体在受热时会气化，则单模光纤端面涂覆的适当的液体在熔接过程中会吸收电弧的能量气化，气体被熔化的石英包覆于熔接点内而形成较大气泡。图 5.2.10 为一种利用折射率匹配液作为气体源的气泡式光纤 F-P 应变传感器的制作流程示意图。在单模光纤端面涂覆折射率匹配液，单模光纤端面经过预先放电改造为光滑的弧面，如图 5.2.10(a)所示；保证两根光纤端面接触，设定合适的参数进行熔接，最终在熔接点形成气泡腔，如图 5.2.10(b)和(c)所示；通过补充放电和轴向电机的位移，可以调整气泡腔直至合适的尺寸，如图 5.2.10(d)所示。

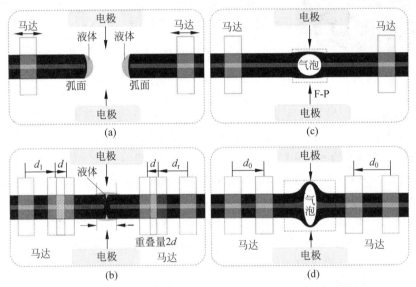

图 5.2.10 通过涂覆液体制造气泡腔的气泡式光纤 F-P 应变传感器制作流程
(a) 单模光纤端面预放电形成光滑弧面；(b) 通过熔接机左右电机移动光纤使光纤端面接触；(c) 光纤末端相互熔接形成气泡腔；(d) 调整气泡腔尺寸

(请扫Ⅶ页二维码看彩图)

图 5.2.11 为通过上述方案制作的不同尺寸气泡腔的 F-P 应变传感器及其光谱。通过对不同尺寸气泡腔的传感器进行试验，证明随着腔长的缩短，应变传感器的灵敏度逐渐增大，图 5.2.11(e)所示的 $46\mu m$ 腔长的传感器灵敏度最优，为 $6.0pm/\mu\varepsilon$，在 $100\sim600℃$ 环境中测试了其温度敏感度，为 $1.1pm/℃$，温度引起的应变测量误差小于 $0.2\mu\varepsilon/℃$。

5.2.4 偏芯熔接式光纤 F-P 应变传感器

通过光纤的偏芯熔接而形成的开放式 F-P 干涉仪是一种较为常见的传感器构成形式。偏芯熔接保证了平整的光纤端面不受破坏，因此准直的两个光纤端面可以作为反射面而构成 EFPI。由于开放的腔体便于与环境物质进行交换，所以常被

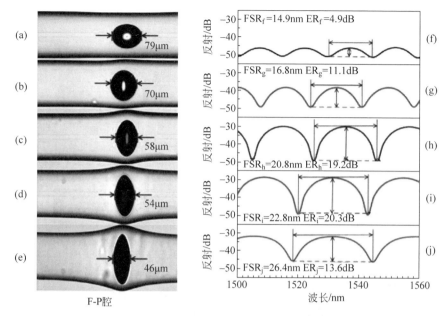

图 5.2.11　不同尺寸的气泡腔显微图及对应的应变传感器的反射光谱

(a)(f) 腔长为 79μm；(b)(g) 腔长为 70μm；(c)(h) 腔长为 58μm；(d)(i) 腔长为 54μm；(e)(j) 腔长为 46μm

（请扫Ⅶ页二维码看彩图）

用于流体折射率等参数的测量。偏芯熔接形成的开腔 F-P 干涉仪用于应力测量也有报道。相较于常规 EFPI，偏芯熔接式光纤 F-P 应变传感器的强度低，不利于大应变量的测量；同时，开放的干涉腔易受环境湿度、气压、粉尘等干扰而影响应变的测量精度，需要增加封装外壳加以保护，而这往往会增加传感器的尺寸以及限制其在高温环境下的应用。

在制备偏芯熔接式光纤 F-P 应变传感器的过程中需要对反射谱线进行监测，以便对传感器质量进行控制。这种传感器的制备过程大概分为以下三个步骤：首先，把两段单模光纤分别去除涂覆层，用光纤切割刀切割平整，分别放入光纤熔接机的两端，如图 5.2.12(a)所示，由于光纤的直径为 125μm，则熔接的光纤横向偏置最好超过 62.5μm，这样可以使光纤的纤芯超过一半接触到空气，从而能实现更强的菲涅耳反射；偏芯熔接完成后的光纤如图 5.2.12(b)所示，完成熔接之后，需要对熔接好的光纤进行切割，根据传感器的目标腔长选择切割点；把切割好的偏芯熔接光纤和另一段单模光纤进行熔接，如图 5.2.12(c)所示，这一步熔接需要把熔接好的光纤外侧的纤芯与要熔接的单模光纤纤芯对准，然后进行偏芯熔接，最终形成如图 5.2.12(d)的偏芯 F-P 结构。制作完成的不同腔长的传感器及其光谱如图 5.2.13 所示。实验证明，图 5.2.13(c)所示 50μm 腔长的传感器应变灵敏度最高，为 31.20pm/με，该传感器在 50~650℃ 的温度灵敏度为 0.85pm/℃。

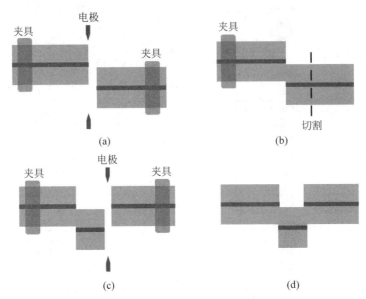

图 5.2.12 偏芯熔接式光纤 F-P 应变传感器的制作流程

（a）偏芯熔接切割平整的光纤；（b）切割偏芯熔接完成后的光纤；（c）偏芯熔接切割好的偏芯熔接光纤和另一段光纤；（d）偏芯熔接后形成的偏芯 F-P 结构

（请扫Ⅶ页二维码看彩图）

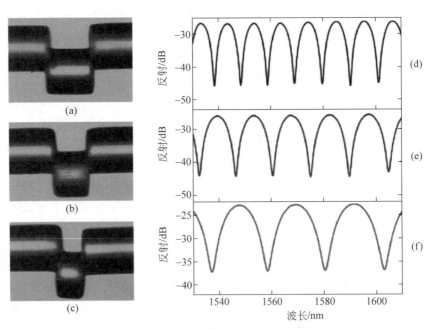

图 5.2.13 不同腔长的偏芯熔接式光纤 F-P 应变传感器显微照片及对应的反射光谱

（a）（d）腔长为 110μm；（b）（e）腔长为 80μm；（c）（f）腔长为 50μm

（请扫Ⅶ页二维码看彩图）

5.2.5　插入悬臂式光纤 F-P 应变传感器

插入悬臂式光纤 F-P 应变传感器是为了大幅度增加传感器的灵敏度而对 EFPI 传感器进行的改进。通常一端为单模光纤熔接一段空心光纤；另一端为单模光纤固定一段延长臂，延长臂端面经过处理以保证反射率，臂长与空心光纤的长度相匹配，保证其反射面与单模光纤的反射面保持合适的距离，即 F-P 腔的腔长。插入悬臂式光纤 F-P 应变传感器有两种形式：其一为双端固定式应变传感器；其二为单端固定式应变传感器。以下将分别介绍两者的构成形式及优缺点。

图 5.2.14 为一种双端固定的插入悬臂式光纤 F-P 应变传感器，传感器左侧为传输光纤熔接了一段空心光纤，传输光纤的端面作为 F-P 的一个反射面；空心光纤的右端与插入的悬臂及一段单模光纤熔接在一起，悬臂的光滑端面作为 F-P 的第二反射面，其与传输光纤端面之间的空间即 F-P 腔。该传感器通过增加传感器的有效长度和减小 F-P 腔长，极大提高了应变力灵敏度。

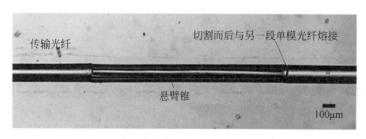

图 5.2.14　双端固定的插入悬臂式光纤 F-P 应变传感器

传感器的悬臂由单模光纤经过拉锥形成，其制备流程详见图 5.2.15。单模光纤经过两次拉锥，如图 5.2.15(a)和(b)所示，形成台阶状结构，如图 5.2.15(c)所示；之后对其进行切割，形成带"瓶塞"结构的悬臂，且悬臂的端面保持平整；完整的悬臂结构如图 5.2.15(d)和(e)所示。

获得悬臂后即可进行传感器的制作。首先是熔接单模光纤与空心光纤，然后根据制备好悬臂的长度切割空心光纤，保证悬臂，包括"瓶塞"结构，能够插入空心光纤，且留有合适的空间作为 F-P 腔，如图 5.2.16(a)和(b)所示；之后将空心光纤与悬臂熔接在一起，如图 5.2.16(c)所示；熔接后的光纤组合显微照片见图 5.2.16(d)。经实验验证，此时最脆弱的部位为空心光纤与悬臂的熔接点处，为了保证传感器的强度，将此处切割后与另外一段单模光纤熔接在一起，最终形成如图 5.2.14 所示的应变传感器。

图 5.2.16(d)中悬臂的端面与单模光纤反射面之间的距离 L_1 即 F-P 腔的腔长，L_2 为传感器敏感区域的长度。外部环境施加到传感器敏感区域的应变将集中

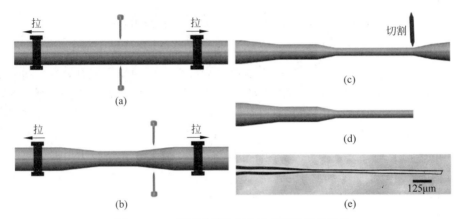

图 5.2.15　光纤悬臂的制作流程图及显微照片

（a）电弧放电加热单模光纤的中心，步进电机匀速拉动单模光纤的两端；（b）两步电弧放电拉锥光纤形成台阶状结构；（c）切割光纤；（d）制作完成的光纤悬臂；（e）光纤悬臂显微照片

（请扫Ⅶ页二维码看彩图）

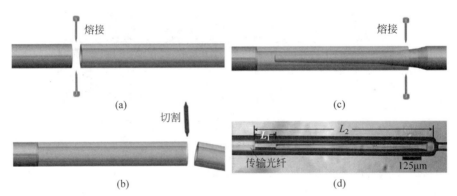

图 5.2.16　双端固定的插入悬臂式光纤 F-P 应变传感器制作流程及显微照片

（a）单模光纤与空心光纤熔接；（b）熔接后的空芯光纤切割到适量长度；（c）光纤悬臂插入空芯光纤并与之熔接；（d）插入悬臂式光纤 F-P 腔的显微照片

（请扫Ⅶ页二维码看彩图）

反映在腔长 L_1 的变化上，因此传感器可以有较大的灵敏度。实验测得该传感器的应变灵敏度达到 559pm/$\mu\varepsilon$，明显高于前文介绍的几种传感器，其温度交叉敏感灵敏度为 11pm/℃。该传感器最大的不足在于制作过程烦琐，传感器的批量生产存在困难。

　　单端固定的插入悬臂式光纤 F-P 应变传感器结构与双端固定的插入悬臂式光纤 F-P 应变传感器类似，只是空心光纤与悬臂之间不再固连，而保持活动状态。图 5.2.17 为一种单端固定的插入悬臂式光纤 F-P 应变传感器示意图。传感器由单模光纤与空心光纤构成,其中空心光纤的内径略大于单模光纤的外径。将空心光纤与一段切割平整的单模光纤熔接在一起,保留合适长度空心光纤;之后,再将另外一段切割平整的单模光纤插入空心光纤中,两段单模光纤的端面即构成 F-P 腔,两者的间隔 L_1 即传感器的腔长,如图 5.2.17 所示。

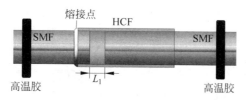

图 5.2.17　单端固定的插入悬臂式光纤 F-P 应变传感器

使用时,将空心光纤两侧的单模光纤使用高温胶固定在待测物体上,如图 5.2.17 所示。F-P 腔长的变化反映了两个粘胶点之间的间隔变化,因而传感器的灵敏度得到很大程度的提高。同时,由于单模光纤与空心光纤之间的摩擦阻力很小,所以对粘贴传感器所使用的高温胶强度的要求很低,而大部分高温胶的粘贴强度较弱,故而,这一优势对该传感器在高温环境下的应用极为有利。该传感器十分适合高温环境下微弱应变的测量。

与此同时,由于传感器没有完全固连,传感器的腔长在粘贴过程中变化大,则需要在粘贴全程监测腔长,以保证腔长处于合理范围,以确保后续的应变测量。由于两个粘胶点之间的间隔决定了传感器的灵敏度,为了保证不同部位粘贴的传感器灵敏度一致,则需要确保粘胶点间隔保持一致。为此,专门设计了工装,来确保测量精度,如图 5.2.18 所示。

总之,该传感器的灵敏度较高,适合高温环境下微弱应变的测量,而其缺点在于传感器的安装困难、耗时,对安装的精度要求高。此外,受限于传感器自身的结构特征,传感器极易损坏,对传感器的运送条件要求高。

涂胶处　　　　涂胶处

图 5.2.18　传感器的涂胶工装

5.2.6　非空气腔的高温 F-P 应变传感器

非空气腔的 F-P 由于腔内物质(最常见为石英玻璃)的热膨胀系数与热光系数大,其对温度非常敏感,往往用于温度传感器,用于应变传感器的情况很少见。且该类传感器由于温度交叉敏感明显,只能用于测量环境温度稳定,少有波动的场合。

使用光纤作为干涉腔,干涉腔与传输光纤间不存在折射率差,因此必须使用镀膜等手段在腔两侧引入反射面,形成本征 F-P 干涉仪(IFPI)。图 5.2.19 为通过在光纤端面镀金膜后与普通单模光纤熔接而形成的 IFPI 应变传感器,图中两个熔接点也为金膜反射镜位置所在,两者之间光学距离为 F-P 腔的腔长。该传感器在 $400\mu\varepsilon$ 内的应变灵敏度为 $0.27\mathrm{nm}/\mu\varepsilon$,线性良好,实验证明了传感器在 250℃ 环境下的生存能力,且其在室温至 250℃ 范围内的温度灵敏度为 2.42nm/℃。可以看出,该传感器的应变测量极易受到测量环境温度变化的影响,而且制作过程涉及真空沉积镀膜等复杂工艺。

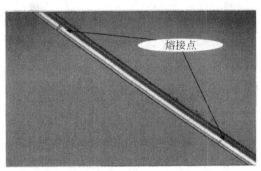

图 5.2.19 光纤端面镀金膜后与普通单模光纤熔接形成的 IFPI 应变传感器

此外,可以通过在光纤中引入气泡形成反射镜,进而形成非空气腔 F-P 干涉仪。图 5.2.20 为通过空心光子晶体光纤(HCPCF)与单模光纤熔接,形成两个气泡而形成的干涉仪。其中,传输光纤一侧的第一气泡有较小的尺寸,以保证光子晶

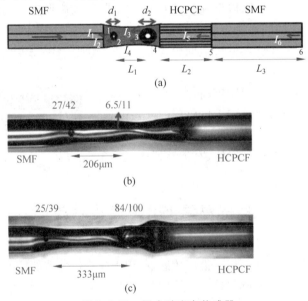

图 5.2.20 混合腔应变传感器

(a) 光在混合腔应变传感器的传播;(b)(c) 不同尺寸的混合腔应变传感器

(请扫Ⅶ页二维码看彩图)

体光纤一侧的第二气泡拥有足够的光注入,如图 5.2.20 所示。由于光经过气泡及塌陷区的损耗,该传感器的反射光主要由两个气泡反射的四束光组成,即图 5.2.20(a)中的 $I_1 \sim I_4$。图 5.2.20(b)和(c)中标注的参数依次为两个气泡的直径及两者之间的距离,单位为 μm。传感器通过混合腔(两个气泡腔及两者之间的石英腔)进行应变的测量。图 5.2.20(b)和(c)的应变传感器在 $1000\mu\varepsilon$ 范围内的测量灵敏度分别为 $0.74\mathrm{pm}/\mu\varepsilon$ 和 $1.24\mathrm{pm}/\mu\varepsilon$,两个传感器的温度灵敏度分别为 $4\mathrm{pm}/℃$ 和 $9\mathrm{pm}/℃$。

该传感器制造过程复杂,难以精确控制,传感器的一致性得不到保证。同时,传感器的温度灵敏度远大于应变灵敏度,极大限制了其应用范围。传感器的干涉条纹对比度不佳,且干涉信号复杂,解调难度大。

5.3　高温 F-P 应变传感器的性能校准及应用

常规光纤 EFPI 高温应变传感器制作简单、性能均衡、解调技术成熟、适用范围广,是常用的具有代表性的一类高温应变传感器,其他 F-P 高温应变传感器多数可视为此类传感器的异化与变种。本节针对此类应变传感器,介绍其性能、温度补偿、应用等内容。

一种性能优异的光纤 EFPI 高温应变传感器是在两段切割平整的单模光纤之间熔接一段空心光纤,由此形成两个平行的空气-玻璃界面,从而形成 F-P 腔。传感器的制作流程简单易行:①将切割平整的单模光纤与空心光纤熔接在一起;②将熔接后的 SMF-HCF 组合置于显微切割系统中,保留合适长度的空心光纤,将空心光纤的其余部分切除掉,此处保留空心光纤的长度将决定最终传感器的腔长;③将另外一段切割平整的单模光纤与经②处理后的空心光纤熔接,形成 EFPI 高温应变传感器,制作流程如图 5.3.1 所示。传感器的制作由常见的光纤处理工具完成,便于传感器的低成本批量生产与应用。该传感器已经证明了在 $1000℃$ 以下高温环境中的工作能力,其测量灵敏度为 $0.17\mathrm{nm}/\mu\varepsilon$,最大测量应变达到 $20000\mu\varepsilon$ 以上,该传感器性能的具体介绍将在本节后续内容给出。

5.3.1　传感器基本特性的测试

对制作好的常规光纤 EFPI 高温应变传感器进行应变测量实验时,将光纤高温应变传感器与电阻应变片同时贴在一个梁上,如图 5.3.2 所示,使两种类型的传感器所受到的应变相同。这里使用自行研制的光纤白光干涉解调仪测量 EFPI 应变传感器,该仪器的腔长测量范围为 $60 \sim 5000\mu m$,最高测量分辨率达到 $0.2\mathrm{nm}$,测量速度大于 $30\mathrm{Hz}$。使用秦皇岛市北戴河兰德科技有限责任公司生产的 BZ2205C

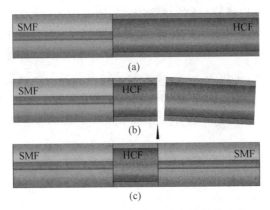

图 5.3.1　EFPI 高温应变传感器的制作流程

（a）单模光纤与空心光纤熔接；（b）切割空心光纤；（c）单模光纤与切割好的空心光纤熔接

型静态电阻应变仪对电阻应变片进行测量（1/4 桥测量模式），将两者所测的数据进行对比以测试光纤高温应变传感器的性能。

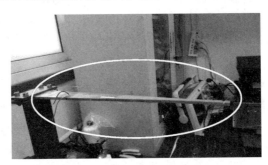

图 5.3.2　应变实验装置

　　对贴有传感器的梁施加不同的力，使其发生形变，随着所施加的力不断增大，梁的形变也不断增大，直至应变仪显示的应变量达到约 $1500\mu\varepsilon$ 时停止，同时记录下白光干涉仪与应变仪的读数。实验结果如图 5.3.3 所示，图中横轴为应变片测量的应变量，单位为 $\mu\varepsilon$，纵轴为 EFPI 腔长，单位为 μm。从图 5.3.3 中可以看出，应变传感器表现出非常好的线性，R^2 达到 0.99998，腔长——应变灵敏度为 $0.17nm/\mu\varepsilon$。将腔长的变化根据公式（5.2.10）转换为应变，得到两种不同传感器的应变对比曲线，如图 5.3.4 所示。图 5.3.4 中，横纵坐标都为应变值，单位为 $\mu\varepsilon$，横坐标是应变片测量得到的应变，纵坐标是 EFPI 测得的应变。从图中可以看出，由 EFPI 高温应变传感器所测得的应变量与应变片的测量值相吻合。由于应变片存在横向效应、蠕变等现象，故认为存在的细微差距是由应变片的精度不足造成的。

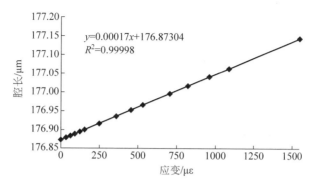

图 5.3.3　EFPI 应变传感器的腔长随应变的变化关系

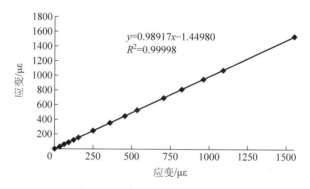

图 5.3.4　EFPI 应变传感器与电阻应变片测量结果对比

　　为了保证实验结果的准确性,这里还同时对电阻应变片与 FBG 应变传感器 (测量结果按照 1pm/$\mu\varepsilon$ 进行换算)进行了对比测量。将 FBG 应变传感器与电阻应变片同时贴在一个梁上,使两种传感器受到相同的应变。使用光纤光栅白光干涉混合测量仪测量 FBG 的中心波长,使用 BZ2205C 电阻应变仪测量应变,将两者所测的数据进行对比,如图 5.3.5 所示。图 5.3.5(a)是 FBG 波长与应变的关系,横坐标为应变量,单位为 $\mu\varepsilon$,纵坐标为波长,单位为 nm。图 5.3.5(b)是 FBG 测量应变与应变片测量应变的关系,横坐标是应变片测量得到的应变,纵坐标是 FBG 测得的应变。两者测量的应变值完全吻合,证明了实验方法及结果的准确性。这两组实验相互印证,说明 EFPI 应变传感器的测量结果真实可信。

　　再重复进行应变测量实验,对前述贴有 EFPI 应变传感器和电阻应变片的梁再次施加力,记录下应变片测量的应变值及 EFPI 的腔长,两次实验绘制出的腔长-应变曲线完美重合。其拟合直线重合,证明该 EFPI 高温应变传感器具有相当好的重复性,能够保证其测量结果的可靠性,如图 5.3.6 所示。

　　为了考查测量系统的测量分辨率,这里给出了将几个固定应变量施加到 EFPI

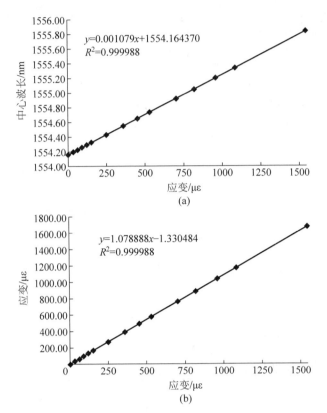

图 5.3.5　FBG 应变传感器与电阻应变片测量结果对比

（a）FBG 中心波长随应变的变化关系；（b）FBG 与电阻应变片测量结果对比

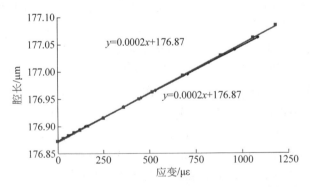

图 5.3.6　EFPI 应变传感器两次实验的腔长-应变曲线的对比

（请扫Ⅶ页二维码看彩图）

时，连续多次测量的结果，如图 5.3.7 所示。图 5.3.7(a)～(c)分别是腔长增量为 $0\mu\varepsilon$、$25\mu\varepsilon$、$48\mu\varepsilon$ 时测量的腔长数据。其腔长的波动幅度分别为 2.3nm、1.9nm、

1.7nm。经计算,白光干涉测量仪的腔长测量精度为±1nm,腔长测量分辨率为 0.2nm。根据前文所得到的应变灵敏度,可知 EFPI 高温应变传感器的测量灵敏度 为±1$\mu\varepsilon$。

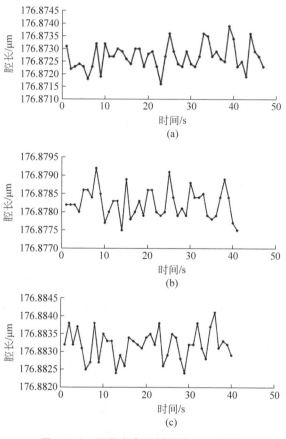

图 5.3.7　不同应变下测得的 EFPI 腔长

(a) 0$\mu\varepsilon$;（b）25$\mu\varepsilon$;（c）48$\mu\varepsilon$

　　为了测试 EFPI 高温应变传感器的应变极限测量范围,这里设计了增敏结构 来测试传感器。从图 5.2.1 所示的传感器结构示意图不难看出,由于两端单模光 纤之间的空心光纤为中空结构,其强度要比两端的单模光纤小很多,所以在空心光 纤部分会发生应力集中,由此可以大幅提高传感器的灵敏度。此时,传感器的灵敏 度为

$$\varepsilon_{增} = \frac{l' - l}{d_{FP}} \quad\quad (5.3.1)$$

其中,l 和 l' 分别为 EFPI 高温应变传感器用胶固定部分的原始长度及变形后的长

度；d_{FP} 为 EFPI 高温应变传感器敏感部分即 F-P 腔的原始腔长。由此能够在梁的形变较小的时候使传感器的腔长发生较大幅度的变化。实验结果如图 5.3.8 所示，从图中看出，经上述处理后，EFPI 高温应变传感器的应变灵敏度达到了 $3.1\mathrm{nm}/\mu\varepsilon$，是常规情况的 18.2 倍。经计算，EFPI 高温应变传感器的敏感部分 (F-P 腔)形变达到了 $20226\mu\varepsilon$，但从图 5.3.8 可以看出，此传感器的线性度依然非常好，R^2 达到了 0.997，且尚未出现非线性的趋势，说明该传感器的测量范围远大于 $20000\mu\varepsilon$，限于实验条件，未能测得其极限使用范围。

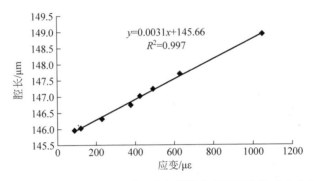

图 5.3.8　对 EFPI 应变传感器进行增敏处理后的腔长-应变曲线

在马弗炉中对微纳光纤高温应变传感器的温度特性进行测试，其结果如图 5.3.9 所示。从图中可以看出，当温度从室温升高到 1007℃时，微纳光纤高温应变传感器的腔长变化了 113nm，温度灵敏度为 $0.1\mathrm{nm}/℃$，且温度变化有很好的线性特性，换算成应变为 $665\mu\varepsilon$，相对于 $20000\mu\varepsilon$ 的极限测量范围，温度引起的腔长的极限变化量要小于传感器极限测量范围的 3.3%。若相对于 $2000\mu\varepsilon$ 的测量范围，则约为其测量范围的 1/3。对于 FBG 应变传感器，在温度变化 100℃时，波长变化大于 1nm，已经对应了超过 $1000\mu\varepsilon$ 时的波长变化，而 EFPI 传感器在温度变化 100℃时，仅有对应约 $66.5\mu\varepsilon$ 的应变变化。证明 EFPI 光纤高温应变传感器对温度不敏感。但是，如果要在温度变化幅度很大的环境中进一步提高应变测量的精度，则需要对其进行温度补偿。

接着，对应变传感器在高温环境下的性能进行了测试。将一只耐高温 FBG 和一只 F-P 传感器串联，拉直，穿过马弗炉，光纤一头固定，另一头绕过一根木棒后悬挂一质量块，施加应变，FBG 和 F-P 测量相同的应变，测试原理如图 5.3.10 所示。由于两种传感器敏感部位与传输光纤的涂覆层状况不同，且受传感器自身结构特性的影响，在该测试方案中，FBG 和 F-P 都存在应力集中，所以测试前需对两者的测量值做标定。

从室温逐步加热到 1100℃，期间在不同的温度点悬挂同样的质量块，分别记

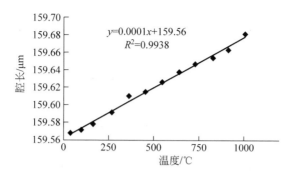

图 5.3.9　EFPI 应变传感器的腔长随温度的变化关系

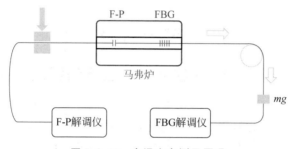

图 5.3.10　高温应变测量原理

录该温度点下悬挂重物和没有悬挂重物时的 F-P 腔长。不同温度点的腔长变量如图 5.3.11 所示。从图中可以看出,传感器在 850℃之前,在相同的应力作用下,腔长差基本保持稳定,在 850℃之上,腔长变化的波动增大,这是因为石英玻璃在高温下逐步软化,并再结晶,造成传感器的力学性能不稳定,因此 850℃之后的温度点测量值误差增大,高温环境下测得的腔长差波动明显大于之前实验±1nm 的测量精度。

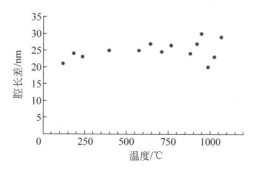

图 5.3.11　不同温度点的 EFPI 腔长变量

在 1097℃时,依次加载 $90\mu\varepsilon$,$180\mu\varepsilon$ 和 $270\mu\varepsilon$,记录 F-P 应变传感器的测量值,测量结果如图 5.3.12 所示。可以看出直至 1097℃高温时,传感器依然保持良好的线性。

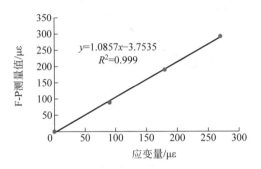

图 5.3.12　1097℃时的应变测量实验

5.3.2　光纤 EFPI 高温应变传感器的温度补偿

这里对一只腔长为 $420\mu m$ 的 EFPI 高温应变传感器在高温环境下的温度响应特性做进一步的研究,以便进行传感器温度补偿。将 EFPI 应变传感器放入马弗炉中,并用标准铂铑热电偶传感器进行对比。从常温开始升温到 1100℃,每升温 100℃记录一次数据,实验结果如图 5.3.13 所示。

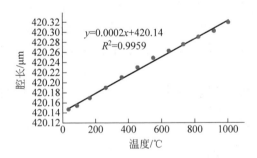

图 5.3.13　EFPI 高温应变传感器的腔长随温度的变化关系

图 5.3.13 中横轴为热电偶所测的温度值,单位为℃,纵轴为 EFPI 腔长,单位为 μm。从图 5.3.13 可以看出,传感器的 R^2 达到了 0.9959,线性度较好,利于进行温度补偿。腔长为 $420\mu m$ 的应变传感器的腔长-温度灵敏度为 $0.0002\mu m/℃$。温度变化引起的腔长变化符合以下关系

$$l = l_0 + 5l_0 t \times 10^{-7} \tag{5.3.2}$$

其中,l 为腔长;l_0 为初始腔长;t 为温度变化量(℃)。基于同样的原理,可根据 EFPI 温度传感器腔长的变化,对应变传感器进行温度补偿。由公式(5.3.2)可有

$$\frac{l_{应变}}{l_{温度}} = \frac{l_{应变0}}{l_{温度0}} \tag{5.3.3}$$

其中，$l_{温度}$、$l_{应变}$ 分别为 EFPI 温度传感器实时测量的腔长值、EFPI 应变传感器只受温度影响时测量的腔长值；$l_{温度0}$、$l_{应变0}$ 则为二者的初始腔长。则 EFPI 应变传感器只受到温度变化的影响而发生形变后的腔长为

$$l_{应变} = \frac{l_{应变0}l_{温度}}{l_{温度0}} \tag{5.3.4}$$

同时将 EFPI 温度传感器与 EFPI 应变传感器放入马弗炉中测试其温度响应，用标准铂铑热电偶进行温度校准，将 EFPI 应变传感器实测的腔长值与根据公式(5.3.4)和 EFPI 温度传感器的测量值计算出的理论腔长进行对比，其结果如表 5.3.1 所示。

表 5.3.1　不同温度下应变传感器的理论腔长值与实测腔长值对比

温度/℃	$l_{温度}/\mu m$	$l_{应变}/\mu m$	$l_{应变}$ 理论值$/\mu m$
35	420.147	377.627	377.627
85	420.155	377.630	377.634
163	420.170	377.645	377.648
262	420.190	377.665	377.666
359	420.210	377.685	377.684
455	420.230	377.703	377.702
550	420.249	377.717	377.719
642	420.263	377.730	377.731
731	420.276	377.745	377.743
822	420.291	377.756	377.756
915	420.303	377.765	377.767
1004	420.320	377.784	377.782

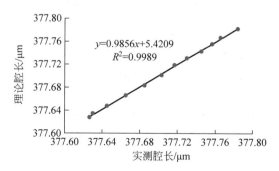

图 5.3.14　不同温度下 EFPI 应变传感器腔长理论值与实测值对比曲线

从表 5.3.1 及图 5.3.14 可以看出,根据公式(5.3.4)计算出的理论腔长与实测腔长相关度很好,R^2 达到了 0.9989,证明这种温度补偿的方法是可行的。由此 EFPI 应变传感器因受到应力而发生的形变量为

$$\Delta l = l'_{应变} - l_{应变} \tag{5.3.5}$$

其中,$l'_{应变}$ 为实时测量的腔长值;$l_{应变}$ 为其只受到温度改变而发生形变后的腔长;Δl 为应变传感器因受到应力而发生的形变量,即经温度补偿后的腔长。

对 EFPI 高温应变传感器粘贴在不锈钢构件上的温度特性的变化进行研究,来探索待测材料对传感器温度特性的影响。使用耐高温胶将 EFPI 高温应变传感器及 EFPI 温度传感器贴在 17-4ph 不锈钢构件上,构件结构如图 5.3.15 所示。同样将其与热电偶一起放入马弗炉中,使用同上文一致的实验方法,获得其温度响应特性。

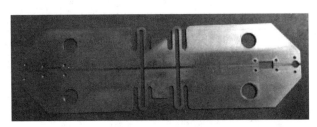

图 5.3.15　应变实验中用到的 17-4ph 不锈钢构件

(请扫Ⅶ页二维码看彩图)

此时,温度变化引起的腔长变化依然符合公式(5.3.2)所表达的关系,只是系数有所不同。于是可有

$$l_{应变2} = K \frac{l_{应变0} l_{温度}}{l_{温度0}} \tag{5.3.6}$$

其中,$K = \dfrac{1+\alpha_{材料}}{1+\alpha_{石英}}$,这里 $\alpha_{材料}$、$\alpha_{石英}$ 分别为 17-4ph 材料与石英玻璃的热膨胀系数;$l_{温度}$ 为 EFPI 温度传感器实时测量的腔长值;$l_{应变2}$ 为贴在不锈钢件上后 EFPI 应变传感器只受温度影响时测量的腔长值;$l_{温度0}$、$l_{应变0}$ 则为两者的初始腔长。同样可有,贴在不锈钢件上后 EFPI 应变传感器因受到应力而发生的形变量为

$$\Delta l_2 = l'_{应变2} - l_{应变2} \tag{5.3.7}$$

其中,$l'_{应变2}$ 为贴在不锈钢件上后 EFPI 应变传感器实时测量的腔长值;$l_{应变2}$ 为其只受到温度影响而发生形变后的腔长;Δl_2 为应变传感器因受到应力而发生的形变量,即经温度补偿后的腔长。由公式(5.3.7)与公式(5.2.10)即可求出不锈钢构件所受到的应变量。由此即完成温度补偿,得到了去除温度影响的应变量。

5.3.3　高温应变传感器的工程应用

使用我们研制的光纤 EFPI 高温应变传感器对某新型飞行器进行了机体结构的静力加载实验。对飞行器的待测部位进行清洁,使用高温胶将 EFPI 应变传感器固定在待测物体表面,待胶自然固化后,使用高温灯对其进行加热,使其彻底固化。粘贴传感器时,对其施加约 $500\mu\varepsilon$ 的预应变。传感器的粘贴位置如图 5.3.16(a)所示。飞行器进行高温静力加载过程中测量系统成功进行了应变测量。图 5.3.16(b)为某测量点记录的传感器数据,成功记录下了各阶段应变加载的过程及应变卸载的过程。

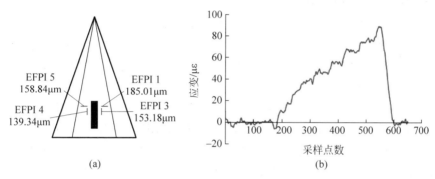

图 5.3.16　飞行器的静力加载实验

(a) 传感器的粘贴位置；(b) 传感器的应变测量结果

此外,还使用该类光纤高温应变传感器对某飞行器外壳进行了应变热加载实验。对待测部位进行清洁,使用高温胶将 EFPI 应变传感器固定在待测物体表面,使其自然固化。传感器的粘贴位置如图 5.3.17(a)所示。在进行应变加载实验时,使用白光干涉解调仪对传感器进行连续测量,记录下传感器的腔长变化过程,将记

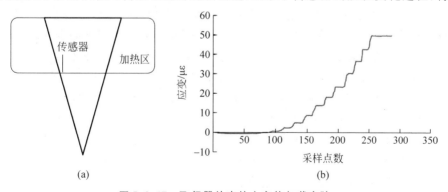

图 5.3.17　飞行器外壳的应变热加载实验

(a) 传感器的粘贴位置；(b) 传感器的应变测量结果

录的测量值转化为应变值。从图 5.3.17(b)中可以清晰看出整个多级应变加载的全过程,证明了传感器高灵敏度和高稳定性。

5.4 本章小结

本章首先介绍了石英光纤 F-P 高温应变传感器的基本结构、测量原理及常见形式。在此基础上,针对常见的 EFPI 高温应变传感器,介绍了其基本性能及测试、温度补偿方案,以及工程应用。

1. 传感器的几种常见形式

常规光纤 EFPI 高温应变传感器是光纤 F-P 高温应变传感器的基本形式,工艺简单成熟、信号质量高、成本低廉、适应性好,是常用的一类高温应变传感器,是具有代表性的一种高温应变传感器,其他 F-P 高温应变传感器多数可视为此类传感器的异化与变种。

气泡式光纤 F-P 应变传感器是由石英气泡腔的两侧内壁作为 EFPI 的两个反射面形成的。外部应变改变气泡的形状,从而改变 EFPI 的腔长,进而获得待测应变量。此类传感器形式多样,通过调整气泡的大小可以方便地调整传感器的性能,往往具有较高的灵敏度和较小的温度交叉影响。相较于常规 EFPI 应变传感器,气泡式 F-P 应变传感器制作过程复杂烦琐。

偏芯熔接式光纤 F-P 应变传感器是一种开放式 F-P 腔传感器,易受环境湿度、气压、粉尘等干扰而影响应变的测量精度,需要增加封装外壳加以保护,而这往往会增加传感器的尺寸以及限制其在高温环境下的应用;受限于自身的结构特征,传感器的强度低,不利于大应变量的测量;同时,传感器的制作工艺也较复杂。因此,此类应变传感器应用较少。

插入悬臂式光纤 F-P 应变传感器通常一端为单模光纤熔接一段空心光纤,另一端为单模光纤固定一段延长臂。常见有两种形式:其一为双端固定式应变传感器;其二为单端固定式应变传感器。双端固定式传感器通过增加传感器的有效长度和减小 F-P 腔长,提高了应变力灵敏度;最大的不足在于制作过程烦琐,传感器的批量生产存在困难。单端固定式应变传感器空心光纤与悬臂之间不再固连,而保持活动状态,因而传感器的灵敏度很高,十分适合高温环境下微弱应变的测量;而其缺点在于传感器的安装困难、耗时,对安装的精度要求高。此外,受限于传感器自身的结构特征,传感器极易损坏,对传感器的运送条件要求高。

非空气腔的高温 F-P 应变传感器由于腔内物质(最常见为石英玻璃)的热膨胀系数与热光系数大,其对温度非常敏感,用于应变传感器的情况很少见,只能用于测量环境温度稳定、少有波动的场合。

2. 光纤 EFPI 高温应变传感器

测试了 EFPI 高温应变传感器的性能,其腔长变化灵敏度为 $0.17\text{nm}/\mu\varepsilon$,应变测量分辨率可达 $\pm1\mu\varepsilon$,线性度高达 0.99998,最大应变测量超过 $20000\mu\varepsilon$。同时,通过实验验证了其在 $1097℃$ 高温下的应变测量能力。

介绍了一种基于光纤 EFPI 温度传感器的高温应变补偿方案,并进行了实验验证。通过温度补偿理论计算出的不同温度下应变传感器腔长变化与传感器腔长的测量值的一致性很好,证明了补偿方案的有效性。

最后,简单介绍了两种光纤 EFPI 高温应变传感器在航天领域工程应用的案例。

参考文献

[1] 尹福炎.电阻应变片与测力/称重传感器——纪念电阻应变片诞生 70 周年(1938—2008)[J].衡器,2010,39(11):42-48.

[2] 王则力,乔通,宫文然,等.碳基复合材料结构 800℃ 光纤高温应变测量[J].强度与环境,2019,46(3):1-6.

[3] 陈涛.基于埋入式光纤传感器的固体火箭发动机健康监测系统[D].长沙:湖南大学,2015.

[4] 孟令健.缠绕式光纤应变传感器开发及在道路工程中的应用[D].北京:北京科技大学,2019.

[5] GUO J J,NIU M X,YANG C X. Highly flexible and stretchable optical strain sensing for human motion detection [J]. Optica,2017,4(10):1285-1288.

[6] 江毅,贾景善,付雷,等.外腔式光纤 Fabry-Perot 干涉型高温应变传感器[J].光学技术,2017,43(5):423-426.

[7] 王晓娜.光纤 EFPI 传感器系统及其在油气井中应用的研究[D].大连:大连理工大学,2007.

[8] WANG A B. Optical fiber sensors for energy-production and energy-intensive industries [C]. Shanghai:Conference on Advanced Sensor Systems and Applications,2002.

[9] FERREIRA M S,BIERLICH J,KOBELKE J,et al. Towards the control of highly sensitive Fabry-Pérot strain sensor based on hollow-core ring photonic crystal fiber [J]. Optics Express,2012,20(20):21946-21952.

[10] TIAN J J,JIAO Y Z,FU Q,et al. A Fabry-Perot interferometer strain sensor based on concave-core photonic crystal fiber [J]. Journal of Lightwave Technology,2018,36(10):1952-1958.

[11] WU Y F,ZHANG Y D,WU J,et al. Temperature-insensitive fiber optic Fabry-Perot interferometer based on special air cavity for transverse load and strain measurements[J]. Optics Express,2017,25(8):9443-9448.

［12］ FAVERO F C,ARAUJO L,BOUWMANS G,et al. Spheroidal Fabry-Perot microcavities in optical fibers for high-sensitivity sensing［J］. Optics Express,2012. 20(7)：7112-7118.

［13］ VILLATORO J,FINAZZI V,COVIELLO G,et al. Photonic-crystal-fiber-enabled micro-Fabry-Perot interferometer［J］. Optics Letters,2009,34(16)：2441-2443.

［14］ DUAN D W,RAO Y J,HOU Y S,et al. Microbubble based fiber-optic Fabry-Perot interferometer formed by fusion splicing single-mode fibers for strain measurement［J］. Applied Optics,2012,51(8)：1033-1036.

［15］ 段德稳.耐高温微型光纤干涉传感器研究［D］.重庆：重庆大学,2012.

［16］ LIU S,WANG Y P,LIAO C R,et al. High-sensitivity strain sensor based on in-fiber improved Fabry-Perot interferometer［J］. Optics Letters,2014,39(7)：2121-2124.

［17］ 吴泳锋.单腔和双腔混合光纤 Fabry-Perot 干涉仪的传感特性研究［D］.哈尔滨：哈尔滨工业大学,2018.

［18］ WU Y F,ZHANG Y D, WU J,et al. Fiber-optic hybrid-structured Fabry-Perot interferometer based on large lateral offset splicing for simultaneous measurement of strain and temperature［J］. Journal of Lightwave Technology,2017,35(19)：4311-4315.

［19］ LIU Y,LANG C P,WEI X C,et al. Strain force sensor with ultra-high sensitivity based on fiber inline Fabry-Perot micro-cavity plugged by cantilever taper［J］. Optics Express, 2017,25(7)：7797-7806.

［20］ 方卉.光纤法布里-珀罗传感器及其复用研究［D］.大连：大连理工大学,2009.

［21］ DASH J N,JHA R. Fabry-Perot cavity on demand for hysteresis free interferometric sensors［J］. Journal of Lightwave Technology,2016,34(13)：3188-3193.

第 6 章

石英光纤F-P高温振动传感器

6.1 引言

　　振动是指物体在平衡位置附近所做的往复运动,这种振动可以通过位移、速度、加速度等物理量随时间的变化来表示。振动对人类生活产生有深远的影响,其中好的方面例如:空气的振动产生声波,石英振荡器的振动可以计时,琴弦的振动产生音乐,还有一些利用振动制造的筛选机、粉碎机、打桩机等。然而振动也会产生坏的影响,例如:地壳的剧烈振动,产生地震,造成生命财产的损失;机器的振动使得自身的使用寿命减短,生产的产品良莠不齐,同时还会产生巨大的噪声,影响正常生活,造成噪声污染;桥梁的共振造成自身结构破坏;飞机车船的振动造成人体不适等。因此振动的监测和管控是一项重要的研究课题。经过多年的发展,用于检测各种振动信号的传感器取得了长足的发展。根据传感原理,现有的振动传感器大致可以分为五类:①压电式振动传感器,利用压电陶瓷的压电效应,传感器结构简单、性能可靠,但不适合低频信号的测量;②压阻式振动传感器,利用单晶硅等半导体的压阻效应,传感器体积小、质量轻,但受温度影响显著;③电容式振动传感器,利用振动使平行极板电容变化,传感器分辨率高、温漂小、能实现静态测量,但量程小、测量频率范围窄;④伺服式振动传感器,通过反馈调节使惯性质量保持在力平衡的状态测量振动,传感器灵敏度高、动态特性好,但成本高、测量范围小;⑤新型振动传感器,主要包括光学振动传感器、谐振式振动传感器、热对流式振动传感器等。

　　早期电学类的传感器凭借结构简单、寿命长、性能稳定等优势,广泛应用于飞机、轮船、汽车、建筑、桥梁等质量健康监测中。随着科学技术的不断进步,振动的监测逐步拓展到强电磁、高温高压、强辐射等极端环境中。在传统的电学传感器无法实现振动的监测时,光纤传感器展现出明显的优势,光纤传感器质量轻、体积小、无源、灵敏度高、动态范围大、抗电磁干扰的特点使其能满足特殊的应用需求,尤其是石英光纤天然具有耐高温特性,全石英结构的光纤振动传感器能有效解决高温环境下振动测量的技术难题。

6.2 光纤振动传感器的研究进展

现有的光纤振动传感器按照传感原理分为强度调制型、波长调制型和相位调制型。强度调制型是通过振动改变光纤和光纤之间的耦合效率,用光强度变化反映振动,特点是结构简单、制作方便、成本低,但输出的光强容易受到光源波动和传输光纤损耗等外界条件的影响。波长调制型是将光纤布拉格光栅(FBG)贴在悬臂梁上,悬臂梁受迫振动弯曲,从而使 FBG 的中心波长发生漂移。波长调制型光纤振动传感器的灵敏度取决于悬臂梁的长度,因此灵敏度和传感器的体积两者不可兼得。相位调制型主要是法布里-珀罗干涉仪(FPI)结构,通过振动引起法布里-珀罗(F-P)腔腔长的变化进而使得干涉信号发生变化以进行测量,其特点是测量精度高、结构多样。下面列举几种。

全光纤简支梁低频光纤振动传感器,其加工工艺是利用氢氟酸(HF)分步腐蚀,在单模光纤上制作出梁和质量块,并将其插入空芯光纤中形成简支梁,在单模光纤端面间形成非本征法布里-珀罗干涉仪(EFPI),该传感器属于相位调制型光纤传感器,其结构如图 6.2.1 所示,当传感器被施加垂直于光轴方向的振动时,悬臂梁受迫振动发生弯曲形变,从而使 EFPI 腔长发生变化,通过激光干涉解调技术即可获得外加振动信号。该简支梁的直径是 $35\mu m$,长度为 $50\sim70\mu m$,其共振频率在 $100Hz$ 左右,因此只能用于测量低频振动信号。

悬臂梁型光纤振动传感器,利用双包层光纤的纤芯和包层的腐蚀速率不同,构成悬臂梁结构,将腐蚀后的双包层光纤与单模光纤熔接,从而形成透射式的强度调制型振动传感器,其结构如图 6.2.2 所示。所测量的振动方向垂直于光轴方向,振动引起纤芯悬臂梁的振动,从而使腐蚀后的纤芯与单模光纤纤芯产生角度偏差,使接收光强度产生变化。该传感器的测量范围为 $5Hz\sim10kHz$,测量频率范围大,传感器的尺寸较小,但制作复杂,不能精确控制传感器的加工。

结合化学刻蚀和聚焦离子束(focused ion beam,FIB)加工技术而制作出的悬臂梁相位调制型光纤振动传感器,其结构如图 6.2.3 所示,利用氢氟酸对非对称的掺磷光纤进行刻蚀,形成悬臂梁结构,再使用 FIB 进行微纳加工,将刻蚀后的纤芯截断,形成一个缝隙,构成了 EFPI,该传感器有效频率测量范围为 $1Hz\sim40kHz$。FIB 技术对于光纤这种微纳结构的加工有着加工精度高、加工过程可控等优点,但设备昂贵,加工速度慢。

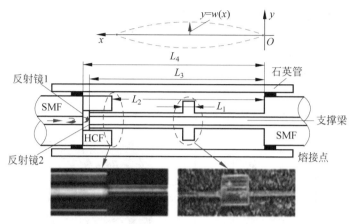

图 6.2.1　全光纤结构简支梁低频振动传感器

（请扫Ⅷ页二维码看彩图）

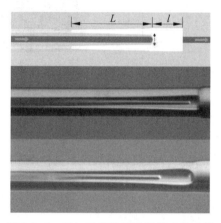

图 6.2.2　双包层光纤悬臂梁振动传感器

（请扫Ⅷ页二维码看彩图）

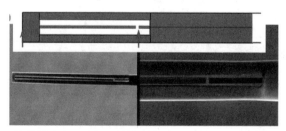

图 6.2.3　化学刻蚀和 FIB 加工技术制作的悬臂梁式 EFPI 光纤振动传感器

（请扫Ⅷ页二维码看彩图）

利用二氧化碳激光器和 FIB 技术的相位调制型悬臂梁式光纤振动传感器如图 6.2.4 所示,首先利用二氧化碳激光器烧蚀单模光纤包层部分,将单模光纤分成质量块和悬臂梁两部分,再利用 FIB 技术在光纤端面制作一个 $45°$ 的反射面,入射光经过 $45°$ 的反射面分别在烧蚀区的上下两个端面反射,从而形成 EFPI 结构。该传感器在 $500\mathrm{Hz}$ 的频率处,加速度响应为 $100.8\mathrm{nm/g}$,最高可探测 $6g$ 的加速度,分辨率为 $0.01g$,其共振频率为 $1560\mathrm{Hz}$。

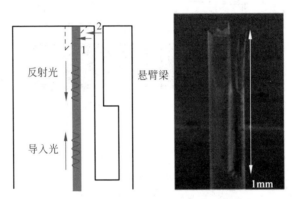

图 6.2.4 二氧化碳激光器和 FIB 加工技术制作的悬臂梁式 EFPI 光纤振动传感器

(请扫Ⅶ页二维码看彩图)

另一种悬臂梁式的光纤振动传感器如图 6.2.5 所示,研究人员采用氢氟酸将单模光纤的一端腐蚀成悬臂梁和质量块,将悬臂梁和质量块与另一段单模光纤对准,整个结构封装在空芯光纤里。研究人员制作了三种不同质量块的传感器,比较了不同传感器的灵敏度,发现在小范围测量中质量块尺寸的增加有利于提高灵敏度,同时测量了传感器的温度特性,在 $25\sim115℃$ 使 F-P 腔的漂移量为 $0.8667\mathrm{pm/℃}$。

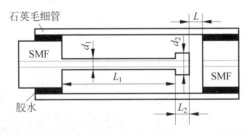

图 6.2.5 氢氟酸加工制作的悬臂梁式 EFPI 光纤振动传感器

6.3 光纤振动传感器的传感原理

现实中的振动大多是简谐振动,简谐振动是周期振动的一种最简单的形式。

由于简谐振动的振动方向是一维的,所以产生简谐振动的振动系统称为单自由度振动系统。我们设计的传感器也都是测量某一个方向振动的振动系统,通过将传感器贴在振动物体表面或者埋入振动物体内部,在环境振动的激励下传感器受迫振动,用于检测物体的振动加速度、频率等物理参数。测量简谐振动的机械结构一般分为两种:梁结构和薄板结构,常用的是梁结构。梁在平面内做横向振动,忽略剪切变形,其主要变形为梁的弯曲变形,这种梁称为伯努利-欧拉梁。在振动过程中,梁上各截面的运动可以用轴线上的点的横向位移表示,在振动导致梁弯曲变形的过程中,梁上的每个截面都相等的梁称为等截面梁,在振动造成梁弯曲形变时,等截面梁上的沿轴向每个位置截面积相同但应变不同,相应地,梁振动弯曲变形的过程中,梁上沿轴向各处的应变相同但截面不同的梁称为等强度梁,大多数的光纤振动传感器所采用的机械结构是等截面梁中的悬臂梁式或者简支梁式。本节首先介绍 EFPI 传感器的原理,再着重介绍两种机械结构及传感原理。

6.3.1　EFPI 传感器原理

相位调制型的光纤振动传感器的光学结构大多数都是 EFPI 结构,下面简要介绍一下 EFPI 的基本结构和光学原理。

EFPI 全称非本征法布里-珀罗干涉仪,非本征体现在所形成的 F-P 腔是在光纤外部,因此 EFPI 又称外腔式法布里-珀罗干涉仪。其结构示意图如图 6.3.1 所示,光纤的两个反射面 M_1,M_2 共同形成 F-P 腔,入射光经过导入光纤在反射面 M_1 发生一次反射,部分入射光透射,在反射面 M_2 处反射,经过 M_1 进入导入光纤,两束后向反射光发生干涉,形成双光束干涉,其干涉条纹是正弦波形式。

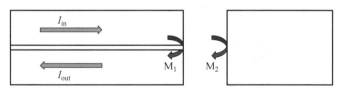

图 6.3.1　EFPI 结构示意图

(请扫Ⅶ页二维码看彩图)

对于低精细度 EFPI,只考虑两个端面反射 I_1 和 I_2,忽略二次以上的反射光的影响,得到双光束干涉的干涉强度 I 为

$$I = I_1 + I_2 + 2\sqrt{I_1 I_2} \cos\left(\frac{4\pi nL}{\lambda} + \varphi_0\right) \quad (6.3.1)$$

其中,λ 是光源在真空中的波长;L 是 EFPI 的腔体长度;n 是腔体中填充物的折射率(对于空气,$n=1$);φ_0 是初始相位(通常为 0)。根据公式,当相位满足

$$\frac{4\pi nL}{\lambda} = (2m+1)\pi, \quad m \in \mathbb{N} \quad (6.3.2)$$

时,干涉强度为极小值,其中 m 是自然数。干涉光谱中,相邻的两个波谷的中心波长 λ_1 和 λ_2 处的相位差为 2π,即

$$\left(\frac{4\pi n L}{\lambda_1}\right) - \left(\frac{4\pi n L}{\lambda_2}\right) = 2\pi \tag{6.3.3}$$

因此,可通过相邻的两个波谷的中心波长 λ_1 和 λ_2 计算出腔长

$$L = \frac{\lambda_1 \lambda_2}{2n(\lambda_2 - \lambda_1)} \tag{6.3.4}$$

除此以外,也可以通过干涉光谱波峰/波谷的波长的偏移分析进行测量。反射/透射光谱中,腔长引起的波峰/波谷的波长的偏移量可以表示为

$$\Delta\lambda = \frac{\Delta L}{L}\lambda \tag{6.3.5}$$

由公式(6.3.5)可以看出,在腔长变化较小的范围内,波峰/波谷的波长的漂移正比于腔长的变化,因此也可以根据干涉图谱的漂移分析进行测量。

6.3.2　悬臂梁结构及原理

悬臂梁是一种一端固定、一端自由的梁结构,简化模型如图 6.3.2。固定端位置不变,不产生轴向和横向位移,自由端可以产生横向位移。在外界载荷为 0 时,梁仅受重力作用,此时处于水平状态,与 X 轴重合,O 为悬臂梁的固定端,L 为梁的长度,梁上任意一点的位置为 x。

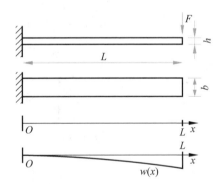

图 6.3.2　悬臂梁的坐标系示意图和挠度曲线示意图

力 F 施加于悬臂梁的自由端,悬臂梁发生弯曲形变,梁上各点均发生横向位移,该横向位移称为挠度,其在自由端的横向位移最大,即挠度最大,自由端的挠度可以表示为

$$y = \frac{4l^3}{Ebh^3}F \tag{6.3.6}$$

其中,y 为自由端挠度;l 为悬臂梁长度;b 为悬臂梁宽度;h 为悬臂梁厚度;E 为

材料的杨氏模量；F 为在自由端施加的力。

　　对于 EFPI 结构的光纤振动传感器悬臂梁，其结构是固定光纤的一端，另一端悬空，在施加外部振动之后，悬臂梁受迫振动，悬臂梁的挠度即横向位移会造成自由端在 X 轴方向上的位移。对于 EFPI，X 轴上的位移对应了 F-P 腔腔长的变化，从而干涉信号的变化就能反映振动。根据公式(6.3.6)，当制作悬臂梁的材料确定时，即式中的弹性模量确定，则横向位移受到梁长度、宽度和厚度的影响，长度和厚度的影响为 3 次方，要远大于宽度的影响，因而在设计悬臂梁时重点考虑长度和厚度的尺寸。横向位移越大，意味着 F-P 腔腔长的变化越明显，即灵敏度越高，因此梁的长度越长，厚度越薄，则灵敏度越高。但这些尺寸也会影响悬臂梁的固有频率，从而影响其传感器的频响性能，悬臂梁的固有振动频率可以表示为

$$f_0 = \frac{0.162h}{l^2}\sqrt{\frac{E}{\rho}} \qquad (6.3.7)$$

其中，ρ 为材料的密度。由该式可知，悬臂梁的固有频率受到梁长度和厚度的影响，长度越长，厚度越小，则固有频率越低，能测量振动的线性区就会变小，即悬臂梁灵敏度越高，相应的固有频率就会越小，所能测量的频率范围也越小，灵敏度和测量频率范围是矛盾的两个参数。

　　光纤振动传感器的悬臂梁的尺寸的选取要综合考虑测量指标，选择合适的尺寸。由于光纤振动传感器多数为悬臂梁结构。强度调制型的振动传感器，通过在振动过程中产生的横向位移使得接收光功率产生周期性变化，从而反映振动的幅度和频率。相位调制型的光纤振动传感器是光纤横向位移导致 F-P 腔腔长的变化，从而在干涉信号中反映出振动的测量参数。

6.3.3　简支梁结构及原理

　　简支梁是一种双端固定的梁结构，其梁的两端均为固定端，模型图如图 6.3.3 所示。两个固定端不产生位移，当施加外力时，梁在中心位置产生最大横向位移。梁中心位置的挠度即最大挠度为

$$y = \frac{l^3}{4Ebh^3} \qquad (6.3.8)$$

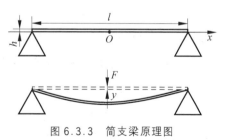

图 6.3.3　简支梁原理图

其中，y 为最大挠度；l 为简支梁长度；E 为简支梁的杨氏模量；b 为简支梁的宽度；h 为简支梁的厚度。由上式可知，当制作简支梁的材料确定时，简支梁在中心处受到外力 F，产生的最大挠度主要由简支梁的长度和厚度决定。同样，简支梁的尺寸设计还要考虑其固有频率，简支梁的固有频率可以表示为

$$f = \frac{\pi^2 h}{l^2} \sqrt{\frac{E}{12\rho}} \qquad\qquad (6.3.9)$$

其中,ρ 为简支梁所采用的材料的密度,同样,简支梁的固有频率与梁的厚度和长度有关。

　　光纤简支梁结构的振动传感器有大致两种结构:一种是通过化学刻蚀或者微纳加工的方法将光纤制作成梁结构,然后将其两端固定在光纤上,可以制作成强度调制型或者相位调制型的振动传感器;另一种是用其他材料制作简支梁和固定点及其外部结构,光纤仅用作发射光和收集光。例如,通过在硅基片上刻蚀一个梁和质量块,再将梁的两端粘在硅结构或者玻璃结构的内壁上,光纤对准梁的一个端面,这个端面经过抛光有着较高的反射率,与入射光纤的光纤端面形成 EFPI,入射光经过光纤在光纤端面发生反射,透射光在梁的表面发生反射,反射光进入光纤,两束反射光形成双光束干涉。当梁被施加外界振动时,简支梁发生弯曲,梁的中心位置会产生横向位移,导致 F-P 腔腔长的变化,从而使得干涉光谱可以反映振动特性,其结构示意图如图 6.3.4 所示。

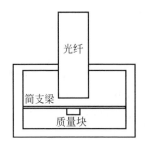

图 6.3.4　简支梁结构的光纤振动传感器

　　当需要测量的振动信号的加速度较小时,可以在简支梁的中心位置加上一个质量块,这样可以提高简支梁的最大挠度即横向位移,有效地提高了传感器的灵敏度。同样,在悬臂梁的自由端也可加质量块以提高灵敏度。但是当测量的振动信号加速度值较大时,由于质量块的存在,使得简支梁或悬臂梁的挠度过大,使得简支梁或者悬臂梁上的应力超过了材料的屈服应力,造成非线性弯曲,甚至断裂,使得传感器不能准确反映振动信号,即使振动信号去掉之后,梁也不能恢复,造成传感器的破坏。因此,质量块的选取需要考虑所测量振动信号的加速度范围,以及材料本身的屈服应力等多种因素。

6.3.4　EFPI 振动传感器的模型

　　光的干涉现象是构成许多高精度测量系统和位移传感器的基础。光纤在此类设备的应用使得结构极其紧凑且经济。最常见的光纤干涉仪有马赫-曾德尔干涉仪(MZI)和法布里-珀罗干涉仪(FPI)。在 F-P 光纤干涉仪中,干涉发生在光纤的部分反射端面和外部反射镜上,基于该原理制作的敏感元件尺寸可以与纤维直径一样小(约 0.1mm),并且灵敏度可以达到亚埃级别。我们可以使用低相干光源(甚至可能是超发光二极管),配置简单,便于用在科学和工业应用上。

　　光纤 F-P 干涉仪的工作原理如图 6.3.5 所示。

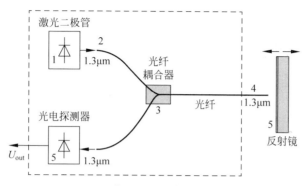

图 6.3.5　光纤 F-P 干涉仪的工作原理

　　激光二极管 1 发出的光耦合成光束进入光纤 2 中,并通过耦合器 3 传播到光纤 4,一部分光束从光纤 4 的端面进行反射,另一部分则先进入空气中,再从反射镜 5 反射回光纤 4 中,因此形成光程差而发生干涉。光电探测器 5 处的光辐射强度会随着光纤和反射镜之间的距离 x_0 产生变化而变化,其光强可由公式(6.3.10)表示

$$I = 2I_0 \left[1 + \cos\left(\frac{4\pi}{\lambda} x_0 + \varphi_0 \right) \right] \tag{6.3.10}$$

当反射镜位移为波长的一半时,干涉光光程差变化为光电探测器辐射强度变化的一个周期,即 2π。

　　另外,由于激光二极管发出的光并不是单色光,故其相干长度受到限制。激光二极管的辐射通常由几种频率模式组成,光谱的总宽度 $\Delta\lambda$ 为 3～5nm。此类辐射的相干长度 l_c 可以用公式(6.3.11)进行估算

$$l_c = \lambda^2 / \Delta\lambda \tag{6.3.11}$$

　　用该方程式代替单模激光二极管的典型参数,可以计算得出相干长度约为 0.5mm。将激光二极管和 FBG 相结合可以使相干长度长达几千米。

　　干涉条纹的可见度(对比度)取决于光的光谱宽度(取决于相干长度)。扩大干涉光束的光程差可以减小干涉图案的可见性。当光程差达到相干长度时,条纹可见度等于 0。

　　图 6.3.6 显示了强度相等的两条光线之间的干涉强度与其光程差(l/l_c)的关系。其关系由公式(6.3.12)表示

$$I = 2I_0 \left[1 + \frac{\sin\xi}{\xi} \cos\left(2\frac{l_c}{\lambda}\xi \right) \right], \quad \xi = \pi(l/l_c) \tag{6.3.12}$$

其中,I_0 是单个光束的干涉强度;l 是波长。

　　在光纤干涉仪中,不同的光束的光强有明显的差别(例如,从光纤端面反射的光束强度大约比从反射镜反射并返回光纤的辐射强度小一个数量级)。在这种情况下,即使干扰光线的路径长度差为零,也无法实现 100% 的可见性

$$I = I_1 + I_2 + 2\gamma\sqrt{I_1 I_2}\cos\varphi \tag{6.3.13}$$

225

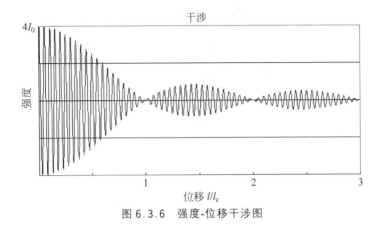

图 6.3.6　强度-位移干涉图

其中，φ 是干涉射线的相位差；I_1 和 I_2 是这两种射线的强度；γ 是相干度。$I_1 = R_1 I_0$ 是从光纤端面反射的光的强度，$I_2 = (1-R_1)^2 R I_0$ 是从外部镜反射并返回到光纤的光的强度。这里，I_0 是耦合到光纤的激光二极管辐射的强度；R_1 是光纤端面的反射率；R 是外部反射镜的反射率。

对于石英纤维，$R_1 = 0.04$，是两种物质（折射率 $n=1.5$ 的玻璃和折射率 $n=1$ 的空气）之间的界面的菲涅耳反射率。因此，当干涉镜之间的距离等于 x_0 时，由光电检测器检测到的光强度可由公式(6.3.14)表示

$$I = I_0 \left[R_1 + (1-R_1)^2 R + 2(1-R_1) \sqrt{RR_1}\, \frac{\sin\xi}{\xi} \cos\left(4\pi\, \frac{x_0}{\lambda}\right) \right] \quad (6.3.14)$$

由于光纤输出光会发散，则从外部镜反射并返回到光纤的光强百分比取决于光纤与镜之间的距离。光电探测器的光功率随光纤与外部镜之间距离变化的关系如图 6.3.7 所示。

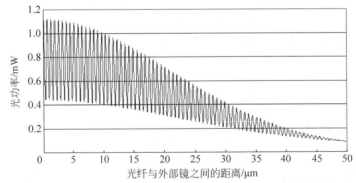

图 6.3.7　光电探测器的光功率随光纤与外部镜之间距离变化的关系图

我们用计算机对其进行了仿真，由仿真结果可知，当光纤和反射镜之间的距离小于相干长度时，光强随反射镜和光纤之间距离的增大而减小。

当谐振器产生振荡时,干涉光的相位差由公式(6.3.15)表示

$$\Delta\varphi(t) = (4\pi/\lambda)x_0\sin(\omega t - \eta) = \varphi_\omega\sin(\omega t - \eta) \tag{6.3.15}$$

其中,l 是波长;x_0 是谐振器振动的幅度。从干涉仪腔反射的光强度调制如公式(6.3.16)

$$I(t) \approx \cos\left[\frac{4\pi}{\lambda}x_0\sin(\omega t - \eta) + \varphi_0\right] \tag{6.3.16}$$

其中,φ_0 是谐振器处于平衡状态时干涉光之间的相位差。

扩展傅里叶级数的 $I(t)$ 为

$$I(t) \approx J_1(\varphi_\omega)\sin(\omega t - \eta)\sin\varphi_0 - J_2(\varphi_\omega)\cos(2\omega t - 2\eta)\cos\varphi_0 + \cdots \tag{6.3.17}$$

其中,$J_i(\varphi_\omega)$ 贝塞尔函数。当 $j_\omega \ll 1$ 且 $j_0 = p/2 + pk$(k 为常数)时,$J_i(\varphi_\omega)$ 约为 $j_\omega/2$,因此强度 $I(t)$ 的交变分量将正比于从平衡谐振器的位移:$I\omega \sim \sin(\omega t)$。

当谐振器受到外力激励时(如施加电流使扬声器中振盆发生振荡),谐振器的振荡将取决于所施加力的频率,如图 6.3.8 所示。

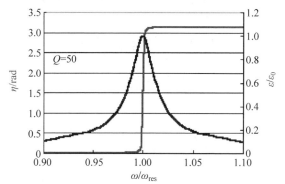

图 6.3.8 振荡频率与施加外力关系图

(请扫Ⅶ页二维码看彩图)

$$\varphi_\omega = \frac{4\pi}{\lambda} \cdot \frac{\varepsilon_0}{\sqrt{Q^2(1-p^2)^2 + p^2}} \tag{6.3.18}$$

$$\tan\eta = \frac{1}{Q} \cdot \frac{p}{1-p^2}, \quad p = \frac{\omega}{\omega_{\text{res}}} \tag{6.3.19}$$

其中,Q 是谐振器的品质因数;ε_0 是振荡的谐振幅度;η 是施加力和振荡之间的频率相关相移(η 从 0 变为 π 时,ω 从 0 变为无穷大)。当 $Q \gg 1$ 时,共振振荡的振幅是低频状态下(或在相同作用力下谐振器的准静态位移)的 Q 倍。同样,我们可以看到,当施加力的角频率为 $\omega_{\text{res}} \pm \omega_{\text{res}}/(2Q)$ 时,与共振相比,振荡幅度减小了 $\sqrt{2}$ 倍。因此,共振曲线的相对宽度等于 $1/Q$。通常,谐振器的振荡是具有不同谐振频率和品质因数的几个振荡的叠加。

6.4　光纤高温振动传感器的研究

光纤振动传感器已经取得了一定的进展和应用,但是在高温环境下的振动测量依然是一个难题。一种基于飞秒激光加工的全光纤结构的振动传感器能够解决这一难题。飞秒激光是一种脉宽达到飞秒($1\mathrm{fs}=10^{-15}\mathrm{s}$)量级的激光。飞秒激光加工技术是一种新型的微纳加工技术,飞秒激光在加工光纤等透明介质时,光脉冲可以聚焦在材料表面或者材料内部,从而形成三维立体加工。飞秒激光脉冲在聚焦后具有极高的峰值功率($10^{21}\mathrm{W}$),在加工光纤等透明介质时产生多种非线性光学效应,包括自聚焦、自相位调制、隧道电离、多光子电离、雪崩电离等。这些非线性光学效应只发生在聚焦焦点的区域,且由于脉宽极短,远小于热平衡所需时间,从而避免了热扩散的影响,所以具有很高的加工精度。飞秒激光相比于长脉冲激光,具有热损伤小、热影响区域小、烧蚀阈值低、加工精度高等优势。飞秒激光技术已经被应用于微纳制造、光电子学、化学控制等领域。飞秒激光刻蚀光纤,产生微结构,可以极大程度上缩小传感器的尺寸,克服环境温度对传感器的影响。

6.4.1　全光纤结构的径向加速度测量的光纤振动传感器

这里介绍一种基于飞秒激光加工的、用于径向加速度测量的全光纤振动传感器和解调系统,传感器是基于 EFPI 结构、悬臂梁式的振动传感器,解调方法采用静态工作点解调,实现了高温环境下 $0\sim10g$ 加速度信号的测量。

传感器整体结构如图 6.4.1 所示。首先顺次熔接单模光纤(SMF)空芯光纤(HCF)和无芯光纤(CF),形成三明治结构,空芯光纤的内径和外径尺寸分别为 $93\mu\mathrm{m}$ 和 $125\mu\mathrm{m}$,空芯光纤的长度为 $500\mu\mathrm{m}$ 左右,无芯光纤的长度约为 $2000\mu\mathrm{m}$,作为悬臂梁的质量块。

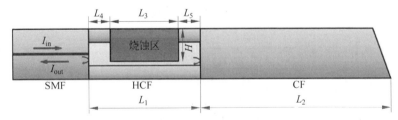

图 6.4.1　全光纤径向加速度振动传感器
(请扫Ⅶ页二维码看彩图)

制作好样品,接下来采用飞秒激光进行加工。首先将无芯光纤多余的部分用飞秒激光切除,并保证后端面没有反射。如果后端面存在反射,则 EFPI 将形成三光束干涉,因此采用了斜向切除。然后用飞秒激光烧蚀空芯光纤,烧蚀光纤的区域

为 $460\mu m\times125\mu m\times90\mu m$,这个凹槽形成一个悬臂梁。具体的制作步骤如图 6.4.2
所示,传感器实物图如图 6.4.3 所示。飞秒激光烧蚀空芯光纤形成的悬臂梁厚度
均匀,底面切口平整,侧面缺口由于部分激光在加工时被侧壁吸收或者散射,导致
激光不能很好地聚焦,从而形成斜坡。

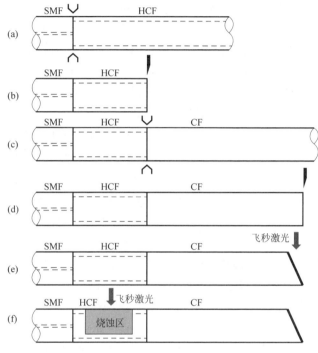

图 6.4.2　径向加速度传感器的制作流程

(a) 单模光纤与空芯光纤熔接;(b) 切割空芯光纤(HCF 约 $500\mu m$ 长);(c) 空芯光纤与无芯光纤熔接;(d) 飞秒
激光斜向切除无芯光纤(CF 约 $2000\mu m$ 长);(e) 无芯光纤端面粗糙化;(f) 飞秒激光烧蚀无芯光纤形成悬臂梁

(请扫Ⅶ页二维码看彩图)

图 6.4.3　径向加速度传感器的实物图

(请扫Ⅶ页二维码看彩图)

解调系统采用的是第 2 章中提到的静态工作点解调方案。实验中采用的激光器为分布式反馈(DFB)激光器,线宽为 1GHz,即 8pm。测试用的宽带光源采用超辐射发光二极管(SLD)组,可提供 1400~1650nm 的超宽光谱范围,输出功率为 10mW,光谱仪采用的是日本横河公司的 AQ6370D-10。将 DFB 激光器和宽带光源同时注入传感器,用光谱仪测量振动传感器的反射光谱,调节 DFB 激光器的波长,使之位于干涉仪的静态工作点。通过光谱仪的连续扫描可以得到实时的干涉光谱,通过调节 DFB 激光器温控电路来控制温度,使得 DFB 激光器的输出波长处于干涉光谱的一个斜边的中间位置,即线性工作区的中间位置。

传感器的高温测试系统如图 6.4.4 所示,高温系统由陶瓷管、电阻丝、继电器、热电偶、电源系统和辅助电路组成,构成一个微型马弗炉。在陶瓷管的内壁穿入螺旋状电阻丝,外接电源,通过电阻丝发热在陶瓷管内部制造高温环境。陶瓷管的一端伸入粘有微纳光纤高温振动传感器的陶瓷棒,另一端伸入一个 S 型热电偶。陶瓷棒由高温胶固定在陶瓷片上,高温胶选用与陶瓷热膨胀系数相近的胶,能保证在高温振动时不脱落,陶瓷片由螺钉固定在金属底座上。S 型热电偶通过高温胶与底座相连。伸入传感器和热电偶时,需注意不能与螺旋状电阻丝造成短路,安装时需要注意用电安全。为了进行温度控制,我们通过 S 型热电偶测量陶瓷管内的温度,然后通过继电器进行电路开关控制。在继电器设置一个温度数值,若通过热电偶测的陶瓷管内温度超过设置的温度,则继电器控制电路处于断开状态,停止加热;若测的陶瓷管内温度没有达到设置的温度,则继电器控制电路处于闭合,开始加热,从而可以使陶瓷管内的温度稳定在设定值。加热时需要用石棉将陶瓷管两端密封,达到保温的效果。实验中发现,陶瓷管内的温度并不十分均匀,因此在放置传感器和热电偶时需要严格地沿陶瓷管中线对称放置,并且尽量靠近中线,以确保达到高温且热电偶能提供准确的温度数值。将整个微型马弗炉固定在不锈钢金属板上,使传感器在高温环境中进行振动测试。为了减少高温对其他元器件的影响,固定时陶瓷管与金属板之间用螺柱垫起。使用时还需用石棉包裹住陶瓷管,以达到保温和隔热的目的。振动台的凸轴与不锈钢金属板之间装有一个标定用的传感器(丹麦 B&K 公司的 2270 加速度计),用来提供标准加速度值。振动台由信号发生器输出的信号经功率放大器放大后驱动。图 6.4.5 为实际搭建的高温振动系统照片。经测试,该高温系统单独工作时(不安装标定振动传感器和振动台),可提供 1000℃高温环境,温度波动范围小于 20℃。高温系统和振动系统同时工作时,可在室温至 700℃下,在 20~2000Hz 提供 0~10g 加速度的高温振动测试环境。

实验测试首先进行传感器的常温测试,实验系统如图 6.4.5 所示。信号发生器产生正弦信号,经功率放大器放大,输入激振器中。实验中所用的采集卡的采集

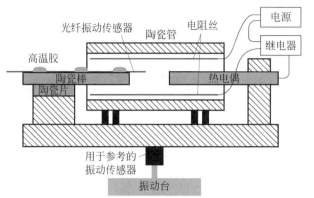

图 6.4.4　高温振动测试装置

(请扫Ⅶ页二维码看彩图)

频率为 15kHz,采用双通道差分输入,量程为 0～2V。自行编制的微纳光纤高温振动测量程序,示数为解调出的时域信号相邻波峰与波谷值之差,5 次测量取平均值,单位为毫伏(mV)。振动测试前,调整 DFB 激光器与光纤耦合器间的插入损耗,将反射光功率调整至 1.5～2V。设定加速度大小为 2g,当输入信号为 200Hz 时,解调出的时域信号如图 6.4.6(a)所示,其傅里叶频谱如图 6.4.6(b)所示;当输入信号为 500Hz 时,解调出的时域信号如图 6.4.6(c)所示,其傅里叶频谱如图 6.4.6(d)所示。输入信号为 200Hz 时,解调出的振动信号的信噪比为 54.9dB;输入信号为 500Hz 时,解调出的振动信号的信噪比为 55.0dB,解调出的信噪比较高。

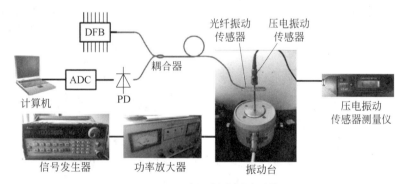

图 6.4.5　高温振动测试系统

(请扫Ⅶ页二维码看彩图)

对传感器的加速度响应进行测试。采用 500Hz 的频率进行测试,加速度从 0g 开始,每增加 0.5g 测量一次,最大测量至 10g,记录标准加速度计和微纳光纤高温振动测量仪的示数。实验选取两只不同烧蚀深度的传感器(1 号、2 号)和一个未烧

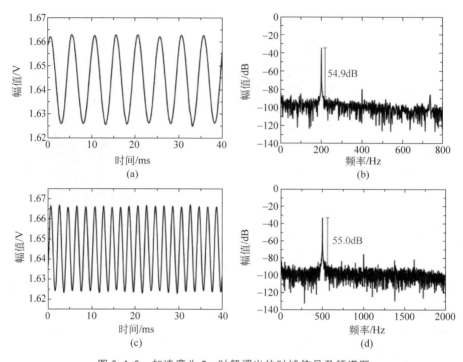

图 6.4.6　加速度为 $2g$ 时解调出的时域信号及频谱图

(a) 200Hz 时域图；(b) 200Hz 频谱图；(c) 500Hz 时域图；(d) 500Hz 频谱图

蚀的样品(3 号)进行对比,其中 1 悬臂梁的厚度约为 $35\mu m$,2 号悬臂梁的厚度约为 $45\mu m$,且悬臂梁长度都约为 $460\mu m$,作为质量块的无芯光纤的长度均为 $2000\mu m$。3 只器件的加速度响应曲线如图 6.4.7 所示。从图中我们可以看出:①传感器的加速度响应的线性度很好,R^2 因子可达 0.999 以上;②未经飞秒激光烧蚀形成悬

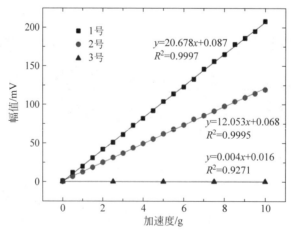

图 6.4.7　传感器的加速度响应

臂梁的 3 号对振动几乎无响应,可见飞秒加工烧蚀悬臂梁的确极大地增加了传感器对振动的灵敏度;③不同厚度的悬臂梁形成的振动传感器对振动的灵敏度不同,悬臂梁越薄,振动的响应越灵敏。

　　对传感器的频率响应进行测试。采用 2g 的加速度,频率测量范围为 30~2500Hz,低频段频率测量间隔为 100Hz。在不同的频率下,调整功率放大器的增益,使得标准加速度计测得的加速度始终为 2g,记录微纳光纤高温振动测量仪的示数。我们依然选取 1 号和 2 号传感器进行测试,并针对两只传感器分别进行了 ANSYS Workbench 仿真,仿真得到的频响应曲线如图 6.4.8 中实线所示,实验测量的结果如图 6.4.8 中的点所示。测试时,在共振频率附近,悬臂梁弯曲程度较大,容易超出工作点的线性工作区,传感器也容易损坏。为此,我们减小了测试时的加速度,并在由振动测量程序得到的振幅上乘以响应的放大因子,以得到等效的

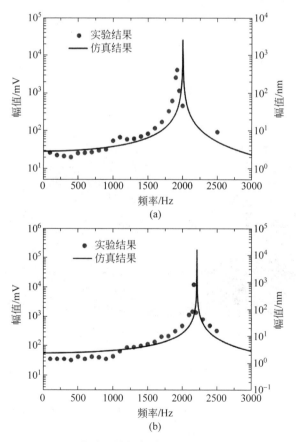

图 6.4.8　传感器的频率响应测试和 ANSYS 仿真

(a) 1 号传感器;(b) 2 号传感器

频率响应。例如,若使用加速度 $a(a<2)$ 测量,放大因子 k 可以表示为 $k=2/a$,需要对由振动测量程序得到的振幅乘以 k。测试中,如果选用的加速度 a 过小则可能引起较大的测量误差,因此,在满足工作点处于线性工作区的条件下,选用的加速度 a 应越大越好(不超过 2)。同时,为了测量出传感器的共振频率,我们在共振频率附近增加了测量频点。从图中我们可以看出:① 1 号传感器共振频率为 1902Hz,仿真值为 2001Hz,2 号传感器共振频率为 2170Hz,仿真值为 2214Hz,实际测试结果与仿真值较为吻合;② 30～1000Hz 的频段频响应较为平坦,可用于实际振动测试的工作频响;③ 悬臂梁越薄,则传感器的频响应越低,这与 ANSYS Workbench 的仿真结果相符。

再在高温环境下对振动传感器进行测试。信号发生器产生正弦信号,经过功率放大器放大后输入激振器。使用丹麦 B&K 公司的 2270 加速度计作为标准器,通过标准加速度计读取标准加速度值,信号发生器产生的频率作为标准频率。将 2270 加速度计与微纳光纤高温振动传感器背靠背安装,并固定在激振器上。调整功率放大器的增益和信号发生器的输出频率,进行微纳光纤高温振动测量仪的加速度响应测试和频率响应测试。测试时的高温环境由微型马弗炉提供,由 S 型热电偶对微型马弗炉内部温度进行标定,配套表头读取温度值。实验装置如图 6.4.9 所示。

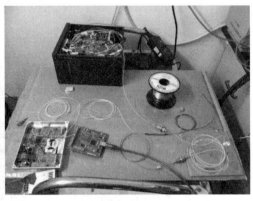

图 6.4.9　高温振动测试的实验装置及解调系统

高温振动测量前,需要对传感器进行高温老化并在各个温度下对加速度进行标定。高温老化时,将环境温度设置在 800℃,并保持约 1h,然后冷却至室温,以消除传感器的残余应力。然后对微纳光纤振动传感器进行标定,将工作环境温度分别设置在 300℃、500℃ 和 700℃,在每个温度点下,采用 500Hz 的频率进行测试,加速度从 0g 开始,每增加 1g 标定一次,直到加速度为 10g,记录不同加速度下解调出的振动幅值。高温环境下进行微纳光纤振动传感器的频率响应标定时,在

300℃、500℃和 700℃每个温度点下,采用 1g 的加速度,测量频点为 30Hz、100Hz、300Hz、500Hz、700Hz 和 1000Hz。在不同的频率下,调整功率放大器的增益,使得标准加速度计保持 1g 读数不变,记录不同频率下解调出的振动幅值。

标定后,将标定的加速度响应和频率响应数据输入拟合程序,然后计算出不同温度、不同频率、不同加速度大小时的标准系数,用原始解调输出结果除以响应系数就是待测温度下、该频率下的加速度大小(g)。然后进行了高温温度下的振动测试。在 300℃、500℃和 700℃每个温度点下,分别进行高温加速度测试。测试中,从 0g 开始,每增加 1g 标定一次,直到加速度为 10g,按照标准和被检对应读数的顺序记录标准加速度计和微纳光纤高温振动测量仪的示数(g),高温下的加速度响应如表 6.4.1 所示。最后进行了高温温度下的频率响应特性测试。测试中,在 1g 加速度下,分别测试了 30Hz、100Hz、300Hz、500Hz、700Hz 和 1000Hz 下的输出响应,按照标准和被检对应读数的顺序记录标准加速度计和微纳光纤高温振动测量仪的示数(g),高温下的加速度频率响应如表 6.4.2 所示。测试数据表明,在温度已知或者通过其他传感器测量出温度的情况下,传感器经标定后可用于高温加速度测量,量程达 10g,工作频率为 30~1000Hz,可在 700℃下稳定工作。

表 6.4.1　微纳光纤高温振动传感器的高温加速度响应

加速度标准值/g	1.0	2.0	3.0	4.0	5.0	6.0	7.0	8.0	9.0	10.0
300℃加速度示值/g	1.0	2.0	3.1	4.0	5.1	6.0	6.9	8.0	9.0	10.0
500℃加速度示值/g	1.0	2.0	2.9	4.0	4.9	5.9	7.0	8.0	9.1	10.0
700℃加速度示值/g	1.0	2.0	3.1	4.1	5.0	6.0	6.9	8.0	9.1	9.9

表 6.4.2　微纳光纤高温振动传感器的高温加速度频率响应

频率/Hz	30	100	200	300	500	700	1000
300℃加速度示值/g	1.0	1.0	1.0	1.0	1.0	1.0	1.0
500℃加速度示值/g	1.0	1.0	1.0	1.0	1.0	1.0	1.0
700℃加速度示值/g	1.0	1.0	1.0	1.0	1.0	1.0	1.0

该振动传感器基于 EFPI 结构,利用悬臂梁结构将振动信号转化为 EFPI 的腔长变化,通过静态工作点法解调出振动信号。搭建了高温振动测试系统,在 700℃高温环境下对传感器进行了振动测试。测量结果表明,该全光纤振动传感器可探测 10g 以内的加速度,灵敏度为 20.7mV/g,工作频率为 30~1000Hz。

6.4.2　全石英结构的轴向加速度测量的光纤振动传感器

用于轴向加速度测量的全石英光纤振动传感器基于 EFPI 结构,其原理图如图 6.4.10 所示。粘接石英膜片和两种规格的石英管,光纤端面的反射与悬臂梁内壁的反射形成双光束干涉,从而构成 EFPI。当传感器受到光纤轴向方向的振动时,石英柱作为质量块带动悬臂梁(石英膜片)起振,从而改变 EFPI 的腔长。通过解调 EFPI 腔长的变化就可以得到振动信息。

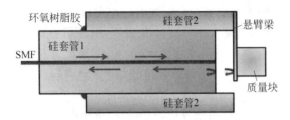

图 6.4.10　用于轴向加速度测量的全石英光纤振动传感器

用于轴向加速度测量的全石英光纤振动传感器的制作分为两步:悬臂梁的加工和部件的装配。

(1) 悬臂梁的加工。加工悬臂梁所用的圆形石英膜片的厚度为 $100\mu m$,直径为 5mm。若用机械方法切割或者用二氧化碳激光进行切割,则会造成膜片的碎裂,因此,我们选用飞秒激光烧蚀的方法进行石英膜片的切割。由于采用 150mm 平凸透镜作为物镜,且加工时所用功率较大(20mW),所以焦深较长,焦斑较大,约为 $30\mu m$。加工时,不需要移动平移台 Z 轴,只需在同一水平面上反复画线即可烧蚀穿 $100\mu m$ 厚的石英膜片,达到切割的效果。加工后得到的 $2mm \times 1mm \times 100\mu m$ 的悬臂梁如图 6.4.11(a)所示。

(2) 部件的装配。首先将单模光纤插入石英玻璃管 1 中,尽量使单模光纤与石英玻璃管 1 的端面平齐,并用环氧树脂(353ND,Epoxy Technology 公司)固定,石英玻璃管 1 的内径和外径分别为 $127\mu m$ 和 $2500\mu m$,长度约 7mm。然后用研磨机研磨样品端面,使得单模光纤端面与石英玻璃管 1 的端面研磨至平齐。同时,研磨还可以提高光纤末端的反射率。将石英玻璃管 1 插入石英玻璃管 2 中,并用环氧树脂粘牢,石英玻璃管 2 的内径和外径分别为 $2500\mu m$ 和 $3500\mu m$。石英玻璃管 1 和石英玻璃管 2 的末端端面并不平齐,而是相距约 $350\mu m$,用来构成 EFPI 的空气腔。最后在石英玻璃管 2 的端面粘上加工好的悬臂梁和质量块。进行悬臂梁的粘胶操作时,应注意不能用过量的环氧树脂,否则会污染悬臂梁内侧的反射面,且由于环氧树脂热膨胀系数大于石英的热膨胀系数,过厚的环氧树脂涂层将会为传感器引入较大的温度响应。质量块采用直径为 1mm、长度为 2.5mm 的石英玻璃柱,粘接时需保持与玻璃管共轴。传感器的组装和粘胶在人工操作时会有一定随机性和不确定性,经多次重复并积累经验,可以完成传感器的组装并达到一定的装配重复性。组装好的全石英振动传感器的侧视图和端面俯视图分别如图 6.4.11(b)和(c)所示。

(a)

(b)　　　　　　(c)

图 6.4.11　全石英振动传感器的照片

(a) 利用飞秒激光切割石英膜片得到的悬臂梁;(b) 全石英振动传感器侧视图;(c) 全石英振动传感器顶端俯视图

　　振动测试实验装置如图 6.4.12 所示。信号发生器产生的正弦信号经过功率放大器放大后输入激振器(JSK-5T,Sinocera 公司)。信号发生器输出的振动频率即待测频率的标准值。激振器振动台上背靠背放置用于轴向加速度测量的全石英振动传感器和用于标定的压电式振动传感器(YD84T,Amphenol 公司)、压电式振动传感器与便携式解调仪(VT-63,上海五久自动化设备有限公司)相连。测试时需保证传感器与激振器固定牢固,且振动方向与传感器轴向平行。全石英振动传感器通过光纤与实验室自行研制的振动解调仪相连,可解调出 EFPI 腔长的变化,进而解调出振动信号。解调仪采用的是双波长正交解调算法,详情请参考第 2 章。

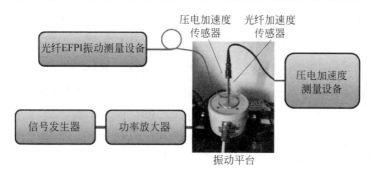

图 6.4.12　振动测试实验装置图

　　振动试验中,我们通过改变信号发生器的频率和功率放大器的放大倍数来控制输入信号的频率和振幅。当输入信号的频率为 500Hz、加速度大小为 1g 时,解调出的振动信号如图 6.4.13(a)所示,其傅里叶频谱如图 6.4.13(b)所示,信噪比约为 40.8dB。当输入信号的频率为 1000Hz、加速度大小为 1g 时,解调出的振动信号如图 6.4.13(c)所示,其傅里叶频谱如图 6.4.13(d)所示,信噪比约为 50.9dB。

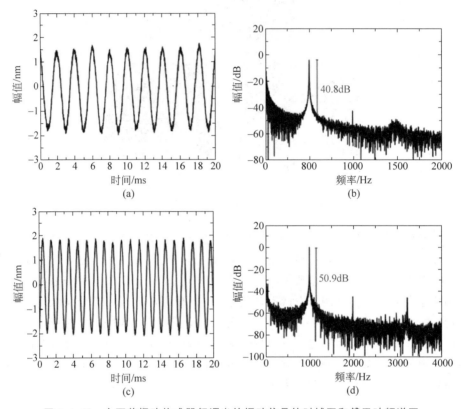

图 6.4.13　全石英振动传感器解调出的振动信号的时域图和傅里叶频谱图
(a) 1g、500Hz 时的时域图;(b) 1g、500Hz 时的频谱图;(c) 1g、1000Hz 时的时域图;(d) 1g、1000Hz 时的频谱图

　　首先进行了加速度响应测试。制作了三个振动传感器,其中两个传感器规格相同(传感器 1 和传感器 2),另一个传感器只装配了悬臂梁,但没有装配质量块(传感器 3)。加速度响应测试时,将振动频率固定在 500Hz 不变,以 0.2g 为间隔,测试了 0~3g 下全石英振动传感器的振幅,如图 6.4.14 所示。从图中可以看出,传感器 1 和传感器 2 的振幅随着加速度的增大而线性增大,加速度灵敏度分别为 2.833nm/g 和 2.900nm/g,R^2 因子分别达到 0.9986 和 0.9959,可以满足加速度测量的需求。同时两个传感器的加速度灵敏度相近,也证明了传感器制作具有重复性。作为对比,未装配质量块的传感器几乎无加速度响应,可见质量块极大影响了传感器的加速度灵敏度。

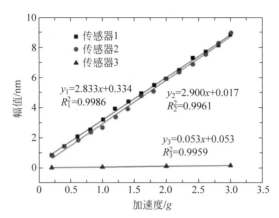

图 6.4.14　全石英振动传感器的加速度响应

　　然后进行了频率响应测试。在不同频率下,调整功率放大器放大倍率,保持加速度幅度始终为 1g。实验中,测试了 $100\sim3500\,\mathrm{Hz}$ 的频率响应,如图 6.4.15 所示。实验值与仿真值吻合,全石英振动传感器的共振频率为 2700Hz,与理论值 2560Hz 接近。频率小于 1500Hz 时,传感器的频响应均匀,约为 $3\,\mathrm{nm}/g$,$100\sim$ 1500Hz 区间可作为传感器的工作区间。在共振频率处,频响应曲线出现峰值。频率大于共振频率时,响应度随着频率的增加而明显下降。

　　传感系统的最小可探测加速度大小取决于系统的背景噪声。图 6.4.13(b) 中,待测信号为 500Hz 时,背景噪声为 $-50\,\mathrm{dB}\cdot\mathrm{Hz}^{-1/2}$;图 6.4.13(d) 中,待测信号为 1000Hz 时,背景噪声为 $-60\,\mathrm{dB}\cdot\mathrm{Hz}^{-1/2}$。500Hz 和 1000Hz 时,最小可探测加速度大小分别为 $1.1\times10^{-3}\,g\cdot\mathrm{Hz}^{-1/2}$ 和 $3.5\times10^{-4}\,g\cdot\mathrm{Hz}^{-1/2}$。

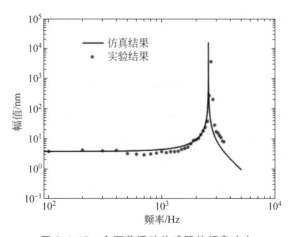

图 6.4.15　全石英振动传感器的频率响应

这里还对这一加速度传感器的温度响应进行了测试。实验中,将传感器放入加热箱中,以 5℃ 为间隔,从室温加热至 50℃,并记录 EFPI 的腔长,测试数据如图 6.4.16 所示。温度引起腔长变化,进而对双波长正交解调的两路信号的正交性造成影响,从而造成解调误差。我们利用 LabVIEW 进行了仿真,得到的解调误差与温度的关系曲线如图 6.4.17 所示,当温度在 15~50℃ 变化时,解调的误差不超过 0.5%。

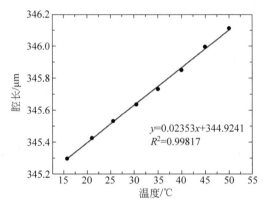

图 6.4.16　全石英振动传感器的温度响应

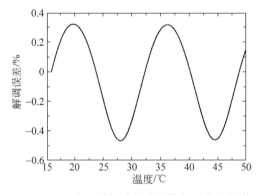

图 6.4.17　全石英振动传感器的解调误差仿真

该振动传感器基于 EFPI 结构,利用悬臂梁将振动信号转化为 EFPI 的腔长变化,通过双波长正交测量法解调出振动信号。该全石英振动传感器可用于光纤轴向的振动测量,便于安装,0~3g 内加速度响应为 2.900nm/g,工作频率为 100~1500Hz。

6.4.3　全光纤结构的轴向加速度光纤振动传感器

另外一种基于飞秒激光微纳加工的用于轴向加速度测量的全光纤振动传感器,其结构如图 6.4.18 所示。单模光纤(SMF)和空芯光纤(HCF)的熔接面作为第一个反射面,空芯光纤和无芯光纤(CF)的熔接面作为第二个反射面,两个反射面的反射光发生双光束干涉,形成 EFPI 结构。利用飞秒激光微纳加工技术,在无芯光纤上烧蚀形成悬臂梁和质量块。当传感器受到沿光纤轴向方向的振动时,质量块带动悬臂梁起振,导致 EFPI 的腔长发生变化,采用静态工作点解调法解调出振动信号。

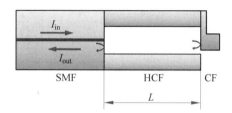

图 6.4.18　用于轴向加速度测量的全光纤振动传感器

用于轴向加速度测量的全光纤振动传感器的加工流程如图 6.4.19 所示。首先熔接单模光纤和空芯光纤,然后在显微光学系统下截取约 $150\mu m$ 长的空芯光

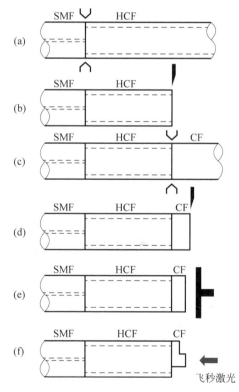

图 6.4.19　用于轴向加速度测量的全光纤振动传感器的制作流程图

(a) 单模光纤与空芯光纤熔接;(b) 切割空芯光纤(HCF 约 $150\mu m$ 长);(c) 空芯光纤与无芯光纤熔接;(d) 切割无芯光纤(CF 约 $50\mu m$ 长);(e) 研磨无芯光纤至 $30\mu m$;(f) 飞秒激光烧蚀无芯光纤形成悬臂梁和质量块结构

纤,将多余的空芯光纤用切割刀切除。然后熔接无芯光纤,并截取约 $50\mu m$ 的无芯光纤,将多余的无芯光纤用切割刀切除。采用无芯光纤的目的是增加光的传输损耗,从而降低传感器末端的端面反射。接着将样品插入陶瓷插芯中,用研磨机对无芯光纤的端面进行研磨,将无芯光纤的长度研磨至 $30\mu m$。研磨时,无芯光纤的外侧端面也会产生反射,从而形成三光束干涉,无芯光纤的长度可由反射光谱用光纤白光干涉测量法计算得出。最后,将样品从陶瓷插芯中取出,竖直向上固定在微动平台上,进行飞秒激光微纳加工,烧蚀形成悬臂梁和质量块结构。

用飞秒激光加工悬臂梁和质量块结构时,需要先烧蚀掉悬臂梁两侧的无芯光纤,直至漏出空芯光纤部分,如图 6.4.20(a)和(b)所示,形成一个简支梁结构。然后烧蚀简支梁的一端,直至漏出空芯光纤部分,形成悬臂梁结构,如图 6.4.20(c)所示。接下来,将悬臂梁削薄至约 $5\mu m$,如图 6.4.20(d)所示。若悬臂梁宽度过宽,则由于空芯光纤的内壁曲率,将导致悬臂梁过短,难以起振,因此需要对悬臂梁的两侧进行修窄,如图 6.4.20(e)所示。最后,需在质量块部位的顶端进行粗糙化处理,消除质量块顶端的反射,如图 6.4.20(f)所示。

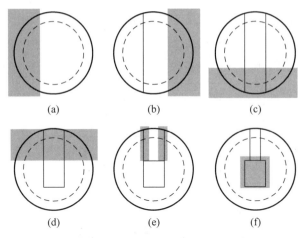

图 6.4.20 飞秒激光加工悬臂梁和质量块结构的流程图

(a)(b) 烧蚀掉无芯光纤的两侧形成简支梁结构;(c) 烧蚀简支梁的一端形成悬臂梁结构;(d) 将悬臂梁削薄至约 $5\mu m$;(e) 将悬臂梁的两侧进行修窄;(f) 对质量块顶端进行粗糙化

通过熔接和研磨形成的 SMF-HCF-CF 结构如图 6.4.21(a)所示,空芯光纤长度约为 $167\mu m$,无芯光纤经研磨后,约为 $26\mu m$。经过飞秒激光烧蚀,形成的光纤振动传感器的显微镜侧视图如图 6.4.21(b)所示,端面俯视图如图 6.4.22 所示。

飞秒激光加工前,空芯光纤与单模光纤的熔接面、空芯光纤与无芯光纤的熔接面以及无芯光纤的末端端面形成三光束干涉,其光谱图如图 6.4.23 黑线所示。飞秒激光加工后,无芯光纤的末端端面经过粗糙化,反射率已基本消除,因此构成双

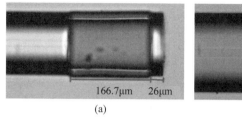 

(a)   (b)

图 6.4.21 用于轴向加速度测量的全光纤振动传感器实物图

（a）通过熔接和研磨形成的 SMF-HCF-CF 结构；（b）飞秒激光烧蚀形成的全光纤振动传感器

（请扫Ⅶ页二维码看彩图）

(a)   (b)   (c)

图 6.4.22 用于轴向加速度测量的全光纤振动传感器俯视图

（a）底面；（b）悬臂梁；（c）质量块

（请扫Ⅶ页二维码看彩图）

光束干涉,如图 6.4.23 红线所示,干涉条纹对比度约为 5dB。

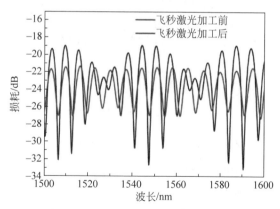

图 6.4.23 飞秒激光加工前后光纤振动传感器的光谱图

（请扫Ⅶ页二维码看彩图）

    解调方案选用静态工作点解调,将工作点调整到干涉仪输出的线性工作区。首先对光纤振动传感器的加速度响应进行了测试。在进行振动测试时,将光纤振动传感器固定在激振器上,光纤轴向与振动方向平行,当振动信号频率为300Hz,加速度大小为2.5g时,采集到的振动信号如图6.4.24所示。对采集到的信号进行了滤波,滤波后的信号如图6.4.25所示,快速傅里叶变换频谱如图6.4.26所示,信噪比约为30dB。

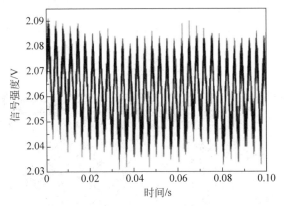

图6.4.24 采集到的振动信号

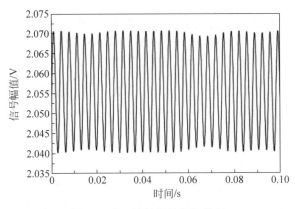

图6.4.25 滤波后的振动信号

对全光纤振动传感器在300Hz频率下进行了加速度响应测试。测试中通过标准的压电式振动传感器进行标定,通过调节功率放大器的输出幅度改变振动的幅值。1~4.5g的加速度响应如图6.4.27所示,灵敏度为11.5mV/g,R^2因子为0.9873。其中,0.5g加速度下,解调出的信号幅值跳动较大,未被录入图中。

针对之前提出的全光纤结构的轴向振动传感器,该传感器采用了全光纤结构,尺寸更小,制作更复杂,测量振动的频率为300Hz,测量加速度的范围为1~4.5g。由加工精度和加工质量所致,传感器没有很好的对比度,其加速度响应也不是很好。但因为是全光纤微纳结构,则可以在高温环境中工作。

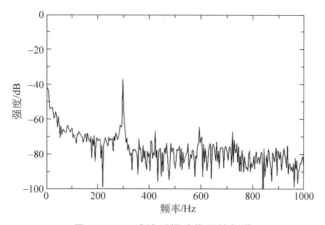

图 6.4.26　滤波后振动信号的频谱

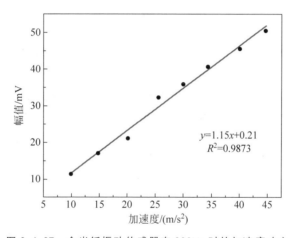

图 6.4.27　全光纤振动传感器在 300Hz 时的加速度响应

6.5　本章小结

　　光纤振动传感器已经应用在很多的场景下,比如,土木工程中用于结构损伤的监测、桥梁路段的振动监测,以及发动机振动的监测、精密机床的振动监测、轨道交通方面列车行进中轨道振动监测等。光纤振动传感器的实际应用,首先要解决其稳定性和重复性的问题,由于光纤传感器本身很脆弱且易受外界影响,导致测量结果虽然在实验室阶段还能够达到要求但外场应用有困难;其次就是同一个传感器在使用多次之后,尤其是高温高压等恶劣环境下能否保持同样的传感器测量性能。同时,光纤传感器在制作过程中无法保证一致性,因此每个传感器在使用时都要进行标定,导致其没有一个通用的标准。光纤振动传感器的制作工艺普遍比较复杂,而且成本很高,导致其不能大规模地量产,只能针对专项做相应的制造。在一些比较恶劣的环境下,比如高温、高压、腐蚀性、强电磁干扰等环境,其传感器的封装也是很大问题,即如何在能保证其性能的情况下还能保护传感器不受损坏。

总之,光纤振动传感器要实现实际应用还有很长的路要走,只有稳定性、重复性、一致性、封装保护等问题的逐一解决,才能使得光纤振动传感器在未来的生活中发挥出自己独特的优势。

本章简要介绍了高温、强电磁干扰等环境下振动测量的重大需求,并列举总结了迄今为止的不少实验成果,并分析了其优缺点。针对这些传感器设计方案中的光学原理和相关的机械结构及原理也作了相应的介绍,其中光学原理角度主要是非本征法布里-珀罗干涉仪(EFPI),机械结构分为两种,分别是悬臂梁结构和简支梁结构。介绍了设计参数的选取,如挠度、固有频率、灵敏度、测量频率范围等。之后重点介绍了我们自行研制的基于飞秒激光加工的光纤高温振动传感器。第一种是用于径向加速度测量的光纤高温振动传感器,该传感器采用了全光纤结构,能够实现在 $700℃$ 的高温环境下测量 $0\sim10g$ 的加速度,工作频率范围是 $30\sim1000\,Hz$。第二种是大尺寸的用于轴向加速度测量的光纤振动传感器,该传感器采用的全石英结构,在室温至 $50℃$ 之间完成了 $0\sim3g$ 加速度测量,测量频率范围为 $100\sim3500\,Hz$。第三种是全光纤结构的用于轴向加速度测量的光纤振动传感器,在 $300\,Hz$ 的频率信号下,加速度的测量范围为 $1\sim4.5g$,在频率响应测试中,传感器频响应并不均匀,还有待进一步研究。该传感器结构紧凑、体积小、质量轻,具有在高温下进行振动测量的前景。

参考文献

[1] 殷祥超.振动理论与测试技术[M].徐州:中国矿业大学出版社,2007.

[2] WILSON J S.传感器技术手册[M].林龙信,邓彬,张鼎,等译.北京:人民邮电出版社,2009:112-120.

[3] 席占稳.压阻式硅微型加速度传感器的研制[J].传感器技术,2003(11):31-33.

[4] 杨圣,张韶宇,蒋依秦,等.先进传感技术[M].合肥:中国科学技术大学出版社,2014:117-119.

[5] KIMURA M,TOSHIMA K. Vibration sensor using optical-fiber cantilever with bulb-lens[J]. Sensors and Actuators A:Physical,1998,66(1-3):178-183.

[6] KAMATA M,OBARA M,GATTASS R R,et al. Optical vibration sensor fabricated by femtosecond laser micromachining[J]. Applied Physics Letters,2005,87(5):051106.

[7] LU P,XU Y P,BASET F,et al. In-line fiber microcantilever vibration sensor[J]. Applied Physics Letters,2013,103(21):211113.

[8] BASUMALLICK N,CHATTERJEE I,BISWAS P,et al. Fiber Bragg grating accelerometer

with enhanced sensitivity[J]. Sensors and Actuators A-Physical,2012,173(1)：108-115.

[9]　ZHOU W J,DONG X Y, NI K, et al. Temperature-insensitive accelerometer based on a strain-chirped FBG[J]. Sensors and Actuators A-Physical,2010,157(1)：15-18.

[10]　LIU Q P,QIAO X G,JIA Z A, et al. Large frequency range and high sensitivity fiber Bragg grating accelerometer based on double diaphragms[J]. IEEE Sensors Journal,2014,14(5)：1499-1504.

[11]　JIA P G,WANG D H,YUAN G, et al. An active temperature compensated fiber-optic Fabry-Perot accelerometer system for simultaneous measurement of vibration and temperature[J]. IEEE Sensors Journal,2013,13(6)：2334-2340.

[12]　JIA P G,WANG D H. Temperature-compensated fiber optic Fabry-Perot accelerometer based on the feedback control of the Fabry-Perot cavity length[J]. Chinese Optics Letters,2013,11(4)：040601.

[13]　WANG Z G,ZHANG W T,HAN J, et al. Diaphragm-based fiber optic Fabry-Perot accelerometer with high consistency[J]. Journal of Lightwave Technology,2014,32(24)：4208-4213.

[14]　ZHANG Q,ZHU T,HOU Y S, et al. All-fiber vibration sensor based on a Fabry-Perot interferometer and a microstructure beam[J]. Journal of the Optical Society of America B-Optical Physics,2013,30(5)：1211-1215.

[15]　ANDRÉR M,PEVEC S,BECKER M, et al. Focused ion beam post-processing of optical fiber Fabry-Perot cavities for sensing applications[J]. Optics Express,2014,22(11)：13102-13108.

[16]　LI J,WANG G Y,SUN J N, et al. Micro-machined optical fiber side-cantilevers for acceleration measurement[J]. IEEE Photonics Technology Letters,2017,29(21)：1836-1839.

[17]　LU P,XU Y P,BASET F, et al. In-line fiber microcantilever vibration sensor[J]. Applied Physics Letters,2013,103(21)：211113.

[18]　江毅. 高级光纤传感技术[M]. 北京：科学出版社,2009.

[19]　OHM W S,WU L X,HANES P, et al. Generation of low-frequency vibration using a cantilever beam for calibration of accelerometers[J]. Journal of Sound and Vibration,2006,289(1-2)：192-209.

[20]　SUN H,LIU B,ZHOU H B, et al. A novel FBG high frequency vibration sensor based on equi-intensity cantilever beam[J]. Chinese Journal of Sensors and Actuators,2009,22(9)：1270-1275.

[21]　柳春郁,余有龙,张昕明,等. 基于悬臂梁调谐技术的光纤光栅无源振动监测[J]. 光子学报,2003,32(9)：1067-1069.

[22]　徐阳,卢毓江,秦剑生,等. 测定悬臂梁固有频率[J]. 硅谷,2011(17)：174.

[23]　孟立凡,蓝金辉. 传感器原理与应用[M]. 北京：电子工业出版社,2011.

[24]　梁海来. 全光纤 FPI 型低频振动传感器的设计与实验[D]. 重庆：重庆大学,2017.

[25]　袁雷. 全光纤传感器的飞秒激光制备与研究应用[D]. 北京：北京理工大学,2014.

[26]　张柳超. 基于飞秒激光微纳加工的光纤传感器的研究[D]. 北京：北京理工大学,2019.

第 7 章

石英FBG高温传感器

7.1 引言

1978 年,加拿大的科研团队制备出全球首个光纤布拉格光栅(FBG)。在这之后几十年的发展历程中,FBG 在各个领域得到了极其广泛的应用,从而获得了十分重要的学术研究价值和非常广阔的商业价值。尤其是基于 FBG 的传感检测更是得到了极其广泛的关注与应用,这主要归功于石英 FBG 传感器的可弯曲、尺寸小、灵敏度高、不受电磁干扰、耐腐蚀等优势。

但是在进入 21 世纪以来,普通类型的 FBG 传感器很难在高温等恶劣环境下进行传感性能的监测。因为对普通类型的 FBG 传感器来说,其光纤光栅的折射率调制效应在较高的温度环境下是很容易被擦除的,所以此类传感器只能局限在 200℃以下的温度环境中使用。这便极大地限制了 FBG 传感器的应用范围,其较小的温度、压力测量范围远远不能满足各种恶劣环境下的传感监测需求。随着社会的不断向前发展,人类对传感器性能的要求也不断提高。此外,现有的非光纤类的高温测量方法制作复杂、价格昂贵,也很难在实际应用中进行推广。

综合以上各种问题,如何提升普通类型 FBG 传感器的工作温度及压力范围,降低生产及制作成本,这对于扩展传感器应用范围具有非常重要的参考价值和积极的科学意义。如今 FBG 高温传感器已经可以替代传统类型的传感器,并随时对温度、压力、应变等参量实施监测,在航空开发、油气资源开采等国家战略性支柱产业中得到了广泛应用。

7.2　FBG 高温传感器的制备

在介绍 FBG 高温传感器之前,简单探讨一下 FGB 的基本原理。利用紫外线照射光纤外部,从而使其纤芯部位形成一系列按照特定规则排列的折射率调制,相当于将滤波器或反射镜安装到纤芯部位,便得到具有特殊功能的光纤器件。光纤光栅工作原理如图 7.2.1 所示,宽带光源在光纤纤芯中传输时,途径布拉格光栅区域,产生反向传输模式,该模式会与正向模式相互耦合,从而发生共振效应。在这里,某一波长的光将被光栅反射并返回到原始路径,而其他波长的光在通过光栅后将沿着原始路径传播。

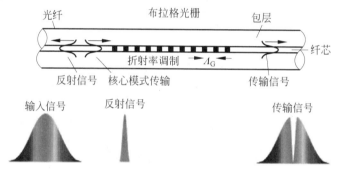

图 7.2.1　FGB 的结构和工作原理图

(请扫Ⅷ页二维码看彩图)

反射光的波长与光纤光栅存在以下的关系

$$\lambda_B = 2n_{eff}\Lambda \tag{7.2.1}$$

由公式(7.2.1)可以知道,光栅周期 Λ 和纤芯有效折射率 n_{eff} 共同决定了布拉格波长 λ_B 的大小。换句话说,外界一切的物理变化都有可能导致上述两个变量 (Λ、n_{eff})的变化,从而导致反射波长产生相应的横向移动。据我们所知,应变和温度是诱发反射波长变化的导火索,其主要是利用弹光效应来影响光栅的长度,以及热光效应来影响光栅的热膨胀,从而支配 λ_B 的大小。

因此,该类型传感器受到外部环境(温度、应变、压力)的影响时,其布拉格波长也会随之发生相应的变化,其变化的大小至关重要。换句话说,通过观察该类型传感器反射或透射中心波长的漂移量,进一步探究外部参量的变化情况,并研究两者之间的线性关系,从而判断光纤传感器性能的优劣程度。研究表明,较高的环境温度是很容易将普通类型的光纤光栅结构擦除的,如何避免普通光纤光栅传感器遇高温后其传感特性衰退这一根本性问题,就需要在光纤光栅的生成与保护上下功夫。

接下来,将详细介绍两种制备 FBG 高温传感器的方法:高温再生和飞秒激光写入。这两种方法提高了光纤光栅的擦除温度及其稳定性,为其可以广泛应用于高温传感领域提供了保障,这对于普及 FBG 高温传感器的应用范围有着非常重要的意义。

7.2.1　再生光栅的 FBG 高温传感器

再生 FBG,是利用高温退火技术对传统类型的 FBG 进行加工,从而使得本身具有耐高温的特点。在高温条件下,再生 FBG 的光栅光谱没有发生衰退,由此证明其在高温等恶劣环境中具有很好的稳定性,这为其进一步的广泛应用奠定了基础。下面将从三个方面对再生光纤光栅进行阐述:制作过程、机械强度保护以及传感器研究进展。

1. 高温再生光栅的制作过程

制备过程中利用温度可控的高温加热装置对种子光栅进行退火处理,并通过热电偶实时监测加热装置的温度变化情况。与此同时,使用光谱仪对 FBG 再生过程中反射率的高低以及中心波长的偏移量进行观察,以便更好地了解其性能优劣。再生光栅的制作过程如图 7.2.2 所示。

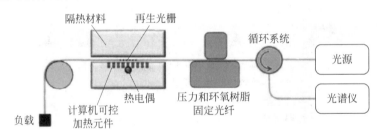

图 7.2.2　再生光纤光栅的加工过程示意图
(请扫Ⅶ页二维码看彩图)

(1) 制作Ⅰ型种子光栅。

多种类型的激光器均可对光纤进行激光刻蚀,从而得到种子光栅即初始光栅,其中最为常见的是Ⅰ型光纤光栅。这主要是因为Ⅰ型光栅的制作工艺简单,且容易制作出具有多种复杂结构的光栅,在光纤光栅再生的过程中,这些复杂结构会很好地保留下来。其次是因为其他类型的光栅制作过程相对复杂,且具有耐高温的优良特性,从而影响了光栅再生。

(2) 利用高温退火技术对Ⅰ型种子光栅进行热处理,进一步获得再生光栅。

将高温炉的温度从室温缓慢且均匀地升高到某一较高的温度(700~1000℃的退火温度),然后使该温度在一段时间内保持不变。在整个操作的过程中可以发现,种子光栅的强度开始保持不变,之后急剧下降,最后完全消失。原有的种子光栅结构被擦除,从而在此基础上形成新的光栅。

(3) 利用后退火技术对再生光栅实施优化处理。

在 1100℃高温环境下,采用后退火工艺对光栅进行再生。该退火过程的前半部分流程与步骤(2)的工作流程相类似,在此不做详细说明。在实验流程中可以发现,当光栅温度从某一特定值上升到 1100℃时,光栅强度显著降低,当光栅温度维持在最高温度时,光栅强度仍然持续降低。然而,当光栅温度从最高温度冷却至室温时,光栅强度才逐步地向稳定的方向靠拢。

(4) 通过控制温度的变化,从而得到终极再生光栅。

大量的实验数据显示,对终极再生光纤光栅性能起决定性作用的因素为:①光纤自身因素,包括光纤的掺杂物质的种类与比例、光纤数值孔径的大小等;②光栅制作因素,包括激光刻蚀能量大小,光纤光栅的周期大小,光栅再生过程的退火温度、时间、程序等。以上实验流程旨在处理高温环境下传统 I 型光纤光栅出现的热衰退情况,虽然高温退火处理技术解决了以上问题,但同时又衍生出一些新的困难和挑战。比如,利用高温退火处理技术得到的再生光纤光栅,其机械强度会有所下降,使得该类型光纤光栅在实际应用的过程中很容易发生折断现象。因此,对再生光纤光栅进行良好的封装保护至关重要,使其进一步满足较为严苛的现实应用环境。

2. 光纤光栅的机械强度保护

1) 再生光纤光栅的耐高温涂层保护

传统光纤外表面的涂覆层一般为有机的弹性材料,这种材料无法在300℃以上的高温环境中稳定存在,因此,需要在光纤表面引入一系列耐高温的涂层材料。目前最常见的耐高温涂层材料有两大类:一类是金属材料(铜、金、镍、钛、钼);另一类是无机非金属材料(碳及其化合物)。

这里通过磁控溅射分别在 100min 和 20min 内获得了厚度约为 100nm 的钛涂层和厚度约为 500nm 的银涂层,如图 7.2.3(a)所示,沉积在光纤上的银涂层光滑且轻薄。通过电镀方式获得厚度约为 0.2mm 的镍涂层如图 7.2.3(b)所示。图 7.2.3(c)显示了光纤与钛涂层之间的完美结合,两者之间紧密相连。钛涂层和光纤之间的良好粘合质量确保了负载可以从金属完美地转移到再生光栅传感器上。图 7.2.3(c)的局部放大区域显示了 Ti-Ag-Ni 涂层在硝酸腐蚀后的情况,可以更容易区分银涂层和镍涂层。各向异性的纵向和径向应力很容易影响再生光栅传感器反射信号的质量,因此沿着光纤周围生长的金属涂层保持较高的均匀度就显得极为重要。

如图 7.2.4 所示,涂覆有 Ti-Ag-Ni 金属材料的再生光栅传感器。在退火处理后得到的再生光纤光栅外表面利用磁控溅射或者电镀技术涂覆一层 Ti-Ag-Ni 金

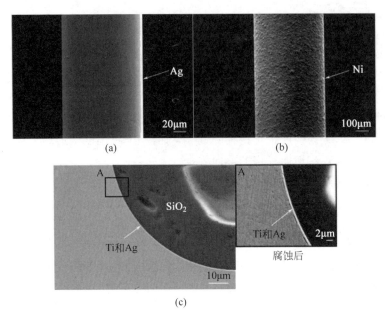

图 7.2.3　再生光纤光栅的耐高温材料涂覆过程

（a）Ti-Ag 涂层光纤；（b）Ti-Ag-Ni 涂层光纤；（c）涂层光纤端面结构示意图

属材料,从而起到保护光纤光栅的作用。在实验测试阶段,环境温度最高可以达到 600℃左右,然而在这么高的温度下,涂覆有 Ti-Ag-Ni 的光纤光栅传感器是否可以正常工作,还取决于金属涂覆层与光纤表面的连接状况。此外,经过高温退火处理后光纤的机械强度很低,这使得涂覆金属材料的工作更加具有挑战性。

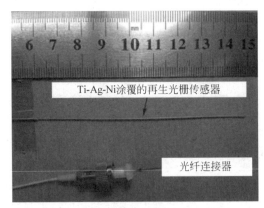

图 7.2.4　耐高温涂层再生光栅传感器

（请扫Ⅶ页二维码看彩图）

由以上可知,对再生光纤光栅的外表面涂覆耐高温材料可视为一种有效的保护措施。此外,怎样优化涂覆层与光纤表面之间的连接状况,从而进一步提升光纤光栅的强度,这也是亟待解决的关键问题。因此,非常有必要介绍另一种光纤光栅的保护方式。

2)再生光纤光栅的封装保护

针对以上遇到的问题,研究人员另辟蹊径,提出了一种更为简洁的光纤光栅保护措施即封装化处理技术。其中,高温管式封装方法在实际应用中最为广泛。如图 7.2.5 所示,将再生光纤光栅(RFBG)依次封装在内径和外径分别为 0.13mm 和 1.20mm 陶瓷管,以及内径和外径分别为 1.3mm 和 1.5mm 镍合金管中。这里的操作步骤非常简单:只需要将光纤光栅竖直缓慢地插入陶瓷管中,然后,再将装有光纤的陶瓷管嵌入镍合金管当中,最后,利用高温陶瓷胶在它们两两结合的部位/空隙处进行涂抹或填充,从而使得光纤光栅、陶瓷管以及镍合金管三者相互固定。这种套管式封装办法不会干扰再生光栅传感器的传感特性。在这里需要注意的是,光纤光栅封装后才开始进行高温退火处理工作。

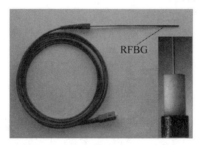

图 7.2.5 (左)封装式再生光栅传感器,(右)光纤光栅位于金属外壳的顶端

封装保护最基本的底线就是不应该干扰再生光纤光栅的传感性能。图 7.2.6 显示了未封装的再生光纤光栅(蓝色十字)和封装的再生光纤光栅(红色方块)传感器的中心波长随温度的变化趋势。从图中可以看出,这两种光栅传感器都表现出

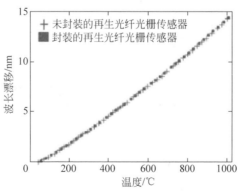

图 7.2.6 未封装和封装的再生光纤光栅传感器性能比较

(请扫Ⅶ页二维码看彩图)

相同的热光响应,也就是说封装保护对传感器的性能几乎没有产生任何影响。此外,封装后的传感器也没有表现出任何滞后现象,响应时间大约为 9s,其性能可与热电偶的商用高温传感器相媲美。

在实际应用中,耐高温管式封装技术受到广大科研人员的青睐,这一技术不仅对再生光纤光栅有很好的保护效力,而且其制作流程相对简单。综上可知,不论是耐高温材料涂覆还是管式封装技术,对再生光纤光栅在高温传感领域的应用至关重要。接下来,简单介绍一下再生光纤光栅高温传感器的研究进展。

3. 再生光纤光栅(FBG)高温传感器的研究进展

2008 年,澳大利亚坎宁(J. Canning)研究团队制备出可以工作在温度大于1000℃的再生光纤光栅。在实验中,进行渐进式等温退火处理(在 10min 内逐渐升温至 600℃,然后以 50℃为增量单元升温至 1100℃)。在 900℃的高温环境下,经过 10min 的等温退火过程,新光栅布拉格波长的演变如图 7.2.7(a)~(d)所示。当温度冷却至室温时,FBG 波长较原始波长红移了 2nm。研究表明该再生光纤光栅在高温下具有良好的稳定性。

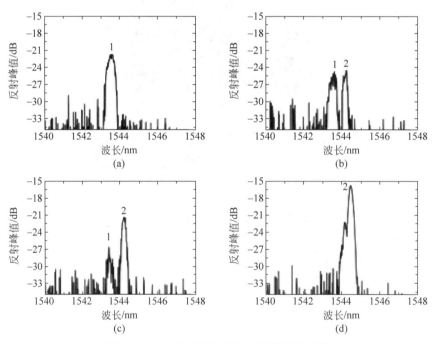

图 7.2.7　900℃下再生光纤光栅的演变过程

上述制作流程既复杂又耗时,于是在 2013 年,比利时蒙斯大学布埃诺(A. Bueno)科研团队针对上述遇到的问题,创造性地使用恒温退火技术对 I 型 FBG 进行处理,从而开发出一种快速再生光栅的新方法,仅需要 31s 就可以得到耐高温的再生光栅。图 7.2.8 为不同温度下,掺杂不同种类材料的光纤光栅快速再生反射率变化情况。

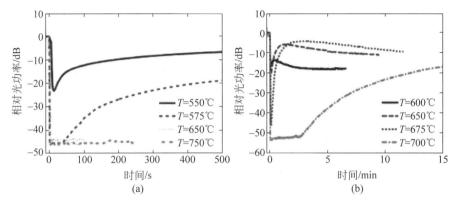

图 7.2.8　不同掺杂材料的光纤光栅在不同温度下的快速再生反射率

(a)掺锗光纤;(b)硼锗共掺光纤

(请扫Ⅶ页二维码看彩图)

再生光纤光栅可以在高温等复杂多变的条件下工作,然而在实际应用中,它展现出较低的反射率、较高的光纤损耗,以及较差的输出光谱,这些劣势都将进一步影响传感器的性能。接下来,飞秒激光刻写技术将有效地解决以上问题。

7.2.2　飞秒激光写入的 FBG 高温传感器

紫外激光写入技术制作的光纤光栅,其表现出的热稳定性差强人意,很难在恶劣的高温环境中长期使用。为了解决上述问题,科研人员引入了飞秒激光写入技术。在实际的工程应用中发现,采用飞秒激光写入技术制作光纤光栅,不仅提升了操作流程的便捷性,而且提高了传感器的稳定性。与传统的光纤刻写技术相比,该技术在制备光纤光栅的具体流程当中,既不需要实施载氢预处理,也不需要去除光纤表面的涂层,从而简化了流程,为大规模的商业生产奠定了基础。此外,所制备的 FBG 在极端高温条件下能长期保持热稳定性。以下将从三个方面介绍飞秒激光写入技术:加工原理、制作方法以及传感器的应用情况。

1. 飞秒激光写入的 FBG 的加工原理

飞秒激光对光纤局部区域进行微纳米加工的原理,如图 7.2.9 所示。在激光刻蚀实验中,需要对飞秒激光进行聚焦,使其绝大多数能量集中在光纤的纤芯部位(作用部位)。此时,该聚焦部位具有非常高的能量,进一步导致该作用部位的材料发生非线性吸收,从而激发出大量等离子体,最终产生不可逆转的折射率调制。在这里,根据飞秒激光能量的大小,在光纤材料的作用部位会表现出三种不同类型的折射率调制。

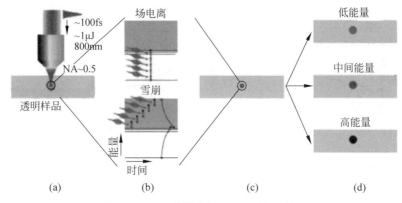

图 7.2.9　飞秒激光加工 FBG 的原理图

(a) 高激光焦距;(b) 激光能量的非线性吸收;(c) 热电子-离子等离子体能量转移到晶格;(d) 永久性材料变更

(请扫Ⅶ页二维码看彩图)

(1) 低能量激光入射条件下,激光脉冲与光纤相互作用的部位会瞬间熔化,然后又立即凝固,导致该部位的折射率变大。根据上述特性,其中可以直接写入光波导。

(2) 中间能量激光入射条件下,激光脉冲与光纤相互作用的部位形成纳米光栅(亚波长周期性排列的折射率调制),其干涉条纹的排列方向与激光偏振方向呈正交状态。

(3) 高能量激光入射条件下,激光脉冲与光纤相互作用的部位会引起等离子体爆炸,导致该部位产生微孔或裂纹。

据我们所知,飞秒激光具有脉宽窄且功率高的特点。因此,在实际应用中飞秒激光与光纤相互作用的时间非常短。在相互作用阶段,我们只需要考虑受激吸收过程中电子引起的能量转移,而不需要考虑其他因素的影响。换句话说,飞秒激光脉冲只在很小的范围内与其接触的物质发生相互作用,而毗邻区域的物质还没有及时做出反应,整个相互作用的过程就已经结束了。

普通 FBG 是利用紫外激光辐照产生的,难以在高温等恶劣环境下使用。然而,飞秒激光脉冲宽度短、峰值功率高,因此,采用飞秒激光加工技术制作的光纤光栅具有很大的折射率调制和优良的耐高温性能。此外,飞秒激光脉冲不会对光纤外表面的涂覆层造成损伤,从而保证光纤光栅拥有良好的机械强度和热稳定性。

2. 飞秒激光制备 FBG 的三种方法

大量的实验结果表明,采用飞秒激光加工技术生产制作的光纤光栅在恶劣环境下具有较高的热稳定性。利用该技术制备光纤光栅的方法有以下三种:全息干涉法、直写法以及相位掩模法。

1）飞秒激光全息干涉法

在全息干涉法中,激光光源通过分束器会产生两列相干光,紧接着将这两列光波叠加产生全息干涉图样,光纤放在指定位置,使得其纤芯轴向部位产生周期性的折射率调制,从而获得 FBG。

从图 7.2.10 可知,采用中心波长 800nm、脉冲频率 1kpps(pps 为每秒脉冲数)、输出功率 500mW 的激光光源。综上可知,这里采用 100fs 脉宽的飞秒激光作为刻蚀光纤光栅的入射光,其对应的相干长度在 30mm 左右。因此,该实验装置不仅需要较长空间的光学系统,而且它需要外部环境具有良好的稳定性。据我们所知,利用飞秒激光全息干涉技术制作光纤光栅在实际工程应用中并不常见。

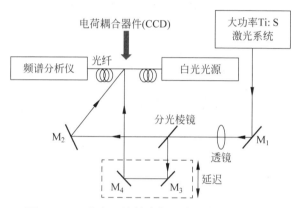

图 7.2.10　全息干涉技术加工光纤光栅的原理图

2）飞秒激光直写法

基于飞秒激光直写法刻写光纤光栅的实验装置,如图 7.2.11(a)所示。实验过程中,飞秒激光脉冲能量始终集中于光纤的纤芯部位,与此同时,光纤按照一定的速度移动,激光脉冲会在其纤芯部位的不同作用点处依次产生等间距的光纤光栅,其光栅周期可以表示为 $\Lambda = v/f$。其中,激光脉冲的重复频率设定为 f;光纤的移动速度设定为 v。通过改变以上两个变量 f 或 v,从而随时调整光纤光栅的周期尺寸,生产出满足不同需求的光纤光栅。图 7.2.11(b)是首次采用红外飞秒激光逐点刻写技术在标准通信单模光纤中刻写光栅的情况,随后又对该 FBG 进行高温稳定性的测试。实验结果表明,光纤光栅在 900℃的高温环境下仍然具有较高的反射率。

该方法的优点是可以实现精确控制光纤光栅折射率变化的尺寸和位置。只需要对光纤移动速度进行调控就可改变光纤光栅的周期,从而制备出具有不同周期结构的光纤光栅。但这种方法也存在一些缺点,该技术难以控制光栅写入位置的精准度。因此,有必要引入超高精度的移动平台。在整个光栅制作过程,移动平台

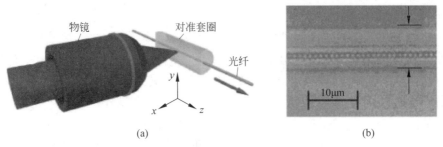

(a)   (b)

图7.2.11　基于飞秒激光直写法刻写光纤光栅

(a) 飞秒激光直写法的实验装置；(b) 光栅显微结构示意图

(请扫Ⅶ页二维码看彩图)

的轻微震动、外部环境的扰动以及激光脉冲的起伏都会降低产品的质量,从而增加光纤光栅的制备难度和成本。

3) 飞秒激光相位掩模法

与传统的相位掩模法相比,飞秒激光相位掩模法只需要用飞秒激光代替传统的激光光源。图7.2.12(a)为相位掩模法的实验装置原理示意图。通过刻写光栅的操作流程可知,相位掩模的周期是光纤光栅周期的两倍。加拿大米哈伊洛夫(S. J. Mihailov)研究团队利用800nm、120fs脉冲激光,在标准掺锗通信光纤(Corning-SMF-28)上曝光几分钟,制备出了高质量反向反射FBG,其结构如图7.2.12(b)所示。光纤光栅的稳定性良好,其在300℃的温度下退火处理2周后光栅结构无任何被擦除的迹象发生。

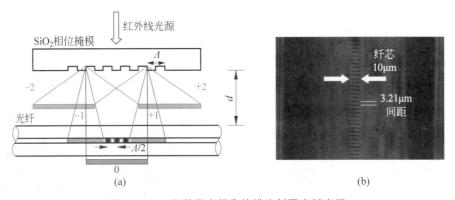

图7.2.12　飞秒激光相位掩模法刻写光纤光栅

(a) 飞秒激光相位掩模法的实验装置；(b) 光栅显微结构示意图

(请扫Ⅶ页二维码看彩图)

与全息干涉法和直写法相比较,相位掩模法的运用更加广泛,其克服了光路调节以及系统稳定性等难题。相位掩模法有以下三个优点：①光纤光栅的周期与入射光的波长不存在相关性,对光源相干条件也没有严格的要求;②光路刻写系统布置简洁,光栅制备过程中,很轻易地对准作用部位;③制备光栅的时间短,当增大入射激光功率时,几秒的曝光条件就可以获得高质量的光栅结构。因此,飞秒激光相位掩模是一种广泛应用的方法。然而,据我们所知此方法也存在短板。例如,制作不同结构的光栅就需要生产相应的掩模板结构。

3. 飞秒激光写入的 FBG 高温传感器研究进展

飞秒激光制备出的 FBG 最突出的优势在于其具有极好的高温稳定性,因此非常适合在极端恶劣的环境当中进行传感监测。2003 年,研究人员利用飞秒激光刻写法制备的光纤光栅可以在 300℃的高温环境下保持稳定性。然而在不到一年的时间里,研究人员发现利用该方法再次制备 FBG,其稳定性温度可以提高到 900℃。

图 7.2.13(a)为飞秒激光加工光纤光栅的实验装置,通过相位掩模板将飞秒激光脉冲聚焦到具有一定倾斜角度的光纤中,使其与干涉条纹一起运动,形成覆盖整个光纤芯和部分包层的光栅区域。图 7.2.13(b)为利用该方法制备的不同倾斜角度的 FBG 的显微结构。

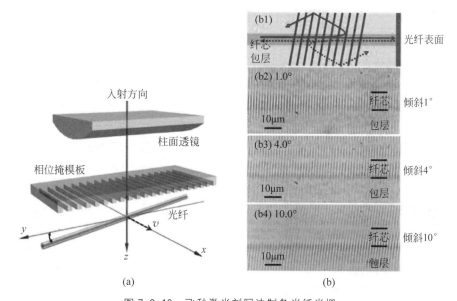

图 7.2.13　飞秒激光刻写法制备光纤光栅
(a)飞秒激光加工光纤光栅的实验装置;(b)具有不同倾斜角的光栅结构的显微图像
(请扫Ⅶ页二维码看彩图)

这种一端溅射金属的反射式光纤光栅传感器,在折射率范围 1.4091～1.4230 的传感应用中,其最大波长灵敏度达到 12.276nm/RIU。此外,如图 7.2.14 所示,该光纤光栅传感器还可同时测量轴向应变和温度的变化情况,其可应用在 800℃ 以下的高温恶劣环境。

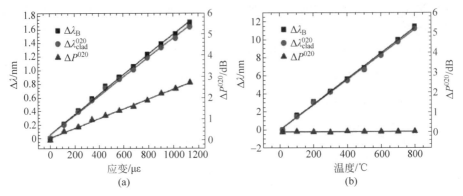

图 7.2.14　激光写入的 FBG 传感器的轴向应变和温度测量

(a) 波长随轴向应变的变化关系;(b) 波长随温度的变化关系

(请扫Ⅶ页二维码看彩图)

　　基于飞秒激光刻写技术制备的光纤光栅,其在高温环境下如何实现更加长久的稳定性? 为此,科学家们不断地探索新方法,其中将耐高温的材料(ZrO_2、蓝宝石、掺 Cr^{3+} 红宝石等)掺杂在光纤之中最为常见。2004 年,加拿大渥太华通信研究中心的格罗布尼克(D. Grobnic)团队使用飞秒激光相位掩模法制备出多模晶体蓝宝石光纤光栅,如图 7.2.15 所示。在高达 1500℃ 的温度下,光栅反射率没有明显下降。与此同时,也对布拉格共振波长随温度的变化进行了评估,没有观察到光栅强度在高温下的退化。这种光栅适用于温度高达 2000℃ 的分布式光学传感器阵列。由于本书的第 8~10 章对蓝宝石光纤高温传感器进行了更为系统的研究,因此这里就只简单地涉及一些相关方面的应用情况。

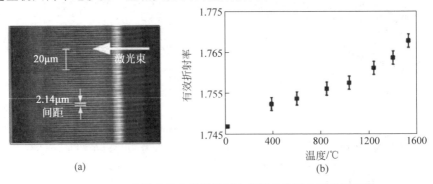

图 7.2.15　飞秒激光相位掩模法制备多模晶体蓝宝石光纤光栅

(a) 蓝宝石光纤光栅的显微结构;(b) 蓝宝石光纤光栅的有效折射率随温度的变化

以上对基于 FBG 传感器的工作机理以及不同的制备方法进行了较为详细的研究,接下来,将逐一介绍石英 FBG 高温传感器在应变、温度、压力方面的研究进展。

7.3　FBG 高温传感器

7.3.1　FBG 高温应变传感器

众多物理参量可以诱导 FBG 波长产生漂移,其中,应变的影响效果最为明显。主要是由于应变参量可以直接导致光栅本身的物理形变(拉伸/压缩),从而改变了光栅周期的大小。此外,应变不仅可以改变光纤的物理形变,还可以改变其自身携带的弹光效应,最终影响光纤有效折射率。从公式(7.2.1)得出,光纤光栅的 Λ 与 n_{eff} 共同影响 λ_{B} 的大小。换句话说,当外部环境发生变化时,上述任何一个参数的变动都可能导致 FBG 波长的漂移。因此,通过获取波长的实时变化情况,可以间接得到外界环境的影响趋势。

当光纤光栅所处的温度环境为稳定的热场,只考虑应变因素时,其 FBG 波长与光纤栅距以及折射率之间的关系如下

$$\frac{\Delta \lambda_{\mathrm{B}}}{\lambda_{\mathrm{B}}} = \frac{\Delta \Lambda}{\Lambda} + \frac{\Delta n_{\mathrm{eff}}}{n_{\mathrm{eff}}} \tag{7.3.1}$$

前面的公式(7.2.1)提及过 λ_{B}、Λ、n_{eff} 的含义,式中 Δ 表示变化量。

$$p_{\mathrm{e}} = \frac{1}{2} n_{\mathrm{eff}}^2 \big[(1 - \mu) p_{12} - \mu p_{11} \big] \tag{7.3.2}$$

其中,p_{e} 为弹光系数;μ 为光纤材料泊松比;p_{11} 与 p_{12} 为光纤弹光张量分量。当应变作用在光纤上时,其与折射率存在以下关系

$$\frac{\Delta n_{\mathrm{eff}}}{n_{\mathrm{eff}}} = -\frac{1}{2} n_{\mathrm{eff}}^2 \big[(1 - \mu) p_{12} - \mu p_{11} \big] \varepsilon = -p_{\mathrm{e}} \varepsilon \tag{7.3.3}$$

其中,ε 为光纤轴向应变。根据应变的基本理论

$$\frac{\Delta \Lambda}{\Lambda} = \frac{\Delta L}{L} = \varepsilon \tag{7.3.4}$$

因此,很容易可以推导出

$$\frac{\Delta \lambda_{\mathrm{B}}}{\lambda_{\mathrm{B}}} = (1 - p_{\mathrm{e}}) \varepsilon \tag{7.3.5}$$

公式(7.3.5)就是光纤光栅应变传感测量的表达式。

以上分析了应变因素对光纤光栅传感特性的影响。然而,在具体的工程应用中,温度和应变会双重影响传感器的检测性能。于是,如何平衡甚至抵消温度对光

纤光栅应变传感测量的影响,这将成为研究的重点。此外,传统类型的 FBG 传感器通常只允许在 200℃ 以下的环境中使用,当环境温度高于 200℃ 时,光纤光栅结构会被擦拭,从而使其无法正常工作。那么如何在高温等恶劣环境下进行长期稳定且精确的应变传感测量呢?这就对应变传感器的光纤光栅、应变片结构、基底材料、封装方式以及安装方式等提出了较高的标准。

图 7.3.1 为 T 型结构的 FBG 应变传感器。应变基片采用了在较宽的温度范围内具有较小的滞后误差和恒定的热膨胀系数的合金材料。其中,应变基片的厚度为 0.2mm,这种薄片的结构设计可以保证待测物体表面的应变有效地传递到 FBG 上。应变片上粘贴有三种性能相近的 FBG,其中,FBG1 用于水平应变传感,FBG2 用于纵向应变传感,FGB3 用于温度补偿。这种由三个 FBG 组成的 T 型结构传感器很好地平衡了温度对应变测量的影响。

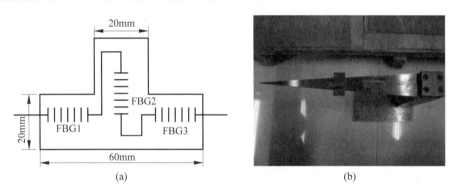

图 7.3.1　T 型结构的 FBG 应变传感器
(a) 光纤光栅应变片结构;(b) 悬臂梁光纤光栅传感器示意图

此外,T 型应变片的封装对传感器的应变测量也存在一定的影响。首先,我们需要挑选一种能在 300℃ 高温条件下保持良好粘贴强度的胶黏剂。其次,在外界环境变化不确定的情况下,测量结果可能表现为拉伸应变或压缩应变,这就要求光纤光栅在固定时进行一定量的预拉伸。最后,光栅采用整体胶封固定方法,光栅与应变片合为一体,从而对光纤传感器形成保护。

FBG 高温应变传感的实验装置如图 7.3.2 所示,耐高温的 FBG1 和 FBG2 的两端均固定在 T 型应变片基底上,而 FBG3 仅有一端固定在基底上。等强度悬臂梁放在恒温控制箱(GHX-50)当中,并在高温箱外加载砝码以提供应变参量。实验过程中,通过增加砝码的方式对固定有光栅应变片的悬臂梁施加外力,从而使得其上/下表面发生拉伸/压缩应变。与此同时,宽带光源产生的光信号通过 3dB 光纤耦合器进入光纤光栅传感器,将满足一定条件的光反射到光谱分析仪,并实时观察反射中心波长的漂移量,最后对传感器的性能进行分析。其中,光谱仪的波长分辨率为 0.02nm,波长扫描范围为 600～1700nm,扫描频率为 50Hz。

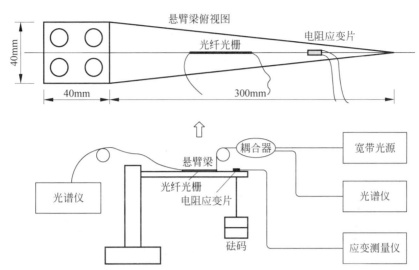

图 7.3.2　FBG 高温应变传感的实验装置示意图

三组光纤光栅测量获得的平均波长灵敏度依次为 21.3pm/℃、21.2pm/℃、10.3pm/℃,其变化规律接近于线性,如图 7.3.3 所示。当温度从 0℃增加到 300℃时,反射光栅波长发生红移。其中,FBG3 只有一端固定在悬臂梁的应变片上,其温度灵敏度低于其他两个光纤光栅,因此,在检测工作中将其视为温度补偿元件。

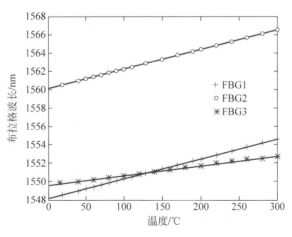

图 7.3.3　光纤光栅的温度特性

所有光纤光栅和悬臂梁均被放置于高温室。等强度悬臂梁上悬挂负载从而使其上下表面产生应变,质量负荷由 250g 加载至 2kg,然后进行同步骤的卸载过程,反复加载和卸载 3 次后,平均测试数据如图 7.3.4 所示。从图中数据可以看出,FBG1 的拉伸应变敏感性为 $1.12\mathrm{pm}/\mu\varepsilon$,FBG2 的压缩应变敏感性为 $1.15\mathrm{pm}/\mu\varepsilon$。

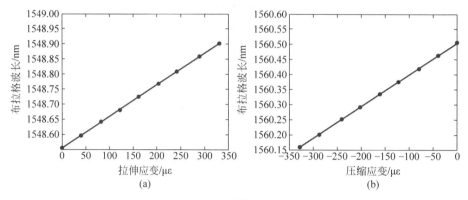

图 7.3.4　光纤光栅的拉伸与压缩应变特性

以上简单介绍了一种基于 FBG 的新型高温应变传感器。该传感器由三个 FBG 组合而成,具有同时测量温度与应变的能力。实验结果显示,该传感器可以在 300℃ 左右的高温环境下进行应变传感测量。

7.3.2　FBG 高温温度传感器

温度测量在当今社会的发展中有着广泛的需求和应用。目前,商用温度传感器分为电传感器和光学传感器这两大类别。除现有的基于电子学和光学的传感器外,研究人员还进一步开发了基于光纤技术的温度传感器。光纤传感器通常尺寸小、灵敏度高、响应快、不受电磁干扰、耐恶劣环境、可分布式传感。其中,基于 FBG 的传感器在灵敏度、精度和复用能力等方面均有所提升,从而成为最具吸引力的传感元件。

在 7.3.1 节中可知,应变与温度的变化都会对光纤光栅的波长偏移产生作用。从物理学角度出发,光纤热光效应、热膨胀效应乃至弹光效应都是光纤光栅布拉格波长产生漂移的决定因素。在外部环境的压力以及轴向应力均不变的情况下,热膨胀效应对光纤光栅所产生的作用如下

$$\Delta\Lambda = \alpha_s \cdot \Lambda \cdot \Delta T \qquad (7.3.6)$$

其中,α_s 为光纤的热膨胀系数,热膨胀系数与光栅周期以及温度又存在以下关系

$$\alpha_s = (1/\Lambda)(\Delta\Lambda/\Delta T) \qquad (7.3.7)$$

其次,热光效应对有效折射率所产生的影响如下

$$\Delta n_{eff} = \zeta_s \cdot n_{eff} \cdot \Delta T \qquad (7.3.8)$$

其中,ζ_s 为光纤的热光系数。此外,热光系数与有效折射率以及温度又存在如下关系

$$\zeta_s = (1/n_{eff})(\Delta n_{eff}/\Delta T) \tag{7.3.9}$$

通过以上两个主要因素可以推断出温度的改变对光栅布拉格中心波长的漂移具有很大的影响,从而计算得出以下关系

$$\frac{\Delta \lambda_B}{\lambda_B} = (\alpha_s + \zeta_s)\Delta T \tag{7.3.10}$$

显然,公式(7.3.10)中的 $\Delta \lambda_B$ 与 ΔT 呈现标准的线性关系。因此,只需要观测 $\Delta \lambda_B$ 的变化量就可以很容易地反向推算出外界环境温度的变化量。值得注意的是,一般环境的温度变化范围相对有限,导致测量得到的光纤光栅温度灵敏度都比较小。如何提升光纤光栅传感器的温度灵敏度,成为亟待解决的关键性问题。其中一种方法就是寻找一种热膨胀系数相对较大的材料作为固定传感器的基底,这就要求其热膨胀系数 α_{sub} 必须符合 $\alpha_{sub} \gg \alpha_s$ 这一条件。则式(7.3.10)就会变成以下情况

$$\frac{\Delta \lambda_B}{\lambda_B} = [\zeta_s + (1 - p_e)\alpha_{sub}]\Delta T \tag{7.3.11}$$

其传感器的温度灵敏度为

$$K_T = \frac{\Delta \lambda_B}{\Delta T}/\lambda_B = \alpha_s + \zeta_s \tag{7.3.12}$$

当外部环境温度波动不明显时,可以认为 ζ_s 是常数,其关系式为

$$\Delta \lambda_B = K_T \cdot \lambda_B \cdot \Delta T \tag{7.3.13}$$

在过去的几十年里,FBG 传感器被广泛应用于低温检测领域,其在高温传感领域的应用还有很多盲区需要探索。普通类型的光纤光栅很难承受较高的温度,且在高温环境下很难长时间稳定存在。接下来,介绍一种利用 FBG 传感器进行高温测量的技术方案。

图 7.3.5 显示了 FBG 高温温度传感器的传感探头结构原理图。传感探头由陶瓷封装组成,将热膨胀系数为 $4\mu\varepsilon/℃$ 的碳化硅陶瓷棒和热膨胀系数为 $7\mu\varepsilon/℃$ 的氧化铝陶瓷棒插入热膨胀系数为 $7\mu\varepsilon/℃$ 的氧化铝保护套中。通过两种不同热膨胀系数的陶瓷将温度信息转换为机械形变。在两个刚性支撑之间粘贴一个布拉格波长为 1554.01nm 的 Ⅰ 型 FBG 来配置传感器探头。当传感器探头受到温度影响时,金属弹簧会在 FBG 上施加轴向应变。在这里,陶瓷棒和弹簧作为温度信息转换器。

图 7.3.6 显示了温度监测装置的示意图。传感器的传感探头工作在 $20 \sim 1160℃$ 的温度范围内。从图 7.3.7 中可以看出该传感器随着温度的升高布拉格波长发生了红移。当环境温度从 0℃ 逐渐升高到 1160℃ 时,FBG 反射峰值的功率基

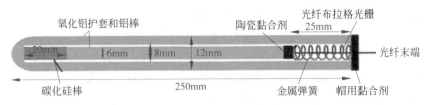

图 7.3.5　传感器探头结构示意图

（请扫Ⅶ页二维码看彩图）

本不变。实验结果表明，当环境温度变化为 1℃时，布拉格波长的位移量为 3.6pm，两者之间呈现良好的线性关系，其准确度系数为 0.997。实验获得的传感器温度灵敏度要比数值模拟结果更高一些，这可能是由所用陶瓷材料成分的线性热膨胀系数缺乏准确的信息所致。

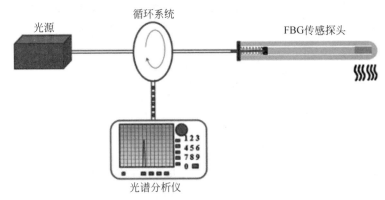

图 7.3.6　传感器探头的实验装置示意图

（请扫Ⅶ页二维码看彩图）

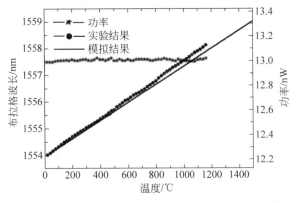

图 7.3.7　FBG 温度传感器的温度响应的模拟结果和实验结果对比

（请扫Ⅶ页二维码看彩图）

以上提出了一种温度测量范围大、稳定性好的温度传感器。在实验中,该传感器通过两种热膨胀系数不同的陶瓷材料来传递温度信息,使得 FBG 上产生与温度相关的拉伸应变。对该传感器在 20~1160℃ 的范围内进行了测试,预计测量温度可达 1500℃。因此,基于光纤的 FBG 高温温度传感器可以被广泛应用于核反应堆、航空发动机监测系统以及石油工业等高温领域。

7.3.3　FBG 高温压力传感器

由 7.2 节中光纤光栅的传感原理可知,其反射波长满足公式(7.2.1)$\lambda_B = 2n_{\text{eff}}\Lambda$ 的形式,并且通过全微分等运算后,可以得到压力 p 与公式(7.2.1)的关系

$$\frac{\Delta\lambda_B}{\lambda_B} = \left(\frac{1}{\Lambda}\frac{\partial\Lambda}{\partial p} + \frac{1}{n_{\text{eff}}}\frac{\partial n_{\text{eff}}}{\partial p}\right)\Delta p \qquad (7.3.14)$$

其中,Δ 表示变化量。当外部压力状况改变时,其与光纤光栅的长度存在如下关系

$$\frac{\Delta L}{L} = \frac{(1-2\mu)p}{E} \qquad (7.3.15)$$

其中,E 为光纤的杨氏模量。当外部压力状况改变时,其与折射率存在以下关系

$$\frac{\Delta n_{\text{eff}}}{n_{\text{eff}}} = \frac{n_{\text{eff}}^2 p}{2E}(1-2\mu)(2p_{12}+p_{11}) \qquad (7.3.16)$$

综上可知,公式(7.3.15)描述的是光栅长度与压力的相关性,然而公式(7.3.14)的变量中根本不包括光栅长度。因此,只有当光栅间距满足理想状态下的周期条件时,光栅长度与光栅周期才具有同样的相对变化率,也就是说,此时两个参数的变化率可以相互替代。然后,就允许将以上两式代入公式(7.3.14)中,从而演算出光纤光栅压力的变化情况

$$K_p = \frac{\Delta\lambda_B}{\lambda_B\Delta p} = \frac{n_{\text{eff}}^2}{2E}(1-2\mu)(2p_{12}+p_{11}) - \frac{1-2\mu}{E} \qquad (7.3.17)$$

FBG 压力传感器对外部环境压力的变化较为敏感,其光栅反射波长会随之发生变化。从 7.3.1~7.3.3 节可知,温度、应变、压力的敏感系数很容易获得。值得注意的是,在实验过程中温度与应变均对光纤光栅产生一定的影响,因此,很有必要采取补偿措施,从而避免误差的产生。

早在 1996 年,瑞士科学家就利用 FBG 分布式光纤传感器对水电站大坝中的混凝土温度和应力变化情况进行实时监测,从而证实光纤光栅在恶劣环境中依然可以发挥作用。2009 年,印度科学技术研究院对光纤光栅传感器采用了一种新的封装方式,并以此用来检测水的压力,实验结果表明该传感器具有良好的灵敏度和耐用性,可以广泛地应用于实际问题中。2015 年,奥尔伍德(Allwood)等设计了一种高灵敏度光纤光栅膜片压力传感器,结果表明该传感器的灵敏度为 0.116nm/kPa。

在这二十几年的发展进程中,利用光纤光栅传感技术对压力进行实时监测逐

渐成为热门产业。FBG 压力传感器与传统光纤压力传感器的不同之处在于,前者自身携带的光栅所产生的布拉格波长对外部环境变化产生的光纤应力具有独特的感知能力。经过以上大量的研究表明,FBG 的传感性能更加稳定,可以作为优良的压力传感元件,然而,这些光纤光栅压力传感器大多受到压力测量范围和工作温度的限制。上述传感器的压力测量范围在 25MPa 以内,温度则被限制在 15~50℃。

针对常温环境下的光纤光栅压力传感器的研究及应用已经取得了长足的发展,但是对于高温等恶劣环境下的光纤光栅压力传感器的研究和应用还比较罕见。因此,有必要对高温环境下的压力传感器进行研究。

裸光纤光栅的压力灵敏度比较低,容易发生折断且不能承受太大的压力,因此,不适合在常规测量中广泛应用。为了提高光纤光栅的压力灵敏度以及抗压能力,就必须对其进行封装处理。这里在传统光纤光栅传感器封装结构的基础上,采用在光栅表面涂耐热材料从而实现了耐高温光纤光栅压力传感器,结构如图 7.3.8 所示。从图中可以明显看出,压力传感器的整体外观结构由基底材料相同的三部分组合而成,其分别为置于传感器底部的承压膜(压力膜片、固定柱),作为支撑结构的传感器外壳,以及嵌入顶部的不锈钢盖。其中,不锈钢顶盖通过螺纹与传感器外壳固定在一起。此外,考虑到光纤光栅固定在传感器结构底部的承压膜上,会产生传感器所受应力不均匀等问题,因此,承压膜与传感器外壳采用整体成型技术加工而成。FBG1 是应变传感器,但温度也会对其产生影响,因此必须抵消温度因素的影响。FBG2 是温度补偿光栅,它只受温度影响,不会受到其他因素影响。

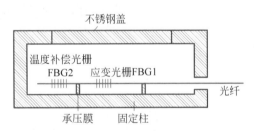

图 7.3.8 封装后的耐高温光纤光栅压力传感器示意图

将传感器置于高温压力炉中,分别在 100℃、150℃、200℃、250℃ 和 300℃ 下进行传感压力测试。记录传感器在不同温度点处的压力与波长的数据,并绘制出如图 7.3.9 所示的曲线。从中可以看出,在环境温度为 300℃ 时,压力与输出波长的关系仍然呈现出良好的线性关系。因此该传感器可广泛应用于各种高温、高压等领域的压力监测。

以上各节,分别对 FBG 传感器在高温条件下,其温度、应变、压力等方面的工作原理以及应用进行了探讨。接下来,将重点介绍一些有关 FBG 传感器在油气开采、航空航天等高温环境中的工程应用情况。

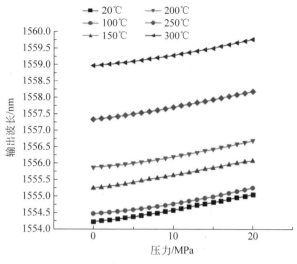

图 7.3.9　不同温度下的压力传感输出曲线

（请扫Ⅶ页二维码看彩图）

7.4　FBG 高温传感器的工程应用

　　德国 Femto Fiber Tec 公司在全球众多研发光纤器件的科技企业中脱颖而出，他们利用飞秒激光直写技术生产制作光纤光栅，应用于许多传感领域。最近，该公司生产了聚酰亚胺涂层 FFT. FBG. P. 02. 01/02 型光纤光栅。表 7.4.1 为低反射率和中等反射率的聚酰亚胺涂层光纤光栅的相关性能参数。从中可以看出，其非常适合在 300℃以下的高温环境中进行应变测量。此外，该产品表现出极强的抗高温、抗氢变暗以及防辐射能力。与传统的 FBG 相比，该类型光纤光栅的温度稳定性短期高达 400℃。由于其制作过程中激光是通过涂层刻写光栅，从而不需要剥离涂覆层以及重新涂覆这两个步骤流程。在机械抗拉强度方面，激光直接写入光纤光栅优于传统的剥离-再涂敷类型的光栅；在光栅反射率以及制作成本方面，激光直接写入光栅又优于拉纤塔技术光栅。综合以上优势，该类型光栅可以实现大批量生产。

表 7. 4. 1　FFT. FBG. P. 02. 01/02 型光纤光栅的参数

光栅型号	FFT. FBG. P. 02. 01	FFT. FBG. P. 02. 02
布拉格波长	1500～1600nm	1500～1600nm
波长误差	±0.3nm	±0.3nm
栅长	6mm	12mm

光栅型号	FFT.FBG.P.02.01	FFT.FBG.P.02.02
反射率	>20%	>50%
反射带宽	<0.3nm	<0.2nm
旁瓣压制比	>15dB	>15dB
散射损耗	<0.2dB	<0.2dB
抗拉强度	>3%	>3%

公开的市场数据显示,由 Femto Fiber Tec 公司生产制备的 FBG 被大量地运用在温度、应变、振动、压力等传感检测领域。其中,基于飞秒激光直写技术生产的FBG,由于其独特的耐高温性能,可以在高温等恶劣条件下长时间正常工作,从而在石油开采、航空开发等领域拥有巨大的商业价值。

7.4.1 石油井内的压力与温度测量

在世界经济持续复苏且快速发展的时代背景下,石油逐渐变成不可或缺的战略资源,其对当今社会的正常运作起到关键性作用。我国人口数量众多,经济发展迅猛,因此对石油能源的消费呈现爆发式增长。然而,我国很大一部分的石油能源要依赖于国外进口,这对国家的战略安全是一个严峻的挑战。此外,国内的大部分油气田已经开发了很长一段时间,要进一步深度开发,就需要不断地加大挖掘深度和勘探力度,从而增加了石油开采的成本与困难度。在实际的工程应用中,需要实时地探测石油井下压力、温度等参数的变化情况,从而及时地掌握井下油层的动态信息,为增加油气产量提供基础保障。在连续开采石油的过程中,向下钻探的距离变大,油井内的温度与压力上升到一个新的高度,从而导致传统类型的电学传感器在石油井下的正常运转面临巨大挑战。但是,采用光纤类型的传感器就很容易解决以上这些棘手问题,为油田的持续开发提供了技术保障。

图 7.4.1 为测量石油井下压力与温度的施工现场以及实验设备。在石油开发中,对压力与温度的实时监测至关重要,通过对上述两个参数的分析,可以准确判断出石油开采的具体情况。基于光纤光栅的传感器表现出耐高温、高压的诸多优点,有利于实现其对油井的长时间、高精度监测。

西安石油大学的王宏亮团队设计并研制了一种耐高温高压、防腐蚀、抗氧化的FBG 传感器。图 7.4.2 为该传感探测系统内外筒封装结构示意图,传感探头的内筒与外筒在底部相连成为一个整体。外筒一端设有进油的入口,内筒为封闭的腔体。内筒里面安装有两个光纤光栅,FBG1 和 FBG2 可分别对温度和压力进行检测。

该传感器的基底由恒弹合金材料组成。其中,FBG1 与 FBG2 通过黏合剂与基

图 7.4.1　光栅传感器测量石油井下压力与温度示意图

（请扫Ⅶ页二维码看彩图）

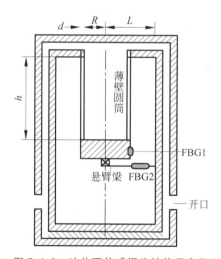

图 7.4.2　油井下传感探头结构示意图

底固定,从而形成具有多功能监测的传感系统。以上实验结果显示,该传感器的温度和压力测量区间分别是 0～315℃ 以及 0～20MPa。其中,温度和压力灵敏度分别为 0.02nm/℃ 和 0.01nm/MPa,反射波长的最大调谐范围分别为 6.60nm 和 0.18nm。因此,该光纤光栅传感器可以满足高温高压油气井多参数同时测量的要求。

7.4.2　航空航天的应变和温度测量

与工业生产、石油开发等复杂条件相比,航天领域的要求更为严苛,不仅需要防止电磁干扰,而且需要在极端温度或真空条件下长时间工作。因此,有必要研制一种能适应航天水平的高温传感元件。其中,采用飞秒激光刻写技术制作的光纤光栅,可以在高达1000℃的条件下展现出超高的热稳定性,这是传统类型电学传感器无法比拟的。此外,光纤光栅传感器在真空环境下也具有良好的工作性能。

图7.4.3展示了不同种类传感器的温度使用极限,以及航空设备发动机的工作温度。其中,压阻式、电阻式和压电式传感器可以在550℃以下的温度范围内正常运转,当环境温度高于其临界温度时,其无法正常工作。此外,在一些大型航空设备的燃烧室内,需要耐高温的传感器来实时获取燃烧室内部的温度变化情况,以及工作状态下涡轮叶片的动态应变与压力的变化情况。以上这些大型设备燃气涡轮发动机工作状态的最低温度都已经超过1000℃,也就是说,普通类型的电学传感器在此情境下无法正常运转。因此,抗电磁干涉、耐高温高压的光纤光栅传感器在传感领域中脱颖而出。

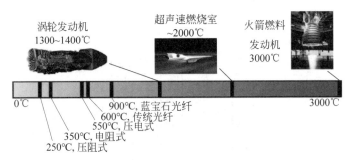

图7.4.3　用于航空航天等苛刻环境的不同种类传感器

(请扫Ⅶ页二维码看彩图)

2001年,德国的埃克(W. Ecke)团队研制出了一种用于X-38航天器结构健康监测的FBG传感系统。在航天器发射和重返大气层期间,外部环境的温度从-40℃跨越到$+200$℃,应变则从$-1000\mu\varepsilon$跨越到$+3000\mu\varepsilon$。在如此复杂恶劣的外部环境中工作,这就要求安装在航天器外侧的光纤传感器具有极高的稳定性。从图7.4.4可以看出,传感垫上分别安装有一个温度传感器和两个应变传感器,航天器上总共设计了四个这种类型的传感垫。这些耐高温的光纤光栅传感器被固定安装在航天器的外表面,从而实时记录航天器在整个飞行过程中的温度与应变的变化情况,并总结得出航天器主要组件的使用期限。

2014年,武汉理工大学的科研团队创建了航空发动机及其关键部件的状态监

温度传感器

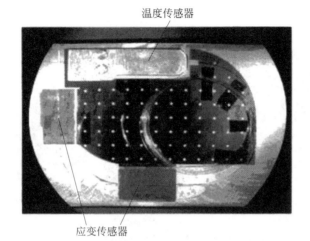

应变传感器

图 7.4.4　用于 X-38 航天器结构健康监测的 FBG 传感系统

测系统。在航空发动机叶片内共安装了四个光纤光栅传感器,如图 7.4.5(a)所示,这些 FBG 传感器主要用于获取发动机内部的温度特征。图 7.4.5(b)显示了航空发动机叶片上的温度场的模拟结果。在多点分布式光纤光栅传感的基础上,直接获得了航空发动机及其关键部件的动态特性,这对降低航空发动机运行的风险和成本具有重要意义。

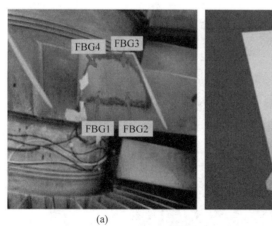

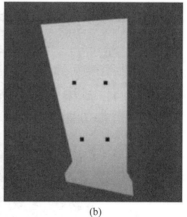

(a)　　　　　　　　　　　　　(b)

图 7.4.5　航空发动机关键部件的状态监测系统

(a) 固定在叶片上的光纤光栅传感器;(b) 光纤光栅传感器的仿真模型

(请扫Ⅶ页二维码看彩图)

2017 年,意大利比萨大学的研究团队开发的一个 U-PHOS 的项目,主要使用新型 FBG 传感技术对火箭中的脉动热管进行温度采集。图 7.4.6 为火箭研发团队的合影,该创新项目参加了当年在瑞典举行的第 22 届雷克萨斯锦标赛。

图 7.4.6　雷克萨斯 22 火箭的 U-PHOS 团队成员

　　火箭发动机测量系统如图 7.4.7 所示,组件内部的管道具有一定的弧度,这对传感器与测量点之间的衔接提出了挑战。组件外部的光纤放置在陶瓷加热器的凹槽处进行保护。该光纤光栅传感器主要工作就是测量输送到系统的功率、脉动热管的内部压力以及几个点处的温度的实时变化情况。该项目旨在分析和描述脉动热管的动态行为,并研究该装置在微重力条件下的热响应,以评估其在空间条件下的有效性、稳定性。

图 7.4.7　火箭发动机测量系统

以上讲述了几种基于 FBG 的高温传感器用于实时监测航空设备的应变与温度的变化情况。综上可知,其在高温环境下依然可以长期稳定的正常工作。因此,FBG 传感器在高温领域拥有极大的应用价值。

7.5 本章小结

FBG 传感器最突出的优势在于其具有极其高的热稳定性,因此在极端恶劣的高温环境当中,其仍然可以进行长时间的传感监测。本章首先,引入了石英 FBG 高温传感器的基本工作原理,以及制备耐高温的 FBG 的两种基本方法,即高温再生和飞秒激光写入技术。其次,在此基础上,引入了高温环境下 FBG 传感器在应变、温度、压力监测方面的研究进展。最后,简单介绍了 FBG 高温传感器在石油开采、航空航天等重大国家战略工程领域的应用情况。该类型高温传感器,不但拥有传统类型光纤传感器小型化、抗电磁干扰、可远程监控等优势,而且可以广泛应用于高温等极端恶劣的环境领域。因此,基于 FBG 高温传感器具有十分重要的学术研究价值和非常广阔的商业价值。

参考文献

[1] 吴海峰.井下高温高压光纤光栅传感器的理论与现场测试研究[D].西安:西安石油大学,2009.
[2] 柳阳.一种低成本高温 FBG 传感器的研究[D].大连:大连理工大学,2009.
[3] 刘伟升.光纤光栅传感与光纤光栅激光器的应用研究[D].杭州:浙江大学,2011.
[4] 马耀远.光纤 Bragg 光栅耐高温应变传感器及其应用[D].成都:电子科技大学,2013.
[5] 陈超.耐高温光纤光栅的飞秒激光制备及其应用研究[D].长春:吉林大学,2014.
[6] 高少锐.基于光纤光栅的新型传感技术和高温器件研究[D].杭州:浙江大学,2014.
[7] 王侨.飞秒激光逐点法制备新型光纤布拉格光栅及其传感研究[D].深圳:深圳大学,2016.
[8] 姚琳琳.光纤光栅压力传感器与智能检测系统研究[D].昆明:昆明理工大学,2017.
[9] 张亮.高温应变 FBG 传感器的设计及封装技术[D].杭州:中国计量大学,2017.
[10] 王宏亮,邹华春,冯德全,等.高温高压油气井下光纤光栅传感器的应用研究[J].光电子·激光,2011(1):16-19.
[11] 薛渊泽,王学锋,罗明明,等.再生光纤布拉格光栅的研究进展[J].激光与光电子学进展[J].2018,55(2):69-78.
[12] 廖常锐,何俊,王义平.飞秒激光制备光纤布拉格光栅高温传感器研究[J].光学学报,2018,38(3):130-138.
[13] 于秀娟,余有龙,张敏,等.光纤光栅传感器在航空航天复合材料/结构健康监测中的应用

[J]. 激光杂志,2006(1):1-3.

[14] HILL K O,FUJII Y,JOHNSON D C,et al. Photosensitivity in optical fiber waveguides: Application to reflection filter fabrication[J]. Applied Physics Letters,1978,32(10): 647-649.

[15] GROBNIC D,MIHAILOV S J,SMELSER C W,et al. Sapphire fiber Bragg grating sensor made using femtosecond laser radiation for ultrahigh temperature applications [J]. Photonics Technology Letters IEEE,2004,16(11): 2505-2507.

[16] MIHAILOV S J. Fiber Bragg grating sensors for harsh environments [J]. Sensors,2012, 12(2): 1898-1918.

[17] TU Y,QI Y H,TU S T. Fabrication and thermal characteristics of multilayer metal-coated regenerated grating sensors for high-temperature sensing[J]. Smart Materials and Structures,2013,22(7): 075026.

[18] BARRERA D,FINAZZI V, VILLATORO J, et al. Packaged optical sensors based on regenerated fiber Bragg gratings for high temperature applications[J]. IEEE Sensors Journal,2012,12(1): 107-112.

[19] BARRERA D,FINAZZI V, VILLATORO J, et al. Performance of a high-temperature sensor based on regenerated fiber Bragg gratings[C]. Ottawa,Canada: 21st International Conference on Optical Fiber Sensors,2011.

[20] BANDYOPADHYAY S, CANNING J, STEVENSON M, et al. Ultrahigh-temperature regenerated gratings in boron-codoped germanosilicate optical fiber using 193 nm[J]. Optics Letters,2008,33(16): 1917-1919.

[21] BUENO A,KINET D, MEGRET P, et al. Fast thermal regeneration of fiber Bragg gratings[J]. Optics Letters,2013,38(20): 4178-4181.

[22] ITOH K,WATANABE W,NOLTE S,et al. Ultrafast processes for bulk modification of transparent materials[J]. MRS Bulletin,2006,31(8): 620-625.

[23] OI K,BAMIER F,OBARA M. Fabrication of fiber Bragg grating by femtosecond laser interferometry[C]. San Diego,Ca: 14th Annual Meeting of the IEEE Lasers-and-Electro-Optics-Society,2001.

[24] MARSHALL G D,WILLIAMS R J,JOVANOVIC N, et al. Point-by-point written fiber-Bragg gratings and their application in complex grating designs[J]. Optics Express,2010, 18(19): 19844-19859.

[25] MIHAILOV S J,SMELSER C W,LU P, et al. Fiber Bragg gratings made with a phase mask and 800-nm femtosecond radiation[J]. Optics Letters,2003,28(12): 995-997.

[26] MIHAILOV S J,GROBNIC D,SMELSER C W,et al. Bragg grating inscription in various optical fibers with femtosecond infrared lasers and a phase mask[J]. Optical Materials Express,2011,1(4): 754-765.

[27] LIU Y M,CAI Q M,LOU J. Research on FBG high temperature sensor used for strain monitoring[J]. Applied Mechanics and Materials,2013,341-342(2): 851-855.

[28] REDDY M V,SRIMANNARAYANA K,APPARAO T V,et al. Design and development of high-temperature sensor using FBG[C]. San Diego,CA: Conference on Photonic Fiber

and Crystal Devices-Advances in Materials and Innovations in Device Applications Ⅸ,2015.

[29]　GUO H Y,WANG Z B,LI H Y. Development and commissioning of high temperature FBG solid pressure sensors[J]. Journal of Sensors,2018,2018：2056452.

[30]　PULLIAM W,RUSSLER P,FIELDER R. High-temperature high-bandwidth fiber optic MEMS pressure-sensor technology for turbine-engine component testing[J]. Proceedings of SPIE-The International Society for Optical Engineering,2002,4578：229-238.

[31]　ECKE W,GRIMM S,LATKA I,et al. Optical fiber grating sensor network basing on high-reliable fibers and components for spacecraft health monitoring [C]. Newport Beach, Ca：Smart Structures and Materials 2001 Conference,2001.

[32]　LIU Q,LUO J J,ZHOU Z D,et al. A Bi-mode state monitoring system for aero-engine components based on FBG sensing[C]. Quebec,Canada：International Conference on Innovative Design and Manufacturing (ICIDM),2014.

[33]　NANNIPIERI P,MEONI G,NESTI F,et al. Application of FBG sensors to temperature measurement on board of the REXUS 22 sounding rocket in the framework of the U-PHOS project[C]. Padua,Italy：4th IEEE International Workshop on Metrology for AeroSpace,2017.

第 8 章

蓝宝石光纤高温传感器

8.1 背景

在21世纪的今天,光纤传感技术和光纤通信技术的迅速发展给人们的生活带来了翻天覆地的变化。光纤作为信息远距离传输的重要载体,已走进了千家万户。1966年,英国标准电信研究所的华裔科学家高琨博士从理论上指出:如果减少或消除光导纤维中有害金属离子等杂质,则可大幅降低光纤的传输损耗,使光纤能应用在光通信中。这奠定了光纤通信的理论基础,同时也为光纤的制造工艺指明了发展方向。1970年,美国贝尔实验室研制了世界上第一台可在室温下连续工作的半导体激光器,为光通信提供了合适的光源器件。同年,美国康宁玻璃公司研制了损耗为20dB/km的光纤,拉开了光纤通信的序幕。光纤通信具有如下优势:中继距离长、传输损耗低;传输频带宽、信息容量大;成本低、质量轻;抗电磁干扰、抗腐蚀和绝缘等,光纤成为通信网络中的重要传输媒介。

20世纪70年代后期,随着激光器、光纤和光通信技术的迅速发展,光纤传感技术和光纤传感器的概念逐渐萌芽。光纤传感技术是以光纤为媒介,光波为载体,基于光波的强度、偏振、干涉、相位和波长等参量受外界环境物理量调制的特性,来实现对外界物理参量的探测。光纤传感器的应用十分广泛,目前已被应用于医疗、国防、电力、石油和建筑等领域,主要用来测量温度、压力、应变、位移、磁场和折射率等参数。相对于电信号传感器,光纤传感器具有一些显而易见的优势,如体积小、质量轻、成本低、电绝缘、耐腐蚀、抗电磁干扰和耐受极端环境等。

基于单模光纤的光纤传感技术已经十分成熟,然而普通单模光纤的主要成分是二氧化硅,其软化点约为1330℃,耐温特性在许多特定的情况下难以满足需求。

如冶金行业中熔化的金属温度监测、军事应用中爆炸火焰温度的测量、航空航天领域中发动机内部温度的实时探测等,常规的电传感器难以在这些恶劣环境中发挥作用,甚至基于石英光纤的高温传感器也难以在这样的高温下工作。为了填补光纤传感技术在超高温的应用领域的空缺,一种新型光纤——蓝宝石光纤被专家学者们提出。

蓝宝石是一种氧化铝(Al_2O_3)的异构变态体。氧化铝的异构变态体多种多样,并且随着温度的变化,其中的大多数异构变态体会发生转变。具体的转化情况见图 8.1.1。

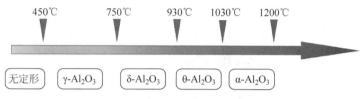

图 8.1.1 Al_2O_3 的各种异构变态体的转化示意图

(请扫Ⅶ页二维码看彩图)

$\alpha\text{-}Al_2O_3$ 是高温条件下非常稳定的晶体,块状的 $\alpha\text{-}Al_2O_3$ 称为蓝宝石,又称为刚玉。其物理化学性质在表 8.1.1 列出。

表 8.1.1 蓝宝石单晶的基本物理化学性质

参　量	数　值	参　量	数　值
密度/(g/cm^2)(25℃)	3.98	比热/(cal/(g・K))	0.18(25℃) 0.3(1000℃)
熔点/℃	2053	热导率/(W/(cm・K))	0.43(25℃) 0.28(1000℃)
沸点/℃	4200	溶解度/(g/100g 水)	9.8×10^{-6}
莫氏硬度	9	介电常数	11.53(E 垂直于 C 轴) 9.53(E 平行于 C 轴)
抗张强度/MPa	206(25℃) 103(1000℃)	体电阻率/($\Omega\cdot cm^2/cm$)	$>10^{14}$(25℃) $>10^{8}$(1000℃)
抗压强度/MPa	2549(25℃) 482(1000℃)	折射率($\lambda=700nm$)	$n_o=1.755$ $n_e=1.763$
抗挠强度/MPa	634(25℃) 413(1000℃)	热光系数 K^{-1}($\lambda=700nm$)	12.6×10^{-6}
弹性模量/GPa	434		
热膨胀系数 K^{-1}	6.7×10^{-6}(平行于 C 轴) 5.0×10^{-6}(垂直于 C 轴)		

由表中的信息可以看到,$\alpha\text{-}Al_2O_3$ 熔点高、硬度大、热稳定性好,这些外在的物

理化学性质是由其晶体的内部结构决定的。在 $\alpha\text{-Al}_2\text{O}_3$ 的晶体结构中,O^{2-} 六方紧密堆积,Al^{3+} 填充了 O^{2-} 的间隙的数目的三分之二,剩余的三分之一保留空位。层状分析如图 8.1.2 所示。这种层状结构每经过六层重复一次。Al^{3+} 和 O^{2-} 之间存在强化学键(生成热为 -400cal/mol),因此蓝宝石具有很好的物理稳定性和化学稳定性,可以在高温条件下使用。$\alpha\text{-Al}_2\text{O}_3$ 的热导率较大,生长过程中易形成温度对称分布的熔区。在考虑用蓝宝石单晶材料做光纤的基体材料时,必须考虑蓝宝石单晶的光学特性。蓝宝石光纤的透射光谱如图 8.1.3 所示。由此可知单晶蓝宝石在可见光与近红外区域有很好的光传输特性。在短波长处是由散射变强导致光传输能力降低,长波长处是由光吸收增大引起光透射降低。

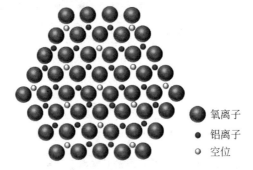

氧离子

铝离子

空位

图 8.1.2　氧离子密堆积的层状图

(请扫Ⅶ页二维码看彩图)

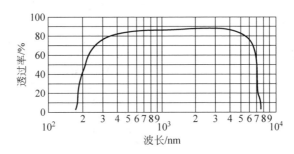

图 8.1.3　蓝宝石光纤的透射光谱

蓝宝石材料的特性使其在高温光学传感领域具备独特的优势,与此同时,也存在一些应该注意的问题。首先,蓝宝石材料的热膨胀系数较大,对热冲击的抗性较差;其次,蓝宝石晶体的抗张强度在 1100℃ 以下比较稳定,高于 1100℃ 则急剧降低。从表 8.1.1 可以看到蓝宝石晶体的抗压强度随温度的上升而明显下降,这大大影响了蓝宝石晶体在高温下的机械强度。而且这些物理化学特性也为蓝宝石单晶乃至蓝宝石光纤的制备带来了一些挑战。

目前,商用的蓝宝石单晶光纤大多是使用激光加热基座(laser-heated pedestal growth,LHPG)法生长制备的。LHPG 法的生长示意图如图 8.1.4(a)和(b)所示,原材料棒的顶端被两束经过聚焦的激光束加热,通过控制 CO_2 激光的功率使原材料棒的顶端形成稳定的半球状熔区,此时逐渐向下移动取向籽晶,直至籽晶末端插入半球状熔区,这时通过微调 CO_2 激光的功率和聚焦点的位置来改变熔融区域的形状和大小。持续驱动原材料棒向上移动,籽晶同步向上提拉,单晶光纤会随着籽晶向上生长。在整个单晶光纤的生长过程中,维持 CO_2 激光的功率和聚焦点的位置稳定至关重要,原材料棒和籽晶的移动速度都要保持不变,从而保持熔区的稳定。一般控制光纤直径比原材料棒直径减少 2～3 倍时,熔区比较稳定。随着光纤直径的不断变细,加热激光功率应该适当减小,激光焦斑也应该适当减小,这对激光的控制提出了较高的要求。一旦两束激光功率不一致,则容易造成熔区的抖动,导致制得的光纤直径均匀性较差。因此也有人用环形聚焦加热生长系统对 LPHG 法进行一定程度的改善,如图 8.1.4(c)所示。另外,为了消除晶体生长中产生的气泡对光纤质量的影响,人们发现凹形的熔区稳定性好,生长得到的光纤光学品质较高。并且 LPHG 法可通过改变输出功率来改变焦点温度,可获得的最高温度达到 2800℃,可适用于生长高熔点的氧化物单晶光纤。

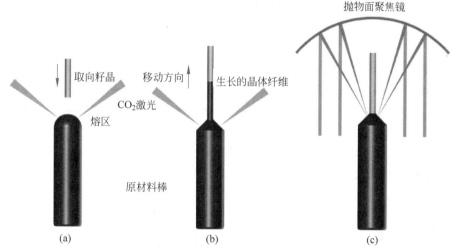

图 8.1.4　LHPG 法制备蓝宝石光纤示意图

(a)籽晶下移；(b)提拉生长；(c)环形聚焦激光加热

(请扫Ⅶ页二维码看彩图)

上述方法得到的蓝宝石光纤以蓝宝石棒为纤芯,以空气为包层,蓝宝石棒与空气环境一同构成的芯-包结构的蓝宝石光纤具有导光能力。以蓝宝石为基体的光学传感器件在高温传感领域有着巨大的潜力。然而,受制于蓝宝石材料本身具有高折射率等特性和当今加工技术发展的程度,目前还无法制备单模传输的蓝宝石光纤,蓝宝石光纤的多模传输特性为其实际传感应用带来了诸多干扰。例如,基于蓝宝石光纤的布拉格光栅和 F-P 干涉仪等光纤传感器件的复用能力会被蓝宝石的多模特性严重影响。除此之外,在蓝宝石光纤制造过程中,在其内部引入的杂质、位错等缺陷也会给蓝宝石光纤的导光和传感特性带来一定的影响。

8.2 蓝宝石光纤传感器的分类

单晶蓝宝石具有高熔点、较低的传输损耗、良好的耐化学腐蚀等优良性能,蓝宝石光纤传感器除了拥有体积小、精度高、抗电磁干扰、响应速度快等光纤传感器的常规优点外,还非常适合在高温、强辐射等恶劣环境下进行参量的测试,尤其是在高温环境下温度和应力测试等方面拥有巨大的潜力。根据器件结构与传感原理,蓝宝石光纤高温传感器可分为热辐射辐射型蓝宝石光纤传感器、干涉型蓝宝石光纤传感器以及蓝宝石光纤光栅传感器,另外还有基于拉曼散射和瑞利散射的分布式高温传感器。

8.2.1 热辐射型蓝宝石光纤传感器

早在 1983 年,美国国家标准局的迪尔斯(R. R. Dils)等通过在蓝宝石光纤端面镀铱金属膜的方式形成黑体辐射腔,首次实现了 600~2000℃的高温测试。1989 年,清华大学周炳琨等申请了光纤黑体腔温度传感器的专利。专利中所提出的传感器结构稳定可靠、体积小、成本低,温度测量范围为 400~1300℃,灵敏度可达 0.1℃,空间分辨率为几百微米,响应时间达毫秒量级。国内外早期与蓝宝石光纤高温传感器相关的研究都是基于黑体辐射的原理。从黑体腔的制备,到传感信号处理的优化,再到通过荧光测温扩展测温范围,热辐射型的蓝宝石光纤传感器技术已经成熟,并逐渐投入实际应用中。

1. 黑体腔传感原理与制备

黑体辐射技术的理论基础是普朗克(Plank)辐射定律,它描述的是真空中黑体的单色辐射能量 $E_b(\lambda, T)$ 随着波长变化的规律,表达式为

$$E_b(\lambda, T) = \frac{C_1}{\lambda^5 \left[\exp\left(\frac{C_2}{\lambda T}\right) - 1 \right]} \tag{8.2.1}$$

其中,第一普朗克常量为 $C_1 = 3.7418 \times 10^{-16} (\text{W} \cdot \text{m}^2)$;第二普朗克常量为 $C_2 = 1.43879 \times 10^{-2} (\text{W} \cdot \text{K})$。当温度不太高且波长不太大时,普朗克定律可简化为维恩(Wien)定律

$$E_b(\lambda, T) = \frac{C_1}{\lambda^5} \cdot \left[\exp\left(\frac{C_2}{\lambda T}\right) \right] \tag{8.2.2}$$

黑体辐射的光是波长连续的光,在所有波长下,黑体的单色辐射强度随温度升高而增大,但在短波段的增长速度比长波段的要快些。在一定温度下,黑体的单色辐射强度随波长的变化存在一个峰值。当温度升高时,该峰值向短波方向移动,即温度越高,则单色辐射强度峰值对应的波长越短。辐射测温就是依赖于辐射强度或其比值随温度变化这一关系来确定被测温度值的。

实际在传感应用中的物体不是理想黑体,对于非透明的固体来说,热辐射的吸收与发射都在表面附近的薄层内进行,固体辐射有时也称为表面辐射。实际固体表面辐射强度表示为

$$E(\lambda, T) = \frac{\varepsilon(\lambda, T) \cdot C_1}{\lambda^5 \left[\exp\left(\frac{C_2}{\lambda T}\right) - 1 \right]} \tag{8.2.3}$$

其中,$\varepsilon(\lambda, T)$ 称为物体的黑度,与物体的表面温度和辐射波长有关。对于某些材料,在特定的波长范围内,近似认为黑度 $\varepsilon(\lambda, T)$ 与波长无关。将 $\varepsilon(\lambda, T) = \varepsilon(T)$ 代入公式(8.2.3),可以大大简化计算,得到灰体普朗克定律为

$$E(\lambda, T) = \frac{\varepsilon(T) \cdot C_1}{\lambda^5 \left[\exp\left(\frac{C_2}{\lambda T}\right) - 1 \right]} \tag{8.2.4}$$

为了使基于黑体腔的光纤传感器具有较好的传感性能,器件制备材料选择的要求如下:首先,在工作温度范围内,要求材料具有较高的热发射率,使其表观黑度 $\varepsilon(\lambda, T)$ 接近于1;其次,为了使材料在长期的高温环境中黑度基本不变,要求其稳定性良好;最后,为了使腔体的温度分布均匀,需要材料具有较好的导热性。综合考虑上面的因素,在低温下可以采用不锈钢,而在高温下一般是石墨、陶瓷以及高熔点的贵金属等材料。为了使传感器能在高温环境中稳定工作,还需要另一种耐高温材料用于传输辐射光信号,蓝宝石光纤作为一种耐高温且导光性能良好的材料而成为首选。

当探头与待测热源接触时,由于黑体腔的材料具有较高的热导率,且蓝宝石光纤的小尺寸使其热容量较小,黑体腔与热源很快处于热平衡状态。选用高质量且尺寸较小的蓝宝石光纤,可降低由蓝宝石引起的散射损耗,甚至可以忽略不计。因此,对热辐射而言,蓝宝石单晶光纤接近于全透明,光纤本身对热辐射的影响及自辐射可忽略不计;蓝宝石单晶的折射率较大且光纤尺寸较小,只有在沿光纤轴向很小的立体角内的光辐射可以被接受,从而可近似认为热辐射沿光纤轴向一维导光。

通过使用溅射的方法可以在蓝宝石光纤的基体上制作黑体镀层,以获得金属

或非金属材料的黑体腔。该方法得到的黑体腔膜层薄、致密性好、强度大,传感器的热响应快,但其制备工艺复杂。涂覆烧结法也是制造黑体镀层的常用方法,其步骤是:首先将材料溶于溶剂中,再均匀涂覆在处理后的光纤端部,最后通过多次涂覆和高温烧结以确保获得高质量的镀膜。

2. 信号检测与处理

1997 年,蓝宝石单晶光纤高温仪由浙江大学叶林华、沈永行等首次研制成功,他们分析了蓝宝石光纤高温传感探头的特性。高温仪测温范围为 $800\sim1700℃$,测温精度在 $1000℃$ 时达到 0.2%,温度分辨率为 $1℃$,已经应用于炉膛温度监测。在该工作中,通过处理双波长辐射信号得到温度结果,类似的处理方法在王剑星、李艳萍等的工作中也被应用。该方法又称为比色测温法,这是对辐射能量检测及信号处理方面的改进。

对于单波段辐射出能量的检测,假定黑体腔的辐射率为 $\varepsilon(\lambda,T)$,检测波段为 $\lambda_1\sim\lambda_2$,中心波长 $\lambda_0=(\lambda_1+\lambda_2)/2$,带宽 $\Delta\lambda=\lambda_2-\lambda_1$,探测器接收到的光电流的信号为

$$I(T)=\int_{\lambda_1}^{\lambda_2}R(\lambda)\cdot U(\lambda)\cdot\varepsilon(\lambda,T)\cdot E_b(\lambda,T)\mathrm{d}\lambda \tag{8.2.5}$$

其中,$R(\lambda)$ 为光电探测器的响应函数;$U(\lambda)$ 为光路传递函数。由于 $\Delta\lambda$ 相对于 λ_0 很小,黑体腔辐射率、探测器响应函数、光路传递函数均为常数,则公式(8.2.5)可简化为

$$I(T)=RU\varepsilon\int_{\lambda_1}^{\lambda_2}E_b(\lambda,T)\mathrm{d}\lambda \tag{8.2.6}$$

再考虑 $\lambda_0=(\lambda_1+\lambda_2)/2$,带宽 $\Delta\lambda=\lambda_2-\lambda_1$ 很小,则公式(8.2.5)进一步简化为

$$I(T)=RU\cdot\varepsilon E_b(\lambda_0,T)\cdot\Delta\lambda \tag{8.2.7}$$

当 $\lambda_0<1\mu m,T<2500K$ 时,将公式(8.2.2)代替 $E_b(\lambda_0,T)$ 可得

$$I(T)=RU\varepsilon\Delta\lambda\cdot\frac{C_1}{\lambda_0^5}\cdot e^{-\frac{C_2}{\lambda_0 T}} \tag{8.2.8}$$

单波段辐射能量检测结果直接受黑体探头表面发射率 ε、光路传递函数 U 和探测器响应函数 R 的影响,而黑体探头在长期使用后其发射率将随镀膜材料的挥发而改变,光路传输损耗也会由于光纤耦合等因素而改变,从而产生测量误差,因此需要对传感器定期校正以降低其误差。测温灵敏度将随着中心波长 λ_0 的减小而增大,实际设计时应综合考虑探测器响应函数、光路传输函数等因素,选择最佳的 λ_0。

为了克服检测结果受到各种因素的干扰,双波段检测系统被提出。基本原理就是在辐射曲线峰值的同一侧取两个不同的检测波段,用辐射强度的比值来确定

被测温度。当 λ_1 和 λ_2 相距不远时,可以假设黑体腔辐射率 $\varepsilon(\lambda,T)$、探测器响应函数 $R(\lambda)$、光路传递函数 $U(\lambda)$ 均为与 λ 和 T 无关的常数,探测器接收到的两个波段的辐射信号为

$$I_1(T)=\varepsilon RU\int_{\lambda_1-\frac{\Delta\lambda_1}{2}}^{\lambda_1+\frac{\Delta\lambda_1}{2}}E_b(\lambda,T)\mathrm{d}\lambda \tag{8.2.9}$$

$$I_2(T)=\varepsilon RU\int_{\lambda_2-\frac{\Delta\lambda_2}{2}}^{\lambda_2+\frac{\Delta\lambda_2}{2}}E_b(\lambda,T)\mathrm{d}\lambda \tag{8.2.10}$$

$$L(T)=\frac{I_2(T)}{I_1(T)}=\frac{\int_{\lambda_2-\frac{\Delta\lambda_2}{2}}^{\lambda_2+\frac{\Delta\lambda_2}{2}}E_b(\lambda,T)\mathrm{d}\lambda}{\int_{\lambda_1-\frac{\Delta\lambda_1}{2}}^{\lambda_1+\frac{\Delta\lambda_1}{2}}E_b(\lambda,T)\mathrm{d}\lambda} \tag{8.2.11}$$

一般情况下,$\Delta\lambda_1$ 和 $\Delta\lambda_2$ 很小,公式(8.2.11)可写为

$$L(T)=\frac{E_b(\lambda_2,T)\Delta\lambda_2}{E_b(\lambda_1,T)\Delta\lambda_1} \tag{8.2.12}$$

用维恩公式(8.2.2)代入公式(8.2.12),并设 $\Delta\lambda_1=\Delta\lambda_2=\Delta\lambda$,可得到

$$L(T)=\frac{\frac{C_1}{\lambda_2^5}\cdot e^{-\frac{C_2}{\lambda_2 T}}}{\frac{C_1}{\lambda_1^5}\cdot e^{-\frac{C_2}{\lambda_2 T}}}=\frac{\lambda_1^5}{\lambda_2^5}\cdot e^{\frac{C_2}{T}\left(\frac{1}{\lambda_1}-\frac{1}{\lambda_2}\right)} \tag{8.2.13}$$

由此可见,双波段检测结果不再受黑体头表面发射率 ε、光路传递函数 U 和探测器响应函数 R 的影响。

3. 荧光测温

1999 年,浙江大学的沈永行和童利民等通过将荧光寿命和黑体辐射两种方法相结合,兼顾了低温和高温测量,最终将测量范围扩展至 20～1800℃。荧光测温就是荧光物质在受到一定波长的光辐射后,电子吸收光子从低能级跃迁到激发态高能级,从高能级返回到低能级的辐射跃迁中发出荧光。激励停止后,受激发荧光通常是按指数方式衰减,激励脉冲终止时间 t_1 处,衰落信号的强度值为 I_0,当衰落信号达到 I_0/e 时,时间为 t_2。t_1 和 t_2 的间隔就是指数衰落信号的时间常数 τ,时间常数 τ 可以用来衡量荧光寿命。荧光衰减过程受温度的影响,因此可以通过监测其变化来得到温度的值。在他们的实验中为了实现一体化测温,选择了红宝石材料中的铬的荧光寿命衰减来实现低温的检测。考虑无辐射跃迁,适合 20～500℃温度范围内的 Cr^{3+} 荧光寿命可表示为

$$\tau = \tau_s \frac{1 + C_d e^{-\frac{\Delta E}{KT}}}{1 + \alpha e^{-\frac{\Delta E}{KT}} + \beta e^{-\frac{\Delta E + \Delta E_q}{KT}}} \tag{8.2.14}$$

其中，$\alpha = \tau_s / \tau_i$、$\beta = \tau_s / \tau_q$ 和 τ 为所测的荧光寿命，τ_i、τ_s 和 τ_q 分别为激发态、亚稳态以及无辐射跃迁的寿命；C_d 为能级的简并度，数值为 3；ΔE_q 为激发态底部到激发态与基态能级交叉处的能量差。温度升高后，晶格间距增大，激发态与基态的能带间距缩小趋于相交，无辐射跃迁增大，荧光寿命减小。因此，通过检测荧光发射体的荧光寿命，即可得荧光发射体的工作温度。在高温区，由于荧光量子效率的大幅降低和背景热辐射的增强，信噪比大大降低，荧光寿命检测将无法进行，因此该方法只能在中低温使用。

图 8.2.1 是在沈永行等的工作中，将黑体辐射与荧光衰减结合来测试宽温度范围的传感器系统示意图。其中周期性调制的绿光二极管作为激发光源，激发光通过聚光镜耦合到 Y 形光纤分束器的小分支中，大分支直接与蓝宝石光纤耦合，而另一个小分支将荧光或辐射信号传输到检测器。检测器是硅(Si)和砷化镓(GaAs)探测器集体封装的双波长检测器。Si 探测器的中心波长为 900nm，用于探测荧光，前置 670nm 的带通滤光片用于滤掉激发光。对于选择使用热辐射或是荧光信号作为检测对象则是由单片机根据温度以及检测到的热辐射来控制的。

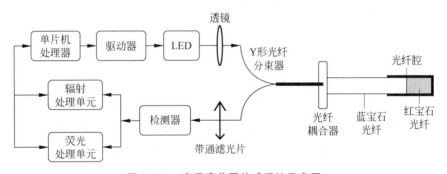

图 8.2.1　宽温度范围传感系统示意图

另外，中北大学的周汉昌、郝晓健和王高等系统地研究了黑体辐射型蓝宝石光纤传感器的瞬态高温响应，通过理论仿真与实验验证得到了响应时间低至 30ms、温度测试范围为 1200～2000℃ 的传感器。国内已有多家单位进行了黑体辐射型蓝宝石光纤传感器的研究，包括北京邮电大学、燕山大学、东北大学、七〇一所、中国航空工业集团北京长城计量测试技术研究所和中国航天科技集团四十四所、南京师范大学等单位。而国外利用该方法生产的高温仪已经产业化，Accufiber 公司等已经生产出了应用在燃气轮发动机和涡轮发动机等高温环境下的蓝宝石光纤温度仪。

经过多年的研究和发展,基于黑体辐射型蓝宝石光纤的传感技术已经相对成熟。其优点在于环境适应性强、响应速度快,结合荧光测温可弥补低温区难以精确测量的问题,但它仍然存在一些问题。黑体辐射型蓝宝石光纤传感器的探头包括两部分——蓝宝石光纤和黑体(金属/陶瓷),而这两部分的材料特性并不相同,属于异质材料,两者的热膨胀系数存在差异,因而在超高温下传感器探头容易开裂,这对传感器的寿命和耐用性都会有很大的影响。另外,系统和制作工艺较为复杂,检测信号对温度的响应是非线性的,成本较高,推广困难。

8.2.2　干涉型蓝宝石光纤传感器

振动方向有相同的分量、振动频率一致、相位差恒定的两列横波会发生干涉,两束光干涉后形成稳定的干涉图样。光纤干涉仪利用光纤受到外界物理场的扰动而使在其内部传输的光波相位发生变化,通过测量相位的变化就可以获得外界物理场的信息。这类传感器具有灵敏度高、形式灵活多样、适应多种测量环境和响应速度较快等优势。通常,在光纤干涉仪中,两束光或两个模式在相同的或不同的光纤中通过不同的光程后光的强度变为

$$I = I_1 + I_2 + 2\sqrt{I_1 I_2} \cos\left(\frac{2\pi}{\lambda} \cdot \text{OPD} + \phi_0\right) \tag{8.2.15}$$

其中,I_1 和 I_2 分别是两束入射的光强;λ 是光的波长;OPD 是两束光的光程差;ϕ_0 是初始相位。当以宽带光源作为激励源时,在波长域上会得到强度随波长变化的正弦曲线。通过将一些物理量的改变转化为光程差的变化,就可通过光谱上正弦曲线的变化来得到环境参量的变化,实现干涉式的光纤传感。

常见的基于石英光纤的光纤干涉仪有四种:光纤马赫-曾德尔干涉仪(MZI),光纤迈克耳孙干涉仪(MI),光纤法布里-珀罗干涉仪(FPI),光纤萨尼亚克干涉仪(SI)。由于蓝宝石光纤制备技术的限制,目前的蓝宝石光纤是以蓝宝石为纤芯、空气为包层的多模光纤,基于蓝宝石光纤的法布里-珀罗干涉仪和迈克耳孙干涉仪较为常见。

1. 基于蓝宝石的法布里-珀罗干涉仪

在众多种类的光纤干涉仪中,FPI 的优势在于其具有结构紧凑、线性响应、信号易解调和器件易制备等特点。FPI 由两个反射镜面和一个实心或空心的腔构成,经两个镜面反射的具有一定相位差的光束发生干涉。基于多模光纤的 FPI 得到的反射光谱对两个镜面的平坦程度,尤其是平行度十分敏感。对于蓝宝石非本征型的 F-P 腔,尤其是基于蓝宝石晶片的 F-P 腔,其端面平整度取决于研磨抛光的技术。在实际的传感器件的应用中,通常用氧化铝套管来保护器件,降低杂质污染的影响,提高器件的机械稳定性。在传感实验中,光程差的变化受两个因素影响:

有效折射率变化 Δn_{eff} 和腔长的变化 ΔL,可通过下式计算光程差的变化 ΔOPD

$$\Delta \text{OPD} = 2(\Delta n_{\text{eff}}L + n_{\text{eff}}\Delta L) = \text{OPD} \cdot \left(\frac{\Delta n_{\text{eff}}}{n_{\text{eff}}} + \frac{\Delta L}{L} \right) \quad (8.2.16)$$

温度灵敏度为

$$S = \frac{\Delta \text{OPD}}{\Delta T} = 2nL(\xi + \alpha) \quad (8.2.17)$$

其中,ξ 为腔内介质的热光系数;α 为热膨胀系数。腔的长度越长,则干涉仪的灵敏度越高,但是腔变长会使反射谱的条纹可见度降低。

美国弗吉尼亚理工大学王安波教授团队较为系统地研究了 FPI 的高温性能。他们一共提出了三种 F-P 结构。这里也据此将蓝宝石 FPI 传感器分为三种:本征型蓝宝石 FPI,以蓝宝石晶片为腔的非本征型 FPI,以及基于空气腔的非本征型 FPI。

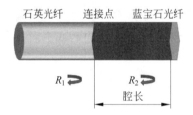

石英光纤　连接点　蓝宝石光纤

R_1　R_2　腔长

图 8.2.2　本征型蓝宝石 FPI 的结构
　　　示意图

(请扫Ⅶ页二维码看彩图)

1) 本征型蓝宝石 FPI

图 8.2.2 是美国弗吉尼亚理工大学的王安波教授团队在 1992 年研制的本征型蓝宝石 FPI 的示意图。在石英光纤与蓝宝石光纤的熔接处,由于两种材料的折射率不同,作为第一个反射面,蓝宝石与空气的界面作为第二个反射面,中间的蓝宝石光纤作为腔,构成本征型 FPI。在前期的器件设计中,他们将单模光纤和蓝宝石光纤间通过折射率为 1.548 的匹配液填充两种光纤的间隙,测试得到,随着横向间距和纵向错位的增加,干涉光谱的条纹对比度均变小。最后通过将玻璃熔化后填充两种光纤的间隙而制备了最终的传感结构,干涉仪的光谱条纹对比度为 0.41,可检测温度范围为 256～1510℃,温度分辨率为 0.1℃。

2) 蓝宝石晶片的非本征型 FPI

相比于上述的本征型蓝宝石 FPI,非本征型的 FPI 的腔不再是光纤结构,整个 F-P 结构都位于蓝宝石基片,蓝宝石光纤仅作为引导光纤,因此对蓝宝石基片的两个端面的平整度以及平行程度要求较高。图 8.2.3(a)是美国弗吉尼亚理工大学的王安波教授团队在 2005 年提出的 FPI 结构。这种 F-P 腔的传感头由蓝宝石光纤和蓝宝石晶片通过氧化铝管无缝隙密封得到,再用氧化铝陶瓷胶进行固定。由于晶片的厚度和折射率都随着温度的升高而增大,结合白光干涉解调技术,该结构可以实现 1600℃的高温测试,测温精度高于 0.2%,传感器外形小巧,具有可批量制造和易于校准的优势。2006 年,他们优化结构,得到了如图 8.2.3(b)所示的 FPI。他们在蓝宝石端面制得了 45°倾角的平面,该平面将入射光传向晶片并将来自晶片的反射信号重新反射回检测系统中。这种装置使光纤与晶片的上平面直接接触而不需要额外的支撑结构,其温度特性依赖晶片的厚度,得到器件的测温范围在24～1170℃,温度分辨率为 0.4℃。

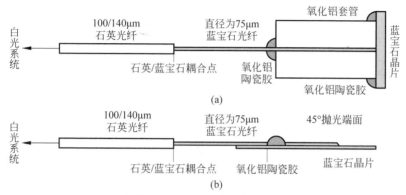

图 8.2.3　两种基于蓝宝石晶片的非本征 FPI 的结构示意图

(a) 蓝宝石光纤端面和蓝宝石晶片贴合形成的 FPI 结构;(b) 蓝宝石光纤端面处理为 45°构成的 FPI

2016 年,他们又提出了一种不需要光源的基片式的蓝宝石光纤 FPI,如图 8.2.4 所示。该结构以高温下的热辐射作为光源,因此干涉后的信号和背景信号同时以相同的幅度变化,即使蓝宝石光纤受到污染,光谱的对比度也不会发生明显变化。在实际应用中,器件放置的位置、蓝宝石基片的角度均会影响测试的结果,因此不宜将蓝宝石晶片直接放置在热辐射场中,最外层的氧化铝小帽不仅起到稳定热场的作用,还能够降低由材料热膨胀不同而带来的误差。该器件可以测试1593℃的高温,温度分辨率可达 1℃,但此器件只能工作在 600℃ 以上,否则将因为由热辐射产生的光源太弱而无法使用。这种全蓝宝石结构有助于使光纤、套管和晶片之间的热膨胀差异最小化,确保传感器的高温稳定性。

图 8.2.4　无源蓝宝石光纤 FPI 温度传感器

(a) 原理示意图;(b) 结构示意图

(请扫Ⅶ页二维码看彩图)

2020 年,北京航空航天大学的丁铭等将蓝宝石晶片通过熔点为 1800℃ 的陶瓷胶固定在氧化铝陶瓷管的端面,固化后将其插入内径为 260μm、外径为 2.5mm 的氧化锆陶瓷管内,然后将锥形空芯的氧化铝陶瓷管(内径 $260 \sim 20\mu m$,外径 2.5mm)放在另一侧,使器件在保持与外界连通的同时尽量降低环境污染的影响,最后将端面抛光的蓝宝石光纤(直径为 $250\mu m$)插入氧化铝陶瓷管中,与蓝宝石晶片紧密贴合并用陶瓷胶固定。该器件测温范围在 $25 \sim 1550℃$,温度灵敏度为 $32.5pm/℃$,器件的制造流程如图 8.2.5 所示。

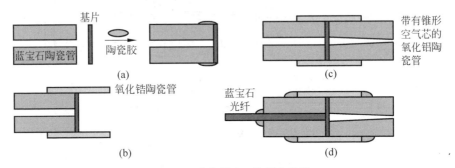

图 8.2.5 蓝宝石 FPI 的制作流程

(a) 将蓝宝石晶片安装在氧化铝陶瓷管端面并用陶瓷胶固定;(b) 将氧化铝陶瓷管插入氧化锆陶瓷管中;(c) 将具有锥形空芯的氧化铝陶瓷管插入氧化锆陶瓷管中;(d) 将端面抛光的蓝宝石光纤插入氧化铝陶瓷管中与蓝宝石晶片紧密贴合并用陶瓷胶固定

(请扫Ⅶ页二维码看彩图)

3) 基于空气腔的非本征型蓝宝石 FPI

还有一种常见的蓝宝石 FPI 是通过两段蓝宝石光纤的空气间隙形成 FPI,其结构图如 8.2.6(a)所示。入射光经过两个空气和蓝宝石光纤界面反射回入射蓝宝石光纤,两束相位差恒定的光发生干涉。这种传感器要求蓝宝石光纤端面抛光,并尽可能保持两个端面平行,精准地在套管中对齐。美国弗吉尼亚理工大学的王安波教授团队在 2010 年制得了这种基于空气腔的非本征型 FPI 传感器,并且通过控制空气间隙的长度得到不同的反射光谱,如图 8.2.6(b)所示。在该工作中,通过腔长复用的方法将三个空气腔 F-P 结构级联而实现了多点传感,实现了在 $1000℃$ 以上稳定工作,温度灵敏度为 $20nm/℃$,温度分辨率为 $0.3℃$。

2020 年,王安波等又提出了一种新的制造具有空气间隙的蓝宝石 F-P 腔的方式。加工过程如图 8.2.7 所示。他们先通过用飞秒激光在蓝宝石光纤端面上逐层螺旋扫描减材,得到圆柱空心结构,然后通过 50% HF 的处理以除去残余物质,再通过 CO_2 激光平滑加工平面,接着通过激光焊接技术将 $30\mu m$ 厚的蓝宝石晶片焊接到处理过的蓝宝石光纤端面上,最后使用飞秒激光将基片多余的部分去掉,再将制得的器件 $1200℃$ 下退火 4h,消除残余的应力。该传感器的测试范围为从室温到 $1455℃$,温度灵敏度为 $1.32nm/℃$,全光谱范围内的温度分辨率为 $0.68℃$。整个器件尺寸很小,长度约为 $125\mu m$,与蓝宝石外径相同,温度响应速度很快,在水中的

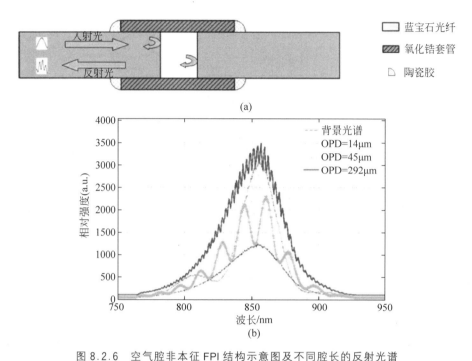

图 8.2.6　空气腔非本征 FPI 结构示意图及不同腔长的反射光谱

（a）两段蓝宝石光纤的空气间隙形成的 FPI 结构；（b）不同空气腔长度的蓝宝石光纤 FPI 的反射光谱

（请扫Ⅶ页二维码看彩图）

响应时间为 1.25ms，因此该器件在高温下温度的实时监控方面有很好的应用前景。结合自滤波技术，该器件的分辨率还可以进一步提高。

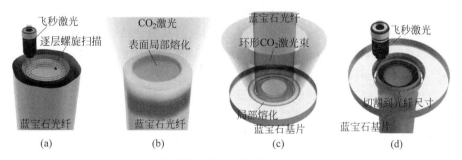

图 8.2.7　通过激光减材与焊接制备 FPI 的流程图

（a）飞秒激光在蓝宝石光纤端面微加工制造凹槽；（b）CO_2 激光平滑凹槽表面；（c）将蓝宝石晶片焊接到处理过的蓝宝石光纤端面；（d）飞秒激光去除蓝宝石晶片直到光纤外径相同

（请扫Ⅶ页二维码看彩图）

　　蓝宝石光纤 FPI 不仅能测试温度，还能在高温环境中测试压力、应变和振动等物理参量。除了之前王安波等制做的常规的与温度传感相关的结构外，值得一提的是中北大学的梁庭等提出了一种密闭的蓝宝石腔的压力传感器,如图 8.2.8 所示。

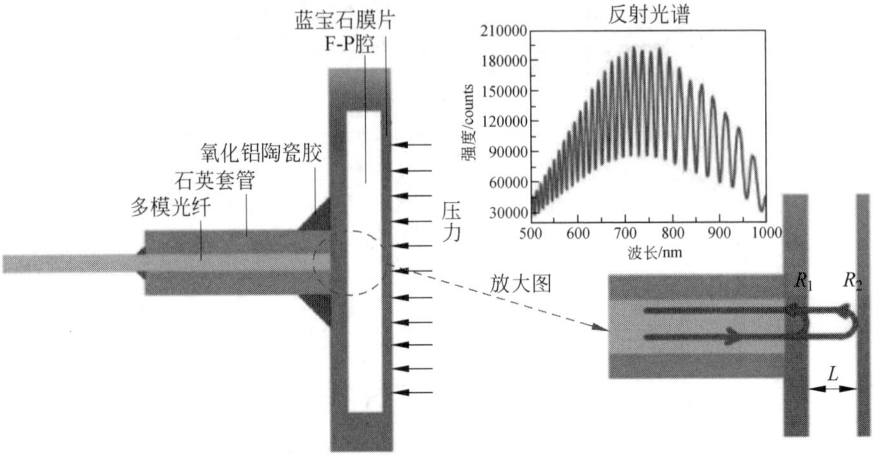

图 8.2.8　传感器的原理及结构示意图

(请扫Ⅶ页二维码看彩图)

这个全蓝宝石的无须使用黏合剂的腔是通过感应耦合等离子体刻蚀和晶片键合技术制得的。这种全蓝宝石的构造消除了由材料的热膨胀系数不同而引起的高温下热应力大、不同材质界面的开裂等问题。该蓝宝石密闭腔通过多模光纤与外界的测试系统相连。外界压力的变化会引起外部晶片的弯曲,导致空气腔的长度变化,通过白光干涉解调技术检测光谱中波长的漂移情况来探测外界压力变化。该传感器的压力检测范围为 20~700kPa,可承受温度上限为 800℃,平均压力灵敏度为 2.65nm/kPa。由于蓝宝石材料的杨氏模量随着温度的增大而减小,该器件存在 1.25nm/℃ 的压力与温度交叉敏感,压力灵敏度随着温度的增加而增加,系数为 0.00025nm/(kPa·℃),通过使用键合技术得到的密闭腔能够耐受 7.2MPa 的高压。用蓝宝石晶片和碳化硅(SiC)构造密闭腔,再结合蓝宝石光学元件构成的高温压力传感器已经应用在涡轮机械的压力检测中。图 8.2.9 展示的是一个基于 6H-SiC 材料悬臂结构的 F-P 腔,能够实现在 1200℃ 下的振动传感。基于空气腔的蓝宝石 F-P 干涉传感器还可以在高温下测试应变,在 1004℃ 下的应变分辨率为 0.2με。

上述 FPI 型蓝宝石光纤传感器的光谱质量对两个反射平面的平行度以及平滑度要求较高,制备工艺复杂,成本高,这使得器件的商用可行性不高。一种可适用于大规模生产的方法是通过电子束蒸发在蓝宝石光纤表面涂覆一层微米或亚微米量级厚的耐高温薄膜来构成 FPI。该种器件在设计时最重要的是薄膜材料的选择。对材料的具体要求有很多,首先要求材料对探测波长是透明的,并且要求在高温下物理化学性质稳定,且要求材料具有高熔点,最重要的是材料的热膨胀系数要

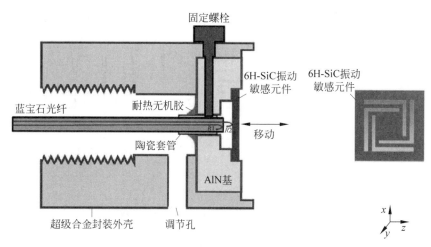

图 8.2.9　基于 6H-SiC 材料悬臂结构的蓝宝石振动传感器结构示意图
（请扫 Ⅶ 页二维码看彩图）

与蓝宝石接近,尽量降低热应力,从而减少在热循环过程中两种材料产生裂纹甚至脱离的可能性。目前已经被应用在这种传感器的材料有 Ta_2O_5、ZrO_2 和 Al_2O_3 等。2011 年,王安波等选择 Ta_2O_5 作为膜材料,在 $200\sim1000℃$,温度分辨率为 1.4℃。2012 年,他们选择 ZrO_2 作为膜材料,从室温 1200℃对器件进行了温度测试,温度分辨率为 5.8℃。相比于其他的结构,虽然薄膜 FPI 温度分辨率较低,测温上限也较低,但是它的制备只需要镀膜这一道工序,且器件大小取决于蓝宝石光纤的端面尺寸,从而为低成本大批量制备高温探针式光纤传感器提供了一种可行的方向。

2. 迈克耳孙干涉仪

蓝宝石光纤直径大带来的多模传输特性以及端面制备与精准对齐等工艺上的限制,使其难以得到与普通二氧化硅单模光纤相同质量的光谱。有研究表明,一旦端面角度有 10^{-2} 的偏差便会引起光谱对比度可见的变差。蓝宝石光纤本身的黑体辐射在高温下也会干扰来自蓝宝石尖端的检测信号,大大降低了信噪比。随着微波光子学的飞速发展,基于光载波的微波干涉（optical carrier microwave interferometry,OCMI)的概念被提出。OCMI 概念融合了光学和微波这两个不同领域的显著优势。在传感应用中表现为:对波导类型的依赖性较低,对多模干涉的依赖性较低,并且对偏振的波动不敏感,因此采用这种方法时对光纤干涉仪的端面制备和对准要求大大降低。基于相干检测的方法,高温下的检测中,由黑体辐射带来的影响大大降低。2015 年,美国克莱姆森(Clemson)大学的肖海等设计了一种基于不等长的蓝宝石光纤的迈克耳孙干涉仪用于温度测试,传感器结构示意图和光谱如图 8.2.10 所示。

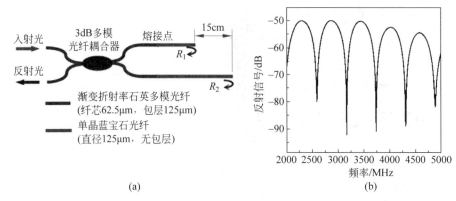

(a)   (b)

图 8.2.10 蓝宝石光纤迈克耳孙干涉仪

(a) 结构示意图；(b) 反射光谱

(请扫Ⅶ页二维码看彩图)

经过耦合器的两束光通过不同长度的蓝宝石光纤,产生恒定的相位差后形成干涉。该传感器结合 OCMI 信号检测系统,在时域信号中可以看到由两个尖峰对应两个反射。通过使用门函数提取两个蓝宝石光纤的反射信号并通过傅里叶变换处理,在微波域得到可见度>40dB 的干涉图,如图 8.2.10(b)所示。器件中由温度的变化会导致 MI 光程差的变化,从而引起微波干涉图的移动。该传感器的工作温度范围为 100～1400℃,测温精度可达±0.5℃,显示出良好的灵敏度和重复性。

干涉型蓝宝石光纤高温传感器相比于其他蓝宝石光纤传感器,其优势在于测温精度高,但是由于光谱特性的限制,传感器的复用能力较差。目前国内对干涉型蓝宝石光纤高温传感器的研究主要还是 F-P 干涉仪,西安交通大学、西北工业大学、上海大学、武汉理工大学和北京理工大学等都对其展开了相关的研究工作。目前蓝宝石 FPI 的主要问题还是在各组件间的热膨胀失配,以及复杂的工艺对耐温性能和机械性能的影响,这同时也在一定程度上限制了复用能力。而由于 OCMI 对多模干涉不灵敏,从而在空间复用的角度具有一定的潜力。实现 OCMI 分布式传感首先要在蓝宝石光纤中得到高温稳定的反射镜结构,这有望通过飞秒激光加工技术来实现。

8.2.3 蓝宝石光纤光栅传感器

1. 光纤布拉格光栅的基本理论

基于蓝宝石光纤的光栅主要是光纤布拉格光栅(FBG),也称为短周期光纤光栅,是通过在光纤纤芯进行周期性折射率调制而得到的光波导器件,折射率的周期为光波长量级。通过观察 FBG 的透射光谱可以发现其实现了窄带透射滤波,观其反射光谱则可将其视为窄带反射器。FBG 的结构如图 8.2.11 所示,周期为 Λ 的折射率调制实现了前向和后向传输纤芯模式的耦合,在反射谱的特定波长处出现共振峰,同时在透射谱的相同位置出现损耗峰。

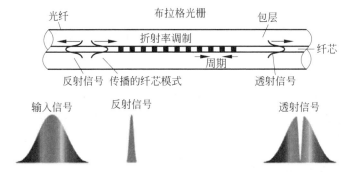

图 8.2.11　FBG 的结构以及透射反射光谱

(请扫Ⅶ页二维码看彩图)

光纤光栅中纤芯折射率的周期性调制使纤芯模式的能量耦合到在光纤中传输的多种模式中,从射线光学的角度来说,可以视光纤光栅为周期为 Λ 的衍射体光栅,以 θ_1 入射的光经过光栅后会以 θ_1 反射,光纤光栅的方程为

$$n\sin\theta_2 = n\sin\theta_1 + m\frac{\lambda}{\Lambda} \tag{8.2.18}$$

其中,m 为衍射阶数,当入射和衍射光对应于光纤的边界模时,模式的传播常数为

$$\beta = \frac{2\pi n_{\text{eff}}}{\lambda}\sin\theta \tag{8.2.19}$$

模式耦合的相位匹配条件为

$$\beta_2 = \beta_1 + \frac{2\pi}{\Lambda} \tag{8.2.20}$$

由此得到在波长为 λ 处,传播常数为 β_1 和 β_2 的两个模式发生耦合所需的光栅的周期为 Λ。对于布拉格光栅,前向和后向传输的模式之间发生耦合,那么 $\beta_2 = -\beta_1$,则由公式(8.2.18)可得

$$m\lambda = (n_{\text{eff1}} + n_{\text{eff2}})\Lambda \tag{8.2.21}$$

而在众多的模式中,前向和后向传输的纤芯模耦合占主导,假定

$$n_{\text{eff1}} = n_{\text{eff2}} = n_{\text{eff}}^{\text{co}} \tag{8.2.22}$$

那么布拉格谐振条件可以表示为

$$m\lambda = 2n_{\text{eff}}^{\text{co}}\Lambda \tag{8.2.23}$$

在温度或应变的传感过程中,由于弹光效应、热光效应和热膨胀效应,使模式的有效折射率 n_{eff} 或光栅的周期 Λ 发生变化,导致共振波长的漂移,则一般通过观

测布拉格波长的漂移量来实现传感。

2. 光纤布拉格光栅的发展与分类

FBG 最早于 1978 年在加拿大通信研究中心被成功研制,希尔(K. O. Hill)等从掺锗的光纤两端注入 488nm 激光形成干涉,这种驻波法对光源要求高,且制备效率低,光栅的光谱较差。1989 年,梅尔茨(G. Meltz)等用 244nm 的紫外激光通过双光束全息干涉技术得到了谐振峰处于通信波段的 FBG,但是这种方法要求光源有高相干性和高稳定性。1993 年,希尔等用相位掩模法制备了 FBG,这种方法对光源的相干性要求不高,光栅的周期由掩模板的周期决定,从而为光栅的大规模生产提供了行之有效的方法。同年,马洛(B. Malo)等用紫外受激准分子激光作为光源,通过逐点法制得了 FBG。2003 年,加拿大通信研究中心的米哈伊洛夫(S. J. Mihailov)等用红外飞秒激光结合相位掩模板在没有光敏性的通信光纤上首次制备了 FBG。

以紫外激光作光源制备 FBG 利用的是光纤纤芯的光敏性,"色心"模型或应力松弛模型可以解释紫外激光诱导折射率调制。光纤中的缺氧中心吸收紫外光形成"色心",导致折射率的变化,由缺陷电离引起的光纤材料密度以及应力的再分布导致折射率的变化。然而,这种方法存在致命缺陷——在高于 400℃ 的环境中,光栅会被擦除。

飞秒激光的峰值功率极高,能将能量快速聚焦到需要加工的位置。飞秒激光加工有如下三个主要特点:①由于飞秒激光的脉冲时间与材料中电子的热扩散时间相比要小很多,所以加工过程中不会出现热效应,飞秒激光可以实现冷加工;②飞秒激光通过多光子吸收的方式将能量转移到物质上,而只有焦点区域能量能达到材料多光子电离的阈值,所以加工精度高;③由于只有在焦点处发生非线性吸收,在透明介质内部传输时激光的损耗很低,所以可以实现透明介质的内部加工。

通过飞秒激光进行折射率调制时不依赖于材料的光敏性,可加工的材料多种多样,加工得到的器件其温度耐受能力与激光功率有关。加拿大通信研究中心的米哈伊洛夫使用不同的峰值功率制备出了耐温性能较差的 I 型光纤光栅和能在 1000℃ 仍未被擦除的 II 型光纤光栅。目前比较常见的光纤光栅的分类如下所述。

I 型:由连续激光或能量低于材料损伤阈值的脉冲激光在锗掺杂浓度低的光敏光纤中进行折射率调制,基于局部缺陷,折射率改变量在 $10^{-5} \sim 10^{-3}$,300℃ 时就有可能被擦除,大多数不能耐受 500℃ 的高温。

II 型:由能量高于光纤材料损伤阈值的脉冲激光实现永久性折射率调制。多光子吸收引起电离,导致材料内部微裂纹,微空腔甚至引起自聚焦成丝效应。材料局部发生熔化后再凝固,收缩。折射率变化量可达 $10^{-3} \sim 10^{-2}$,理论上得到的光栅耐温型良好,可达到材料的熔融转变温度,在石英光纤中制造的光栅最高可耐受 1000℃ 的高温。从图 8.3.12 中可以看出 II 型 FBG 的折射率调制深度更大,反射谱中包层模更大。

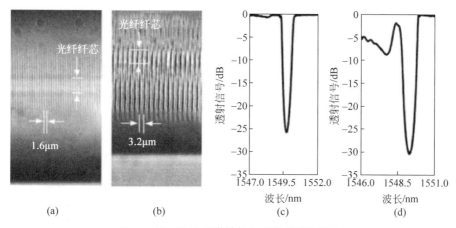

(a)　　　　　　　(b)　　　　　　　(c)　　　　　　　(d)

图 8.2.12　FBG 显微结构与透射光谱图对比

(a) I 型 FBG 的显微结构图；(b) II 型 FBG 的显微结构图；(c) I 型 FBG 的透射光谱；(d) II 型 FBG 的透射光谱

II$_A$ 型：对 I 型 FBG 进行过量曝光（大于 500J/cm^2）或者用连续激光在高掺杂浓度、小纤芯的光敏光纤中制备。其最大的特点是平均折射率随着曝光量的增大而减小。耐温性能介于上述两种光纤光栅之间。

I$_A$ 型：只能基于载氢的光敏光纤或单模光纤制备，在 I 型 FBG 的基础上进一步曝光，光栅先消失后重新出现，形成 I$_A$ 型光栅,其温度灵敏度低，一定程度上避免了温度和应力的交叉敏感问题。

再生型 FBG：将 I 型 FBG 进行高温退火再生，退火过程中会发生玻璃的软化，通过应力释放使玻璃结构更加致密，得到永久的折射率调制，耐温可达 1000℃。

在一些高温恶劣的环境中实现传感是光纤光栅的重要应用出口，因此其温度检测上限一直被广泛关注。表 8.2.1 为 FBG 温度传感器的大体的发展历程。

表 8.2.1　FBG 温度传感器的发展历程

年　份	团　队	光栅类型	耐受温度/℃	参考文献
2005	米哈伊洛夫	近红外飞秒激光 II 型光栅	1000	[65]
2008	坎宁(J. Canning)	再生光栅	1000	[69]
2009	王东宁	预退火处理飞秒激光 II 型光栅	1200	[70]
2013	坎宁	再生光栅	1100	[71]
2014	乔学光	掺杂光敏光纤再生光栅	1400	[72]
2016	门罗(T. M. Monro)	纯石英悬浮芯光纤 II 型光栅	1300	[73]

3. 蓝宝石光纤光栅

当蓝宝石 FBG 用于高温的环境中时，通过飞秒激光在蓝宝石光纤内部进行的折射率调制可保证光栅结构在高温下稳定存在。其制备方法主要可分为相位掩模法和飞秒激光直写法。由于蓝宝石本身的多模传输特性,得到光栅的反射共振峰较宽,这在降低了传感精度的同时也限制了传感器的波长复用能力。在蓝宝石光纤光栅的传感应用中,反射率的增强和高阶模的抑制一直以来都是不断优化的目标。下面将从制备方法的角度简要介绍蓝宝石光纤光栅。

1) 相位掩模法

2004 年,加拿大通信研究中心的米哈伊洛夫等首次用近红外飞秒激光结合相位掩模法在蓝宝石多模光纤中制备了布拉格光栅。相位掩模法如图 8.2.13 所示,在该工作中,飞秒激光脉冲持续时间为 125fs,波长 λ 为 800nm,重复频率为 100Hz,经过焦距 f 为 19mm 的柱透镜聚焦,近似得到高斯光束的半径 ω_0 为 2.45mm,高斯光束近似后,焦斑半径为 $\omega \approx \lambda f/(\pi\omega_0)$。硅基掩模板的周期为 4.284$\mu$m,实现了 800nm 激光经过掩模板后的零级衍射近乎为零。将直径为 150μm 的蓝宝石光纤置于掩模板后几毫米,最终聚焦的线宽为 4μm,长度为 4.9mm,激光能量为 500μJ,该能量高于蓝宝石的损伤阈值,将蓝宝石光纤曝光 1min 可以制备光纤光栅。在曝光的过程中,可以使用压电致动器使光束步进重复扫描,以实现增大光栅截面的效果,得到光栅的周期是掩模板周期的一半。该光栅的温度检测范围为 22~1530℃,光纤的总伸长量为 (320±20)μm,光栅反射率没有明显的变化,光谱也没有变形。升降温三次后,布拉格谐振波长没有明显的变化。在 1200℃ 下,光栅的灵敏度约为 25pm/℃,而更高温度下灵敏度会进一步提升。

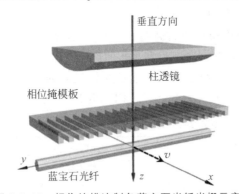

图 8.2.13 相位掩模法制备蓝宝石光纤光栅示意图

蓝宝石光纤光栅反射谱中的共振波长随温度变化而变化的特性使其可应用于高温传感,然而所得到光谱的半峰全宽较大。为了降低带宽,在 2006 年,米哈伊洛夫等在用氢气燃烧的火焰加热的同时,拉伸单模光纤的一端得到长度为 20mm、直径为 60μm 的均匀锥腰,将其用折射率为 1.46 的折射率匹配油与蓝宝石光纤光栅相连,如图 8.2.14(a)所示,通过减小单模光纤锥的纤芯直径来抑制高阶模,实现滤模的效果。图 8.2.14(b)是滤模前后的反射光谱对比。初始的光谱的谐振峰半峰全宽为 6nm,接入锥腰直径为 $60\mu m$ 的单模光纤锥,半峰全宽变为 0.33nm,在引入了单模光纤锥对蓝宝石光纤光栅进行滤模后,不仅可以降低光栅谐振峰的峰宽,且谐振峰与噪声的强度差有了 10dB 的提升。

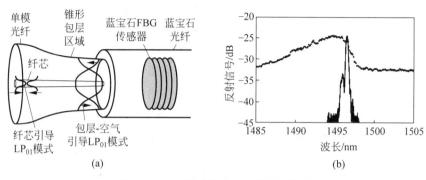

图 8.2.14　通过锥形结构抑制高阶模

(a) 结构示意图；(b) 反射光谱的对比图

　　接入锥形结构的方法较好地实现了对高阶模式的抑制,但是该方法对光纤直径的匹配以及耦合要求较高,难以在实际中应用。在 2007 年,宾夕法尼亚州立大学的尹(S. Yin)等提出通过减小蓝宝石光纤的直径($60\mu m$),并同时适当弯曲光纤,在保留基模的前提下使高阶模产生一定程度的损耗；得到了半峰全宽小于 2nm 的反射峰,该光栅可应用于 1600℃的高温环境中。

　　2010 年,加拿大通信研究中心的米哈伊洛夫等又提出了基于蓝宝石 FBG 的温度应变双参数传感器。通过在远离布拉格波长处监测黑体辐射光谱变化可以检测到环境温度变化,再根据已测得的温度将由温度导致的布拉格波长变化去掉,最终通过计算可以得到应变的变化。蓝宝石光纤直径为 $120\mu m$,掩模板周期为 $1.747\mu m$,光栅共振波长为 1524nm,根据公式(8.2.1)可以通过测得特定波长处的能量来确定温度,再由布拉格波长的漂移量相关公式

$$\frac{\Delta\lambda_{Br}}{\lambda_{Br}} = \varepsilon_{ax} - \frac{n^2}{2}\left[\varepsilon_r(P_{11}+P_{12})+P_{12}\varepsilon_{ax}\right] + (\alpha_s+\zeta_s)\Delta T \quad (8.2.24)$$

将 $\varepsilon_r = -v_s\varepsilon_{ax}$,$p_e = n^2/2 \cdot \left[P_{12}-v_s(P_{11}+P_{12})\right]$ 代入公式(8.2.24)得到

$$\frac{\Delta\lambda_{Br}}{\lambda_{Br}} = (1-p_e)\varepsilon_{ax} + (\alpha_s+\zeta_s)\Delta T \quad (8.2.25)$$

其中,ε_{ax} 为轴向应变；ε_r 为径向应变；n 为折射率；P_{11} 和 P_{12} 为弹光系数；α_s 为热膨胀系数；ζ_s 为热光系数；v_s 为泊松比。将由黑体辐射得到的温度代入就可得到应变量。

　　2009 年,德国耶拿大学莱布尼兹光子技术研究所的巴特尔特(H. Bartelt)等

同样用近红外飞秒激光结合相位掩模法在单晶蓝宝石光纤中刻写了光纤布拉格光栅,温度检测上限为1745℃,误差在1℃以内。2018年,吉林大学的孙洪波等通过飞秒激光结合相位掩模法制备了高阶蓝宝石FBG,其折射率调制的区域能占到光纤截面面积的60%以上,这使得模式间的耦合变强,透射谱中可以观察到3dB的损耗峰。用相位掩模法制备光纤光栅,一旦掩模板周期固定,光栅的周期也就固定了,结合Talbot双光束干涉法提高了加工的灵活性。

2)双光束干涉

2013年,德国耶拿大学莱布尼兹光子技术研究所的巴特尔特等通过400nm的飞秒激光结合Talbot双光束干涉的方法成功地在同一根蓝宝石光纤中制备了三个不同周期的一阶布拉格光栅。光栅制造的示意图如图8.2.15所示,将相位掩模板用作分光元件,得到的两束衍射光经两个反射镜反射后发生干涉,发生干涉后的两束光垂直照射在直径为100μm的蓝宝石光纤上,蓝宝石光纤受到干涉后的激光照射会产生周期性的折射率调制,通过控制反射镜的角度可以控制两束发生干涉的光的角度ϑ,进而控制干涉图样的周期以及制得光栅的周期。通过该方法制备的蓝宝石FBG的谐振波长为

$$\lambda_B = \frac{n_{eff} \cdot \lambda_{inscription}}{\sin\vartheta} \qquad (8.2.26)$$

其中,$\lambda_{inscription}$为飞秒激光光源的波长。

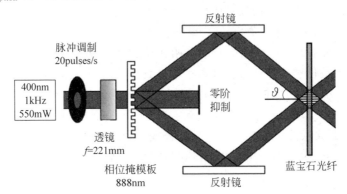

图8.2.15 Talbot双光束干涉制备FBG示意图

(请扫Ⅶ页二维码看彩图)

由公式(8.2.26)可知,通过调整两束干涉光的角度,可以灵活地控制所制备的蓝宝石FBG的谐振波长。通过该方法,他们在一根蓝宝石光纤上刻写了三个不同谐振波长的布拉格光栅,实现了波分复用,并进行了20~1200℃的温度测试。同年,他们课题组的哈比斯罗伊特(T. Habisreuther)等测试了一阶蓝宝石光纤光栅的高温稳定性,他们将光栅放置在1400℃的环境下保温了28d,最终测定误差在

2℃以内。2015年，他们又通过蓝宝石FBG监控1500℃的高温管式炉内的温度分布，测试频率可达20Hz，该光栅的最高工作温度为1900℃。2016年，该课题组又设计了封装好的蓝宝石光纤光栅来测试高温钢合金的热膨胀系数，在600℃下，该传感器应变上限为$1500\mu\varepsilon$，分辨率为$10\mu\varepsilon$。

3）逐点法

2017年，美国弗吉尼亚理工大学王安波等首次采用飞秒激光逐点写入法成功制备蓝宝石光纤光栅，逐点法示意图如图8.2.16(a)所示。由于蓝宝石光纤在1550nm的折射率为1.745，要想得到阶数较低的光栅，则需要光栅周期小于$2\mu m$，这就要求透镜具有较大的放大倍数以得到聚焦面积很小的光斑。在该系统中，波长为780nm、脉宽为100fs、束腰为3mm的线性偏振高斯光束采用数值孔径为1.25的100倍浸油物镜聚焦，焦点直径约为$0.2\mu m$。其中半波片和偏振片用来控制激光的偏振，使其垂直于光纤的轴向。调整激光的能量，使其超过蓝宝石的损伤阈值而不会产生裂纹。在镜头与光纤之间用折射率与蓝宝石匹配的折射率匹配油来减少光的散射，同时降低加工时由弯曲界面带来的误差。加工过程中使激光的频率固定，在光纤的轴向匀速移动光纤，光栅的长度由脉冲总数决定。同时，使用透射显微系统实时监控制造的过程。最终，他们得到了反射峰半峰全宽为6nm的布拉格光栅。由于使用该方法在蓝宝石光纤内折射率调制的区域较小，从而光栅的反射率仅为6%。逐点法相比于相位掩模法的优势在于能够灵活地控制光栅的周期及长度，因此在该工作中，王安波等实现了波长分别为1549.8nm、1566.5nm和1584.3nm的三个光栅的级联，并在室温到1400℃的温度范围内测试其谐振峰波长的漂移，最终得到光栅的温度灵敏度为25.8pm/℃。之后，王安波等又将得到的多点测温器件进行了封装和校准，在商用锅炉中进行了大于1.5个月的温度测试，证明该器件可以在高温环境中长期稳定使用。

2018年，王安波等将用上述方法制得的蓝宝石光栅置于热酸中腐蚀，使其直径减小至$9.6\mu m$并用其测量了外界温度以及折射率的变化。他们使用的酸是加热到330℃的物质的量比为3∶1的硫酸和磷酸，将蓝宝石光纤光栅腐蚀42.5h后，光纤直径从原本的$125\mu m$减小到$9.6\mu m$。从图8.2.16(b)反射光谱中可以看出光栅的反射谱从原来的一个宽峰变为几个分立的峰，这是由于随着直径的减小，很多高阶模式的能量泄漏到了空气中。

4）逐线法

由于逐点法在蓝宝石光纤内产生的折射率调制区域小，所制备的光栅反射率较低。2018年，深圳大学的王义平等提出了在蓝宝石光纤内部进行逐线扫描的方法以实现折射率调制区域的增大，最终实现了反射率为6.3%的蓝宝石FBG的制备，光栅的谐振峰半峰全宽为6.08nm。他们实现了5个不同波长布拉格光栅的级

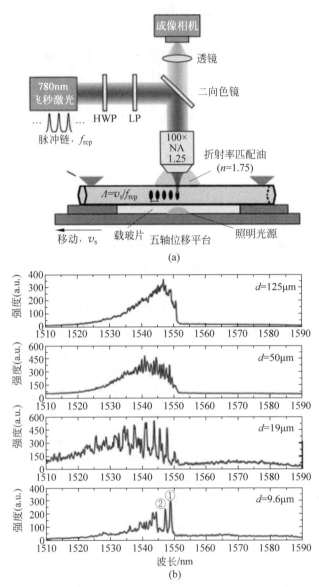

图 8.2.16　逐点法制备蓝宝石 FBG

(a) 加工示意图；(b) 酸腐蚀后的光谱变化

（请扫Ⅷ页二维码看彩图）

联，在 1612℃，光栅的温度灵敏度为 36.5pm/℃。2019 年，吉林大学的孙洪波等也通过逐线扫描的方式在直径为 60μm 的蓝宝石光纤中制备了三阶布拉格光栅，反射率为 15%，反射峰半峰全宽为 5.72nm。所制备的光栅的显微照片如图 8.2.17

所示,从图中可以看出画线宽度为 $40\mu m$,折射率调制的深度为 $5.36\mu m$。孙洪波等还在不同温度下测试了光栅的温度应变特性,温度在 $1000\sim1600℃$ 时光栅的温度灵敏度为 $34.96pm/℃$。同年,王义平等又通过飞秒激光逐线法在蓝宝石光纤中制造了双层 FBG 结构,如图 8.2.18 所示,双层折射率调制区域之间的间距为 $5\mu m$。这个结构大大增加了折射率调制的面积,蓝宝石光纤光栅的反射率被提高到了 34.1%。通过错位熔接的方式,光栅的反射峰半峰全宽被降低 $1.32nm$,在 $1612℃$,光栅的温度灵敏度为 $45.2pm/℃$。

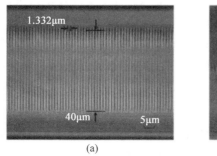
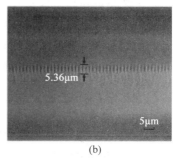

图 8.2.17　逐线法制备的蓝宝石 FBG 的显微图

(a) 俯视图;(b) 侧视图

(请扫Ⅶ页二维码看彩图)

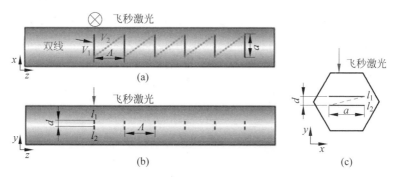

图 8.2.18　双层蓝宝石 FBG 制备示意图

(a) 俯视图;(b) 侧视图;(c) 截面图

(请扫Ⅶ页二维码看彩图)

8.2.4　基于散射信号的分布式蓝宝石光纤传感器

分布式光纤传感系统已经在建筑物结构健康监测,石油、天然气管道泄露监测,输电线路结构健康监测等领域实现应用。虽前面提到的 FPI 和 FBG 在一定程度上可以级联,但其复用能力有限,且都是固定空间位置的检测,在整个线路中存在盲区。基于散射信号的分布式光纤传感器可以在单根光纤上空间连续地对温度、应力等物理量实时监测,检测的散射信号一般为拉曼散射、布里渊散射以及瑞利散射信号。监测系统分为光学时域反射系统(optical time-domain reflectometry,OTDR)和光学频域反射系统(optical frequency-domain reflectometry,OFDR),对于两者的选择通常要权衡最大感应距离以及空间分辨率。OTDR 在散射光分布式光纤传感中十分常见,就是向光纤中注入一个光脉冲,通过反射信号和入射光脉冲之间的时间差来确定空间位置。脉冲的重复频率决定了可监测的光纤长度,而脉冲的宽度决定了定位的精度。时域反射仪可用于数百千米的超长距离传感,空间分辨率在米量级上。频域反射仪的空间分辨率可到亚毫米量级,但是其感应长度有限,仅为几百米。另外,分布式光纤传感大多基于普通的单模光纤,目前只有基于拉曼散射的 OTDR 技术和基于瑞利散射的 OFDR 技术将蓝宝石光纤应用到分布式传感系统中。

1. 基于拉曼散射的 OTDR 系统

拉曼散射是指在入射光通过介质时与介质中的分子相互作用而引起光频率的变化,从量子力学的角度来说:分子吸收频率为 V_0 的光子,发射频率为 V_0-V_i 的光子,同时跃迁到高能态(对应斯托克斯光);分子吸收频率为 V_0 的光子,发射频率为 V_0+V_i 的光子,同时跃迁到低能态(对应反斯托克斯光)。拉曼散射从一定程度上来说与分子热运动密切相关,所以可以携带散射点的温度信息,相比于布里渊散射以及瑞利散射,拉曼信号只对温度敏感,因此消除了其他物理参数的串扰,十分适合在恶劣的环境中进行高温传感。光纤中的拉曼散射强度可由玻色-爱因斯坦统计(Bose-Einstein statistics)并且强度值正比于其中的微分项

$$\frac{\mathrm{d}\sigma_{\mathrm{AS}}}{\mathrm{d}\Omega}\bigg|x \cong \frac{1}{\lambda_{\mathrm{AS}}^4}\frac{1}{\exp\left[\dfrac{hc\Delta\nu}{K_{\mathrm{B}}T(x)}\right]-1} \tag{8.2.27}$$

$$\frac{\mathrm{d}\sigma_{\mathrm{S}}}{\mathrm{d}\Omega}\bigg|x \cong \frac{1}{\lambda_{\mathrm{S}}^4}\frac{1}{1-\exp\left[\dfrac{-hc\Delta\nu}{K_{\mathrm{B}}T(x)}\right]} \tag{8.2.28}$$

其中,h 是普朗克常量;K_{B} 是玻尔兹曼常量;c 为真空中的光速;$\Delta\nu$ 代表拉曼位移;λ_{S} 和 λ_{AS} 分别是斯托克斯波长和反斯托克斯波长;$T(x)$ 是光纤中位置为 x 处的温度值。其中公式(8.2.27)和公式(8.2.28)分别代表反斯托克斯散射和斯托克斯散射在截面上的微分,相比于斯托克斯分量,反斯托克斯分量对温度更灵敏。通常用两者之比来表示对某温度下某位置的拉曼值

$$R = \left(\frac{\lambda_{\mathrm{S}}}{\lambda_{\mathrm{AS}}}\right)^4\exp\left[-\frac{hc\Delta\nu}{K_{\mathrm{B}}T(x)}\right] \tag{8.2.29}$$

2015 年,美国弗吉尼亚理工大学的王安波等首次在蓝宝石光纤中观察到了反

斯托克斯拉曼散射,并测量了拉曼峰的强度、频率位置和线宽与温度的关系。在二次谐波 Nd：YAG 激光激发的 0.72m 长的蓝宝石光纤中,激光的中心波长为532nm,单脉冲能量为 500μJ。在高于 300℃的温度下,王安波等观察到三个反斯托克斯峰,当温度升高到 1033℃时,反斯托克斯峰的强度与斯托克斯峰的强度相当。2016 年,他们通过将高峰值功率的波长为 532 nm 的脉冲激光耦合到蓝宝石光纤中得到了分布式的高温温度传感器。图 8.2.19 是传感器原理示意图,激发激光(中心波长为 532nm,重复频率为 10Hz,单脉冲能量为 5μJ,脉冲宽度大于 5ps)经过分束器到直径为 125μm、长度为 1m 的蓝宝石光纤中。通过高速雪崩光电探测器检测斯托克斯光以及反斯托克斯光,从输入的脉冲激光到探测到的散射信号之间的时间差受蓝宝石光纤的群速度的影响,群速度是探测点处的温度函数,反斯托克斯信号相较于斯托克斯信号其强度对温度的灵敏度更高,因此采用公式(8.2.29)进行自校准。自校准会降低由光源强度、耦合效率的波动,波导的散射、吸收以及内部杂质引起的误差,最终探测的信号经处理后作为表征温度的传感信号。从室温到 1200℃,传感器测得温度误差为 3.7℃,空间分辨率为 14cm。它在实际应用中面临的问题在于拉曼信号强度较弱,需要提高信噪比,另外传感结构所占空间较大,这也限制了其远距离传感。

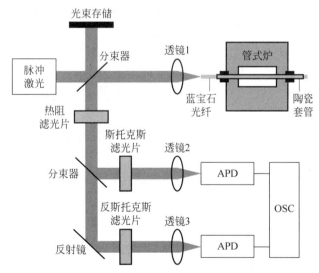

图 8.2.19　拉曼时域反射温度传感系统示意图

(请扫Ⅶ页二维码看彩图)

2. 基于瑞利散射的 OFDR 系统

基于瑞利散射的 OFDR 系统的优势在于亚毫米量级的空间分辨率,这使得其在化石能源的开发、工业生产过程中对热分布图的绘制等空间分布的高温传感领域有巨大的潜力。在光纤中,瑞利散射源于光纤纤芯折射率的随机波动,光纤温度的改变带来了由热光效应引起的光纤纤芯折射率的改变、由热膨胀效应引起的光纤长度的变化,这就导致了瑞利散局部背散射光谱的漂移。瑞利背散射光谱的漂移量 $\Delta\lambda$ 与温度改变量 ΔT 的关系如下

$$\Delta\lambda = \lambda \cdot (\alpha + \xi) \cdot \Delta T \tag{8.2.30}$$

其中,λ 为探测光的波长;α 是光纤的热膨胀系数;ξ 是光纤的热光系数。然而由于 OFDR 系统一般利用干涉的原理,从而要求在单模光纤中使用。

2017 年,美国能源部国家能源技术实验室的刘(B. Liu)等通过用飞秒激光微加工蓝宝石多模光纤实现了基于瑞利散射的分布式温度传感。飞秒激光处理后的传感器散射信号峰相比于本征散射增强了 10dB,并且在 1500℃ 的高温下仍能稳定存在,然而由于蓝宝石光纤的多模干涉,给原有的自相关解调技术带来了挑战。另外,该工作中锥形单模光纤结构的设计大大降低了多模蓝宝石光纤与单模传感系统之间的耦合损耗。同年,为了提高耦合效率,俄亥俄州立大学的布卢(T. E. Blue)等提出了通过 $^6\mathrm{Li}(\mathrm{n},\alpha)^3\mathrm{H}$ 反应在蓝宝石光纤中制备内包层,得到接近单模的蓝宝石光纤。由于大大抑制了包层模,有望实现整个蓝宝石光纤长度上的温度分布传感。然而,该传感器难以在 300℃ 以上的高温环境中工作,布卢等将这一现象归因于快速中子轰击得到的缺陷在蓝宝石光纤中迅速扩展。为了提高温度检测上限,在 2018 年,他们通过在内包层的单模蓝宝石光纤中制备了 5 个 II 型 FBG 来增强瑞利散射,大大提高了信噪比,其温度检测上限为 1300℃。由于蓝宝石本身的瑞利散射会在高温下减小,而光栅的光谱却不会退化,因此可以很好地辅助光谱的观察。2019 年,该课题组又通过该技术实现了分辨率为 11mm 的高温分布式传感。他们通过在 0.55m 长的单模蓝宝石光纤中制得了 50 个光栅,从室温到 1000℃ 的范围内传感器的测试精度为 5℃。

8.3　本章小结

由于蓝宝石光纤具有优良的物理化学稳定性、高熔点以及良好的机械性能,从而在高温传感领域应用广泛。目前有四种常见的高温蓝宝石光纤传感器。

黑体辐射型的高温光纤传感器对环境的适应能力强,响应速度快,响应时间在毫秒量级。在结合荧光测温后将温度测量下限降到了室温,可以实现室温到 1800℃ 的温度传感,但材料热膨胀失配的问题影响了其在高温下的使用寿命,并且传感系统复杂,成本较高,响应是非线性的。随着高温透明陶瓷和单晶的发展,超高温温度检测上限有望突破 2000℃。

干涉型蓝宝石光纤传感器以蓝宝石 FPI 为主,相比于光纤光栅,其制备方法简单、成本较低,这种传感器灵敏度高,温度检测范围从室温到 1600℃。对于本征型的 FPI,制备方法以熔接法为主,对于非本征型的 FPI,常常通过一些机械支撑和粘附的手段得到 FPI,因此带来一些高温下稳定性差的问题。另外在以空气为 F-P 腔内介质时,还可以通过激光减材结合化学腐蚀的方法和键合的方法来得到传感器结构。值得一提的是,基于空气腔的蓝宝石 FPI 可以通过改变腔长来调整灵敏度,并且已实现了多点准分布式温度检测。蓝宝石 FPI 存在的问题还有解调技术复杂、响应时间长。器件的稳定性、尺寸、封装、信号的解调都是需要改善的方向,另外通过简单的镀膜实现 FPI 则有望实现其批量生产。

蓝宝石光纤布拉格光栅测温范围可从室温到 1900℃,主要的制备方式都是飞秒激光在蓝宝石光纤内实现周期性折射率调制,大体上可分为利用相位掩模板和飞秒激光直写。为了提高用相位掩模板进行光栅加工的灵活性,通过反射镜来改变双光束的夹角;为了增大飞秒直写得到的光栅的反射率,从原本的逐点,到逐线再到多层加工,光栅反射谱的信噪比有了明显的提升。蓝宝石光纤光栅测温精度较高、响应速度快,可实现温度、应变等多参数传感,并且可以通过波长复用实现准分布式传感。但是光纤光栅的制作系统复杂、维护成本高,并且蓝宝石的多模传输特性使反射共振峰宽,限制了复用能力。因此,降低蓝宝石光纤的传输模式仍是十分重要的研究方向。另外,多参量响应带来的交叉敏感同样需要解决。

上述的三种蓝宝石光纤传感器中,基于 FPI 和 FBG 结构的传感器可以通过级联的方式实现多点传感,但是由于多模的限制,级联程度十分有限。目前在高温分布式传感领域应用的蓝宝石光纤器件主要有两类:基于拉曼散射的光学时域反射系统和基于瑞利散射的光学频域反射系统。前者传感距离远,但空间分辨能力弱,后者与之相反。

除了在高温下的传感,蓝宝石材料本身在化学生物传感方向还有一些独特的优势。表面增强拉曼散射由于超高的灵敏度以及可用于分子鉴定的特异性在生物化学传感中十分常见。鉴于蓝宝石材料卓越的耐高温和化学稳定性,基于蓝宝石光纤的 SERS 探针也受到了广泛的关注。2014 年,美国克莱姆森大学的元(L. Yuan)等比较了不同的三种光纤探针(标准单模光纤、多模光纤、蓝宝石光纤)检测罗丹明 6G 溶液的拉曼散射光谱。探针是通过飞秒激光在光纤端面进行烧蚀得到纳米微结构,再在其上通过化学方法生长一层纳米银薄层得到的。他们观察了三种光纤在空气中的背景拉曼散射光谱,其中蓝宝石光纤的拉曼背景散射峰更低、更窄。2018 年,美国斯蒂文斯理工学院的杜(H. Du)等通过在蓝宝石光纤的侧面固定一层胶体银纳米颗粒,改变纳米颗粒覆盖的密度和覆盖光纤长度,观察表面增强拉曼散射光谱而实现对罗丹明 6G 浓度检测,该传感器分辨率达到了 10^{-9} m。

上述的在光纤侧面或端面构成的探针结构都没有对温度稳定性进行验证。杜等提出了一种称为纳米结构蓝宝石光纤的新型器件。他们通过用金属铝涂覆在蓝宝石光纤的表面,之后进行阳极氧化处理,在蓝宝石光纤外面形成了一层孔道结构,称为阳极氧化铝包层。这层结构中垂直于蓝宝石光纤表面的空气孔的存在增强了蓝宝石光纤的消逝场,并且空心孔道可以用来固定银纳米颗粒,提高了纳米颗粒的机械稳定性和热稳定性,可以在800℃下通过测试表面增强拉曼散射进行分子水平的化学传感。

参考文献

[1] DAKIN J P,KAHN D A. Novel fiber-optic temperature probe[J]. Optical and Quantum Electronics,1977,9(6):540-544.

[2] JAMES K A,QUICK W H,STRAHAN,V H. Fiber optics-way to true digital sensors[J]. Control Engineering,1979,26(2):30-33.

[3] GUO Q,YU Y S,ZHENG Z M,et al. Femtosecond laser inscribed sapphire fiber Bragg grating for high temperature and strain sensing[J]. IEEE Transactions on Nanotechnology,2019,18:208-211.

[4] SCHNEIDER S J. Engineered materials handbook [M]. Metals Park,Ohio:ASM International,1991.

[5] 沈永行. 荧光测温与辐射测温一体化的蓝宝石光纤温度传感器[D]. 杭州:浙江大学,1999.

[6] LYNCH C T. Handbook of materials science[M]. Boca Raton:CRC Press,1975.

[7] 激光晶体编写组. 激光晶体[M]. 上海:上海人民出版社,1976.

[8] 张克从,张乐惠. 晶体生长[M]. 北京:科学出版社,1981.

[9] 郝晓剑. 瞬态表面高温测量与动态校准技术研究[D]. 太原:中北大学,2005.

[10] 丁祖昌,陈继勤,符森林,等. 激光加热单晶光纤生长装置的设计[J]. 人工晶体,1989,18(1):69-73.

[11] 沈永行,王彦起,叶林华,等. 用LHPG法生长晶体光纤的环形聚焦激光加热系统研究[J]. 高技术通讯,1994(7):16-18.

[12] 沈剑威,王迅,沈永行. LHPG法生长单晶光纤中熔区生长界面对消除气泡的影响[J]. 人工晶体学报,2008(1):60-64.

[13] 徐锡镇. 多模蓝宝石光纤光栅的超快激光制备及高温传感特性研究[D]. 深圳:深圳大学,2019.

[14] DILS R R. High-temperature optical fiber thermometer[J]. Journal of Applied Physics,1983,54(3):1198-1201.

[15] 周炳琨,陈家骅,王志海. 光纤黑体腔温度传感器:CN2046210[P]. 1989-10-18[2021-06-10]. https://kns. cnki. net/kcms/detail/detail. aspx?FileName=CN2046210&DbName=SCPD2010.

[16] 叶林华,沈永行.蓝宝石单晶光纤高温仪的研制[J].红外与毫米波学报,1997(6):38-43.

[17] 王剑星,申超,赵彦,等.热辐射型光纤高温传感器及其性能研究[J].传感器世界,2014,20(6):13-17.

[18] 李艳萍,包长春,闫栋梁,等.热辐射型光纤高温传感器的研究[J].计算机测量与控制,2007,15(3):416-417.

[19] ZHANG Z Y,GRATTAN K T V, PALMER A W. Temperature dependences of fluorescence lifetimes in Cr^{3+}-doped insulating crystals[J]. Physical Review B,1993,48(11):7772-7778.

[20] 王高,周汉昌.瞬态高温传感器动态性能测试技术研究[J].测试技术学报,2005(3):335-338.

[21] KIM Y C,MASSON J F,BOOKSH K S. Single-crystal sapphire-fiber optic sensors based on surface plasmon resonance spectroscopy for in situ monitoring[J]. Talanta,2005,67(5):908-917.

[22] LEE B H,KIM Y H,PARK K S,et al. Interferometric fiber optic sensors[J]. Sensors,2012,12(3):2467-2486.

[23] ZHU C,GERALD R E,HUANG J. Progress toward sapphire optical fiber sensors for high-temperature applications [J]. IEEE Transactions on Instrumentation and Measurement,2020,69(11):8639-8655.

[24] WAGNER R E,SANDAHL C R. Interference effects in optical fiber connections[J]. Applied Optics,1982,21(8):1381-1385.

[25] WANG A,GOLLAPUDI S,MAY R G,et al. Advances in sapphire-fiber-based intrinsic interferometric sensors[J]. Optics Letters,1992,17(21):1544-1546.

[26] ZHU Y Z,WANG A B. Surface-mount sapphire interferometric temperature sensor[J]. Applied Optics,2006,45(24):6071-6076.

[27] ZHU Y Z,HUANG Z Y,SHEN F B,et al. Sapphire-fiber-based white-light interferometric sensor for high-temperature measurements[J]. Optics Letters,2005,30(7):711-713.

[28] TIAN Z P,YU Z H,LIU B,et al. Sourceless optical fiber high temperature sensor[J]. Optics Letters,2016,41(2):195-198.

[29] WANG B T,NIU Y X,ZHENG S W,et al. A high temperature sensor based on sapphire fiber Fabry-Perot interferometer[J]. IEEE Photonics Technology Letters,2020,32(2):89-92.

[30] WANG J J,DONG B,LALLY E,ET AL. Multiplexed high temperature sensing with sapphire fiber air gap-based extrinsic Fabry-Perot interferometers[J]. Optics Letters,2010,35(5):619-621.

[31] YANG S,FENG Z,JIA X T,et al. All-sapphire miniature optical fiber tip sensor for high temperature measurement[J]. Journal of Lightwave Technology,2020,38(7):1988-1997.

[32] YU X,WANG S,JIANG J F,et al. Self-filtering high-resolution dual-sapphire-fiber-based high-temperature sensor[J]. Journal of Lightwave Technology,2019,37(4):1408-1414.

[33] MILLS D A,ALEXANDER D,SUBHASH,G. Development of a sapphire optical pressure sensor for high-temperature applications[C]. Baltimore,MD:Conference on Sensors for

Extreme Harsh Environments,2014.

[34] PULLIAM W,RUSSLER P,FIELDER R. High-temperature,high-bandwidth,fiber optic, MEMS pressure sensor technology for turbine engine component testing[J]. Proceedings of the SPIE - The International Society for Optical Engineering,2002,4578: 229-238.

[35] LALLY E M,XU Y,WANG A B. Sapphire direct bonding as a platform for pressure sensing at extreme high temperatures[C]. Orlando,FL: Conference on Fiber Optic Sensors and Applications Ⅵ,2009.

[36] YI J H,LALLY E,WANG A B, et al. Demonstration of an all-sapphire Fabry-Perot cavity for pressure sensing[J]. IEEE Photonics Technology Letters,2011,23(1): 9-11.

[37] LI W W,LIANG T,CHEN Y L,et al. Interface characteristics of sapphire direct bonding for high-temperature applications[J]. Sensors,2017,17(9): 2080.

[38] LI W W,LIANG T,JIA P G, et al. Fiber-optic Fabry-Perot pressure sensor based on sapphire direct bonding for high-temperature applications[J]. Applied Optics, 2019, 58(7): 1662-1666.

[39] WANG Z,CHEN J,WEI H, et al. Sapphire Fabry-Perot interferometer for high-temperature pressure sensing[J]. Applied Optics,2020,59(17): 5189-5196.

[40] XIAO H,DENG J D,PICKRELL G,et al. Single-crystal sapphire fiber-based strain sensor for high-temperature applications[J]. Journal of Lightwave Technology, 2003, 21 (10): 2276-2283.

[41] LATINI V,STRIANO V, COPPOLA G, et al. Fiber optic sensors system for high temperature monitoring of aerospace structures[C]. Maspalomas,Spain: Conference on Photonic Materials,Devices and Applications Ⅱ,2007.

[42] HUANG Y G,TANG F, MA D W, et al. Design, fabrication, characterization, and application of an ultra-high temperature 6H-SiC sapphire fiber optic vibration sensor[J]. IEEE Photonics Journal,2019,11(5): 1-12.

[43] LIN C,STECKL A J,SCOFIELD J. SiC thin-film Fabry-Perot interferometer for fiber-optic temperature sensor[J]. IEEE Transactions on Electron Devices,2003,50(10): 2159-2164.

[44] LEE D W,TIAN Z P,DAI J X, et al. Sapphire fiber high-temperature tip sensor with multilayer coating[J]. IEEE Photonics Technology Letters,2015,27(7): 741-743.

[45] HUANG C J,LEE D W, DAI J X, et al. Fabrication of high-temperature temperature sensor based on dielectric multilayer film on sapphire fiber tip[J]. Sensors and Actuators A-Physical,2015,232: 99-102.

[46] WANG J J,LALLY EM, WANG X P, et al. ZrO_2 thin-film-based sapphire fiber temperature sensor[J]. Applied Optics,2012,51(12): 2129-2134.

[47] WANG J J,LALLY E M, DONG B, et al. Fabrication of a miniaturized thin-film temperature sensor on a sapphire fiber tip[J]. IEEE Sensors Journal, 2011, 11 (12): 3406-3408.

[48] LIN Q J,WU Z R,ZHAO N,et al. Design and numerical analysis of high-reflective film used in F-P sapphire optical fiber high-temperature sensor[J]. Sensor Review, 2019,

39(2): 162-170.

[49]　PERENNES F,BEARD P C,MILLS T N. Analysis of a low-finesse Fabry-Perot sensing interferometer illuminated by a multimode optical fiber[J]. Applied Optics,1999,38(34): 7026-7034.

[50]　CAPMANY J,NOVAK D. Microwave photonics combines two worlds [J]. Nature Photonics,2007,1(6): 319-330.

[51]　YAO J P. Microwave photonics[J]. Journal of Lightwave Technology, 2009, 27 (1-4): 314-335.

[52]　HUANG J,LAN X W,LUO M,et al. Spatially continuous distributed fiber optic sensing using optical carrier based microwave interferometry[J]. Optics Express,2014,22(15): 18757-18769.

[53]　HUANG J,LAN X W,WANG H Z,et al. Optical carrier-based microwave interferometers for sensing application[C]. Baltimore,MD: Conference on Fiber Optic Sensors and Applications Ⅺ, 2014.

[54]　HUANG J. Optical fiber based microwave-photonic interferometric sensors[D]. Clemson, SC: Clemson University,2015.

[55]　HUANG J,LAN X W,SONG Y,et al. Microwave interrogated sapphire fiber Michelson interferometer for high temperature sensing[J]. IEEE Photonics Technology Letters, 2015,27(13): 1398-1401.

[56]　MIHAILOV S J. Fiber Bragg grating sensors for harsh environments[J]. Sensors,2012, 12(2): 1898-1918.

[57]　HILL K O,FUJII Y,JOHNSON D C,et al. Photosensitivity in optical fiber waveguides: Application to reflection filter fabrication[J]. Applied Physics Letters, 1978, 32 (10): 647-649.

[58]　MELTZ G,MOREY W W,GLENN W H. Formation of Bragg gratings in optical fibers by a transverse holographic method[J]. Optics Letters,1989,14(15): 823-825.

[59]　HILL K O,MALO B, BILODEAU F, et al. Bragg gratings fabricated in monomode photosensitive optical fiber by UV exposure through a phase mask[J]. Applied Physics Letters,1993,62(10): 1035-1037.

[60]　MALO B,HILL K O, BILODEAU F, et al. Point-by-point fabrication of micro-Bragg gratings in photosensitive fiber using single excimer pulse refractive index modification techniques[J]. Electronics Letters,1993,29(18): 1668-1669.

[61]　MIHAILOV S J,SMELSER C W, LU P, et al. Fiber Bragg gratings made with a phase mask and 800-nm femtosecond radiation[J]. Optics Letters,2003,28(12): 995-997.

[62]　RATHJE J,KRISTENSEN M, PEDERSEN J E. Continuous anneal method for characterizing the thermal stability of ultraviolet Bragg gratings[J]. Journal of Applied Physics,2000,88(2): 1050-1055.

[63]　LIU X,DU D,MOUROU G. Laser ablation and micromachining with ultrashort laser pulses[J]. IEEE Journal of Quantum Electronics,1997,33(10): 1706-1716.

[64]　SCHAFFER C B,BRODEUR A,GARCIA J F,et al. Micromachining bulk glass by use of

femtosecond laser pulses with nanojoule energy[J]. Optics Letters,2001,26(2): 93-95.

[65] SMELSER C W,MIHAILOV S J,GROBNIC D. Formation of type I-IR and type Ⅱ-IR gratings with an ultrafast IR laser and a phase mask[J]. Optics Express,2005,13(14): 5377-5386.

[66] KY N H,LIMBERGER H G,SALATHE R P, et al. UV-irradiation induced stress and index changes during the growth of type-Ⅰ and type-ⅡA fiber gratings[J]. Optics Communications,2003,225(4-6): 313-318.

[67] LIU Y,WILLIAMS J A R,ZHANG L, et al. Abnormal spectral evolution of fiber Bragg gratings in hydrogenated fibers[J]. Optics Letters,2002,27(8): 586-588.

[68] CHEN T,CHEN R Z,JEWART C, et al. Regenerated gratings in air-hole microstructured fibers for high-temperature pressure sensing[J]. Optics Letters,2011,36(18): 3542-3544.

[69] BANDYOPADHYAY S,CANNING J,STEVENSON M, et al. Ultrahigh-temperature regenerated gratings in boron-codoped germanosilicate optical fiber using 193nm[J]. Optics Letters,2008,33(16): 1917-1919.

[70] LI Y H,YANG M W,WANG D N, et al. Fiber Bragg gratings with enhanced thermal stability by residual stress relaxation[J]. Optics Express,2009,17(22): 19785-19790.

[71] WANG T,SHAO L Y,CANNING J, et al. Temperature and strain characterization of regenerated gratings[J]. Optics Letters,2013,38(3): 247-249.

[72] YANG H Z,QIAO X G, DAS S, et al. Thermal regenerated grating operation at temperatures up to 1400 degrees C using new class of multimaterial glass-based photosensitive fiber[J]. Optics Letters,2014,39(22): 6438-6441.

[73] WARREN-SMITH S C,NGUYEN L V,LANG C,et al. Temperature sensing up to 1300 degrees C using suspended-core microstructured optical fibers[J]. Optics Express,2016, 24(4): 3714-3719.

[74] GROBNIC D,MIHAILOV S J,SMELSER C W,et al. Sapphire fiber Bragg grating sensor made using femtosecond laser radiation for ultrahigh temperature applications[J]. IEEE Photonics Technology Letters,2004,16(11): 2505-2507.

[75] CHEN C,ZHANG X Y,YU Y S, et al. Femtosecond laser-inscribed high-order Bragg gratings in large-diameter sapphire fibers for high-temperature and strain sensing[J]. Journal of Lightwave Technology,2018,36(16): 3302-3308.

[76] GROBNIC D,MIHAILOV S J,DING H,et al. Single and low order mode interrogation of a multimode sapphire fibre Bragg grating sensor with tapered fibres[J]. Measurement Science and Technology,2006,17(5): 980 984.

[77] ZHAN C,KIM J H,LEE J, et al. High temperature sensing using higher-order-mode rejected sapphire-crystal fiber gratings-art. no. 66980F[C]. San Diego,CA: Conference on Photonic Fiber and Crystal Devices,2007.

[78] MIHAILOV S J,GROBNIC D,SMELSER C W. High-temperature multiparameter sensor based on sapphire fiber Bragg gratings[J]. Optics Letters,2010,35(16): 2810-2812.

[79] BUSCH M,ECKE W,LATKA I,et al. Inscription and characterization of Bragg gratings in single-crystal sapphire optical fibres for high-temperature sensor applications [J].

Measurement Science and Technology,2009,20(11): 1-6.

[80] ELSMANN T,HABISREUTHER T,GRAF A,et al. Inscription of first-order sapphire Bragg gratings using 400nm femtosecond laser radiation[J]. Optics Express,2013,21(4): 4591-4597.

[81] HABISREUTHER T,ELSMANN T,PAN Z,et al. Long-term stable sapphire fiber Bragg grating sensors at 1400℃[C]. Santander,Spain: 23rd International Conference on Optical Fibre Sensors,2014.

[82] HABISREUTHER T,ELSMANN T,PAN Z W,et al. Sapphire fiber Bragg gratings for high temperature and dynamic temperature diagnostics[J]. Applied Thermal Engineering, 2015,91: 860-865.

[83] HABISREUTHER T,ELSMANN T,GRAF A,et al. High-temperature strain sensing using sapphire fibers with inscribed first-order Bragg gratings [J]. IEEE Photonics Journal,2016,8(3): 1-8.

[84] YANG S,HU D,WANG A B. Point-by-point fabrication and characterization of sapphire fiber Bragg gratings[J]. Optics Letters,2017,42(20): 4219-4222.

[85] YANG S,HOMA D,HEYL H,et al. Commercial boiler test for distributed temperature sensor based on wavelength-multiplexed sapphire fiber Bragg gratings[C]. Baltimore,MD: Conference on Fiber Optic Sensors and Applications ⅩⅥ,2019.

[86] YANG S,HOMA D,PICKRELL G,et al. Fiber Bragg grating fabricated in micro-single-crystal sapphire fiber[J]. Optics Letters,2018,43(1): 62-65.

[87] XU X Z,HE J,LIAO C R,et al. Sapphire fiber Bragg gratings inscribed with a femtosecond laser line-by-line scanning technique [J]. Optics Letters, 2018, 43 (19): 4562-4565.

[88] XU X Z,HE J,LIAO C R,et al. Multi-layer,offset-coupled sapphire fiber Bragg gratings for high-temperature measurements[J]. Optics Letters,2019,44(17): 4211-4214.

[89] LU P,LALAM N,BADAR M, et al. Distributed optical fiber sensing: Review and perspective[J]. Applied Physics Reviews,2019,6(4): 1-35.

[90] LIU B,BURIC M P,CHORPENING B T,et al. Design and implementation of distributed ultra-high temperature sensing system with a single crystal fiber[J]. Journal of Lightwave Technology,2018,36(23): 5511-5520.

[91] LIU B,YU Z,HILL C, et al. Sapphire-fiber-based distributed high-temperature sensing system[J]. Optics Letters,2016,41(18): 4405-4408.

[92] BURIC M,LIU B,HUANG S,et al. Modified single crystal fibers for distributed sensing applications[C]. Anaheim,CA: Conference on Fiber Optic Sensors and Applications ⅩⅣ, 2017.

[93] WILSON B A,BLUE T E. Quasi-distributed temperature sensing using type-Ⅱ fiber Bragg gratings in sapphire optical fiber to temperatures up to 1300℃[J]. IEEE Sensors Journal,2018,18(20): 8345-8351.

[94] HOBEL M,RICKA J,WUTHRICH M,et al. High-resolution distributed temperature sensing with the multiphoton-timing technique [J]. Applied Optics, 1995, 34 (16):

2955-2967.

[95] LIU B,YU Z H,TIAN Z P, et al. Temperature dependence of sapphire fiber Raman scattering[J]. Optics Letters,2015,40(9): 2041-2044.

[96] MA G M,ZHOU H Y,LI Y B, et al. High-resolution temperature distribution measurement of GIL spacer based on OFDR and ultraweak FBGs[J]. IEEE Transactions on Instrumentation and Measurement,2020,69(6): 3866-3873.

[97] ROMAN M,BALOGUN D, ZHUANG Y Y, et al. A spatially distributed fiber-optic temperature sensor for applications in the steel industry[J]. Sensors,2020,20(14): 1-20.

[98] DU Y,JOTHIBASU S,ZHUANG Y Y,et al. Unclonable optical fiber identification based on Rayleigh backscattering signatures [J]. Journal of Lightwave Technology, 2017, 35(21): 4634-4640.

[99] OHANIAN O J,BOULANGER A J,ROUNTREE S D,et al. Single-mode sapphire fiber optic distributed sensing for extreme environments [C]. Baltimore, MD: Micro-and Nanotechnology Sensors, Systems, and Applications XI Conference/SPIE Defense and Security Symposium,2019.

[100] SUN J,GONG L,WANG W J,et al. Surface-enhanced Raman spectroscopy for on-site analysis: A review of recent developments[J]. Luminescence,2020,35(6): 808-820.

[101] OTTAWAY J M,ALLEN A, WALDRON A, et al. Spatial heterodyne Raman spectrometer (SHRS) for in situ chemical sensing using sapphire and silica optical fiber Raman probes[J]. Applied Spectroscopy,2019,73(10): 1160-1171.

[102] LIU K,CHEN H,OHODNICKI P,et al. Chemical sensing in harsh environments with nanostructured sapphire optical fiber (Conference Presentation)[C]. Orlando: SPIE,2018.

[103] CHEN H,TIAN F,KANKA J, et al. A scalable pathway to nanostructured sapphire optical fiber for evanescent-field sensing and beyond[J]. Applied Physics Letters,2015, 106(11): 1-5.

[104] YUAN L,LAN X W,HUANG J,et al. Comparison of silica and sapphire fiber SERS probes fabricated by a femtosecond laser[J]. IEEE Photonics Technology Letters,2014, 26(13): 1299-1302.

[105] CHEN H,TIAN F,CHI J M,et al. Advantage of multi-mode sapphire optical fiber for evanescent-field SERS sensing[J]. Optics Letters,2014,39(20): 5822-5825.

[106] RAML C,HE X N,HAN M, et al. Raman spectroscopy based on a single-crystal sapphire fiber[J]. Optics Letters,2011,36(7): 1287-1289.

第 9 章

单晶蓝宝石光纤布拉格光栅及应用

9.1　引言

　　苛刻环境广泛存在于工业、国防、航空航天的诸多领域,这包括高温、高压、强辐射、强电磁干扰等,如何在这些极端环境中实现精确、瞬时的物理量感知和测量,是横亘在科学界和工业界的重大难题。光纤光栅及其传感器作为光纤器件和光纤传感领域的一支生力军,因其具有无源、抗电磁干扰、插入损耗低、波长选择性好以及可实现远程遥感和分布式传感等优点,为该问题的解决提供了契机。

　　光纤布拉格光栅(FBG)的传统制备采用紫外(UV)激光刻写技术,其诱导的折射率变化强烈依赖于光纤光敏性,并在高温环境工作时存在一定局限性,即温度高于400℃时这种折射率变化极易被擦除/漂白。这限制了UV-FBG在冶金、石油开采、火力发电、核能等苛刻环境中的传感应用。因此,迫切需要一种耐高温的"极端"光栅。在光纤光栅制作领域,人们经过近十余年的研究,已经证明针对高温光纤光栅传感器的制备主要是采用高温再生技术和超快激光加工技术。前者形成的再生光栅存在反射率低、光谱特性差、损耗大等缺点,这会增加信号探测和解调难度并影响分辨率。飞秒激光微加工技术已被证明可以在任何透明电介质材料(石英、硅酸盐玻璃、非线性晶体等)中诱导永久性折射率变化,与材料的光敏性和化学构成无关,这归因于高能超快脉冲的高非线性效应,该技术为耐高温光纤光栅的制备带来了崭新的生机。

　　前文已经阐述,石英光纤因为受到材料化学结构和物理强度的限制,仅适用于1000℃以下的高温环境测量。单晶蓝宝石光纤具备优异的光学、热学和机械性能,是目前高温光纤传感技术最具实用性的光纤材料。单晶蓝宝石光纤布拉格光栅

(sapphire fiber Bragg grating, SFBG)相较于基于黑体辐射、荧光、法布里-珀罗干涉(Fabry-Perot interferometer, FPI)机理的蓝宝石光纤传感器具有显著优势,具体体现在:首先,SFBG 由全蓝宝石晶体材质构成,不需要其他额外组件和黏结剂构成传感器,传感器高温探测极限即蓝宝石晶体的熔点;其次,利用 SFBG 具有离散谐振波长的特点可制备出测量温度高达 2000℃的分布式光学传感器阵列,这是其他蓝宝石光纤传感器无法比拟的。

本章节将主要论述 SFBG 基本原理、单晶蓝宝石光纤与石英光纤异质集成、SFBG 制备、多模谐振反射率和单模谐振调控,以及 SFBG 应用实例。

9.2 单晶蓝宝石光纤布拉格光栅基本原理

9.2.1 光学模式及多模激励特性

单晶蓝宝石光纤是由单一 Al_2O_3 材料形成的柱状结构,其 C-Plane 切面呈六边形形状,与空气包层构成阶跃折射率变化多模光纤。在这种弱传导光纤中传输的模式数量 N 受到蓝宝石光纤直径的影响,表示为

$$N \approx \frac{V^2}{2} \tag{9.2.1}$$

$$V = \left(\frac{a\pi}{\lambda}\right) \cdot \text{NA} \tag{9.2.2}$$

$$\text{NA} = \sqrt{n_2^2 - n_1^2} \tag{9.2.3}$$

其中,V 为波长 λ 处的归一化频率;a 为蓝宝石光纤直径;NA 为数值孔径;$n_2 = 1.746$ 为蓝宝石光纤折射率;$n_1 = 1$ 为空气包层折射率。

根据公式(9.2.3)计算的蓝宝石光纤 NA 为 1.43,因为高阶模式具有较强的传输损耗,所以实际测得的 NA 要小于该值。针对直径分别为 $100\mu m$ 和 $250\mu m$ 商用蓝宝石光纤,通过远场实验测得的 NA 分别约为 0.10 和 0.12。进一步通过公式(9.2.1)和公式(9.2.2)计算得到两种直径蓝宝石光纤可传播的模式数量分别约为 166 个和 2100 个。若严格根据公式(9.2.3)理论计算 NA 值,进而获得的可传播模式数量将高达 3 万个。如此众多的传导模式将使布拉格谐振光谱呈现宽谱特性。因此,模式激励和多模谐振的理论分析对于更好地理解蓝宝石多模传输特性和 SFBG 工作机制十分重要。

对于石英光纤与蓝宝石光纤的传输耦合,使用线偏振模式近似分析。由于石英光纤的旋转对称结构和输入光场的圆对称性,近似高斯光束的基模光场 $E(r, 0)$ 将在蓝宝石光纤中仅激发一系列 $LP_{0\mu}$(或者 $HE_{0\mu}$)传导模式。这些模式与辐射模

式一起形成一组正交集合。忽略辐射模式,初始位置($z=0$)的光场分布可以表示为传导模式的一个级数展开

$$E(r,\varphi,0) = \sum_{\mu=1}^{M} c_{\mu} \psi_{0\mu}(r,\varphi,0) \tag{9.2.4}$$

其中,$\psi_{0\mu}(r,\varphi,z)$ 表示 $\text{LP}_{0\mu}$ 传导模式的电场分布;c_{μ} 是模式的激励系数,可由 $E(r,\varphi,0)$ 和 $\psi_{0\mu}(r,\varphi,z)$ 的重叠积分获得

$$c_{\mu} = \frac{\int_{0}^{2\pi} \mathrm{d}\varphi \int_{0}^{\infty} E(r,\varphi,0) \psi_{0\mu}(r,\varphi,0) r \mathrm{d}r}{\int_{0}^{2\pi} \mathrm{d}\varphi \int_{0}^{\infty} \psi_{0\mu}(r,\varphi,0) \psi_{0\mu}(r,\varphi,0) r \mathrm{d}r} \tag{9.2.5}$$

在蓝宝石光纤内传输距离 z 之后,光场分布可表示为

$$E(r,\varphi,z) = \sum_{\mu=1}^{M} c_{\mu} \psi_{0\mu}(r,\varphi,z) \exp(\mathrm{i}\beta_{\mu} z) \tag{9.2.6}$$

其中,$\beta_{\mu} = (2\pi/\lambda) n_{\text{eff}}^{\mu}$ 为 $\text{LP}_{0\mu}$ 模式的传输常数,这里,n_{eff}^{μ} 为 $\text{LP}_{0\mu}$ 模式的有效折射率。在实际理论模拟时,针对 $\text{LP}_{0\mu}$ 传导模式可以忽略角分量 φ 的影响。上述理论,可应用于石英光纤与蓝宝石光纤耦合过程中多模式激励和模式能量分配分析。

9.2.2 多模布拉格谐振特性

当激励的众多传导模式沿着蓝宝石光纤传播至布拉格光栅区域时,其多模式谐振特性可以通过耦合模理论分析。满足如下相位匹配条件的那些模式将被反射

$$\beta_{\nu} = \beta_{\mu} + m(2\pi/\Lambda) \quad \text{或} \quad m\lambda_{\nu\mu} = (n_{\text{eff}}^{\mu} + n_{\text{eff}}^{\nu})\Lambda \tag{9.2.7}$$

其中,Λ 为光栅周期;m 为布拉格谐振阶数;β_{μ} 和 β_{ν} 分别表示前向和反向传输模式的传输常数,二者符号相反。而耦合强度则取决于折射率调制和相互作用模式之间的重叠积分,即模式 $\text{LP}_{0\mu}$ 和 $\text{LP}_{0\nu}$ 之间的耦合系数。通常纵向耦合系数 $K_{\nu\mu}^{z}$ 因远小于横向耦合系数 $K_{\nu\mu}^{t}$ 可忽略,$K_{\nu\mu}^{t}$ 表示为

$$K_{\nu\mu}^{t}(z) = \frac{\omega}{4} \int_{0}^{2\pi} \mathrm{d}\varphi \int_{0}^{\infty} \Delta\varepsilon(r,z) e_{\nu}^{t}(r,\varphi,z) \cdot e_{\mu}^{t*}(r,\varphi,z) r \mathrm{d}r \tag{9.2.8}$$

其中,ω 为角频率;$\Delta\varepsilon(r,z)$ 为对介电常数的扰动,被认为独立于 φ,当有效折射率变化量 δn_{eff} 远小于 n_{eff} 时,$\Delta\varepsilon(r,z) \approx 2n_{\text{eff}}\delta n_{\text{eff}}(r,z)$;$e_{\mu}^{t}(r,\varphi,z)$ 和 $e_{\nu}^{t}(r,\varphi,z)$ 分别是模式 $\text{LP}_{0\mu}$ 和 $\text{LP}_{0\nu}$ 归一化单位功率的电场分布。由公式(9.2.8)可以获得光栅最大反射率,可表示为

$$R_{\max} = \tanh^{2}(K_{\nu\mu}^{t} L) \tag{9.2.9}$$

其中,L 为布拉格光栅区域的长度。在下文数值模拟过程中,将仅考虑相同模式之间的能量耦合。

9.3 单晶蓝宝石光纤布拉格光栅制备

单晶蓝宝石光纤与石英光纤相比,其无法进行载氢等增敏处理,因此难以采用传统的紫外激光曝光诱导周期性折射率变化的方法刻写光栅结构。为此,科研工作者先后提出了三种蓝宝石光纤光栅制备方法,主要包括:金刚石刀片雕刻方法、等离子体刻蚀方法和飞秒激光刻写方法。其中,最后一种方法诱导蓝宝石介质折射率变化的曝光光源为超快脉冲激光,具体又可细分为相位掩模法、逐点刻写法和逐线扫描刻写方法,本节将逐一阐述。

9.3.1 金刚石刀片雕刻方法

金刚石刀片雕刻方法顾名思义,是指利用金刚石刀片在单晶蓝宝石光纤表面刻划出周期性结构的凹槽,以构成周期性表面光栅结构的方法。该方法是由美国宾夕法尼亚大学的南(S. H. Nam)等于 2004 年的 SPIE 会议中报道的。该团队采用微机控制金刚石刻刀(刀片厚度 $60\mu m$)刻划技术,在直径 $150\mu m$ 的蓝宝石光纤中直接精确地雕刻了周期 $150\mu m$、刻槽深度 $50\mu m$ 的长周期光栅,光栅形貌如图 9.3.1 所示。

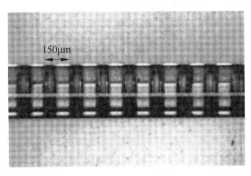

图 9.3.1 金刚石刀片雕刻方法制备的 SFBG 光学显微形貌

这种技术的主要优点是:①光栅刻槽深度较大;②制作工艺简单且快速。但是它距离实际应用仍然存在诸多缺陷,主要包括:①光栅最小周期受限于金刚石刻刀厚度;②难以实现复杂的微纳结构。因此,具有亚波长量级的布拉格光栅结构难以制作。

9.3.2 等离子体刻蚀方法

等离子体刻蚀方法是指在预先制备金属化掩模的单晶蓝宝石光纤表面,通过聚焦离子束刻蚀技术,在蓝宝石光纤表面刻蚀出周期性结构的凹槽,以构成几百纳米周期尺度的表面布拉格光栅结构的方法。该方法同样是由美国宾夕法尼亚大学的南等于 2004 年的 SPIE 会议中报道的,光栅制备示意图如图 9.3.2 所示。首先,利用光刻或电子束曝光技术在蓝宝石光纤表面制备亚微米周期尺度的聚合物掩模;其次,采用磁控溅射技术在蓝宝石光纤表面沉积 150nm 厚度的金属镍掩模,为保证光纤表面掩模良好的均匀性,磁控溅射过程光纤沿轴向缓慢旋转;再次,将涂覆有金属化掩模的蓝宝石光纤置于等离子体刻蚀机中,在蓝宝石光纤表面利用聚焦离子束刻蚀出周期性凹槽结构;最后,采用化学腐蚀方法去除蓝宝石光纤表面的金属化掩模,至此采用光刻和等离子体刻蚀相结合的方法完成 SFBG 的制备。

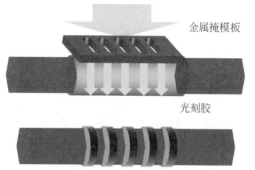

金属掩模板

光刻胶

图 9.3.2 等离子体刻蚀方法制备 SFBG 工艺流程示意图

(请扫Ⅶ页二维码看彩图)

上述方法弥补了金刚石刀片雕刻方法难以制备亚微米周期光栅结构的不足,但是无疑增加了光栅制备过程的复杂度,并且涉及价格昂贵的光刻机或电子束曝光机以及等离子体刻蚀机,光栅制备成本高昂。

9.3.3 飞秒激光相位掩模刻写方法

飞秒激光相位掩模刻写方法是利用零级抑制的相位掩模板空间调制飞秒激光束以产生双光束干涉图样,在单晶蓝宝石光纤内部侧向曝光诱导周期性折射率调制结构,即布拉格光栅结构。光栅周期由双光束干涉条纹周期决定。在飞秒激光系统(脉冲宽度为飞秒量级)中,两相干光束的光学距离需要在飞秒脉冲空间长度内匹配。对于脉冲宽度为 100fs 的飞秒脉冲光束,其相干长度/空间尺度为 $30\mu m$(由脉冲宽度和光速乘积获得)。因此,对飞秒激光脉冲而言,对产生调制光束的干涉装置的稳定性、重复性和调整精度要求苛刻。相位掩模板作为光相位调制器件,是解决上述光路调节困难的最佳选择,这是因为,即使对于空间和时间相干性较低的激光光束垂直入射到相位掩模板,其产生的衍射光束的光学长度也能自动匹配而相干。

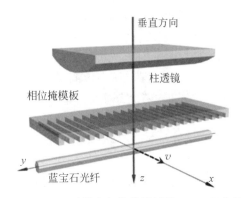

垂直方向

柱透镜

相位掩模板

蓝宝石光纤

图 9.3.3　飞秒激光相位掩模刻写 SFBG 示意图

飞秒激光相位掩模刻写方法制备 SFBG 的实验原理示意图如图 9.3.3 所示。首先,飞秒激光脉冲光束(波长 λ_{in}、光束直径 W_0)经过柱面透镜聚焦后,垂直入射并穿过相位掩模板(周期 Λ),以对入射光束进行相位调制形成衍射,能量分配给各级衍射光束(对于 $\pm n$ 级衍射角为 $\theta_{\pm n}$,$\sin\theta_{\pm n} = \pm n\lambda_{in}/\Lambda_{pm}$)。通常刻写布拉格光栅所需的相位掩模板零级能量被抑制低于 3%,而 ± 1 级衍射能量相加或相减而被最大化,分别占全部透射功率的 35% 左右;随后,利用 ± 1 级衍射光束在掩模板后相干,产生光强周期性分布的干涉条纹,并侧向曝光单晶蓝宝石光纤以诱导周期性折射率调制,光栅周期(干涉条纹周期)为 $\Lambda = \lambda_{in}/(2\sin\theta_{\pm n}) = \Lambda_{pm}/2$。

在光栅刻写过程中,焦斑功率密度是飞秒激光诱导折射率变化的关键参数,其直接影响着光栅结构的高温稳定性。焦斑处功率密度可以通过高斯光学获得,柱面透镜聚焦的束腰半径可通过下式给出

$$\omega_0 \approx \lambda_{in} f/(\pi W_0) \tag{9.3.1}$$

其中,f 为柱面透镜焦距。考虑 ± 1 级衍射效率,可以估算焦斑处的功率密度为

$$I_{th} = \frac{\text{pulse energy} \times 2 \times \%\text{energy} \pm 1\text{orders}}{\text{focal area} \times \text{pulse duration}} \tag{9.3.2}$$

2004 年,加拿大通信研究中心的格罗布尼克(D. Grobnic)等首次利用 800nm 飞秒激光和相位掩模板(周期 $4.284\mu m$)在直径 $150\mu m$ 的蓝宝石光纤中刻写了布拉格光栅。飞秒激光的脉冲持续时间、脉冲重复频率和高斯光束直径分别为 125fs、100Hz 和 2.45mm,柱面透镜焦距为 19mm。因此,聚焦光斑宽度根据公式(9.3.1)计算约为 $4\mu m$,其尺寸远低于光纤直径。为获得足够高的折射率调制,在光栅制备过程中,可采用扫描曝光的方法以增加光栅截面,这部分将在 9.5.1 节重点讨论。图 9.3.4(a)呈现了所制备 SFBG 的光栅形貌,插图为单晶蓝宝石光纤截面形貌。图 9.3.4(b)呈现了 SFBG 的五阶多模布拉格谐振光谱,光谱半峰全宽(FWHM)高于 10nm。该光栅表现出优异的高温传感特性,在室温至 1530℃ 高温

测试过程中,布拉格光栅反射率无衰减,布拉格谐振波长无迟滞现象。

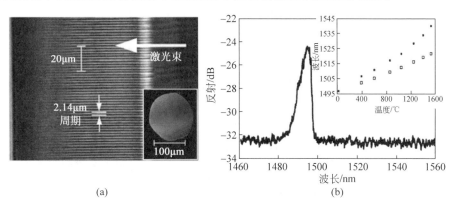

图 9.3.4　格罗布尼克等制备的多模 SFBG 和光谱特性
(a) 折射率调制形貌,插图为单晶蓝宝石光纤截面;(b) 五阶的多模布拉格谐振光谱,插图为高温传感特性

　　飞秒激光相位掩模刻写方法在制备光纤光栅过程中存在一定缺陷,概括为以下两点。

　　(1) 布拉格谐振波长固定。根据布拉格光栅的相位匹配条件,布拉格谐振波长由光栅周期决定,而相位掩模板刻写光栅的周期是固定的,即掩模板周期的一半。

　　(2) 相位掩模板存在损伤风险。光栅刻写过程中,光纤需要放置在临近相位掩模板的有效相干区域内,为获得高温稳定的 Ⅱ 型光栅结构,高强度和高光子能量的飞秒脉冲将损伤相位掩模板,使其性能退化。

　　因此为提升布拉格光栅结构刻写灵活性(即布拉格谐振波长的更多选择性)和抑制相位掩模板性能退化风险,科研人员在相位掩模刻写方法的基础上,提出了飞秒激光双光束干涉刻写方法。

9.3.4　飞秒激光 Talbot 双光束干涉刻写方法

　　飞秒激光 Talbot 双光束干涉刻写方法是基于相位掩模板和 Talbot 干涉仪相结合的布拉格光栅刻写方法,其原理图如图 9.3.5 所示,包含一个作为分束器的相位掩模板和两个反射镜。飞秒激光经过相位掩模板的衍射,生成两束空间分离的相干光束,两束光经过两片反射镜反射重叠并相干,形成一个钻石型干涉图样区域。蓝宝石光纤放置其中进行侧向曝光以诱导周期性光栅结构。

　　Talbot 双光束干涉条纹的周期,即布拉格光栅的周期由相干光束照射到光纤上的入射角度 ϑ 决定,进而决定布拉格谐振波长

$$\lambda_{\mathrm{B}} = \frac{n_{\mathrm{eff}} \cdot \lambda_{\mathrm{inscription}}}{\sin\vartheta}$$

(9.3.3)

其中,$\lambda_{\text{inscription}}$ 为光栅刻写的飞秒激光波长;n_{eff} 为光学模式的有效折射率。

因此,通过控制反射镜的角度可以调控两束相干光束的角度,进而实现布拉格光栅周期的灵活刻写以及布拉格谐振波长的灵活控制。

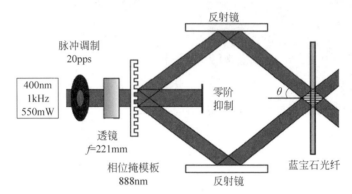

图 9.3.5　飞秒激光 Talbot 双光束干涉刻写方法示意图

（请扫Ⅶ页二维码看彩图）

　　2013 年,德国耶拿大学莱布尼兹光子技术研究所的埃尔斯曼（T. Elsmann）等首次利用飞秒激光 Talbot 双光束干涉方法,在直径 $100\mu m$ 的单晶蓝宝石光纤中刻写了一阶布拉格光栅。其布拉格光栅刻写原理图为图 9.3.5 所示结构。针对布拉格谐振波长为 1550nm 的一阶 SFBG,光栅周期为 440nm,为克服常规 800nm 飞秒激光器波长的物理限制,该研究采用非线性晶体倍频的方法生产了 400nm 的飞秒脉冲用于一阶光栅刻写。为证实 Talbot 干涉方法的优势和多路复用 SFBG 的可能性,他们在同一根单晶蓝宝石光纤上级联刻写了三只不同谐振波长的布拉格光栅。三只级联 SFBG 的多模布拉格谐振光谱如图 9.3.6 所示,分别演示了 100℃ 和 400℃ 的光谱特性,光谱半峰全宽约为 9.44nm。

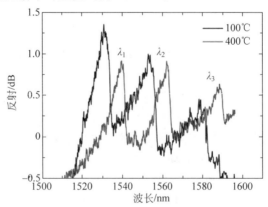

图 9.3.6　三只级联 SFBG 在 100℃ 和 400℃ 的光谱特性

（请扫Ⅶ页二维码看彩图）

尽管飞秒激光 Talbot 双光束干涉刻写方法在制备波分复用 SFBG 中具有一定灵活性,但也存在不足,具体体现在以下两方面。

(1) Talbot 双光束干涉系统的光路调整困难以及光路稳定性要求严格。为了在双光束重叠区域获得良好条纹对比度的干涉光场,必须满足相干光束的空间和时间相干性要求。特别是对飞秒激光脉冲有限的时间相干性,图 9.3.5 所示的所有光束路径的对准误差必须小于几十甚至几微米,这无疑增加了光路调整难度以及 Talbot 干涉系统的准确性和稳定性。

(2) Talbot 双光束干涉区域限制了布拉格光栅长度。单晶蓝宝石光纤置于双光束干涉图样内,光纤曝光区域即光栅长度,且整个光栅结构同时形成,难以灵活控制光栅区域长度。

9.3.5　飞秒激光逐点刻写方法

飞秒激光逐点刻写方法的工作原理如图 9.3.7 所示。飞秒激光光束经物镜聚焦到单晶蓝宝石光纤中,诱导的折射率调制将局限在激光焦点区域。针对特定脉冲重复频率的飞秒激光脉冲,光纤以预先设定的恒定速度沿着光纤轴向移动,将在光纤轴向形成一系列周期性分布的高度局域化的折射率调制点,每个折射率调制点由一个飞秒激光脉冲诱导产生。

该方法在刻写布拉格光栅过程中涉及由光纤柱透镜效应引起的聚焦光束畸变问题,以及光栅周期的设定和聚焦位置的调节问题,下面将逐一说明。

1) 消除柱透镜效应

布拉格光栅刻写过程中,由于光纤本身几何形状的影响将引起激光焦点的畸变,使聚焦光束发生散焦,这严重影响折射率调制形貌,并且容易降低焦点区域的功率。避免光纤柱透镜效应的方法主要是使用高数值孔径的浸油显微物镜,使物镜镜头和光纤均沉浸在折射率匹配油中,通过改变物镜至光纤空间内的折射率来消除光纤表面的柱面效果对激光脉冲传输的影响。此外,亦有利用像差矫正的显微物镜来避免光束像差的方法。

2) 光栅周期设定

布拉格光栅周期由激光脉冲重复速率 f 和光纤移动速度 v 决定:$\Lambda = v/f$。反之亦可以根据设计的光栅周期来获得光栅刻写所需的光纤移动速度,并根据布拉格光栅的相位匹配条件 $m\lambda_{\mathrm{B}} = 2n_{\mathrm{eff}}^{\mathrm{co}}\Lambda$,则移动速度可写为

$$v = f\Lambda = \frac{m\lambda_{\mathrm{B}}f}{2n_{\mathrm{eff}}^{\mathrm{co}}} \tag{9.3.4}$$

3) 聚焦位置调节

飞秒激光逐点刻写方法制备 SFBG 过程中,飞秒脉冲需要一个高数值孔径的

显微物镜进行紧聚焦,其焦斑尺寸甚至可以达到 $1\mu m$ 以内,这样一个高度局域化的焦斑需要精确地控制在光纤内部甚至指定位置。对这一问题的解决,可以利用高分辨率的三维气动平移台,并且搭建 CCD 成像系统进行聚焦位置的辅助观察。

2017 年,美国弗吉利亚理工学院王安波等首次采用 780nm 飞秒激光逐点刻写方法在 $125\mu m$ 直径单晶蓝宝石光纤中制备了 SFBG。飞秒激光经 100 倍浸油物镜(NA=1.25)聚焦诱导的折射率调制点尺寸为 $1.81\mu m\times3.28\mu m$,光栅显微结构如图 9.3.7 所示。布拉格光栅为周期 $1.776\mu m$ 的四阶光栅,光栅光谱的半峰全宽为 6nm。由于高度局域化的折射率调制区域与光学模式电场重叠较小,光栅反射率仅为 0.6%。逐点刻写方法的优势之一在于可以灵活地制备不同光栅长度和布拉格谐振波长的波分复用布拉格光栅。为此,该研究演示了三只级联 SFBG 的波分复用技术,并测试了其在 1400℃ 的高温性能,证实所制备的 SFBG 经热处理后反射率永久性提升了约 5 倍,温度响应近似线性,斜率为 25.8pm/℃。

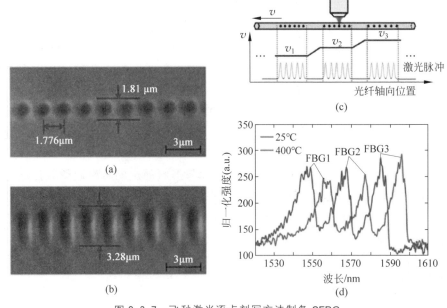

图 9.3.7　飞秒激光逐点刻写方法制备 SFBG

(a)四阶 SFBG 显微俯视图;(b)四阶 SFBG 显微侧视图;(c)三只级联 SFBG 的制造过程;(d)三只级联 SFBG 的反射光谱(归一化为超发光二极管(SLED)光谱)

(请扫Ⅶ页二维码看彩图)

上述研究证实了飞秒激光逐点刻写方法控制布拉格光栅周期(即布拉格谐振波长)和光栅长度的灵活性,但也呈现了其不足,即高度局域化的折射率调制区域将导致较小的光学模式电场重叠,这将限制模式耦合强度,难以获得较高反射率的 SFBG,不利于 SFBG 传感器的信号解调。针对如何获得更高反射率的 SFBG,将在 9.5.1 节重点阐述。

9.3.6　飞秒激光逐线刻写方法

　　飞秒激光逐线刻写 FBG 方法，最初是英国阿斯顿（Aston）大学张（L. Zhang）等提出的，其目的是解决在单模石英光纤中利用飞秒激光逐点刻写布拉格光栅时，由米氏散射和结构对称性引入的较高的插入损耗和偏振相关损耗问题。随后深圳大学王一平团队和吉林大学孙洪波团队分别将该方法应用到了 SFBG 制备中。飞秒激光逐线刻写光栅的工作原理如图 9.3.8 所示。单晶蓝宝石光纤在高精度移动平台的带动下，以预先设定的"方波"或"锯齿波"移动路径运动，通过控制飞秒激光传播路径中光阑的开和关，完成 Y 轴（垂直蓝宝石光纤轴向）移动路径的曝光和避免 X 轴（沿着蓝宝石光纤轴向）移动路径的曝光。最终在单晶蓝宝石光纤的轴向上，形成满足布拉格谐振条件的周期性分布的"线型"折射率调制阵列结构。

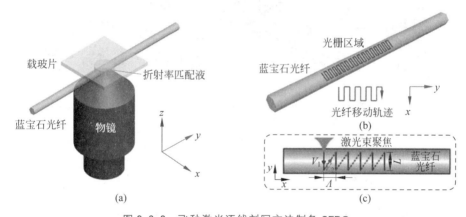

图 9.3.8　飞秒激光逐线刻写方法制备 SFBG

（a）原理图；（b）"方波"移动轨迹；（c）"锯齿波"移动轨迹

（请扫Ⅶ页二维码看彩图）

　　该方法刻写 SFBG 过程中，涉及的柱透镜效应消除和聚焦位置调节可以采用"飞秒激光逐点刻写方法"部分提到的技术手段加以解决。而"线型"折射率调制轨迹长度、光栅周期可以通过预先编辑的运动路径程序实现。此外，折射率调制量大小，可以通过控制飞秒激光脉冲能量和单晶蓝宝石光纤运动速度（曝光时间或能量积累时间）实现。除了光栅区域长度，更长的折射率调制轨迹和更大的折射率调制量，对获得高反射率 SFBG 极为有利。

　　2018 年，深圳大学王一平团队和吉林大学孙洪波团队分别采用飞秒激光逐线刻写方法在单晶蓝宝石光纤中成功刻写了布拉格光栅。前者在直径 $60\mu m$ 单晶蓝宝石光纤中刻写 4 阶布拉格光栅结构的俯视图和侧视图如图 9.3.9 所示，飞秒激光诱导"线型"折射率调制轨迹的长度、宽度和深度分别为 $50\mu m$、$1.03\mu m$ 和

5.94mm,光栅周期为 1.78μm。与飞秒激光逐点刻写 SFBG 相比,飞秒激光逐线刻写 SFBG 具有更大面积的折射率调制区域,其反射率提高了一倍以上,约为 6.3%。同时,为证实飞秒激光逐线刻写方法具有与逐点刻写方法类似的灵活性,该团队演示了五个不同波长的波分复用 SFBG,并证实了在 1612℃ 的高温传感特性。后者在同样直径的单晶蓝宝石光纤中验证了 1~8 阶布拉格光栅制备的可行性,图 9.3.10 呈现了不同阶 SFBG 制备过程中,布拉格谐振光谱随光栅长度增加的演化过程,可见随着光栅区域长度的增加,光栅反射率也逐渐增加。

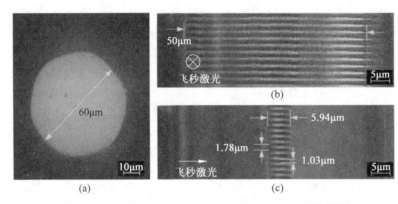

图 9.3.9　飞秒激光逐线刻写方法制备的 SFBG 显微结构

(a) 直径 60μm 单晶蓝宝石光纤截面图;(b) 光栅结构的俯视图;(c) 光栅结构的侧视图

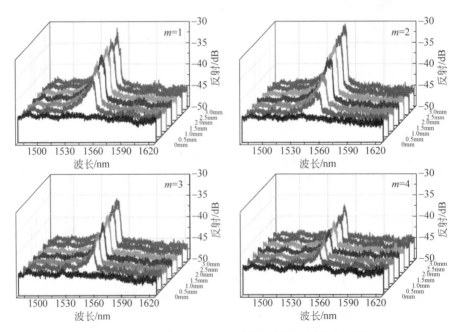

图 9.3.10　不同阶 SFBG 的布拉格谐振光谱演化过程

(请扫Ⅶ页二维码看彩图)

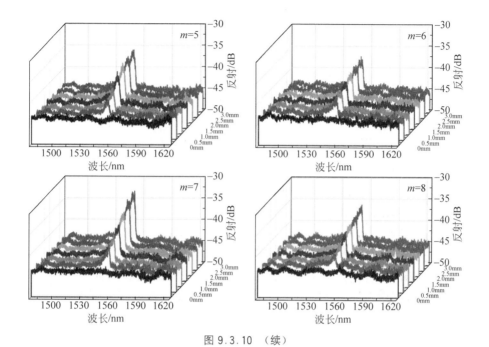

图 9.3.10 （续）

9.4　布拉格谐振的反射率和带宽调控

　　单晶蓝宝石光纤是一种大芯径且无包层结构的光波导器件,在光传输过程中,为便于理论分析,可认为单晶蓝宝石光纤与空气包层构成阶跃折射率变化的多模光纤,根据 9.2.1 节介绍,其可承载成百上千个光学模式。因此,根据 9.2.2 节介绍的多模布拉格谐振理论,SFBG 的布拉格谐振光谱将呈现较宽的包络形状。此外,因为单晶蓝宝石光纤传输的能量激励并分配到众多光学模式,导致布拉格谐振光谱的反射率较低。上述问题将限制 SFBG 的传感性能和应用,主要包括:①限制 SFBG 传感器的传感精度;②不利于 SFBG 传感器的信号解调(波长或强度解调);③有限的光谱范围内,难以集成更多的 SFBG 器件,不利于波分复用和分布式传感。可见,针对 SFBG 的传感应用,增加布拉格谐振反射率,以及降低布拉格谐振带宽是至关重要的。对于前者,可以通过增加光栅折射率调制面积或大小实现。对于后者,可以通过过滤或抑制高阶光学模式和高阶光学模式谐振,以及直接获得单模或少模布拉格谐振实现。本节将从以下几方面加以阐述。

9.4.1　增加折射率调制面积提高布拉格谐振反射率

根据 SFBG 的反射率公式(9.2.9)可知,光栅强度不仅取决于飞秒激光诱导的有效折射率变化量 δn_{eff},而且取决于折射率调制区域和相互作用模式电场分布之间的重叠积分。这意味着可以通过增加折射率调制区域的面积来提高多模布拉格谐振的反射率。针对不同的 SFBG 刻写方法,扩大折射率调制区域的具体手段略有不同。目前研究主要集中在飞秒激光相位掩模扫描方法、飞秒激光逐线扫描方法和逐线多层扫描方法。下面将结合最新科学研究进展对这一问题加以阐述。

1. 相位掩模扫描诱导大面积折射率调制

飞秒激光相位掩模扫描曝光刻写 SFBG 技术是在相位掩模方法的基础上发展起来的,由于光栅刻写过程中采用柱面透镜聚焦后的光斑尺寸仅为几个微米,则直接对单晶蓝宝石光纤侧向曝光,仅可获得有限的折射率调制面积。因此,采用图 9.4.1 所示的相位掩模扫描曝光方法,以在单晶蓝宝石光纤截面中获得尽可能大的折射率调制面积。扫描曝光可以通过沿着双光束干涉条纹方向移动光纤或者柱面透镜而实现,分别如图 9.4.1(a)和(b)所示。

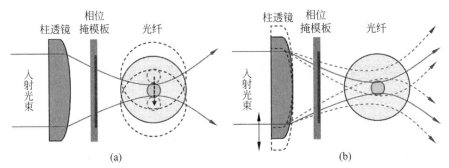

图 9.4.1　飞秒激光相位掩模扫描曝光刻写 SFBG 工作原理图

(a) 光纤沿着干涉条纹移动；(b) 柱面透镜沿着干涉条纹移动

(请扫Ⅶ页二维码看彩图)

2018 年,吉林大学孙洪波团队针对苛刻环境结构健康监测应用的需求,在大直径单晶蓝宝石光纤中利用飞秒激光相位掩模扫描曝光方法刻写了高阶布拉格光栅。单晶蓝宝石光纤直径(美国 Photran 公司生产)为 $250\mu m$,相位掩模板周期为 $3.33\mu m$,4 阶布拉格谐振波长为 1453nm。根据光栅刻写参数,飞秒脉冲经柱面透镜聚焦后的光斑尺寸仅为 $4\mu m$。为尽可能大面积地在光纤截面中诱导折射率变化,他们采用了前述相位掩模扫描曝光方法刻写布拉格光栅。

1) 折射率调制形貌

对于扫描曝光诱导的径向折射率调制面积和形貌的表征,可以通过选择性化学腐蚀来实现,这是超快激光诱导透明材料的独有特性。考虑到单晶蓝宝石光纤即使经飞秒激光照射腐蚀仍困难,实验同时在无芯多模石英光纤中刻写了布拉格光栅(NC-FBG)。将两种 FBG 沉浸在 4% 体积浓度的氢氟酸(HF)水溶液中进行腐蚀。腐蚀后的光栅利用扫描电子显微镜(scanning electron microscope,SEM)进行形貌表征。

经氢氟酸腐蚀的 SFBG 和 NC-FBG 形貌分别呈现在图 9.4.2 的左列和右列,它们的腐蚀时间分别为 60h 和 45min。由于飞秒激光的自聚焦效应和光纤的柱透镜效应,使周期性折射率改变延伸至光纤表面。选择性腐蚀将从表面向内部推进,图 9.4.2(a)和(b)呈现了腐蚀 SFBG 的 SEM 形貌,光栅几乎无变化。图 9.4.2(c)为 SFBG 的光学显微镜照片,光栅以 1.665μm 周期均匀分布。NC-FBG 的折射率

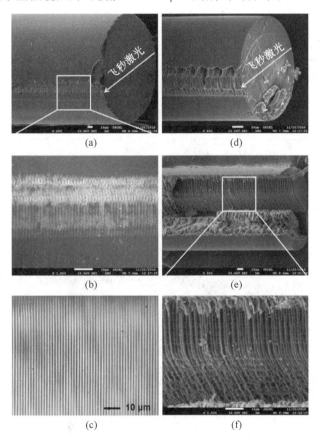

图 9.4.2　SFBG 和 NC-FBG 经化学腐蚀后的 SEM 图片

(a) SFBG 腐蚀后的 SEM 图片;(b) SFBG 表面损伤区域局部特写;(c) FBG 的 RI 调制显微图片;(d) NC-FBG 腐蚀后的 SEM 图片;(e) 解理 NC-FBG 内部光栅形貌;(f) 解理 NC-FBG 内部光栅特写

变化区域腐蚀明显,如图 9.4.2(d)所示。图 9.4.2(e)为解理的 NC-FBG 形貌,光栅呈层状均匀地分布在光纤内,图 9.4.2(f)为局部特写。从端面的腐蚀痕迹分析,径向折射率调制面积达 60% 以上。据此推断 SFBG 也应具有类似的折射率调制面积,这有益于增加模式耦合强度。

2) 多模布拉格谐振光谱

图 9.4.3 呈现了高阶 SFBG 在 1453nm、1166nm、973nm、836nm 和 733nm 波段的 4~8 阶布拉格谐振光谱。为做比较,同时给出了微透镜耦合和熔接耦合测试的谐振光谱,分别为黑色和红色曲线。由于多模谐振形成了较宽的谐振光谱,低阶布拉格谐振的模式耦合强度较强,4~6 阶的反射峰和透射峰较显著,而 7 阶和 8 阶仅观察到了弱的反射峰。扫描曝光获得的大面积径向折射率调制,导致了近 3.0dB 的透射峰振幅,如图 9.4.3(a)所示。透射峰值振幅表示反射率的上限,其包含来自布拉格光栅的净反射和散射损耗。

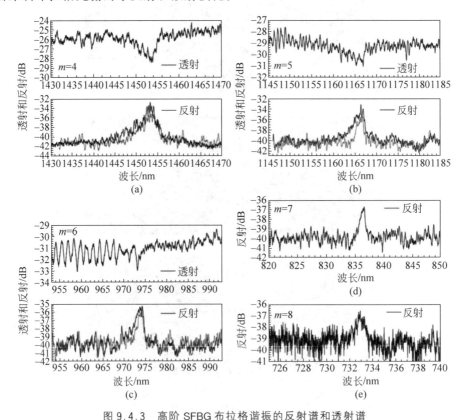

图 9.4.3 高阶 SFBG 布拉格谐振的反射谱和透射谱

(a)~(c) 4~6 阶布拉格谐振的反射谱和透射谱;(d)~(e) 7 阶和 8 阶的布拉格谐振反射谱

(请扫Ⅶ页二维码看彩图)

　　3) 多模布拉格谐振光谱数值仿真

　　根据 9.2.1 节阐述的光学模式及多模激励特性理论分析,这里对单晶蓝宝石光纤的多模激励和 SFBG 的多模谐振进行了数值仿真。前提是做如下假设和近似:①假定输入单晶蓝宝石光纤的基模光场强度为 $E(r,0)=1$;②单晶蓝宝石光纤中仅激发一系列 $LP_{0,\mu}$(或者 $HE_{1,\mu}$)传导模式,角分量 φ 的影响可以忽略;③多模布拉格谐振仅考虑传导模式与自身反向模式之间的能量耦合,即 $\beta_{\nu}=-\beta_{\mu}$, $n_{eff}^{\nu}=n_{eff}^{\mu}, e_{\nu}^{t}(r,\varphi,z)=e_{\mu}^{t}(r,\varphi,z)$;④假设飞秒诱导的 RI 调制范围充满整个光纤截面。据此,对激励模式的能量再分配情况进行了仿真。图 9.4.4 给出了前 50 个($\mu=1,2,\cdots,50$)激励模式的功率分布,可见更多的能量耦合进了奇数阶模式。

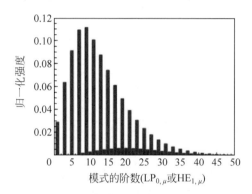

图 9.4.4　激励传导模式的能量分配

　　激励的传导模式受到布拉格光栅的调制,将发生模式间的自耦合。根据 9.2.2 节阐述的多模式谐振的耦合模理论,针对 4 阶布拉格谐振,对应不同耦合强度的透射谐振模拟结果表示在图 9.4.5 中。在 $K_{\nu\mu}^{t}$ 较低的弱耦合时,各奇数阶模式的自耦合谐振分立存在,如图 9.4.5(a)和(b)所示。这在实验中是难以观察到的,因为单晶蓝宝石光纤中不可避免的多模干涉使得光谱噪声显著。随着 $K_{\nu\mu}^{t}$ 增加,耦合增强,各模式谐振显著重合,形成宽谱谐振峰,如图 9.4.5(c)和(d)所示。图 9.4.5(c)呈现的模拟结果与图 9.4.3(a)的透射光谱比较吻合。在试验中,光栅的耦合强度可以通过控制激光强度或曝光剂量,以及增加径向折射率调制面积来实现。在该项研究中,通过飞秒激光相位掩模扫描曝光方法,实现了光纤截面 60% 以上的径向折射率调制面积,其导致的较强模式耦合获得了约 3.0dB 的透射谐振振幅,光栅反射率高达 50%。

2. 逐线扫描诱导大面积折射率调制

　　飞秒激光逐线扫描刻写 SFBG 的技术原理已经在 9.4.5 节详细阐述。而从逐点刻写光栅到逐线扫描刻写光栅,以获得大面积折射率调制的过程,可以直观地认

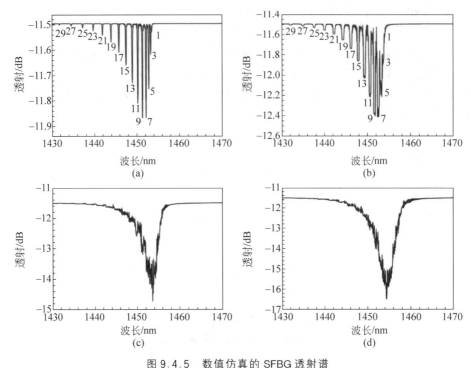

图 9.4.5　数值仿真的 SFBG 透射谱

(a)(b) 耦合较弱时的 SFBG 透射谱；(c)(d) 耦合增强时的 SFBG 透射谱

为飞秒激光诱导折射率调制区域是由"点"构成"线"，由"线"构成"面"的过程。针对这种提高光栅反射率的方法，本部分将以最新学术研究进展加以阐述。

1) 单层"线型"折射率调制

2019 年，吉林大学孙洪波团队采用飞秒激光逐线扫描曝光方法，在直径 $60\mu m$ 单晶蓝宝石光纤中刻写了 3 阶布拉格光栅。逐线诱导的"线型"折射率调制，与逐点诱导的"点状"折射率调制相比，可以获得更大的光学模式耦合强度从而提高光栅反射率。该项研究诱导的光栅折射率调制形貌类似于图 9.3.9。为证实折射率调制面积对光栅反射率的影响，他们分别制备了 $10\sim50\mu m$ 不同折射率调制轨迹长度的布拉格光栅。这些 SFBG 的布拉格反射谱如图 9.4.6(a)所示。显然，光栅反射率随着轨迹长度的增加而增加，更长的折射率调制轨迹会在单晶蓝宝石光纤中获得更大光学模式重叠耦合。图 9.4.6(b)呈现了 $40\mu m$ 轨迹长度 SFBG 的反射谱和透射谱，其是通过 $62.5/125\mu m$ 多模石英光纤耦合器与单晶蓝宝石光纤熔接耦合测量的。由于多模布拉格谐振，导致反射峰的半峰全宽约为 5.72nm，光栅反射率约为 15%，远高于 2017 年美国弗吉尼亚理工学院王安波等采用飞秒激光逐点方法刻写 SFBG 的反射率。可见，增加折射率调制轨迹长度是提高 SFBG 反射率的有效方法,具有更高反射率的 SFBG 传感器可以保持较高的信噪比,这有利于光信号沿单晶蓝宝石光纤实现长距离传输。

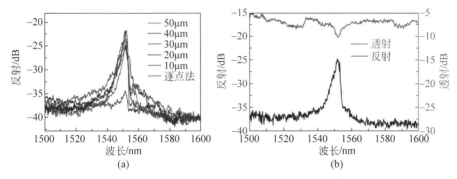

图 9.4.6   不同折射率调制轨迹长度 SFBG 的反射谱

(a) 不同折射率调制轨迹长度 SFBG 的反射谱;(b) 40μm 轨迹长度 SFBG 的反射谱和透射谱

(请扫Ⅶ页二维码看彩图)

与上述研究类似,深圳大学王义平团队也开展了相关研究。

2)多层"线型"折射率调制

为进一步扩大折射率调制面积,深圳大学王义平团队进一步采用飞秒激光扫描刻写方法,在 60μm 直径单晶蓝宝石光纤中,制备了 4 阶多层布拉格光栅结构,通过诱导多层"线型"折射率变化轨迹构建"平面型"折射率调制结构,以扩大折射率调制区域来提高 SFBG 的布拉格反射率。

该项研究分析了折射率调制轨迹的层间距和层数对 SFBG 光谱特性的影响。图 9.4.7 呈现了 4 种双层折射率调制结构的 SFBG 光学显微镜照片和对应的反射光谱,层间距分别为 9μm、7μm、5μm 和 3μm,诱导"线型"折射率调制轨迹尺寸(长×宽×深)为 41.10μm×1.03μm×5.01μm,光栅周期为 1.78μm。可见,层间距为 5μm 的 SFBG 具有最高的反射率和最窄的带宽,光栅反射率约为 34.1%。这是因为此时层间距与入射激光聚焦焦深(即折射率调制轨迹深度)相当,两层折射率调制轨迹之间既没有间隙也没有重叠,与单层折射率调制轨迹相比,导致了双倍的折射率调制面积。因此,显著地增加了 SFBG 中低阶模式的光束耦合强度,从公式(9.2.9)可知,较大的模式耦合强度会提高 SFBG 的反射率。对于层间距小于 5μm 的双层 SFBG,如图 9.4.7(a4)、(b4)和(c4)所示,两个折射率调制层之间存在重叠。由于第一层诱导的折射率调制可以被第二层修改或甚至部分擦除,从而导致折射率调制区域更小。因此,观察到的反射率和信噪比(SNR)随层间距的减小而急剧下降。对于层间距大于 5μm 的双层 SFBG,两个折射率调制层之间存在间隙,使得低阶模式电场分布与折射率调制区域之间的有效重叠面积较小,导致模式耦合强度较低,光栅反射率较低。

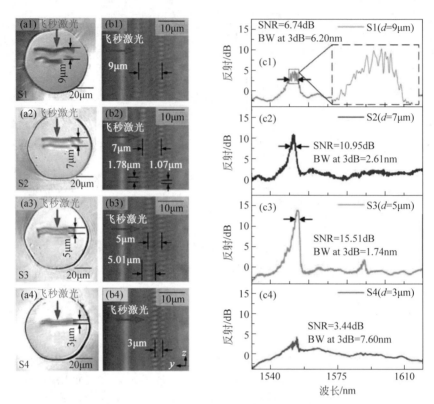

图 9.4.7　不同折射率调制轨迹间距 SFBG 的光学显微镜照片和反射谱

(a1)～(a4) 折射率调制轨迹的光纤截面形貌；(b1)～(b4) 光栅形貌的光学显微镜照片；(c1)～(c4) SFBG 的反射光谱

(请扫Ⅶ页二维码看彩图)

　　该团队还研究了不同折射率调制轨迹层数对光谱特性的影响,分别制备了单层、双层和三层折射率调制的 SFBG,层间距均为 $5\mu m$,以获得最高的反射率。图 9.4.8(a)给出了三种多层 SFBG 折射率调制的光纤截面图和侧向显微镜图片,其对应的光栅布拉格谐振谱如图 9.4.8(c)所示。从理论上分析,折射率调制面积随折射率变化轨迹层数的增加而显著增大,层数越多理应获得更高的反射率。但反射光谱显示,双层 SFBG 具有最高的光栅反射率和信噪比,他们认为这可能是由于三层 SFBG 的光栅区域形成了一种复杂的折射率调制区域,降低了低阶光学模式的耦合强度,这一问题需要深入研究。

　　从上述研究可知,由于多层结构形成的折射率调制面积远大于单层结构形成的折射率调制面积,从而可以有效地提高 SFBG 的反射率。此外,可以通过选择性地增加折射率调制区域和低阶模式之间的重叠来降低 SFBG 的带宽,因为低阶模式模场分布大部分位于蓝宝石光纤中心。

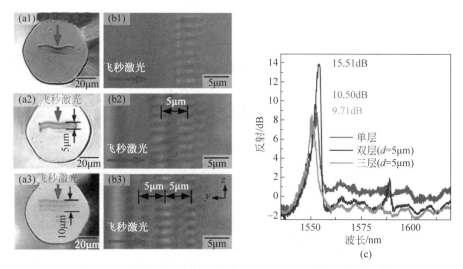

图 9.4.8　不同折射率调制层数 SFBG 的显微镜照片和反射谱

（a1）～（a3）单层、双层和三层 SFBG 的横截面图；（b1）～（b3）单层、双层和三层 SFBG 的侧视图；（c）单层、双层和三层 SFBG 的反射光谱

（请扫Ⅶ页二维码看彩图）

9.4.2　降低布拉格谐振带宽

1. 锥形单模光纤与蓝宝石光纤耦合

加拿大通信研究中心的格罗布尼克等提出利用锥形单模光纤与蓝宝石光纤耦合来为多模 SFBG 提供单模或少模响应，如图 9.4.9 所示。其原理描述为：当锥形单模光纤形成的单模模场能与蓝宝石光纤的基模模场（发射场和激发场）匹配时，可在蓝宝石光纤中产生单模或低阶模的反射或透射响应。对于直径为 $150\mu m$ 的蓝宝石光纤，相应的 LP_{01} 模场的直径约为 $150\mu m$。当将单模光纤拉制成锥纤后，其归一化频率或者纤芯 V 值小于 1，LP_{01} 基模不再由纤芯引导，而是被包层-空气界面引导，这使得基模模场具有和锥纤相同的直径。渐消型锥纤可由具有不同截止波长的光纤拉制而成，当锥纤和蓝宝石光纤的外接直径相互匹配时，便有可能只在蓝宝石光纤中激发出单模或少模。为了更好地匹配发射和激发模场，格罗布尼克等也使用 $60\mu m$ 直径蓝宝石光纤，布拉格谐振带宽可达约 1nm。但是匹配模场效率很低，过程相当复杂并且不可预知。而且为得到窄带宽光谱响应，蓝宝石光纤长度限制为 20cm，这对实际应用不利。SFBG 光谱对锥纤与蓝宝石光纤之间的耦合连接也是高度灵敏的，需要高精密调节系统，这使得与其他器件集成愈加困难。

2. 弯曲单晶蓝宝石光纤滤除高阶模式

美国宾夕法尼亚州立大学的詹（C. Zhan）等提出通过弯曲薄蓝宝石光纤滤掉

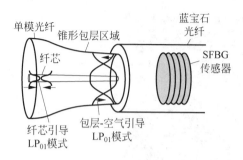

图 9.4.9　锥形单模光纤与蓝宝石光纤的耦合

高损耗高阶模式,而保留低损耗基模,这基于模式和波长相依赖的传输损耗特性。因为蓝宝石光纤的高硬度,即使是 1cm 弯曲半径亦是相当困难的,此方法或许可以利用细径($60\mu m$)的蓝宝石光纤实现最佳弯曲半径的选择,这是因为导模阶数随着光纤直径的减小而减少。詹等报道的结果尽管可以获得小于 2nm 谐振带宽,但光谱极弱,并且光纤弯曲的效应刚可辨别。另外,为使光纤更加坚固,SFBG 用氧化铝陶瓷管封装固定并形成适当的弯曲。

3. 多模石英光纤与蓝宝石光纤耦合

德国 IPHT 研究所的布施(M. Busch)等提出通过大数值孔径(NA)和相匹配的 50m 长的阶跃多模石英光纤($105/125\mu m$,NA=0.22)与蓝宝石光纤($100\mu m$)耦合,以均匀地、分布式地激发所有导模,并获得稳定的布拉格反射。如果没有额外长度多模光纤传输,则在模式激发过程反射的布拉格谐振形状(以及与此派生的布拉格波长)对于任何变化都是非常敏感的。因此,这种方法仅仅获得稳定的反射光谱,以便测量之用,而未实现单模或少模响应。

4. 单模单晶蓝宝石光纤及光纤布拉格光栅

蓝宝石光纤的大尺寸芯径,以及与空气包层的高折射率差,使其具有较大的模式容积(包含大量传输模式)和数值孔径(NA≈0.4)。因此,在 SFBG 实际应用中,众多模式耦合串扰、模式散射损耗和泄漏损耗,以及由多模布拉格谐振形成的宽带布拉格谐振光谱,将限制 SFBG 传感器的探测灵敏度和可靠性。为此,如何降低 SFBG 的布拉格谐振光谱带宽成为该领域的研究难题,这一问题的关键在于制备准单模甚至单模单晶蓝宝石光纤。国内外众多研究机构以单晶蓝宝石光纤高温包层生长和结构化光纤为着眼点,开展了诸多关于蓝宝石光纤光学性能改善和模式抑制的研究。

具有代表性的研究工作是,美国弗吉尼亚理工学院王安波团队通过蓝宝石光纤的几何结构改变和结构化设计,实现模式抑制甚至准单模传输。2015 年,该团队报道了亚微米直径单晶蓝宝石光纤的研制,如图 9.4.10(a)所示,其是将直径 $50\mu m$ 的单晶蓝宝石光纤沉浸在 3:1 摩尔比的硫酸-磷酸溶液中,经 343℃高温腐蚀形成了 800nm 直径的亚微米单晶蓝宝石光纤。虽然有望实现与微米石英光纤类似的光波导功能,但是由于机械强度的降低,其在高温苛刻环境应用将变得较为困难。2016 年,该团队提出了一种"风车"结构的单晶蓝宝石光纤,如图 9.4.10(b)所示,即在光纤方位角方向上形成高低折射率周期分布的高色散包层,实现高阶模式的高泄漏损耗。通过有限元方法分析,纤芯直径为 $14\mu m$ 时可以实现单模传输。但是,该结构化光纤仅仅停留在理论设想上,由于蓝宝石硬度和杨氏模量较大,实现起来非常困难。

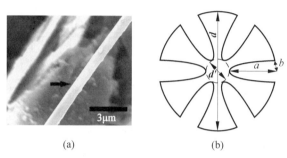

(a) (b)

图 9.4.10　王安波团队提出的单模单晶蓝宝石光纤

(a) 亚微米单晶蓝宝石光纤;(b) "风车"结构单晶蓝宝石光纤

2018 年,王安波团队利用飞秒激光逐点刻写光栅方法和化学腐蚀制备亚微米单晶蓝宝石光纤方法,首次报道了直径小于 $10\mu m$ 的微米单晶蓝宝石光纤中布拉格光栅的制备和特性研究。图 9.4.11(a)呈现的微米 SFBG 制备过程包括:首先通过飞秒激光逐点方法在 $125\mu m$ 直径单晶蓝宝石光纤中刻写,然后通过湿法化学腐蚀工艺将光纤直径减小至微米量级。图 9.4.10 呈现了单晶蓝宝石光纤直径减小过程中,光栅反射谱的演化过程。可见,随着直径从 $125\mu m$ 降低至 $9.6\mu m$,光栅反射光谱逐渐从宽带多模布拉格谐振包络,演变为几个分立的窄带布拉格谐振峰,每个谐振峰代表一组简并模式。这是由于随着光纤直径减小,很多高阶模式的能量以泄漏模式的形势传输至空气包层中。并且,利用分立的布拉格谐振峰实现了环境折射率测量和 1400℃ 高温传感测量。

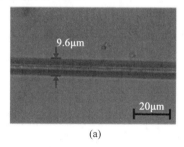

(a)

图 9.4.11　王安波团队报道的微米 SFBG 及光谱特性

(a) 微米 SFBG 光学显微镜照片;(b) 不同单晶蓝宝石光纤直径对应的布拉格光栅反射谱

(请扫Ⅶ页二维码看彩图)

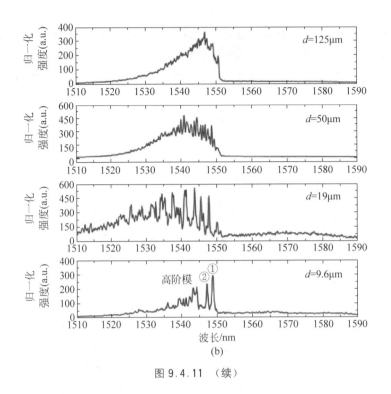

图 9.4.11　（续）

9.5　单晶蓝宝石光纤布拉格光栅传感应用

　　单晶蓝宝石光纤因具有石英光纤无法比拟的高熔点（2053℃）、高机械强度（硬度和杨氏模量分别为石英的 7 倍和 5 倍）和强耐腐蚀性等优势，而成为高温、高压和强辐射等苛刻环境光纤传感的理想材料。尤其在火力发电站、熔炉、涡轮发动机、航空航天飞行器和核反应堆等极端恶劣环境中的高温、应力传感测量，以及结构健康监测领域具有巨大应用潜能。

　　相比于黑体辐射、荧光、法布里-珀罗腔机制的单晶蓝宝石光纤传感器，SFBG 传感器具有显著优势。具体体现在：①SFBG 是全蓝宝石晶体材质的，不需要与其他额外组件和黏结剂构成传感器，传感器工作稳定性和可靠性高，并且其高温探测极限即蓝宝石晶体的熔点；②利用波分复用 SFBG 具有离散谐振波长的特点，可制备出测量温度高达 2000℃的分布式光学传感器阵列，这是其他蓝宝石光纤传感器无法比拟的。本节结合 SFBG 传感器的最近研究进展，重点阐述 SFBG 传感器在高温苛刻环境中的温度、应变传感性能，以及分布式传感特性。

9.5.1　传感机制

对于 SFBG 传感器,由温度和应变导致的布拉格谐振波长漂移可以通过相位匹配条件公式推导为

$$\Delta\lambda_B^m = \lambda_B^m(\alpha + \zeta)\Delta T + \lambda_B^m(1 - p_e)\Delta\varepsilon \qquad (9.5.1)$$

其中,ΔT 和 $\Delta\varepsilon$ 分别表示温度和应变的改变量;$\alpha = 7.15\times10^{-6}\mathrm{K}^{-1}$ 和 $\zeta = 12.6\times10^{-6}\mathrm{K}^{-1}$ 分别表示 c 轴取向蓝宝石晶体材料的热膨胀系数和热光系数(@633nm);$p_e = 0.1277$ 为弹光系数。

9.5.2　温度和应变传感

这里以 9.4.1 节 1. 阐述的高阶 SFBG 为例,详细介绍 SFBG 不同阶布拉格谐振波长的温度和应变传感特性。各阶布拉格谐振的波长漂移($\Delta\lambda_B^m$)可以视为温度和应变的函数,这里仅对 4 阶和 5 阶谐振进行分析,如图 9.5.1 所示。图 9.5.1(a)给出了从室温(20℃)至 1690℃ SFBG 的温度响应以及 2 阶多项式拟合结果。每个采样数据是在 SFBG 恒温工作 1h 后采集的。4 阶和 5 阶布拉格谐振的温度灵敏度分别从 19.7pm/℃ 和 17.4pm/℃(@室温)增加到 36.2pm/℃ 和 32.5pm/℃(@1690℃),它们的平均值分别为 28.0pm/℃ 和 25.0pm/℃。布拉格谐振波长随温度变化的二次函数关系,可能来源于热光系数(单晶蓝宝石光纤折射率)的波长差异,以及热膨胀系数与温度的非线性依赖关系。

应变响应的测量是通过对 SFBG 施加轴向应力(0~2.5N)实现的。导致的单晶蓝宝石光纤轴向应变可以通过公式 $\varepsilon = F/(\pi r^2 E)$ 计算。其中,F 为轴向应力;r 为光纤半径;E 为杨氏模量。图 9.5.1(b)表示 4 阶和 5 阶谐振波长漂移与轴向应变的关系,线性拟合获得的应变灵敏度分别为 1.39pm/$\mu\varepsilon$ 和 1.00pm/$\mu\varepsilon$。

对于 SFBG 传感器,温度和应变导致的谐振波长漂移可以通过公式(9.5.1)计算获得。对于 4 阶和 5 阶布拉格谐振,计算得到的温度和应变灵敏度分别为 28.7pm/℃ 和 23.0pm/℃,以及 1.27pm/$\mu\varepsilon$ 和 1.02pm/$\mu\varepsilon$,计算值与实验值相当。

在 SFBG 的苛刻环境传感应用中,温度-应变的交叉敏感是不能回避的。对于 4 阶和 5 阶布拉格谐振,估算的温度和应变交叉敏感度分别为 20.1$\mu\varepsilon$/℃ 和 25.0$\mu\varepsilon$/℃,以及 0.0496℃/$\mu\varepsilon$ 和 0.0400℃/$\mu\varepsilon$。需要说明的是,这里利用了平均温度灵敏度。在现阶段 SFBG 交叉敏感问题的研究中,通过检测单晶蓝宝石光纤的黑体辐射水平作为温度参考是一个不错的方案,这在参考文献[57]中做了深入分析。在该文献的 SFBG 高温测试中,也观察到了来自热黑体辐射的背景信号增强。但是,这种交叉敏感问题的解调机制仅限于 650℃ 以上的情况,这归因于黑体辐射信号强度与高温的强烈依赖性。所以,在低于 650℃ 低温区域或者全温度范围内,交叉敏感问题的解决或许是未来 SFBG 结构健康监测研究的重点之一。

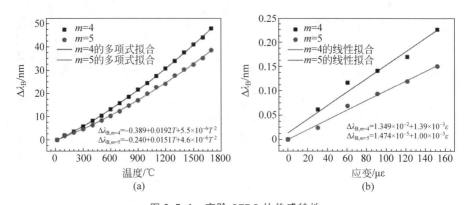

图 9.5.1　高阶 SFBG 的传感特性

（a）4 阶和 5 阶布拉格谐振的温度传感特性；（b）4 阶和 5 阶布拉格谐振的应变传感特性

（请扫Ⅶ页二维码看彩图）

9.5.3　高温环境的应变传感

这里以 9.3.6 节阐述的飞秒激光逐线扫描曝光方法制备的三阶 SFBG 为例，详细介绍 SFBG 在高温苛刻环境中的应变传感特性。

SFBG 传感器放置在精度为 ±1℃ 的高温马弗炉中，分别在室温和 500℃、1000℃、1600℃高温环境中，测试 SFBG 的轴向应变响应特性。测试中，单晶蓝宝石光纤轴向上施加 0～1.5N 的张力，获得的布拉格谐振波长随轴向应变的变化曲线如图 9.5.2 所示。根据单晶蓝宝石光纤轴向应变公式及相关参数，计算获得上述不同高温条件下，SFBG 应变灵敏度分别为 $1.42\mathrm{pm}/\mu\varepsilon$，$1.42\mathrm{pm}/\mu\varepsilon$，$1.44\mathrm{pm}/\mu\varepsilon$ 和 $1.45\mathrm{pm}/\mu\varepsilon$。同样，根据布拉格谐振波长与温度和应变的关系式（9.5.1），理论计算获得的应变灵敏度与实验结果相吻合。

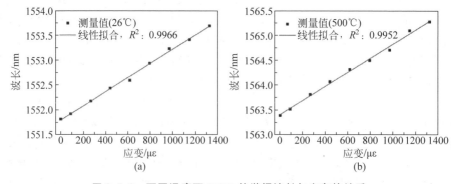

图 9.5.2　不同温度下 SFBG 的谐振波长与应变的关系

（a）26℃；（b）500℃；（c）1000℃；（d）1600℃

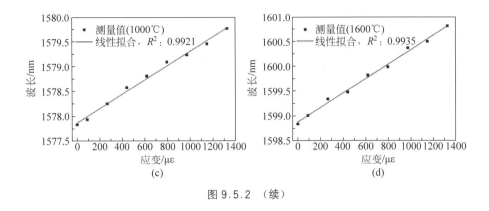

图 9.5.2　（续）

9.5.4　分布式传感应用

安全高效的能源对国家经济社会的稳定以及公民的健康和福祉至关重要。以热力发电站的锅炉温度检测为例,提高发电站的工作安全性、能源效率和运营效益,需要最大程度地减少锅炉停机时间并减少有毒物质的排放,其中锅炉中的温度检测是关键环节。当前,用于锅炉检测和预防灾难性事件发生的温度传感方法主要包括:光学高温温度计、声学高温温度计和贵金属热电偶等传感技术,它们通常用于单点测量,难以组网实现分布式传感。如果大量部署上述传感器以获得分布式温度测量,则成本过于高昂且占用空间较大。

基于单晶蓝宝石光纤的 FBG 传感器,兼具光纤传感技术不受电磁干扰影响,以及可实现长距离、高精度和低噪声分布式测量的优点,而成为现有高温苛刻环境传感器的潜在竞争者。德国耶拿大学莱布尼兹光子技术研究所的哈比斯罗伊特(T. Habisreuther)等于 2015 年已经证实 SFBG 传感器可以用于高达 1900℃苛刻环境的传感应用。此外,9.4 节介绍的飞秒激光刻写 SFBG 方法,也已经被证实可以在同一根单晶蓝宝石光纤中制备波分复用 SFBG 阵列。

针对 SFBG 传感器的分布式传感应用,这里将以美国弗吉尼亚理工学院王安波团队的研究结果为例加以阐述。该团队于 2019 年报道了在商业发电站锅炉中应用的基于 SFBG 的多点温度传感器。三只级联 SFBG 是通过飞秒激光逐点刻写方法在直径 $125\mu m$ 单晶蓝宝石光纤中制备的,布拉格光栅间距为 15cm,光栅长度为 2mm,每个光栅反射光谱的半峰全宽约为 10nm。为了防止光栅光谱重叠,将每个 SFBG 的布拉格谐振波长间隔设置为至少 15nm。波分复用 SFBG 的光栅结构示意图以及反射谱如图 9.5.3 所示。SFBG 传感器的封装结构示意图和实物图如图 9.5.4 所示,SFBG 分别封装在两层高纯度氧化铝陶瓷套管中,陶瓷套管一端封闭,另一端被固定到不锈钢连接配件上,并设计有 FC/APC 光纤连接适配器。考虑到氧化铝的刚性和潜在的热膨胀失配,使用软石墨垫圈固定所有陶瓷管和封装配件。

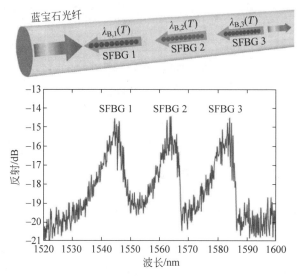

图 9.5.3　波分复用 SFBG 的工作原理及室温测试的布拉格谐振光谱

（请扫Ⅶ页二维码看彩图）

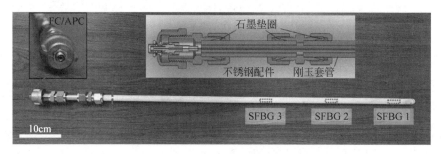

图 9.5.4　波分复用 SFBG 传感器的封装结构示意图及实物图

（请扫Ⅶ页二维码看彩图）

　　封装的 SFBG 传感器被置于管式炉中进行校准，从室温到 1200℃的温度响应特性如图 9.5.5(a)所示，通过 2 阶多项式拟合评估传感器的温度灵敏度。并进行持续 1000℃长时间(110h)的稳定性测试，如图 9.5.5(a)所示。在最初的 10h 内，布拉格谐振光谱不稳定，主要来源于单晶蓝宝石光纤表面污染物在高温下分解或气化引起的光纤表面形态变化，所引入的光传播扰动会导致模式耦合变化，从而改变布拉格谐振光谱形状。因此，针对 SFBG 传感器实际应用之前，需要对 SFBG 进行有效保护和可靠封装，并在 1000℃高温环境退火 12h 以上，以稳定光栅光谱，提高 SFBG 传感器稳定性和可靠性。

　　经过上述校准和高温稳定性测试，该团队将 SFBG 传感器成功部署在商用发

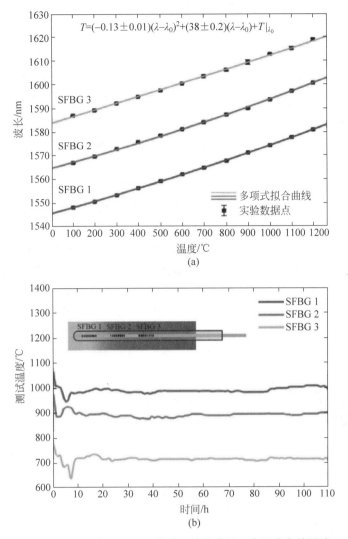

图 9.5.5　波分复用 SFBG 传感器的校准以及高温稳定性测试
（a）三只 SFBG 的温度响应特性；（b）三只 SFBG 的 110h 等温测试
（请扫Ⅶ页二维码看彩图）

电站的燃煤锅炉和燃气锅炉中，分别工作了 42d 和 48d，整个测试期间，传感器的性能始终如一，显示了其对高温苛刻环境锅炉温度检测的有效性。该项研究证实了分布式 SFBG 传感器野外和现场环境工作的适应性和生存能力，其将成为高温苛刻环境温度测量的重要候选者。

9.6　本章小结

　　单晶蓝宝石光纤因具有石英光纤无法比拟的高熔点、高机械强度和强耐腐蚀性等优势,而成为高温苛刻环境光纤传感的理想材料,使其在火力发电站、涡轮发动机、航空航天飞行器和核反应堆等极端苛刻环境的物理量感知测量领域展现了潜在的应用价值。而 SFBG 传感器的研制和应用是单晶蓝宝石光纤传感器研究领域的重要分支。本章首先阐述了单晶蓝宝石光纤的多模传输和多模激励机制,以及多模布拉格谐振机制;其次,阐述了 SFBG 的主要制备方法,重点介绍了飞秒激光相位掩模刻写方法、逐点刻写方法和逐线刻写方法,以及相关研究的最新进展;再次,阐述了 SFBG 制备过程中涉及的光栅反射率调控和单模谐振调控问题,以及相关研究的最新进展;最后,阐述了 SFBG 传感器的高温传感特性、高温环境中应变传感特性,以及分布式传感应用。SFBG 传感器具有的优异苛刻环境传感性能,将使其在能源、工业生产和航空航天等领域展现出重要的应用价值。

参考文献

［1］　PULLIAM W,RUSSLER P,FIELDER R. High-temperature high-bandwidth fiber optic MEMS pressure-sensor technology for turbine-engine component testing［C］. Newton,MA: Conference on Fiber Optic Sensor Technology and Applications,2001.

［2］　UDD E. 25 years of structural monitoring using fiber optic sensors［C］. San Diego,CA: Conference on Smart Sensor Phenomena,Technology,Networks,and Systems,2011.

［3］　ZHU C,GERALD R E,HUANG J. Progress toward sapphire optical fiber sensors for high-temperature applications ［J］. IEEE Transactions on Instrumentation and Measurement,2020,69(11): 8639-8655.

［4］　MIHAILOV S J. Fiber Bragg grating sensors for harsh environments［J］. Sensors,2012, 12(2): 1898-1918.

［5］　LOPEZ-HIGUERA J M,COBO L R,INCERA A Q,et al. Fiber optic sensors in structural health monitoring［J］. Journal of Lightwave Technology,2011,29(4): 587-608.

［6］　RATHJE J,KRISTENSEN M,PEDERSEN J E,et al. Continuous anneal method for characterizing the thermal stability of ultraviolet Bragg gratings［J］. Journal of Applied Physics,2000,88(2): 1050-1055.

［7］　CANNING J,BANDYOPADHYAY S,BISWAS P,et al. Regenerated fibre Bragg gratings ［J］. Frontiers in Guided Wave Optics and Optoelectronics,2010,18(1): 363-384.

［8］　BANDYOPADHYAY S,CANNING J, STEVENSON M, et al. Ultrahigh-temperature regenerated gratings in boron-codoped germanosilicate optical fiber using 193nm[J]. Optics Letters,2008,33(16)：1917-1919.

[9]　MIHAILOV S J,GROBNIC D,SMELSER C W, et al. Induced Bragg gratings in optical fibers and waveguides using an ultrafast infrared laser and a phase mask[J]. Laser Chemistry,2009,2008(2008)：1-20.

[10]　MIHAILOV S J,DAN G,SMELSER C W, et al. Bragg grating inscription in various optical fibers with femtosecond infrared lasers and a phase mask[J]. Optical Materials Express,2011,1(4)：754-765.

[11]　RATHJE J,KRISTENSEN M,PEDERSEN J E, et al. Continuous anneal method for characterizing the thermal stability of ultraviolet Bragg gratings[J],Journal of Applied Physics,2000,88(2)：1050-1055.

[12]　JUNDT D H,FEJER M M,BYER R L. Characterization of single-crystal sapphire fibers for optical power delivery systems[J]. Applied Physics Letters,1989,55(21)：2170-2172.

[13]　MERBERG G N,HARRINGTON J A. Optical and mechanical properties of single-crystal sapphire optical fibers[J]. Applied Optics,1993,32(18)：3201-3209.

[14]　BARNES A E,MAY R G,GOLLAPUDI S,et al. Sapphire fibers：optical attenuation and splicing techniques[J]. Applied Optics,1995,34(30)：6855-6858.

[15]　NUBLING R K,HARRINGTON J A. Optical properties of single-crystal sapphire fibers [J]. Applied Optics,1997,36(24)：5934-5940.

[16]　NUBLING R K,HARRINGTON J A. Single-crystal laser-heated pedestal-growth sapphire fibers for Er：YAG laser power delivery[J]. Applied Optics,1998,37(21)：4777-4781.

[17]　DILS R R. High-temperature optical fiber thermometer[J]. Journal of Applied Physics,1983,54(3)：1198-1201.

[18]　周炳琨,陈家骅,王志海. 光纤黑体腔温度传感器：CN2046210[P]. 1989-10-18[2021-06-10]. https：//kns. cnki. net/kcms/detail/detail. aspx? FileName＝CN2046210&DbName＝SCPD2010.

[19]　GRATTAN K T V,ZHANG Z Y,SUN T, et al. Sapphire-ruby single-crystal fibre for application in high temperature optical fibre thermometers：studies at temperatures up to 1500℃[J]. Measurement Science and Technology,2001,12(7)：981-986.

[20]　CAI P G,ZHEN D,XU X J,et al. A novel fiber-optic temperature sensor based on high temperature-dependent optical properties of ZnO film on sapphire fiber-ending [J]. Materials Science and Engineering B-Advanced Functional Solid-State Materials,2010,171 (1-3)：116-119.

[21]　RAML C,HE X N,HAN M,et al. Raman spectroscopy based on a single-crystal sapphire fiber[J]. Optics Letters,2011,36(7)：1287-1289.

[22]　WANG A B,ZHU Y Z,PICKRELL G. Optical fiber high-temperature sensors[J]. Optics & Photonics News,2009,20(3)：26-31.

[23]　ZHU Y Z,HUANG Z Y,SHEN F B, et al. Sapphire-fiber-based white-light interferometric

sensor for high-temperature measurements[J]. Optics Letters,2005,30(7): 711-713.

[24] WANG J J,DONG B,LALLY E, et al. Multiplexed high temperature sensing with sapphire fiber air gap-based extrinsic Fabry-Perot interferometers[J]. Optics Letters, 2010,35(5): 619-621.

[25] GLOGE D. Weakly guiding fibers[J]. Applied Optics,1971,10(10): 2252-2258.

[26] WANG Q,FARRELL G,YAN W. Investigation on single-mode-multimode-single-mode fiber structure[J]. Journal of Lightwave Technology,2008,26(5-8): 512-519.

[27] WU T L,CHANG H W. Guiding mode expansion of a TE and TM transverse-mode integral equation for dielectric slab waveguides with an abrupt termination[J]. Journal of the Optical Society of America A-Optics Image Science and Vision, 2001, 18 (11): 2823-2832.

[28] ERDOGAN T. Cladding-mode resonances in short- and long- period fibre grating filters [J]. Journal of the Optical Society of America A-Optics Image Science and Vision,1997, 14(8): 1760-1773.

[29] ERDOGAN T. Fiber grating spectra[J]. Journal of Lightwave Technolog,1997,15(8): 1277-1294.

[30] LU C G,CUI Y P. Fiber Bragg grating spectra in multimode optical fibers[J]. Journal of Lightwave Technolog,2006,24(1): 598-604.

[31] SCHMID M J,MULLER M S. Measuring Bragg gratings in multimode optical fibers[J]. Optics Express,2015,23(6): 8087-8094.

[32] NAM S H,CHAVEZ J,YIN S. Fabricating in-fiber gratings in single-crystal sapphire fiber[C]. San Jose,CA: Conference on Optical Components and Materials,2004.

[33] NAM S H,ZHUN C,YIN S. Recent advances on fabricating in-fiber gratings in single-crystal sapphire fiber [C]. San Jose, CA: Conference on Optical Components and Materials,2004.

[34] GROBNIC D,MIHAILOV S J,SMELSER C W,et al. Sapphire fiber Bragg grating sensor made using femtosecond laser radiation for ultrahigh temperature applications [J]. Photonics Technology Letters IEEE,2004,16(11): 2505-2507.

[35] VOIGTLNDER C,BECKER R G,THOMAS J, et al. Ultrashort pulse inscription of tailored fiber Bragg gratings with a phase mask and a deformed wavefront [Invited][J]. Optical Materials Express,2011,1(4): 633-642.

[36] CHEN C,ZHANG X Y,YU Y S, et al. Femtosecond laser-inscribed high-order Bragg gratings in large-diameter sapphire fibers for high-temperature and strain sensing[J]. Journal of Lightwave Technology,2018,36(16): 3302-3308.

[37] BECKER M,BERGMANN J, S BRUECKNER, et al. Fiber Bragg grating inscription combining DUV sub-picosecond laser pulses and two-beam interferometry[J]. Optics Express,2008,16(23): 19169-19178.

[38] ELSMANN T,HABISREUTHER T, GRAF A, et al. Inscription of first-order sapphire Bragg gratings using 400nm femtosecond laser radiation[J]. Optics Express,2013,21(4):

4591-4597.

[39]　HABISREUTHER T,ELSMANN T,PAN Z W,et al. Sapphire fiber Bragg gratings for high temperature and dynamic temperature diagnostics[J]. Applied Thermal Engineering, 2015,91: 860-865.

[40]　HABISREUTHER T,ELSMANN T, GRAF A, et al. High-temperature strain sensing using sapphire fibers with inscribed first-order Bragg gratings [J]. IEEE Photonics Journal,2016,8(3): 6802608.

[41]　LAI Y,ZHOU K,SUGDEN K,et al. Point-by-point inscription of first-order fiber Bragg grating for C-band applications[J]. Optics Express,2007,15(26): 18318-18325.

[42]　MARSHALL G D,WILLIAMS R J,JOVANOVIC N,et al. Point-by-point written fiber-Bragg gratings and their application in complex grating designs[J]. Optics Express,2010, 18(19): 19844-19859.

[43]　YANG S,HU D,WANG A B. Point-by-point fabrication and characterization of sapphire fiber Bragg gratings[J]. Optics Letters,2017,42(20): 4219-4222.

[44]　ZHOU K,DUBOV M,MOU C, et al. Line-by-line fiber Bragg grating made by femtosecond laser[J]. IEEE Photonics Technology Letters,2010,22(16): 1190-1192.

[45]　GUO Q,YU Y S,ZHENG Z M,et al. Femtosecond laser inscribed sapphire fiber Bragg grating for high temperature and strain sensing[J]. IEEE Transactions on Nanotechnology, 2019,18: 208-211.

[46]　XU X Z,HE J,LIAO C R,et al. Sapphire fiber Bragg gratings inscribed with a femtosecond laser line-by-line scanning technique[J]. Optics Letters,2018,43(19): 4562-4565.

[47]　YANG R,YU Y S,CHEN C,et al. Rapid fabrication of microhole array structured optical fibers [J]. Optics Letters,2011,36(19): 3879-3881.

[48]　XU X Z,HE J,LIAO C R,et al. Multi-layer,offset-coupled sapphire fiber Bragg gratings for high-temperature measurements[J]. Optics Letters,2019,44(17): 4211-4214.

[49]　GROBNIC D,MIHAILOV S J,DING H,et al. Single and low order mode interrogation of a multimode sapphire fibre Bragg grating sensor with tapered fibres[J]. Measurement Science and Technology,2006,17(5): 980-984.

[50]　ZHAN C,KIM J H,YIN S, et al. High temperature sensing using higher-order-mode rejected sapphire fiber gratings[J]. Optical Memory and Neural Networks,2007,16(4): 204-210.

[51]　ZHAN C. Femtosecond laser inscribed fiber Bragg grating sensors[D]. State College,PA: The Pennsylvania State University,2007.

[52]　BUSCH M,ECKE W,LATKA I,et al. Inscription and characterization of Bragg gratings in single-crystal sapphire optical fibres for high-temperature sensor applications [J]. Measurement Science and Technology,2009,20(11): 115301.

[53]　HILL C,HOMA D,LIU B,et al. Submicron diameter single crystal sapphire optical fiber [J]. Materials Letters,2015,138: 71-73.

[54]　CHENG Y J,HILL C,LIU B,et al. Modal reduction in single crystal sapphire optical fiber

[J]. Optical Engineering,2015,54(10): 107103.

[55] CHENG Y J,HILL C,LIU B,et al. Design and analysis of large-core single-mode windmill single crystal sapphire optical fiber[J]. Optical Engineering,2016,55(6): 066101.

[56] YANG S,HOMA D,PICKRELL G,et al. Fiber Bragg grating fabricated in micro-single-crystal sapphire fiber[J]. Optics Letters,2018,43(1): 62-65.

[57] MIHAILOV S J,GROBNIC D,SMELSER C W. High-temperature multiparameter sensor based on sapphire fiber Bragg gratings[J]. Optics Letters,2010,35(16): 2810-2812.

[58] YANG S,HOMA D,HEYL H, et al. Application of sapphire-fiber-Bragg-grating-based multi-point temperature sensor in boilers at a commercial power plant[J]. Sensors,2019, 19(14): 3211.

[59] YANG S,HOMA D,HEYL H,et al. Commercial boiler test for distributed temperature sensor based on wavelength-multiplexed sapphire fiber Bragg gratings[C]. Baltimore,MD: Conference on Fiber Optic Sensors and Applications XVI ,2019.

第 ⑩ 章

蓝宝石衍生光纤高温传感器

10.1　引言

　　高温、高压、强辐射、强电磁干扰等极端环境监测的光纤传感器大多采用标准石英单模光纤,但受限于现有的低浓度掺杂光纤,在较高温度下工作时,光纤器件稳定性和传感光纤的机械强度均会劣化,这严重制约了光纤传感器的应用。因此,需要探索并研制一种具有良好机械性能的耐高温光纤,以实现高温光纤传感技术的新突破。

　　单晶蓝宝石光纤传感器一直被认为是在高温(大于 1600℃)传感领域的优选方案,但由于蓝宝石光纤无包层以及高度多模,也给传感器制作和信号解调带来一定困难。2012 年,克莱姆森大学的巴拉托(J. Ballato)等首次提出并拉制出蓝宝石衍生光纤(sapphire derived fiber,SDF),这种光纤是以单晶蓝宝石光纤为芯棒,石英管为套管,在高温条件下拉丝而成的一种特种光纤。在高温拉丝过程中,蓝宝石熔化与熔融石英材料发生扩散,从而形成高浓度氧化铝掺杂的氧化铝玻璃纤芯。通过控制拉丝工艺参数,可以对掺杂浓度实现调控。

　　SDF 除了具有较好的耐高温特性和机械强度,还具有纤芯析晶特性,进而实现诱导纤芯内折射率调制,这也扩展了 SDF 的传感器类型和应用范围。

10.2　蓝宝石衍生光纤的制备及表征

　　晶体衍生光纤制备一般采用熔芯法,在拉制过程中包层材料软化,而纤芯材料呈熔融状态,该过程提供了一个高非平衡态环境,可能导致光纤芯包元素的扩散甚至发生化学反应。在高温下,纤芯材料熔融与包层玻璃发生相互作用,使用此方法能够获得不同纤芯组分的光纤,可实现特殊性能光纤的制备。

　　SDF 的制备采用的是熔芯法,即以单晶蓝宝石光纤作为预制棒的芯棒,以石英管作为套管,通过光纤拉丝塔在高温下拉制成特种光纤。图 10.2.1 是 SDF 预制棒制备流程,芯棒采用的是直径为 $450\mu m$ 的单晶蓝宝石棒,套管采用的是内径为 $500\mu m$,外径为 $10mm$ 的石英管,拉制温度约 $2100℃$。拉制出的 SDF 的纤芯直径约为 $10\mu m$,包层直径约为 $125\mu m$,这与标准单模光纤的尺寸是接近的,另外由于包层都为石英,可通过光纤熔接机将其熔接,从而能与石英光纤很好兼容。图 10.2.2 是熔芯法制备 SDF 示意图以及拉制前后预制棒和制备的 SDF 截面照片。

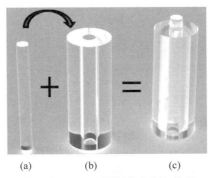

图 10.2.1　SDF 预制棒的制备流程

(a) 蓝宝石晶体棒;(b) 石英管;(c) 预制棒

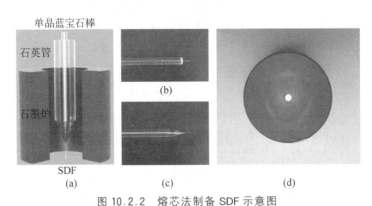

图 10.2.2　熔芯法制备 SDF 示意图

(a) 拉制光纤示意图;(b)(c) 光纤拉制前后预制棒照片;(d) 制备的 SDF 截面照片

(请扫Ⅶ页二维码看彩图)

　　通过能谱分析仪(energy dispersive spectrometer,EDS)(美国 EDAX TEAM 公司生产)对制备的 SDF 纤芯区域附近的元素进行分析,在图 10.2.3(a)的 EDS 面扫描结果中,可以看出氧(O)、铝(Al)、硅(Si)三种元素都存在于纤芯中,同时在

图 10.2.3(b)中的纤芯位置线扫描结果中,我们可以看出氧元素均匀地分布在整个光纤中,硅元素的含量从两侧逐渐向中间减小,而铝元素含量则逐渐从中心向两侧降低,两者分布呈抛物线形状。从图中可以发现,纤芯中也含有硅元素,包层中也含有一定量的铝元素,且两者在两种材料的边缘处有一定的过渡区,这说明在高温拉丝过程中,在蓝宝石光纤和石英包层的交界面处发生了元素的扩散,这就等同于在石英光纤内部形成了一定的掺杂区域,从而形成了少模波导的结构。

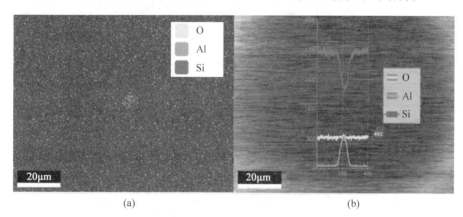

图 10.2.3　SDF 的 EDS 扫描结果

(a) SDF 端面的 EDS 面扫描;(b) 纤芯区域的 EDS 线扫描

(请扫Ⅶ页二维码看彩图)

10.3　蓝宝石衍生光纤布拉格光栅的制备及传感特性

10.3.1　SDF 布拉格光栅的飞秒激光制备

SDF 布拉格光栅的制备与标准单模光纤制备过程相同,均可采用飞秒激光逐点法制备。飞秒激光直写采用的是立陶宛 Light Conversion 公司 Pharos 高功率飞秒泵浦激光器。激光工作波长为 1030nm,脉冲宽度为 290fs,重复频率可调,最高可达 1MHz。这里采用了非线性晶体(β-BaB$_2$O$_4$)对 1030nm 飞秒激光实现二倍频,获得 515nm 飞秒激光,短波长激光有利于实现更加精细的加工。通过高数值孔径油浸物镜(Olympus,NA=1.42)将 515nm 飞秒脉冲聚焦到放置在三维气浮平台(Aerotech)的 SDF 纤芯中,通过控制激光能量、脉冲重复频率和平台移动速度,从而实现了布拉格光栅的制备。图 10.3.1(a)是飞秒激光逐点法加工示意图,(b)是在 SDF 中逐点法制备布拉格光栅的显微照片。

制备的 SDF 布拉格光栅阶数 $m=2$,光栅周期为 1.049μm,对应的反射谱中第

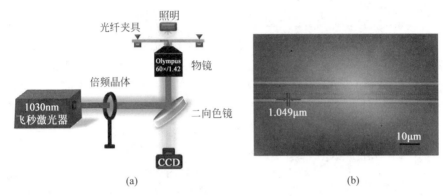

图 10.3.1 SDF 布拉格光栅的制备

(a) 飞秒激光逐点法加工示意图；(b) 逐点法制备布拉格光栅的显微照片

(请扫Ⅶ页二维码看彩图)

一个反射主峰波长为 1551nm。根据布拉格波长和有效折射率关系式可以推算出其纤芯折射率约为 1.4786(@1550nm)，高于单模石英光纤的纤芯有效折射率 1.447。通过熔接机将标准单模光纤和 SDF 熔接，并测试其光谱特性。图 10.3.2 是 SDF 布拉格光栅的反射和透射光谱，可以看出该光纤在 1550nm 波长附近并非单模光纤，属于少模光纤。通过透射谱可以看出具有一定的插入损耗，这主要是由两种光纤模场直径不匹配以及熔接过程材料差异造成的，可以通过优化制备工艺和熔接参数来对其优化。

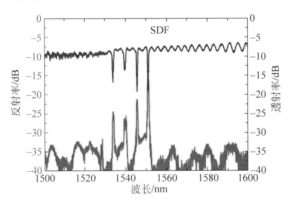

图 10.3.2 SDF 布拉格光栅的反射和透射光谱

(请扫Ⅶ页二维码看彩图)

10.3.2 蓝宝石衍生光纤布拉格光栅的传感特性

对制备的 SDF 布拉格光栅进行温度和应力的传感特性研究。首先通过管式炉对其进行高温退火，从室温升高到 800℃ 并保温 3h，然后冷却到室温，这是为了消除光栅制备过程中的残余应力和不稳定结构。然后对其重新进行温度测试,从室温测试到 800℃,温度测试间隔为 100℃,每个温度点保温 30min,并记录下相应光谱数据。图 10.3.3 是谐振波长随温度漂移曲线,受热光效应和热膨胀效应影响,纤芯有效折射率和光栅周期发生变化,整体呈现红移特性,这与石英光纤的特性是类似的。

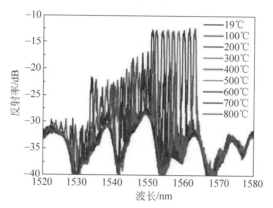

图 10.3.3　谐振波长随温度的漂移曲线

(请扫Ⅶ页二维码看彩图)

然后对主峰不同温度点的波长漂移进行了拟合,得到了很好的线性度。图 10.3.4 是主峰布拉格波长随温度变化的线性拟合曲线,可以看出制备的光栅从室温到 800℃的光谱稳定性较好,拟合的温度灵敏度为 15.18pm/℃,高于传统石英光纤布拉格光栅的灵敏度,但是要比单晶蓝宝石光纤温度灵敏度低。

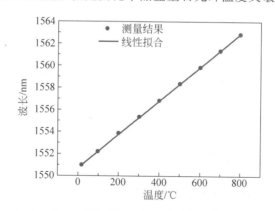

图 10.3.4　主峰布拉格波长随温度变化的线性拟合

将该光栅接入应力测试装置中,对其进行室温下应力特性分析。每增加 0.1N 记录一次光谱,最大应力测试到 1N。图 10.3.5 是主峰反射谱随应力漂移曲线,受弹光效应影响,光谱整体呈现红移特性。

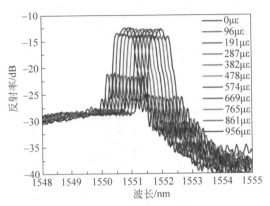

图 10.3.5　主峰反射谱随应力的漂移曲线

（请扫Ⅶ页二维码看彩图）

　　然后同样对主峰布拉格波长和应变进行了线性拟合,通过公式 $\varepsilon = F/(\pi r^2 E)$（式中,$\varepsilon$ 为应变;F 为轴向应力;r 为光纤半径;E 为杨氏模量)对其进行应力应变转换,最终拟合得到 SDF 布拉格光栅的应变灵敏度为 1.23pm/$\mu\varepsilon$。图 10.3.6 为主峰布拉格波长随应变变化的线性拟合曲线。

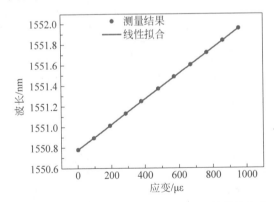

图 10.3.6　主峰布拉格波长随应变变化的线性拟合

10.4　蓝宝石衍生光纤其他类型传感器

10.4.1　蓝宝石衍生光纤法布里-珀罗干涉传感器

　　法布里-珀罗干涉型(FPI)光纤传感器是众多干涉型光纤传感器中应用最为广

泛的一种,以其设计灵活、空间分辨率高、体积小、灵敏度高等优点,在结构健康监测领域得到广泛的应用。根据干涉仪结构的不同,光纤 F-P 传感器大致可分为三类:本征型光纤 F-P 干涉(IFPI)传感器、非本征型光纤 F-P 干涉(EFPI)传感器和在线型光纤 F-P 干涉标准具(in line fiber-optic etalon,ILFE)。

　　本征型光纤 F-P 传感器中,两反射面之间的干涉仪由光纤本身构成,而非本征型光纤 F-P 传感器中,干涉仪由一个外加反射面和光纤端面或者两个外加反射面构成,光纤在线 F-P 干涉标准件的干涉腔主要由空芯光纤构成。光源既可采用氦-氖激光器又可采用低相干性光源(如宽带白光光源),其发出的光进入光纤 F-P 传感器后形成干涉。以上三类光纤 F-P 传感器的测量原理都是利用待测量的改变引起物理腔长或折射率的变化,从而使光程差发生变化,进而造成干涉光谱的变化,导光光纤将干涉信号拾取经由光电探测器转变为电信号进行采集和处理,从而得出待测量的变化。如图 10.4.1 所示为光纤 F-P 传感器的几种典型结构。

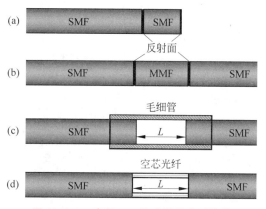

图 10.4.1　光纤 F-P 传感器的典型结构

(a)(b) IFPI 传感器的两种典型结构;(c) EFPI 传感器的典型结构;(d) ILFE 传感器的典型结构

　　上海大学庞拂飞等发现,对 SDF 进行电弧放电,会在高浓度掺杂的纤芯局部区域析出莫来石晶体。利用这种析晶效应,可实现对纤芯折射率的调制,最高折射率调制可达 0.015,其中放电电流为 13.5mA,放电时间持续 400ms。如图 10.4.2 是电弧放电诱导 SDF 析晶制备 SDF-FPI 示意图。研究人员通过 Al_2O_3-SiO_2 二元体系相图对 SDF 纤芯析晶效应进行了分析,如图 10.4.3 是二元体系相图。所用的 SDF 纤芯中 Al_2O_3 含量约 30%,由于 Al_2O_3-SiO_2 二元体系中存在液相不混溶现象,故 SDF 在经过再次热处理和降温过程会发生相分离,从而在 SDF 纤芯中析出莫来石微晶。局部析晶过程具有很强的温度相关性,放电能量较小时(放电电流 13mA,放电时间 250ms),析晶发生在放电中心位置,放电能量较大时(放电电流 13.5mA,放电时间 400ms),析晶发生在放电中心两侧。放电电流过小(低于

12.8mA),纤芯温度较低,未达到介稳分相区,因此无法产生析晶区。其中当放电电流过大(大于 13.5mA)时,纤芯温度高于介稳分相所处的最高温度,因此电弧中心区不会出现析晶,由于电弧放电所形成的温度场沿着光纤轴向近似高斯分布,使得两侧温度低于中心温度,所以电弧中心两侧会出现双析晶区域。

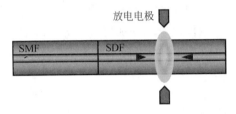

图 10.4.2　电弧放电诱导 SDF 析晶制备 SDF-FPI 示意图

(请扫Ⅶ页二维码看彩图)

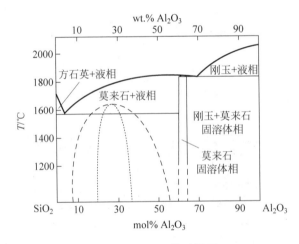

图 10.4.3　二元体系相图

　　该课题组基于这种析晶效应,通过熔接机电弧放电方法制备出了 SDF-FPI 传感器。纤芯析晶区的折射率高,可以构成 FPI 的两个反射面。图 10.4.4 是制备的三种不同析晶长度的 SDF-FPI 传感器以及对其耐高温特性的测试。将该传感器置于 1200℃高温环境 6h,仍具有较好的光谱质量,为了进一步测试其极限工作温度,研究人员将温度提升到 1600℃,反射光谱没有明显的失真。通过该方法制备出的 SDF-FPI 传感器表现出了很好的高温稳定性。

10.4.2　蓝宝石衍生光纤马赫-曾德尔干涉传感器

　　全光纤马赫-曾德尔干涉仪(MZI)是典型的双光束干涉型光纤干涉仪。如图 10.4.5 给出了几种典型的基于模式干涉的全光纤 MZI 结构。

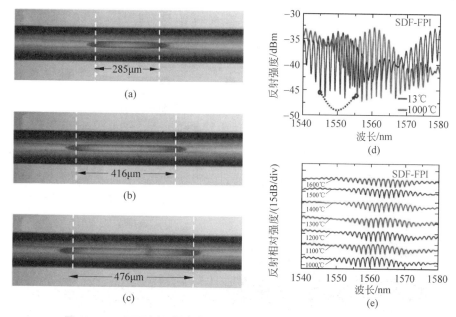

图 10.4.4　不同析晶长度的 SDF-FPI 传感器及其耐高温特性测试

（a）析晶长度 285μm；（b）析晶长度 416μm；（c）析晶长度 476μm；（d）室温到 1000℃的光谱漂移；
（e）1000～1600℃的光谱漂移

（请扫Ⅶ页二维码看彩图）

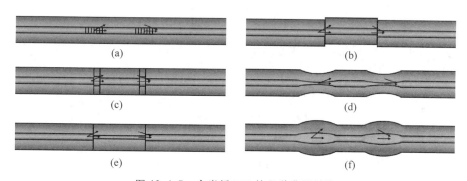

图 10.4.5　全光纤 MZI 的几种典型结构

（a）光栅型；（b）纤芯错位型；（c）不同芯径型Ⅰ；（d）拉锥型；（e）不同芯径型Ⅱ；（f）扩径型

　　与 SDF-FPI 传感器制备方法类似,上海大学庞拂飞等通过电弧放电在 SDF 纤芯产生局部析晶,两端与单模光纤拼接制备出了 MZI 传感器。电弧放电形成的两个析晶区,可以作为模式分束和合束结构。对两个析晶区之间继续进行电弧放电,可继续形成析晶区,从而构成了多级级联 MZI 传感器。图 10.4.6 是电弧放电诱导 SDF 析晶制备 SDF-MZI 示意图。

　　图 10.4.7 是 SDF-MZI 传感器的制备过程和不同干涉长度下的光谱比较。通

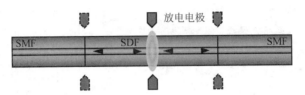

图 10.4.6　电弧放电诱导 SDF 析晶制备 SDF-MZI 示意图

（请扫Ⅶ页二维码看彩图）

过级联不同长度的 SDF 可以获得不同自由光谱范围的透射谱。将该干涉光谱进行快速傅里叶变换可以得到空间频谱，通过分析频谱中的不同频率参量，就可以得到相应的光谱移动。因此，对其高温传感特性进行了测试，测试温度达到 900℃，温度灵敏度为 4.6pm/℃。

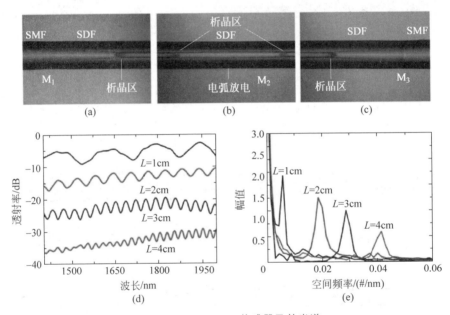

图 10.4.7　SDF-MZI 传感器及其光谱

(a)～(c) SDF 熔接点附近析晶显微照片，$M_1 \sim M_3$ 为电弧放电区域；(d) 不同干涉长度的 SDF 透射光谱比较；(e) 不同干涉长度的 SDF 的空间频谱

（请扫Ⅶ页二维码看彩图）

10.4.3　蓝宝石衍生光纤长周期光栅传感器

长周期光纤光栅(long period fiber grating,LPFG)是一种很典型的透射型光栅。与上述两种光纤干涉仪制备方法相同，上海大学庞拂飞等采用逐点电弧放电方法，选取一定长度的 SDF，两端通过熔接机熔接单模光纤，形成 SMF-SDF-SMF

结构，然后将 SDF 置于熔接机电机中间，对其进行放电析晶。图 10.4.8 是 SDF 通过电弧放电方法制备 LPFG 过程以及接入不同长度 SDF 的透射光谱比较，光栅周期为 $800\mu m$。当通入 658nm 测试红光，可清晰看到折射率调制后的周期性结构。单模光纤制备的 LPFG 是纤芯模式与包层模式的耦合，与其不同的是单模光纤与 SDF 熔接耦合后，会激发 SDF 的纤芯基模和高阶模而产生模式干涉。由于电弧放电析晶诱导的折射率调制较大，从而只需很少的周期个数（3～4 个）就能实现强共振透射峰。

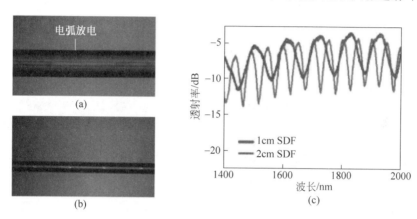

图 10.4.8　电弧放电方法制备的 LPFG
（a）（b）SDF 通过电弧放电制备的 LPFG；（c）接入长度 1cm 和 2cm 的 SDF 透射光谱
（请扫Ⅶ页二维码看彩图）

10.5　本章小结

本章中采用熔芯法对单晶蓝宝石棒和石英管在光纤拉丝塔中实现了 SDF 的制备，并利用飞秒激光逐点直写技术实现 SDF 布拉格光栅的制备，同时对其温度和应变特性进行了测试和分析。同时得益于 SDF 高浓度掺杂纤芯，通过电弧放电可在纤芯局部区域析出莫来石晶体，可诱导纤芯折射率调制，通过该方法可制备出 FPI 和 MZI 以及 LPFG 类型的光纤干涉传感器，并实现了高温环境下，温度、压力、应变等重要参量的测量，扩展了该类型光纤的应用范围。该特种光纤制备的光纤传感器在高温高压等极端环境中具有重要的应用价值。

参考文献

[1]　张晔明,邱建荣.基于 Melt-in-Tube 法制备的特种光纤及其应用[J].激光与光电子学进展,2019,56(17)：11-19.

[2] 李成植. Yb^{3+} 掺杂 SiO_2-Al_2O_3-Y_2O_3 光纤的制备、表征及其应用[D]. 长春：吉林大学,2019.

[3] 陈勇,刘焕淋.光纤光栅传感技术与应用[M].北京：科学出版社,2018.

[4] 冯亭.光纤传感原理与技术[M].北京：化学工业出版社,2020.

[5] 庞拂飞,马章微,刘奂奂,等.蓝宝石衍生光纤及传感器研究进展[J].应用科学学报,2018,36(1)：59-74.

[6] 庞拂飞,王之凤,刘奂奂,等.蓝宝石光纤及其高温传感器[J].光子学报,2019,48(11)：47-58.

[7] WANG Z,LIU H,MA Z,et al. High temperature strain sensing with alumina ceramic derived fiber based Fabry-Perot interferometer[J]. Optics Express,2019,27(20)：27691-27701.

[8] LIU H,PANG F,HONG L,et al. Crystallization-induced refractive index modulation on sapphire-derived fiber for ultrahigh temperature sensing[J]. Optics Express,2019,27(5)：6201-6209.

[9] XU J,LIU H H,PANG F F,et al. Cascaded Mach-Zehnder interferometers in crystallized sapphire-derived fiber for temperature-insensitive filters[J]. Optical Materials Express,2017,7(4)：1406-1413.

[10] HONG L,PANG F F,LIU H H,et al. Refractive index modulation by crystallization in sapphire-derived fiber[J]. IEEE Photonics Technology Letters,2017,29(9)：723-726.